战争何以科学

——战争复杂性与智能、兵棋及体系问题研究

胡晓峰　吴　琳　荣　明　著

科 学 出 版 社

北　京

内 容 简 介

本书的重点是如何理解战争复杂性及其应用，内容涉及战争科学研究方法，复杂性科学思想与思维方法，以及战争复杂性与认知建模、智能决策、体系能力、指挥控制、作战规划、兵棋推演、智能化作战、科学管理等具体问题研究，同时讨论军事元宇宙等新课题。

本书可供从事军事科学、社会科学、科技哲学、国防科技、系统工程、管理科学、政治理论等领域研究，或对此感兴趣的领导干部、研究人员、教师、学生和军事爱好者阅读参考。

图书在版编目（CIP）数据

战争何以科学：战争复杂性与智能、兵棋及体系问题研究 / 胡晓峰，吴琳，荣明著. —北京：科学出版社，2023.10

ISBN 978-7-03-076456-0

Ⅰ. ①战… Ⅱ. ①胡… ②吴… ③荣… Ⅲ. ①人工智能-应用-作战指挥-研究 Ⅳ. ①E94

中国国家版本馆 CIP 数据核字（2023）第 183796 号

责任编辑：魏英杰 / 责任校对：崔向琳

责任印制：赵 博 / 封面设计：陈 敬

科学出版社 出版

北京东黄城根北街 16 号

邮政编码：100717

http://www.sciencep.com

保定市中画美凯印刷有限公司印刷

科学出版社发行 各地新华书店经销

*

2023 年 10 月第 一 版 开本：720×1000 1/16

2025 年 6 月第五次印刷 印张：30 1/2

字数：615 000

定价：260.00 元

（如有印装质量问题，我社负责调换）

前　言

2017年9月，作为领衔科学家，我在桂林主持召开了中国科学技术协会“新学说新观点”第121次学术沙龙会议。那次会议讨论的主题是“认知仿真对复杂系统建模的争论”，第一次就认知对建模仿真的影响问题进行了深入的观点碰撞。虽然我对复杂系统的思考已有多年，但究竟是什么引发了战争或社会的复杂性，对这些复杂系统究竟该如何建模，一直苦苦思索却没有找到让自己满意的答案。我们曾经尝试过很多理论和方法，如系统动力学、多Agent建模、元胞自动机、遗传算法、复杂网络等，似乎都有点意思，但又似乎都不在根儿上。

研讨会发言踊跃，观点碰撞激烈，最后似乎又要无果而终。就在话题又一次滑向混沌、统计等物理性结论的时候，我和另一位领衔科学家王飞跃在底下嘀咕，从认知角度看简单系统与复杂系统到底有什么区别时，“复杂系统由于反身性会越认识越复杂”这个想法灵光一现，让我豁然开朗，苦苦寻找多年的答案似乎就在眼前了。“认知”这个对象有点特别，不是我们惯常以为的越认识越简单，而是越认识越复杂！正是这个一反认识论常态的观点，十分符合“认知”的规律和特点，进而指明了我们对战争或社会复杂系统的建模方向。是人的“认知”而不是物理性质，才是导致战争和社会系统复杂性的根源！“阿尔法狗”在神经元网络上的成功，又启示了我们对这一类系统的具体建模方法。就是这样的偶然所得，让我感觉这次会议收获满满，之后的思考研究也柳暗花明，终于有了明确的探索方向。

其实，对这个问题的认识是逐步加深、水到渠成的。开始的时候，我们认识到的是战争、社会这一类复杂系统，其性质与一般的物理系统不太一样，不能简单分解还原，需要从整体上考虑；后来又发现这类复杂系统还应该是“活”的，需要考虑它的动态适应性，如碰撞、遗传或变异；再后来又觉得仅有物理的或生物的简单适应性还不够，还应该有“认知”“会学习”，因为它们不仅仅是物理系统，或简单的低等生物系统，还是具有复杂认知的系统。对战争系统复杂性根源的认识，也逐步从物理复杂性的混沌或分形，慢慢转移到社会复杂性的认知上面来了。也就是说，如果我们研究战争或社会系统，就必须首先搞清楚战争复杂性的根源其实在于“认知”，进而“认知建模”就应该成为研究的关键或核心问题。

很多人以为研究“认知建模”一定属于人工智能的范畴，但是我却从来不这样认为，尽管 1986 年我就作为访问学者专门去美国加州大学学习过人工智能。我认为，我们做的实际上是复杂系统的建模研究，战争复杂系统之所以复杂，是因为认知在其中起到了核心作用。是否能够认识到这一点，是战争研究是否能够走上科学之路的关键。与此相关的兵棋推演、智能决策、智能化作战、体系能力评估、作战规划研究、科学管理等问题，其实都是具体问题在这一点的反映。我也不知道这样想对不对，一切都要靠未来实践检验，但至少我可以在这个理论指导下对每一个课题研究做到自圆其说。自圆其说、逻辑自洽是科学研究是否科学的第一步。本书讨论的问题都集中在这些方面，是否合适，读者可以自行判断和讨论。

本书梳理总结了近几年我做的部分学术会议报告和讲课稿。我一般都是根据听众的不同类型做报告和讲课的，一直以来都想把这些报告和讲课稿整理成文，分享给大家。这些报告和讲课稿具有演讲稿的一些特点。例如，报告时间有限，需要对所讲内容精炼再精炼，所以只能有所取舍。每章独立存在，而且还不得不有所重复。每一章对应的就是一次完整的演讲，所以章节编排也各自独立。为照顾所有听众，对有些普及性内容还必须在不同演讲中不断重复，在本书中主要就是复杂性概念，这也在所难免。报告在不断演讲中会随时间推移不断进化，既留有初稿的痕迹，也可以看到后来的修改。书中有的内容，甚至讲过几十次，修改幅度就会显得很大，因为引入了很多新的案例。当然，也毋庸讳言，有的内容也会过时，因为现在技术发展实在是太快了。学术报告的演讲既要考虑大众，也要考虑小众，时间又很有限，所以有些内容没有铺垫就直接进入，可能会造成部分听众的不解，这也是没有办法的事情。全书基本保留了演讲时的语气，优点是通俗易懂，缺点是不如书面语言严谨，对此我都做了尽可能的修改和注释。如果还有问题，只能请求大家原谅。

这本书很多内容看上去是某个专业性很强的问题，但实质上讲的是认识论、方法论问题，也就是科学通识问题。我觉得，在战争研究领域，我们才刚刚走上科学研究的道路，一些课题研究还停留在几千年前的哲学思辨，甚至文学想象的层面，对现代科学进展不太清楚，技术理解力和战术想象力还十分缺乏，更不用说采用现代科学方法和工具。因此，还是需要大力普及复杂性科学理论，以及科学思维方法，这正是我们与外军差距最大的地方。抱着老的东西不愿意放手，不愿意采用科学方法遵守科学规矩，这其实对我们的军事理论和战争理论研究是有害的。我们能做的就是，不断向所有战争理论研究者传播科学思想，让科学的思维方法武装我们的头脑，让我们的战争研究走上科学的道路。这也是我近二十年来努力去做的事情。

这些报告讨论的问题很多，但其实都集中在战争复杂性及其应用方面。报告涉及的科学思维等很多方面，归根结底还是在阐释对复杂性科学思想的理解和运用。仅仅知道复杂性的定义和概念是不够的，必须能真正地理解，并且融会贯通，才能做到运用自如。这些报告中介绍的内容都是我近二十年来在这些领域的一些思考，以及我和团队在这个领域中的实践体会。大家可以发现，我也是从不知道到知道，从不理解到慢慢理解，从生搬硬套到能够灵活运用，最终能够自圆其说的。当然，也不排除其中还存在某些不足。至于大家能从中读出什么，则完全取决于自己的理解是否也在不断加深之中。特别需要说明的是，本书只是我们对复杂性科学和复杂系统理论的一点学习和应用的体会，出版供大家参考，仅此而已。

此外，本书也是《战争工程论——走向信息时代的战争方法学》和《战争科学论——认识和理解战争的科学基础与思维方法》出版后对读者意见的一次集中反馈。这两本书出版后受到大家的关注和厚爱，这是我没有想到的事情，也是我最值得骄傲和感到欣慰的事情。《战争科学论——认识和理解战争的科学基础与思维方法》还以音频大师课的形式搬上了网络，成为军事职业教育“网红课”，使我终于有了和大家直接交流的渠道。我专门把讲课答疑的内容作为一章放到本书中，也是为了回应这些听众的反馈。什么叫“教学相长”，我觉得这就是。我还把近年来为一些年轻学者的书所写的序言，以及一些在网上得到好评甚至超过 10 万转发量的短文也编入本书，目的也是如此。激发读者和听众的科学思考，是我最想做的事情。我相信，这些思考一定会转化成实实在在的战斗力，体现在强军建设之中。

本书也是中央军委科技委科普专家委相关课题的研究成果，更是团队集体合作的产物。我喜欢在接到学术报告演讲任务后，让学生一起同步思考和参与。他们的成果会直接反映到我的演讲当中。吴琳、杨镜宇、贺筱媛、张斌、刘洋、许相莉、陶九阳、郭圣明、张昱、许霄、李东、朱丰、吕学志、李志强、齐大伟等都对本书思想和内容做出了贡献。有的课题本就是集体讨论的成果，例如“复杂性科学思想与思维方法”，吴琳、贺筱媛、罗批、叶安娜等都广泛参与。吴琳和荣明不仅帮我校改整理了书稿，还各自贡献了一章内容。李苏勇、刘宝书、杨慧云也为本书做了不少事务性的工作，在这里谢谢他们的帮助。特别感谢张明智、贺筱媛、刘洋三位教授，他们认真地审阅了书稿，并指出不少问题，为本书质量的提高做出了重要贡献。此外，还要特别感谢罗金沐协理员的支持和帮助。

写书实在是一件艰辛的事情，好在退休后时间充裕，不用着急赶时间，也不用为了证明什么。有人说，“做自己喜欢的事是自由，喜欢自己做的事情是幸福”。现在我有了自由和幸福的条件，自然不会放过。有了时间也就有了机会，可以对自己过去的工作再进行一次梳理，将最后这一点点思考再次整理付梓也就顺理成章了。

感谢中央军委科技委科普专家委给予的指导，感谢国防大学联合作战学院、联合作战演训中心的各级领导给予的支持和帮助，感谢曾经给予我各种帮助的专家学者、领导同事、学生朋友，更要感谢我的家人给予的理解和支持。

谢谢大家！

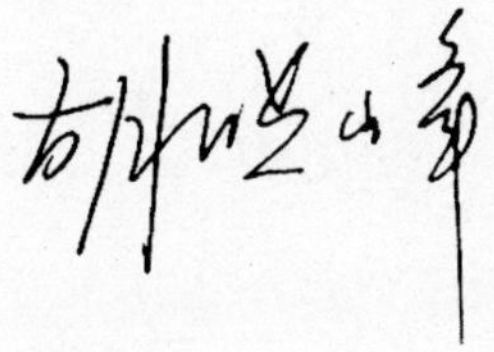

2022 年冬于北京红山口

目　录

第 1 章 战争何以科学[①]

——如何理解战争研究的“科学”问题

1.1 从过去的几场战争谈起

过去有不少战争研究课题的结论是有争议的。

先看一个案例。是谁引发了第一次世界大战？查阅历史书籍，可能会得到很多答案。其中一种说法是，1914 年奥匈帝国皇储费迪南大公在萨拉热窝被塞族青年普林西波刺杀，从而引起第一次世界大战爆发。也就是说，这个普林西波就是第一次世界大战爆发的罪魁祸首。但是，真的是这样吗？

据说，费迪南大公那天突发奇想，在参加完一个活动之后准备去医院看望伤兵，体现一下国家的关怀。不幸的是，他的司机走错了路，汽车提前转了个弯。这一转弯正好撞上了这个 20 岁的毛头小伙子，普林西波恰好在那个路边咖啡店门口喝咖啡。更不幸的是，这个塞尔维亚人对奥匈帝国一贯仇视，而且身上正好带了枪。他一看费迪南大公来了，这送上门的机会不要白不要，上去就是一枪，把这个费迪南大公干掉了。这一枪不要紧，结果产生了连锁反应，奥匈帝国在德国的支持下，向塞尔维亚宣战，接着俄、法、英、奥斯曼帝国相继卷入战争，整个欧洲都是战火，最后甚至波及亚洲、非洲等地。所以，按照这个说法，第一次世界大战就是普林西波引起的，责任应该全在普林西波。

但是，这个结果经不起追问，假如司机没有提前转弯也就碰不到普林西波，是不是第一次世界大战就不会爆发了呢？或者普林西波没

---

① 根据胡晓峰首次于 2018 年 6 月的国防大学“周六讲坛”报告整理，后在同名课程中陆续做过部分修改。

在那里喝咖啡，或者他恰好没有带枪，是不是战争就不会爆发了呢？这样研究战争起源的人，用这种顺藤摸瓜的方法去找原因，是否合理呢？在第一次世界大战爆发这件事情上，普林西波的作用到底有多大呢？问题再泛化一点，像研究“战争究竟是被什么引发的”这类课题，怎样才能得到正确的结果呢？

再看第二个案例。1955～1975 年，越南战争打了 20 年；1980～1988 年，两伊战争打了 8 年。应该说，结果基本上都在大家的预期之内。美国在越南深陷泥潭，最后狼狈收场；伊朗和伊拉克打得不可开交，8 年之后才算结束。但是，1990 年爆发的海湾战争，结果却大出所有人的意料，许多关于战争的研究和预测让人大跌眼镜。例如，很多专家对战争的伤亡预测就错得离谱，对战争持续时间的预测也与实际相差很大。

当时，有位教授专门搞数学预测研究，他曾经研究过两伊战争，利用历史数据反演过两伊战争持续时间，还算比较靠谱。因此，他就觉得自己预测海湾战争也应该没有什么问题。当时也没什么数据来源，基本上都是从《参考消息》或内部材料上看到的一些消息。他就在海湾战争进行的时候，边研究、边预测、边写论文，然后提交论文。他得出的基本结论是，海湾战争需要打 7～8 年。结果是论文还没有发表，战争就结束了。这使他非常郁闷，似乎原来的预测方法失灵了。其实，美军自己也没有预测准，他们预测将死亡 3 万～4 万人，还准备了 10 万个收尸袋，结果只死 100 多人，其中还有不少是误伤的。

为什么两伊战争、越南战争、海湾战争会如此不同呢？只是因为武器装备不同，还是战争机理发生了变化？我们能否用某种方法准确地计算或预测出战争的结果吗？例如，预测战损多少；爆发或持续时间多长；为什么不同但相似的战争，运行的结果却总是如此不同呢？

最后看第三个例子，这是我自己的故事。2002 年，我接到一个危机预测研究课题任务。课题需要我研究武力行动对特定地区的民意会产生多大影响，并希望能够建立一个经验公式，找到对应关系加以描述。接到课题以后，我们全力以赴，收集资料、熟悉内容、采集数据、分析统计、拟合评估。采用的方法就是逐级分解，把复杂的问题拆开，直到把复杂问题解决。例如，从历史数据中寻找危机发生的规律，通过专家意见、数学模型建立预测经验公式，如民意与武力行动的关系等。

这些方法听上去好像十分合理，甚至还很“科学”。很多课题，即使现在的课题也都是这么做的，但是两年多过去了，我们却始终没能找到这个所谓的公式，也就是无法得出结论。这时候我才忽然意识到，是不是我们研究问题的认识论和方法论这个根子上出了问题呢？是不是方向错了？如果是方向错了，那你走得越快，就会离真相越远。

战争问题研究是很复杂的，很多问题会一直不断地萦绕在我们脑海中。其中就包括我今天要讲的两个最基本的问题。

第一，战争是科学吗？

在人类几千年的战争史中，军事家高超的军事才能和出神入化的指挥艺术，总会留下浓墨重彩的一笔，像《孙子兵法》这样的战争艺术名篇也流传至今。战争科学，或者说军事科学，到底存在不存在？艺术强调个性，而科学却强调共性，这两者能不能共存？或者本来就是一回事？战争研究过去集中在历史、哲学、经济学、社会学等领域，可不可以用科学方法加以研究呢？战争是科学吗？如果是，科学的本质特征又是什么？

第二，如果战争是科学，那它的科学基础又是什么？

战争研究可以采用科学方法。因为我们有一个基本的认识，那就是世间万物都会遵从科学规律，所以战争问题也应该可以用科学方法进行研究，并得出科学的结论。但是，为什么我们的研究一再失败呢？是因为我们选取的科学方法不够高级吗？是不是采用高级点的方法，前面说的这些问题就可以解决了，战争就可以预测了？战争与大自然有何不同？能用传统自然科学方法进行研究吗？如果不行，那它的科学基础又应该是什么呢？

概括来说，这就是战争何以科学，也就是战争怎样研究才能算是科学研究？

1.2 战争研究应该采用科学方法吗

战争研究应该采用科学方法吗？这个问题问得好像有点多余。那么,为什么要问这个问题呢？这是因为战争研究可以采用的方法很多，例如哲学思辨、历史考证、战法分析、学术论证等。这些方法是不是都算科学方法呢？这就要回答一个本质性的问题：战争到底是科学，还是艺术？如果战争是艺术，那就应该采用艺术的方法，而不是拿泛泛的科学来说事；如果战争是科学，那么科学方法的特征又应该是什么呢？需要注意的是，这个所谓的科学方法，我们过去又往往默认为是自然科学方法。这又对不对呢？

战争的科学与艺术之辩

战争是科学，还是艺术？有些人认为战争只是艺术。例如，19 世纪，著名的战争理论家约米尼，他曾是拿破仑手下的一员大将。他就说战争是一门艺术，而非科学。当时的德军总参谋长老毛奇也认为：人的行为不能归纳为一套规律和原则，因此战争只能是一门艺术而不是一门科学。他认为，战争是一种自由且具有创造性的活动，而这些非理性活动的程度是无法计算评估的。既然无法计算评估，又怎么能看成科学方法呢？至少老毛奇是这么认为的。

当然，也有很多人认为战争就是科学。例如，20 世纪初的英国将军富勒，他就坚称：战争像人类其他行为一样，也可以是一门科学，你必须对其有科学化的深刻研究和把握。我国科学家钱学森认为：战争问题尽管很复杂，但它也是客观世界的现象，因此是有规律的，是可以被认识并掌握的，这就是战争科学。这也算是掷地有声了。更多的苏联时期的科学家也持同样的观点。

需要注意的是，由于时代相距久远，约米尼、富勒、钱学森差不多相距百年，因此他们对科学的定义和理解是不一样的。也就是说，200 年前他们对科学的认识和现在我们对科学的认识，实际上是存在很大差别的。这不是个人原因造成的，而是时代发展的必然。但是，从中也可以看出，他们的观点是截然不同的。

另一个军事理论大家所持观点与他们都不相同，这就是《战争论》的作者克劳塞维茨。他认为：战争属于社会生活领域，既不是科学，也不是艺术，更像是赌博，充满了意外和不确定性。克劳塞维茨认为：所谓的规律，在战争迷雾和战斗摩擦面前根本站不住脚；任何将复杂战争现象归纳为普遍规律的努力，都将是徒劳的。所以，克劳塞维茨认为战争既不是科学，也不是艺术。他还认为，战争只有两点是最本质的，即不确定性和恐惧。这才是理解它的关键。

战争如何成为科学

现在回过头来看，战争应该既是艺术，也是科学。这才是大家公认的结论，并没有什么好说的。马克思主义者相信战争的本质是科学的，也就是说，战争规律是可以被科学方法所认识的；战争中所有伟大的变革都不是个人力量的施展，而是新的物质条件出现所催生的；战争的规律也受到生产力规律的约束。这在大家学习政治经济学时都是经常见到的。但是，马克思主义也不否认战争艺术的存在。战争艺术是建立在战争科学规律基础上的，即物质是第一性的，精神是第二性的。

因此，说战争是科学，其实说的是战争如何才能科学。战争既然作为科学，那它就要既有科学的特征，又遵循科学的规矩。这在过去是被我们忽视的，“科学”两个字经常被随手拿来就用，而不去思考它背后到底说的是什么。但是，说自己是科学，就要具有科学的特征，遵循科学的规矩。

那么，什么才能称为科学呢？回答这个问题，就要从科学的概念来解释了。关于科学的定义有很多，有人说它是分科而学，逐步完整的知识体系，也有人说它是关于发现发明创造实践的学问，或者是探索研究感悟宇宙万物变化规律的知识体系的总称。这些都是广义的科学定义。

其实，要说清楚一个概念，最好的方法就是找到它与其他相近概念的区别，即辨异。科学概念中最关键、最核心的内容就是科学三要素，即科学目的、科学方法和科学精神。把科学三要素说清楚了，科学是什么就清楚了。关于科学的概念，我主要参考了中国科学院张双南研究员的观点。我觉得，他说的比较简洁好记，也易于理解，而且主要还是基础性科学研究的概念。

1.2.1 第一个要素：科学的目的

科学的目的是什么？一个常见的答案就是造福人类。很多人恐怕也是这么想的，但是这正确吗？

张双南讲述一个小故事。在很多年以前，俄罗斯和德国的科学家要合作研究宇宙中的“暗能量”“暗物质”这类课题，于是就向总理申请研究经费。普京是当时的总理，正好主管这笔经费的审批。因为暗能量、暗物质这类宇宙学概念没有几个人能懂，于是他就问了两个问题：第一，它有什么用，也就是研究能带来什么好处；第二，它危险吗，也就是研究会带来什么副作用。当时回答这个问题的是一位科学家，他说：“普京总理，你问我的这两个问题，我只能说不知道。为什么呢？因为我们还没有研究。如果 100 年前，你问爱因斯坦关于相对论研究这两个问题的答案，恐怕爱因斯坦肯定也会这么回答，我不知道。但是，现在我们知道了，它既有用又危险。有用是因为它可以造核电站，危险是因为它可以造核武器”。这正是科学研究的结果。

所以，科学的真正目的既不是造福人类，也不是危害人类，而是刨根问底，探索自然与社会的各种规律。至于如何利用这个规律，则不是科学本来追求的目标。这就是所谓“纯科学”的目的，也就是揭示规律、发现原理。例如，发现大自然的规律，发现社会的规律，包括发现战争的规律等。

对于科学原理的发现，其意义是很重大的。例如，中国古人几千年前就知道“一硝二磺三木炭”这个配比可以制造出火药，能够爆炸。但火药爆炸的原理是什么呢？当时并没有人去追问，而是在想这个会有用吗？因此，我们很快就找到应用，例如可以造出鞭炮，祭祀的时候驱鬼神；可以造出火铳，狩猎的时候打鸟。这都是直接应用的方式。但如果能够多问几个为什么，是不是能够得到更多的发现呢？例如，它为什么会爆炸、为什么这几种物质放在一起会爆炸、其他物质放到一起是不是也会爆炸。这就是所谓的追寻原理，揭示规律的过程，而这个过程其实就是一个发现物理学、发现化学，以及各种各样基础性原理的过程。我们现在称之为科学发现，说的就是揭示规律的过程。

知道了这些原理，我们就可以把它变为实际可用的东西。我们把这个过程称为技术实现，就是把科学原理转变成某种技术实现。例如，我们发现了相对论，知道了质量和能量可以进行转换，这个过程叫“科学”。但是，要把原子核的能量释放出来，还需要找到合适的技术，这就是“核技术”。之后，最好还要采用这个技术做出某种原型加以证明。如果我们再把技术的东西转变成为可以实际应用的东西，这个过程就是“工程”。例如，造出一堆原子弹，造出一堆的大炮，造出一堆的子弹，这就叫工程了。因此，“科学”“技术”和“工程”是三个完全不一样东西，但是我们以前常把它们搞混。追寻原理，揭示规律，而不是直接运用，才是科学发现的意义所在。

科学研究的驱动力

那么，科学研究的驱动力又是什么呢？也就是说，是什么驱动科学家去研究这些外人看起来极为高深，甚至极为枯燥、劳神费脑的问题呢？

在科学家看来，他们进行科学研究，其实并不关心研究成果在将来是否“有用”，而是为了满足他们探索自然或社会规律的“好奇心”。也就是说，是好奇心驱动他们进行探索。事实上，几乎所有的重大科学思想都是这样产生的。

例如，爱因斯坦发现相对论，就源于他 16 岁时的一个奇特想法。当时，他想到一个问题，就在脑子里进行“实验”，也就是我们说的思想实验。这是很多科学家思考问题的基本方法。他是这样想的：都说光是一种“波”，而只要是波，就会时时刻刻波动，否则就不再是波。假设我坐在一辆和光速一样快，也就是每秒 30 万公里的列车上，这时候我再去看一束光，这束光会是什么样的呢？它是不是应该冻结而不再波动了呢？但是，从光波的本质来说，如果它不动了，就不再是光了；如果还是光，那它就应该还是波动，还应该是每秒 30 万公里，而这时的列车也是每秒 30 万公里，那么这就产生了矛盾。这不可能吧，因为按照经典力学或者是数学理论，这些显然都不太合适，无法自圆其说。所以，他就想，既然光速不变，那就是有别的东西在变，要么时间在变，要么空间在变。从这个思想实验出发，后来他搞出了相对论。时间、空间这些我们过去认为绝对不会发生变化的东西，结果都发生了变化，因为只有这样在理论上才能做到完全自洽。

这就是一个 16 岁小伙子对世界的好奇心驱动出来的结果。科学家一直对世界充满了好奇心，总想知道世界到底是什么，或者发生的一些现象是为什么。只有搞清楚其中的因果关系，才能对自己有一个交代，否则很难过自己这一关。对世界充满好奇心，应该是科学家的基本素质。至于得出来的这些结果有没有什么用处，往往不会引起他们的重视。但是，往往正是这些所谓的“无用之学”，驱动着科学进步和社会发展。不过，这一点并不是能被大多数人认识到的。

“无用之学”的意义

说到“无用之学”之用，需要讲讲它的来源。大家知道，美国有一个很著名的高等研究院，叫普林斯顿研究院，1930 年才成立。成立的时候就是个民办单位，在普林斯顿一个偏僻的乡村搞了几栋楼，再找几个科学家就号称高等研究院了。但是，它现在已经成为世界最著名的研究机构之一了。这是很多研究机构花费巨资也做不到的。为什么它能做到这一点呢？我觉得可能和最初的院长弗莱克斯纳[①]的理念有关。

1933 年那个时候，正是德国纳粹兴起的时候，爱因斯坦因为是犹太人而在德国受到迫害。他在美国访问时，发表了一个反对纳粹的谈

① 亚伯拉罕·弗莱克斯纳（Abraham Flexner），1866～1959 年，美国著名医学科学家，高等教育改革家，他发展了跨学科高等教育研究。

话，纳粹听到以后就把他的家给抄了，并且悬赏他的项上人头，搞得爱因斯坦有家难回，非常落魄。就在这个时候，普林斯顿高等研究院的院长弗莱克斯纳跑去找他，希望他能到普林斯顿研究院工作。虽然学校刚成立没多久，条件差一点，但是爱因斯坦当时也是无家可归，所以肯定愿意去。但是，爱因斯坦提了两个条件，第一个条件是带助手去；第二个条件是一年 3000 美元的工资。这个工资在当时算是很高的了。

弗莱克斯纳当时回答说，第一个条件没问题，第二个条件不行。爱因斯坦一听，是不是嫌我要钱要多了？就马上说，如果你们普林斯顿那个农村地方花费不多的话，我少要点儿也行。弗莱克斯纳摆手说：不行！如果我一年只给你 3000 美元的话，全世界都会笑话我，都会说我在虐待爱因斯坦，因此我决定一年给你 16000 美元。在当时，这大概就是一个“天价”薪资了，把爱因斯坦吓了一跳，当然喜滋滋地去了。

但是，爱因斯坦还是遭到一些人的非议，甚至到院长那里告状：拿着那么高的薪水，却尽搞些“无用”的理论，搞什么“相对论”之类的东西，听上去都匪夷所思，还天天端着咖啡去跟别人聊天。科学家的聊天实际上就是一种思想交流，也是一种研究形式，何况他聊天的对象也是大名鼎鼎，如冯·诺依曼之类的科学家。我有时就想，如果现在我们也端着咖啡满世界聊天，恐怕连考核都通不过，早就下岗了，教授也当不成了。

当时，弗莱克斯纳说了很长的一段话，为爱因斯坦辩护。其中有一段是这么说的：大学最大的贡献不在于培养出多少实用人才，而是在看似无用的科学活动中获得的新发现；我希望爱因斯坦先生能做的，就是把咖啡转化为数学定理；未来会证明，这些定理将拓展人类知识的疆界，促进人类思想的解放。正是对于科学原理的追寻，才最终促进了技术进步和社会发展。弗莱克斯纳后来还专门为此写了本书。书名就叫作《无用知识的用处》，对世界教育发展产生了很大的影响。我们的老祖宗庄子也说：“无用之用，方为大用”，可见古人早就知道这一点。“一杯咖啡吸收宇宙能量”，大概说的也是这个意思。

香港科技大学从成立到现在也没有几年，但是这些年总能排在世界前列，它就是以普林斯顿高等研究院为模板建设的。这对我们有很好的启示。所以，像大学这样研究科学的地方，更不能以“是否有用”为目标，而是要坚持追寻科学的初心。

“大师之问”

中国一直缺乏科学传统，原因可能就在于太看重“有用”的技术，而不是对科学原理的探寻。我觉得，所谓“大师之问”，根源也在于此。例如，李约瑟之问：中国古代对人类科技做出过很多贡献，但是为什么科学和工业革命却没有在近代中国发生？这个李约瑟是写过《中国科技史》的人，对中国科技史非常熟悉。他提的这个问题也被称为“李约瑟之谜”。又如，钱学森之问：为什么我们的学校总是培养不出杰出的人才？也就是所谓的“大师之问”。此外，还有所谓的“媒体之问”：为什么我们投入那么多，却总是得不到诺贝尔奖？这个问题提的有点势利，但也反映了一种现实。其实，在我看来，这些问题的根源都在于我们的科学传统。

关于中国的科学传统，我们可以从别人的眼中看到我们自己是什么样的，这样可能更好理解一些。有一个美国人，是100多年前美国物理学会的会长，叫亨利·奥古斯特·罗兰①。他在1883年曾经有过一个演讲，其中就讲到过中国人对科学的看法。他说：中国人知道火药的应用已经若干世纪了，如果他们能用正确的方法探索其特殊应用的原理，就会在获得众多应用的同时发展出化学，甚至物理学；因为只满足于火药能爆炸的事实而没有寻根问底，中国人已经远远落后于世界的进步。

他这次演讲的题目是《纯科学的呼吁》，非常有名，对美国后来科学的发展产生了很大的影响，中国人不幸成了“反例”。如果我们只管有没有用处，而不关心它背后的原理，我们将永远无法进步！其

① 亨利·奥古斯特·罗兰，1848～1901年，美国著名物理学家，美国科学院院士，美国第一任物理学会会长。

实对战争理论或机理的研究也是如此。我们喜欢说历史，喜欢说计谋，喜欢说“用”，但不喜欢说“why”（为什么），对很多奇特的现象也不好奇，很少有人关注战争背后运行的机理到底是什么，哪些又是具有规律性的东西。一些“研究”出来的所谓“机理”，其实是不是“机理”都很难说，那还谈何战争理论创新呢？这很值得我们去反思。

科学能够被计划出来吗?

科学是由好奇心驱动的，也就是说科学研究是由科学家探索规律的好奇心牵引进行的。那么，科学发现能够被计划出来吗？

1970 年，尼克松担任美国总统。其就职演说中一个重要的内容就是要在任期内，也就是最多 8 年内攻克癌症。他大概觉得只要有钱，政府重视，就没有什么解决不了的问题。国会很快就通过了《国家癌症条例》，巨额拨款支持癌症研究。后来有关的论文发表有百万篇之多，但是几十年过去了，癌症至今仍没有如愿被完全攻克，美国每年因癌症死亡的人数上升了 70%。原因是，与癌症相关的很多基础性科学问题尚没有解决。科研人员从中倒是获得巨大好处，有关研究课题费用得到了保障，癌症研究也得到快速发展。

所以说，科学只能培育、激发和鼓励，但却不能被权力和金钱计划出来。能够被权力和金钱计划出来的都不是科学问题，而是技术或工程问题。权力和金钱能够驱使人们创造出奇迹。其中国家有强大的组织能力，以及功利性的引导，也会起到很大作用。从古代的兵马俑、长城、金字塔，到现代的曼哈顿工程、阿波罗计划、三峡大坝等，其实都是国家力量组织、引导和驱使的结果。现代的专利制度，则引导创造出数以百万计的技术富翁。

国家可以集中力量做出计划，突破技术，完成工程，但是要在基础科学方面按计划得到想要的结果可能就行不通了。对于基础性科学研究，很少见到权力和金钱能够起到直接作用的，能起作用的往往是研究者的好奇心、自由思考、不懈地探求。从牛顿和莱布尼茨的微积分、达尔文的进化论、爱因斯坦的相对论，到佩雷尔曼对庞加莱猜想的证明，无不如此。前面几个人大家都比较熟悉，佩雷尔曼[①]这个人大家可能不知道。他是俄罗斯的数学家，还健在。前些年有个数学研究所提出十大数学难题，谁能解决一个就可以得到 100 万美元奖金。其中有个难题叫“庞加莱猜想”，佩雷尔曼很快就给证明出来了，论文也不发表，把结果往他的博客里一“扔”就不管了，别人拿去验证了很久才承认他的证明是正确的。让他去领奖金，他也不去，和他妈妈两个人躲到俄罗斯的深山老林里隐居，是一个很怪的人。他证明这个难题，完全是凭着自己的好奇心和兴趣，根本不是为了什么功利。如果功利真能够起作用，别说 100 万，就是 1000 万，恐怕也没人敢打这个包票吧！

有个华裔数学家叫张益唐[②]，在美国几十年也升不上教授，但就是心甘情愿地当着讲师也要去研究“孪生素数问题”，结果最后还真让他证明出来了，一下轰动了世界。你能说这是被金钱或计划驱动出来的吗？所以，我们既要在体制内鼓励科学家发挥创造性，也要在体制外为那些充满好奇心的人留有余地，鼓励他们，使他们能够脱颖而出。

国家和资本的力量

国家和资本的力量能干什么呢？虽然科学发现无法被计划出来，不能计划“十年内出 1 个爱因斯坦，3 个钱学森”，但是国家和资本的力量却可以通过改善科学研究的环境，制定中长期的发展规划，引导或间接地促进科学研究的发展。事实上，一些大的科学研究设施，如果没有国家的力量肯定无法建成，这是仅凭某个天才苦思冥想也是很难完成的。例如，我国的“天眼”计划，建设了世界上最大的天文射电望远镜，发现很多新的宇宙射电信号，促进了宇宙科学的发现和发展；欧洲建设的高能粒子加速器系统，发现希

① 格里高利·佩雷尔曼，1966 年生，俄罗斯数学家，“菲尔兹奖”获得者，因破解庞加莱猜想而闻名于世。

② 张益唐，1955 年生，华裔数学家，美国加州大学终身教授，2014 年获得罗夫·肖克奖、麦克阿瑟天才奖、柯尔数论奖等奖项。

格斯粒子；美国通过建设引力波探测器，得到引力波数据，从而促进了相对论的研究等。

我们也可以通过制定基础科学研究规划，为青少年提供更好的教育条件，为有潜力的科学家脱颖而出，创造出更好的研究环境，为科学研究发展奠定人才群体的基础。但是，靠国家规划支持，光有设备设施，没有人愿意献身这个事业也是不行的，因为最终还是要靠科学家的好奇心和研究热情。

我们说科学探索靠的是科学家的好奇心，并不等于说自由探索就是“放羊”。尤其是，面对国家重大需求时，把自己的专业兴趣和能力与国家的需要结合起来，也有可能成就伟大的发现。对于一些需要基础设施建设的科学研究项目，国家和企业可以提供更好的条件。例如，屠呦呦①发现的青蒿素，是在国家计划之下，通过“523”项目完成的；于敏②发现的新型氢弹构型，是在我国“两弹一星”工程的支持下完成的。这些都是典型案例。在现代科学研究中，完全依靠个人的好奇心完成研究，可能只有那些纯理论性的课题才行，很多基础性科学研究项目需要借助大科学装置才行。

很多企业也非常重视基础科学研究。华为的任正非很早就意识到未来会被美国人打压，真正的技术安全必须建立在自己的基础性研究之上，所以他做了很多的准备工作。华为在海外建立了多个应用基础研究院，聘请了许多数学家、物理学家和化学家，目的就是推出自己的标准、架构和专利。他们看上一位俄罗斯的年轻数学家，想将其纳入麾下，但是说服他并不容易。先是以 200 万美金年薪邀其来华工作，小伙子不愿离开家乡，那就在莫斯科建立研究所，终于把他招了进来。进来几年，小伙子好像也没有出什么大成果，人力资源部门几次都想把他给开了，但任正非就是不同意，坚持用人不疑。到了 2015 年，这个小伙子突然爆发了，研究成果一出来，就让华为在 3G、4G，乃至 5G 领域占据领先地位。这是不是有点像当年爱因斯坦在普林斯顿

---

① 屠呦呦，1930 年生，中国中医科学院药学家，因发现青蒿素 2015 年获得诺贝尔生理学或医学奖。

② 于敏，1926～2019 年，核物理学家，中国“氢弹之父”，“两弹一星”元勋。

的翻版？

战争基础理论的研究更为困难，因为战争理论既不赚钱也很难验证，等到能验证时可能早已时过境迁。号称美军“军事改革运动”代表人物的约翰·博伊德[①]、约翰·沃登[②]等就是如此，提出的理论开始遭到很多人的反对，但是后面改革时又都采用他们的理论作为基础。美军当时保守的军种文化容不下有点“异端”的他们，大多都是官至上校便提前退役离开军队。博伊德和沃登两个这么有名的人都没有当上将军，这在军队其实也算是一种失败。博伊德退役后，为接触机密材料甘愿聘为只拿半薪的文职人员，驱动他的其实就是追寻战争规律的好奇心。他曾说过的一段话可以反映他的内心想法：生活最重要的事情是能够随心所欲地做事情；要能做到这一点，要么是成为有钱人，要么是把自己的欲望降到 0；我不能成为有钱人了，所以只能放弃自己的欲望。一个上校家里居然跟贫民窟似的，所以被别人戏称为“贫民窟上校”。生活就这样了，他仍然愿意潜心去研究战争规律，这不就是好奇心驱动的吗？

所以我经常说，兴趣和激情是干好一件事非常重要的前提。如果对待一件事情只是为了饭碗而去做，恐怕也仅仅是简单地完成工作而已。但是如果对这件事有了极大的兴趣，那做起来就会完全不一样，就会迸发出无穷的创造性，把事情做得更好。所以，无论选拔人才，安排工作，还是培养孩子，兴趣和激情都应该成为我们考虑的一个主要因素。

因此，科学的目的就是追寻规律，而驱动它的则是探寻规律的好奇心。没有好奇心，没有兴趣，实际上是很难做好一件事的。这是第一个要素。

1.2.2 第二个要素：科学的方法

科学之所以成为科学，关键不在于其他，而在于方法。也就是说，

① 约翰·博伊德，1927～1997 年，美国著名军事理论家，号称美军的“孙子”。

② 约翰·沃登，1943 年生，曾任美国空军作战局副局长，是海湾战争空中战役的设计者，美军军事改革的著名人物，在军事理论界地位极高。最著名的是他提出的“五环理论”，因与上级不和，以上校军衔退役。

是不是科学，就看你采用的方法是不是科学的方法。很多人对这一点也是不清楚的，不管什么，只要带有学术性的，就认为是科学。这其实是不准确的。

逻辑、定量和实证

现代科学的方法，概括来说就是三个要点，即逻辑、定量和实证。

第一个叫逻辑。必须符合推理、归纳、演绎等基本逻辑。有了逻辑才能自洽，才能自圆其说。这既是哲学和数学研究的重要手段，也是科学的基本方法。哲学、数学和科学都需要用到逻辑，都离不开逻辑。

第二个叫定量。科学研究需要采用定量化的工具，才能被实际观测、检验或运用，也就是能够测量，用数据说话。这是科学与哲学分道扬镳的标志，科学自此从哲学中独立出来，因为哲学并不需要定量研究。所以，从这一点看就可以知道，哲学不能等同于科学。

第三个叫实证。实证就是要找到证据，也就是必须对理论预言找到证据证明，才能证明这个科学规律的真实存在。只有理论而无实证，并不能被科学认可。一个理论提出之后，如果没有任何证据来证明，充其量只能称之为假说。我们常说，“实践是检验真理的唯一标准”，这就是科学的标准。

物理学家斯莫林在《物理学的困惑》[①]曾说：思想改变你的思想，那就是哲学；上帝改变你的思想，那就是宗教；事实改变你的思想，这就是科学。这说明实证对于科学的重要性。他还说：哲学、宗教和科学是真正影响人类历史文明进程的伟大智慧，当一个人既没有思想，又不信宗教，还罔顾事实时，你就少和他接触吧，那是浪费时间。是不是有点意思呢？

逻辑、定量和实证是科学方法最基本的内容，只有严格地遵守这些方法，所谓的理论才能被认为是科学的结论，少一条都不行。

① L.斯莫林. 物理学的困惑. 李泳，译. 长沙：湖南科技出版社，2008。

科学研究的过程必须规范

怎样做到这三条，并达到标准呢？这就必须有规范的科学过程。任何科学结论的得出，都是一个科学发现和证实的严密过程。通过这个严密的过程，杜绝一切可能出现的纰漏，将结论导向正确的结果。这里通过引力波理论的发现和验证过程来做一个说明。

爱因斯坦的广义相对论告诉我们，宇宙的秘密之一就是时空约束物质如何运动，物质引导时空如何弯曲。两个黑洞相撞之后就会产生引力波，而这个引力波会像水波一样散布到宇宙中，导致受其影响的物体发生时间或长或短的形变，尽管这个变化非常微小。这是爱因斯坦通过他的理论计算得出来的，也就是引力波理论。

但是，爱因斯坦对他提出的这个引力波理论，自己都有点不相信。1936 年，他在论文《引力波存在吗？》打了个问号，实际的意思是说引力波不存在。虽然能用宇宙学公式推导出来，但他觉得还是有点问题，认为引力波可能并不存在。文章写完了，爱因斯坦就投给了《物理评论》。这是美国的一个期刊。当时，美国开始采用新的评审方法，凡是投给期刊的文章，不管你是谁，都要经过同行评议，而不是像以前那样由编辑部进行评审，或者由名人推荐来决定是否录用。即使爱因斯坦这样的名人，也不能例外。

当时评审爱因斯坦论文的是一个叫罗伯特逊的教授，也是搞相对论研究的，对相对论的理解非常深刻。他认为爱因斯坦的这个结论有问题，就给编辑部写了很长的信提出修改意见。编辑部把意见匿名转给爱因斯坦后，爱因斯坦很生气。他说：我的论文是让你发表的，不是让你找人评审的，简直岂有此理。爱因斯坦很生气，后果很严重，论文不给你了。他把论文拿回来又寄给了欧洲的一个杂志。欧洲的杂志还是老方法，不用审稿，马上就准备给他发。阴差阳错，爱因斯坦不知怎么就认识了罗伯特逊教授，两个人一起打高尔夫球，边打边聊，讨论了这个问题。讨论中，爱因斯坦发现自己确实错了。好在欧洲杂志的样稿刚出来，审定的时候，爱因斯坦把错的改成对的，最后还加了一句话：感谢罗伯特逊给我的意见。

这就是同行评审制度的作用。这个制度现在已经被推广到了全世界，成为科学研究规范过程的一个组成部分，可见它的重要性。

研究成果发表出来，还是要再被同行检验，并能够被同行重复或证实。这是规范科研制度的另一个组成部分。因为只有这样，才可以最大限度地保证科学研究的正确性和真实性。

这几年全世界光撤稿就撤了 16000 多篇，其中好多都是中国人写的。这就不得不让我们考虑，是不是我们对科学规范过程还不够重视，甚至很多人是不是有意在弄虚作假。

寻找理论结果的证据

引力波理论出来了，但那是用数学理论推导出来的，实际是不是存在呢？这就需要用实证来说话了，也就是需要去找证据了。一百年后，科学家们才有了机会，因为引力波的探测本身就是一个很大的难题。

它难在哪儿呢？第一，测量的尺度必须足够小，才能保证得到有用的数据。因为引力波虽然存在，但是非常非常微弱，人根本看不见，必须用很精密的仪器才能测量出来。第二，还要尽最大可能，避免把其他震动当成引力波。因为地球上的震动太多了，地震、打雷、汽车、火车都是震动源，甚至关一下门也会产生震动。要避免把这些震动当成引力波，就必须找到合适的方法避开才行。科学家们想了个办法，在美国相距 300 公里的两个地方修了两个 L 形的探测臂，每个臂都有 4 公里长。如果引力波来了，再测量一下这个臂是变长了还是变短了，以此达到测量引力波的目的。此外，这样的探测还要互相验证才行，仅一个说有还不行，所以修了两个探测设施。

看看是不是挺麻烦的？所以，一百年之后才有可能去做这件事。结果，设施刚修好，正在测试呢，没想到就探测到第一次引力波，一下就轰动了全世界。因为他们的方法很严谨，所以很快得到科学界的认可。可见，科学研究的过程和方法必须规范和严谨，才能经得起质疑和考验；不能出任何差错，一出差错可能结论就是错的了。

发生错误的案例

当然，也有错误的教训。先讲个破案的例子，因为科学研究有时真的和警察破案很相似。1993 年，德国警方发现一名老妇人被人勒死在家中，唯一的线索就是现场发现了一名女性的 DNA，所以欧洲媒体推出耸人听闻的标题“幻影女杀手”。之后，连续 16 年在各地 40 多处犯罪现场都发现这个 DNA 的踪迹，十几年就是破不了案，甚至连个影子都没有找到。最后，这个“女杀手”居然还杀了个警察，让警察更生气了。后来，案件由法国警察接手。他们立刻就发现了问题：你说的这 40 多处现场为什么会有相互矛盾的现象呢？例如，时空矛盾、性别矛盾等，不应该出现的情况怎么也出现了呢？会不会是警察使用的工具有问题呢？

结果一查还真是。因为案发现场都要采集 DNA，就是要拿棉签去擦拭样品，而这些棉签都是奥地利的一名女工用手搓出来的，都沾染了这名女工的 DNA。也就是说，这个所谓的“幻影女杀手”其实只是一个普通的女工。显然，破案的方向都是错误的，因为用错了工具。这个案件到现在都没破，只能寄希望于警察找到新的证据了。

其实，在科学研究上，也会出现同样的事情，需要科学家认真甄别，决不能掉以轻心。例如，“奇怪宇宙信号”，1998 年，澳大利亚帕克斯天文台发现一种异常强烈的无线脉冲信号，与已知的所有天文辐射物理模型均不相同。有了新的发现，可把科学家们高兴坏了，因为实在是太难得了。有的科学家认为这是一种新的宇宙辐射，也有的科学家认为这是某种“外星人信号”。以发现的这个信号数据为基础，学术界提出很多新理论，并且都写成论文发表在那些“高大上”的期刊杂志上，一个接一个。我估计，这些人肯定也得了不少奖。

其后，这个信号连续 17 年反复出现，但就是搞不清楚到底是什么。直到 2015 年，有一个科学家偶然发现，这个信号出现的时间很有规律，而且波长频率等跟微波炉的信号波段很像。他就开始倒查，结果发现，只要有人把微波炉的门一打开，天文台就会接收到一个信号。事实的真相就是，所谓的宇宙辐射信号不过是微波炉的微波泄漏而已。

大家恍然大悟，原来这么多年的研究，不过是在开玩笑。这名科学家把这件事又写成了一篇论文。这一篇终于是正确的结果了。

所以说，排除工具或环境的误差，也是科学研究的重要内容之一。在很多情况下，产生错误的结果，甚至闹出笑话，其实不过是研究工具出了问题，或者是研究过程不够严谨造成的，倒也不是有意为之。

科学研究的结果解释必须准确

即使得到严谨的结果，对结果的解释如果处理不好，也会出现问题。这里用社会学中对数据进行解释的一个例子来说明。

世界上癌症发病率哪个国家最高？是发达国家，还是发展中国家？很多人会认为，肯定是发展中国家啊！发展中国家比较穷，污染又严重，因此癌症发病率肯定要高于发达国家。一般来说，这个结论听上去还算是合情合理。但这就是事实吗？

统计数据出来后，这个结论被打脸了。从统计数据看，癌症发病率最高的国家依次是丹麦、法国、澳大利亚、比利时、挪威、美国，并且前 20 位几乎都是欧美发达国家。这又是为什么呢？怎么和我们的直觉有那么大的差距呢？

癌症的发病率是与年龄正相关的，寿命越长当然得病就越多。到了 50 岁后，癌症的发病率就会增加。如果都活不到 50 岁，那自然没有太多机会得癌症了，当然发病率就低了。据说到了 90 岁，发病率又下降了。这就是根本的原因。有些人根据数据胡乱解释一通，却没有抓住根本，就会导致错误的结论。还有一种病，阿尔茨海默病也是如此，现在的发病率是越来越高。这并不是因为我们的医疗条件变差了，而是因为变好了，使每个人的寿命都延长了，所以得这个病的人才多了起来。皇帝不得癌症，不是御医好，而是死得早。中国古代皇帝平均寿命才 39 岁，就没有太多机会得癌症和阿尔茨海默病。因此，对研究数据的解释也要准确，不能简单化。

在我们的科研活动中，存在很多不规范、不严谨的做法，例如所谓的“名词创新”“修辞量化”“计数科研”等，其实都不是科学的方法。有些人写社会科学方面的论文，找不到数据，就自己造数据；造的数据又怕露馅，就故意说得含糊其词，其实都属于这一类。这些问题都需要我们注意和改进。

更糟糕的是，有些人虽然对新科学、新技术不甚了了，但是居然可以把文章写得文采飞扬、工整对仗、颇受青睐。内行一看则是错误百出，甚至惨不忍睹。在无人作战、智能决策、元宇宙等最新概念的研究中都有这种情况。例如，作战如果完全机器自主化了，还会像现在这样打仗吗？我们是不是该思考一下现代战争还会存在吗？把过程当终局、把想象当现实、把理想当实际、把研究当作文，成为很多人所谓的“科研技巧”。这种技巧是有百害而无一利的。这些人自己并没有真正理解，只是文字写得比较花哨，找到了编辑喜欢的“八股模式”，就能发表，真的让人哭笑不得。更糟糕的是，有些文章还发表在一些权威媒体上，我真的担心这样会误导大众。

1.2.3 第三个要素：科学的精神

科学的精神既是科学研究的态度，也是科学研究的保证。有态度，是科学研究的鲜明特征。这个态度概括起来也包括三个方面，即质疑、独立和唯一。

第一，质疑。“大胆假设，小心求证”，这是笛卡儿在几百年前创立科学方法论时就提出来的。马克思的座右铭是“怀疑一切”，也就是对任何事物都抱有好奇心。丘吉尔[①]也说：如果我们不会质疑，骗子就产生出来了。这个也被称为批判精神。中国科学技术协会每年都要组织各种各样的学术交流会。它有个口号说得很好，叫“科学的本质是批判，交流的核心是质疑”。学术会议的目的就是让你去交流，让你去质疑，去讨论，而不是上课、辅导，更不是“大咖”打卡，看谁请的院士多。现在我们有的学术会议只有念报告的形式，没有任何提问和交流，更没有任何质疑。这是不符合学术会议本来目的的。

第二，独立。科学规律独立于人、地、时、资本、潮流而存在。

---

① 丘吉尔，1874～1965 年，英国政治家、历史学家、作家，第二次世界大战期间曾出任英国首相。

也就是说，科学规律不会因为时间、地点的改变而改变，也不会因为你有钱，或者你的官大，科学规律就跟着你改变了。那样的话，科学家就真的成了“御用”科学家了。“吾爱吾师，吾更爱真理”说的也这个道理。虽然你是我的老师，我很尊重你，但老师与真理相比，我更相信真理一些。这就叫独立性。敢于讲真话，愿意讲真话，乐于讲真话，才是科学家应有的品德和性格。

第三，唯一。科学规律是唯一的，但要注意认识是可以发展的。科学规律是唯一的，就是说不能有两个科学规律，也不会有两个规律同时存在，只能非此即彼。规律不会因人而异，也不会因钱而异，更不会是“信则灵，不信则不灵”，例如宗教、鬼神都属于这一类。这些可以是别的研究，唯独不能是科学研究。但是，要记住，科学规律是可以发展的，也许人类对某一事物的认识加深了，对规律的认识就改变了，但仍然只能是唯一。

质疑、独立和唯一是科学精神的三要素，缺一不可，但我觉得最重要的还是批判精神。批判精神也称为批判性思维，是科学研究中的一种基本态度。它可以保证科学研究永远具有活力，并且能够不断地发展。批判性思维与创新性思维是共同存在的，不敢质疑肯定就无法创造。

批判性思维的重要性

批判性思维为什么重要呢？我们可以先看两个案例，都是发生在美国肯尼迪[①]政府期间的事情。

很多年轻人可能不太清楚肯尼迪这个人，年纪大一些的人都知道。他是 20 世纪 60 年代初的美国总统，年轻有为，上任没几年就被人给暗杀了，一时轰动世界。1961 年，他刚上任的时候可以说是风光无限，身边围绕的都是一些有名的政客，如国务卿腊斯克；国防部长麦克纳马拉，当时最年轻的国防部长，才 42 岁；中央情报局局长杜勒斯；司法部长小肯尼迪；顾问施莱辛格，一个历史学家、大学教授。

① 肯尼迪，1917～1963 年，1960 年当选美国总统，1963 年遇刺身亡。

肯尼迪刚上任时，正好面临一件难事。一大批古巴流亡者跑到美国，说是反对卡斯特罗政权，但是这帮人把美国几个地方搞得挺乱。所以，他们想把这帮人送回古巴，既可以减少自己的麻烦，也可以给古巴政府添乱。于是就让中央情报局策划了一个行动，准备把 1400 多人用军舰给送回去，推翻卡斯特罗政府。他们心里想的是，这些人一旦回去，老百姓肯定是一呼百应，就会起义暴动，把古巴政府推翻。即使推翻不了政府，有大山，他们到大山里打游击也很好。

肯尼迪定了这个调子之后，中央情报局的团队就开始实施这个计划。但是，很多外人都能看出来的问题，这个团队的聪明人却似乎不知道，例如有些情报早就泄露了，还有些情报甚至都是错误的；那帮古巴流亡者也不是善茬，纪律性很差等。但是，就是没有任何人敢提不同的意见，都不说话，即使觉得不合适也不愿说。当时，施莱辛格觉得好像有问题，还没等说话，就被小肯尼迪拉到一旁说：你可能是对的，但是你也可能是错的，现在总统已经下决心了，你还是帮助他把这个事干成吧！结果还是没有说成。所有人似乎都在维护这个团队的团结，但就是没有人关心这个方案是否可行。

结果这个计划刚开始实施，也就是大家都知道的“猪湾登陆”，马上就漏洞百出。流亡者部队一登陆就被古巴政府军发现了，一通炮火砸过去，打得美国运兵船赶急往回跑，那 1400 多人在登陆滩头像没头苍蝇似的乱窜。既然没有想象中的“群众一呼百应”，不是还有 B 计划吗——赶快往山里跑，去打游击。结果发现连带来的地图都是错的，根本就没有路，这 1400 多人死的死，伤的伤，剩下的全被抓了起来，计划彻底失败，搞得肯尼迪政府脸面全无。

肯尼迪总统很生气，后果很严重。赶紧查原因，原来是自己的计划没有制定好。什么事情别人都知道了，唯独他们这个团队自己不知道。没有任何人敢去质疑，也没有人愿意去指出问题，宁愿保持团队内的一团和气，而不去纠正可能的错误。这就是批判性思维的典型反例。这个案例来自何帆。何帆把它叫作“团结起来犯愚蠢的错误”。集思广益是很好，但是如果处理不好，也会把集体思考变成集体不思考。已有科学研究证实，很多所谓的“聪明人”凑到一起，智商反而急剧下降，进而做出愚蠢决策，原因就在于迷信权威、信息封闭、组织惯性等。

第二个案例出现在第二年，还是肯尼迪的这个团队，还是在古巴。这一年美国和苏联因为导弹部署问题出现危机，即古巴导弹危机。赫鲁晓夫非要把导弹部署到古巴去，而美国坚决不干，即使打一仗也在所不惜。这对肯尼迪政府又是一次考验。还是同样的这帮人，除了杜勒斯在“猪湾登陆”失败后引咎辞职，主要的人员并没有大变。这一次与前一次完全不同，大概是吸取了上次失败的教训。这一次小肯尼迪扮演的是“魔鬼辩护人”的角色，专门找毛病，提问题，弄得每个人都很不舒服。这个问题不行，那个问题也不行，大家经常搞得不欢而散，始终都在争论。虽然心里不舒服，但是方案却逐步成熟了。美国在古巴导弹危机中大胜而归，占了上风。肯尼迪政府也挽回了面子。

这些案例都说明，批判性思维是多么重要。

批判精神是创新的基础

对传统思维的批判，就是创新最大的源泉。马斯克特别强调“第一性原理”，提倡反直觉思维，以及逆向思维。这就是说，要与自己的惯性思维做斗争，找到创新的突破口，而好奇心、想象力就是创新的基本条件。

对于钱学森之问，其实他自己就有过回答。他认为，杰出人才的产生离不开宽松的学术氛围，要培养年轻人敢于挑战权威才行。现在在几乎所有的大学，大家见面都是客客气气，不敢质疑，尤其是对院士更是唯唯诺诺，学术讨论活跃不起来，这怎么能够培养创新人才？更不用说大师级人才了。

马斯克也认为，除了物理定律不能打破，没有什么是不可以质疑的。马斯克搞火箭发射，一般人认为火箭发射完了就扔是天经地义，而他却非要把火箭收回来，再次利用。他还真的做到了，火箭不但可以落回海上平台，还可以落回地面平台，甚至干脆连落地的脚架都不要了，让发射架直接“抱住”回收。这样又可以减少很多不必要的载荷。他说要办这件事的时候没人信，搞成了大家又都跟着学，结果搞出一堆跟风的。为什么你就没有想到这么做呢？原因就是，你已经习惯性地认为，火箭本来就应该是发射后扔掉的。可见，思维的惯性有多大，跟着别人学就算不上什么创新了。

我们自己也有案例，当年有专家提出来用弹道导弹打航母，开始就没有得到认可，因为大家都认为弹道导弹打活动目标不太可能。但最后搞成了，还成了撒手锏武器。俄罗斯搞的“波塞冬核鱼雷”，我觉得也是一种颠覆性创新。这就是创新的力量，批判性思维的力量。但是，这样的案例还是太少了。为什么太少，我觉得主要还是缺乏批判精神。这是我们在科学精神上最大的不足，军队的等级体制导致这个问题更为突出。不敢质疑，盲目崇拜，“言必称美军”“言必称前人”“言必称权威”都会导致创新力和战斗力的下降。

中美俄教育工作者的联合调查也证实①，中国大学生的批判性思维随着年级的升高而递减。美国大学教授说中国学生善于总结而非批评和分析。也就是，善于根据老师说的内容进行概括总结，但要创新出自己的东西，就不太行了。美军认为：作战指挥中的批判性思维，是经过深思熟虑的判断推理活动，有利于适应战场上的不断变化。这就是说，分析作战方案的时候必须要互相质疑，不经过质疑而通过“一言堂”得出来的方案，很大可能是失败的方案，因为缺少全面的思考。

因此，批判性、创新性思维才是未来应对战争不确定性的利器。我们的民主集中制其实就是这样，民主的时候大家大胆发言相互质疑，集中的时候就要统一决策共同行动。这是非常科学的，是经过长期革命斗争实践总结出来的制胜法宝。但是，现在有的人理解成决策时“谁权威大就听谁的”，不敢说话，不敢质疑，这就不对了。这也不是科学研究应该有的态度。

科学就代表一定正确吗

科学就代表一定正确吗，其实也不是。这又是很多人的误区。科学并不为正确性与否背书，只为严谨性背书。也就是说，我说你的结

① 来源于《这两个公式让你获得创造力：亚布力论坛开幕演讲》，作者钱颖一。

论是科学的，只代表我认可你的方法是科学的，研究过程是严谨的，并不代表你的结论永远都是正确的。

来看一个例子。爱因斯坦搞出了相对论，经过一段时间的质疑和讨论，得到学术共同体的认可，被大家接受了。但它一定是正确的吗？这也不一定。当爱因斯坦将自己的广义相对论方程应用到宇宙模型时，就发现了一个问题：如果按照这个模型，宇宙就不会保持静止，要么是收缩的，要么是膨胀的。这与当时的观测结果不符。爱因斯坦为了解决这个问题，让其更加符合观测结果，就给通过广义相对论推出的宇宙方程上加上了一个宇宙系数 λ，使这个理论看起来更加“完美”。一般来说，与观测结果数据不一致，就修改公式，让两者更匹配，大家也是这样做的，无可厚非。所以，爱因斯坦做了这一改变后还很得意，很快就把论文发表了。

当时英国天文台有个年轻人叫赫马森，是个研究生，在著名天文学家哈勃的指导下观测星云。他每天晚上值班看门，同时观测星云，而且非常有兴趣。看久了，他就发现，怎么星云变颜色呢，有时会变红，有时会变蓝。其实很简单，这种变色现象意味着光的波长在发生变化，波长变长就会发红，波长变短就会发蓝，也就是所谓的多普勒效应。星云变颜色反映的是星云在移动，“红移”意味着星云远离地球，“蓝移”意味着星云朝靠近地球。而且，赫马森还发现，产生“红移”的星云数量远远多于产生“蓝移”的星云数量。这是什么意思呢？他马上把这一发现报告给了哈勃。哈勃多牛啊，一听马上就想到，这不正说明银河系的天体在向外膨胀嘛！膨胀说明宇宙大爆炸理论是正确的，只有爆炸才会导致宇宙膨胀啊！哈勃很高兴，联名发表了论文，但是他并不知道爱因斯坦这回事。毕竟，他只是一个天文学家，并不关注理论物理学家的事。

论文一发表，理论物理学家知道了这个结果，这不正是爱因斯坦十几年前广义相对论得到的结果吗！爱因斯坦费尽心机加进去的那个宇宙常数，却显得多余了，成了画蛇添足。爱因斯坦屡经验证的广义相对论，作为“真理”在新的观测结果面前出现了瑕疵，使他错失了获得第二次诺贝尔奖的机会。这个方程中如果没有那个 λ，第二次诺贝尔奖肯定又是他的。这也成了爱因斯坦一生当中最大的遗憾。他公开承认：这个宇宙常数是他一生中犯的“最大的错误”。这也说明，即使已经是科学的结论，也有可能并不完全正确。所以我们说，科学从来不为结论的正确性背书，因为结论可能不会永远正确。

这个故事还未结束。宇宙大爆炸理论的提出者勒梅特，是一个比利时的科学家，他与爱因斯坦并称现代宇宙学之父。他对爱因斯坦加的宇宙常数情有独钟。他反向思考，既然爱因斯坦能够证明这个方程式是成立的，那我为什么不用它呢？勒梅特探寻了宇宙在发展过程中的各个状态，发现用这个宇宙常数就可以描述宇宙“快速膨胀、减速膨胀、准静态、重新膨胀”的演化过程，认为这才是宇宙大爆炸初始时实际演化的过程。但是，他提出的这个理论还没有被证实，也就是说，“真理”还在不断检验之中，认识还在不断趋于完善。这就像“日心说”否定了“地心说”，但“日心说”就是正确的吗？只能说它相对地球而言正确而已。

从这些例子可以看出，其实没有什么绝对的“真理”。哲学家波普告诉我们，科学理论只能保证现在是适合的，而不能保证未来还是适合的。真理永远都不能被证实，只能“相对地逼近”，也就是说，真理不是绝对的。每一次科学研究的进步，实际上只是使我们更接近“真理”罢了。这就为科学理论的不断进步，奠定了批判性思维的哲学基础。如果有事实证据，科学家愿意承认错误，科学才会进步。这就是说，科学并不能保证绝对的正确，但是可以保证这是走向正确的方式。

科学到底是什么

讲了这么多，回过头再看科学到底是什么呢？

狭义的科学概念主要来自自然科学，这是我们所熟悉的。科学是一个探索知识的过程，而非知识本身。这个过程采用的是严格的、经过学术共同体认可的科学方法。如果用这个科学方法研究问题，就可以认为研究是科学的。这是狭义的科学概念。

广义的科学概念包括三个方面。第一类，概念最窄，主要指的是自然科学，即狭义科学。第二类，概念宽一点，指的是基于实证研究的有关自然和社会的知识体系。在第二类定义中，只要是基于实证研究，也就是能够定量和度量，而且可以在实际社会中找到证据，就被认为是科学家族中的正式成员。因此，社会科学也算科学的一种。第三类，概念最泛，指的是所有的知识与学问。这是最广义的概念，也是最难界定的概念，几乎什么都可以认为是科学，所以很容易造成误解，一般只在不太严格的情况下使用。

因此，最能够被大多数学术界认可的科学概念，就是看其是否采用科学的方法。这是它和其他概念最本质的特征区别。科学方法，也就是前面所说的逻辑、量化和实证方法，才是辨别是否真正科学最核心的标志。是不是科学，其实就看这三条是否能被满足。需要注意的是，不是科学，并不是说不好，只是说不属于这一类，仅此而已。

狭义科学概念的辨析

我们所说的科学的概念，和平常见到的一些概念有什么不同呢？注意，这里主要指的还是狭义上的科学。

第一，哲学不是科学。虽然科学起源于哲学，但是在定量化和实证方面，科学与哲学分道扬镳了，尽管过去两者是一家人。哲学的发展现在面临着许多挑战，尤其是物理学家的挑战。现在很多物理学家瞧不起哲学家，甚至说哲学家就像“鸟类词典对于鸟儿”[①]一样，根本没有什么用处。因为很多新的概念都是物理学家先发现，然后哲学家凑过去总结，所以哲学家很苦闷，不知道如何是好。

第二，数学不是科学。这可能出乎很多人的意料。数学是科学的语言和工具，但数学本身并不是科学。因为数学不要求实证，只要求逻辑能自圆其说。例如，欧几里得几何，一个基本公理是“平行线永不相交”，但是非欧几里得几何则把这条公理给改了，“平行线可以相交”。这在逻辑上仍然可以自洽，可以自圆其说，又形成了另外的一个体系，并不需要什么实证。尽管数学不是科学，但是有的大学还

① 这句话是理查德·费曼说的。费曼，1918～1988 年，著名物理学家，诺贝尔奖获得者。

是设置了数学科学学院，很有意思。其实，数学只是科学的工具。

第三，技术也不等于科学。这个概念是混淆最多的。技术只是科学规律的应用。科学并无高低之分，也无功利，但是技术却有高低，有功利。因此，高科技这个词是不对的，应该说高技术。我们国家 863 计划叫“国家高技术研究发展计划”，而不是“国家高科技研究发展计划”，就是这个道理。科学没功利，但技术有功利，最典型的功利就是专利。谁发明出来这个东西，谁就有钱赚。所以说，技术是有功利的。

第四，学术研究也不都是科学。例如，哲学、数学、历史、文学、艺术都可以是严肃的学术研究，但是又都不属于科学研究。因为它们并不完全采用科学研究的方法。这个概念也很容易被人们搞混，以为所有的学术研究都是科学研究。例如，历史研究在多数情况下并不需要定量研究，数学并不需要实证。艺术、社会、文学等学术研究，也是如此。近些年，许多领域都开始采用科学方法。例如，考古研究经常采用碳 14 对文物进行年代测量，这可以归于科学研究的范畴。这里需要说明的是，所谓的科学研究，也不比这些严肃的学术研究“高人一等”，没有必要另眼相看。所以，科学有自己的概念范畴，不能随意使用。把它们都看成广义的科学研究行不行？如果这样说，那就另当别论了。

战争研究的科学与非科学

同样的问题也出在战争科学和军事科学研究中。战争研究早在人类社会形成之初就有了，但是那时科学的概念还不存在。孙子在科学概念出现的两千年前，就写了《孙子兵法》，成为战争研究的经典，就是严肃学术研究的代表。但是，它却不属于科学研究的范畴，因为没有采用科学的方法。这些研究更多是建立在对历史经验总结、哲学思辨上的。所以，严格地说，并不能称为战争科学。

现代战争研究既然要称为战争科学，或者军事科学，前提是它必须采用科学的方法。这是它与一般学术研究，如哲学研究、历史研究等最不同的地方。因此，不能在称自己为科学的同时，却不采用科学的准则和方法，仍然沿用非科学的那一套方法。注意，这里说的非科学并没有贬义，只是说与科学不一致。

从战争科学的角度来说，任何理论的形成，都必须遵循科学精神，使用科学工具，所有的论点都必须有量化证据证实。因此，科学特征也应该是战争科学最本质、最基础的特征，这就是前面讲的科学目的、科学精神、科学方法。社会科学早期也没有采用科学的方法，所以被称为社会学研究。现在很多相关研究都采用科学的方法，特别是基于实证的量化研究方法，所以社会学就变成社会科学。尤其是在近几十年，随着复杂网络、大数据等方法的出现，社会科学研究发展很快，取得了非常丰富的成果。

事实上，军事学在大类上也属于社会学领域，因此也是可以向战争科学转型的，但是我们目前做得还远远不够，就是与一般社会科学研究相比也差得很远。例如，现在军事学研究生论文的一个突出问题就是缺乏实证论据。社会学研究生可以拿现实社会作为对象，收集数据、统计分析，进行量化实证研究。军事学研究生就很难，因为很少有实际战争案例可供参考。即使有些实际数据，大多又都是零碎案例，不具统计特征的。所以，他们提出的理论大多是假说型的，没有实际论据支撑，这就很难被科学界认可，更难成为被认可的规律。这就像说“某某药治好了我舅舅的病”，在科学上是没有价值的。只有“某某药治疗某某病的有效率是 95%”，才是能被科学认可的证据和结论。

战争如果是科学

因此，科学特征也应该是“战争科学”最本质、最基础的特征。战争可以是科学研究的对象，所以战争也可以成为战争科学。科学的方法就成为战争研究的核心手段。因此，战争科学研究应该具有科学的精神，采用科学的方法，寻找战争的科学规律，也就是战争的运行机理。这其中就包括战争的制胜机理。这是科学意义上的机理，而非哲学、历史学、社会学、经济学意义上的机理。

对战争科学机理的认识，是现代战争理论创新的重要条件。例如，美国人早期提出的“网络中心战”理论，以及近期提出的“决策中心战”“跨域战”理论等，都是以科学理论为基础的。美军在战争理论研究科学化方面遥遥领先，俄军在作战基础量化研究方面也积累了丰富的经验。

在这方面，我们有一定的差距。因为真正按科学方法研究战争并不容易，我们很多战争理论的研究还属于传统学术理论研究的范畴，采用的大多数还是类似哲学研究、历史研究的方法，很少使用科学方法和科学工具，更是缺乏基础科学理论的支撑。战争科学最缺的恰恰是科学，因为我们对科学本身的理解就存在很大的偏差。

那么，在战争研究中，我们该采用什么样的科学方法呢？

1.3 战争研究应该采用什么科学方法

既然战争科学研究要采用科学方法，那么采用什么样的科学方法才是合适的呢？这其实是在问，我们大家熟悉的自然科学方法，适合战争问题的研究吗？是不是将自然科学方法直接拿过来用就可以了？

1.3.1 自然科学可以作为战争研究的基础吗

我提出这个问题其实是有原因的。因为二十多年前，我刚从国防科技大学调到国防大学时，就是这么认为的。我也相信，大多数受过正规自然科学教育的人，恐怕也会这么想。从小学、中学、大学，再到研究生，十几年的自然科学教育，已经潜移默化的使我们想当然地认为，自然科学方法就是科学方法的一切。但是，事实却不是这样，自然科学并不是科学的全部。战争科学研究确实有它的独特性。这个独特性使我们熟悉的自然科学方法并不完全适用于战争科学，甚至社会科学的研究。

战争研究科学方法的进步与曲折

著名战争理论家克劳塞维茨很早就意识到这一点。在《战争论》中，他借鉴当时 18 世纪最先进的牛顿物理学概念，通过引入“摩擦”“阻力”“重心”等物理学概念来解释战争现象，所以他也被称为伟大的社会物理学家。这些物理学概念一直被应用至今，成为战争理论研究中的经典。但如果去看克劳塞维茨的原著，就会发现他其实是很纠结的。他说：

“战争同技术或艺术的根本区别在于：战争这种意志活动既不像技术那样只处理‘死’的对象，也不像艺术那样处理的是人的精神和感情这一类，虽然是活的，但却是被动的、任人摆布的对象。战争处理的不仅是活的，而且还是有反应的对象。”

克劳塞维茨的这些话听起来就很纠结，因为他觉得自然科学研究的是“物”而非“人”，而战争所关注的不是“死的”物理对象，而是活生生的人，用物理学方法就非常牵强。可见，他认为物理学其实并不太适合战争理论研究，他用那些物理学概念描述战争特性，纯属没有办法的办法。200 多年过去了，现在仍然可以看到很多人在重复类似的社会物理学理论，可见这是多么的根深蒂固。事实上，我自己一开始也认为这是将科学方法应用于战争研究的必由之路，但是后来发现其实并不是。

第二次世界大战期间兴起的军事运筹学，将数学方法用到了作战相关领域，更坚定了研究者将自然科学方法应用于战争的信心。“运筹学”的英文“Operation Research”，直译其实就是“作战研究”的意思。用数学方法解决一些作战优化问题，如管理和规划空中任务、优化舰艇扫雷路径、商船上如何安排高射炮防空等，都取得了明显的成效。此外，还造就了以麦克纳马拉[①]为代表的一代“神童”，也就是被后人津津乐道的“蓝血十杰”。这十个人原先都是哈佛大学等名牌大学搞数学研究的，在第二次世界大战期间被美军招募，专门研究空中作战任务的管理和规划，搞得非常出色，当时就可以保证上万架飞机在空中的管理。战争结束后，他们都被福特公司招去，将那套科学方法用于企业管理，结果又大放异彩。麦克纳马拉也因此当上了福特公司的董事长。这可是福特公司有史以来第一次由外人当家族企业

① 罗伯特·麦克纳马拉，1916～2009 年，美国政治家，1961～1968 年任美国国防部长，1968～1981 年任世界银行行长。

老大的。后来他又被肯尼迪政府看中，成为当时美国历史上最年轻的国防部长，时年仅 44 岁。

麦克纳马拉他们坚信数学的精确和确定，认为这才是世界运行的逻辑，因此也应该是战争的科学基础。他们认为，现代军事行动需要更细的量化分析，甚至一度对数据痴迷到迷信的程度。例如，一个村庄什么时候会有游击队出现，都要用数据和概率来说明，忽视了“人”才是战争中最易变且最重要的因素。他们将工业时代对于机器的简单系统分析方法，应用于空中力量和核战争规划，甚至越南战争中，进而出现战略性的失误，导致越南战争全面失败。最后，麦克纳马拉不得不辞职了事。

后来当上美国国防部长的鲍威尔①曾在那个时期去过越南。他在回忆录中曾挖苦说：麦克纳马拉的计算尺精英们②推崇的作战指数，不过是在衡量那些根本不可能衡量的东西而已。他的意思就是说，那些东西“文不对题，狗屁不通”。其实就是忘记了战争是人与人之间的战争，忘记了“人”与大自然的不同。这是典型的机械唯物论的信念：迷信数学、物理化思维，以为研究自然的物理学方法，也可以简单地平移到社会、经济，甚至战争研究中。

但是，事实果真如此吗？那为什么会出现很多传统自然科学理论无法解释的现象呢？例如，经济危机、社会动荡为什么不能预测？为什么我们没有预测到“恐怖袭击事件”“金融危机”“特朗普当选”“疫情暴发”呢？为什么古人说“胜战不复”，也就是不会出现完全一样的两场战争？同样的打法，战争结果为什么可能完全不同？为什么很难找到某个战争取胜的公式呢？诸如此类，这些现象和我们所知道的物理学“可重复性”“可预测性”等基本规律，可以说是完全相悖的。

问题到底出在哪里呢？为什么我们不能像预测太阳升落、彗星回归、天气变化那样，准确地分析、预测与战争、经济、社会有关的

① 科林·鲍威尔，1937～2021 年，美军陆军上将，曾任美军参谋长联席会议主席、美国国务卿。

② 计算尺是一种像尺子一样的计算工具，通过拉动对齐可以得到一些复杂计算和函数的结果。在没有电子计算机的时代是科学家和工程师必备的工具。“计算尺精英”是对迷信数学计算的那些人的讽刺说法。

问题呢？说到底，这实际上就是我们该如何看待世界、看待战争的问题。

简单系统与简单系统思维模式

我们的世界包含万物，但是从系统论的角度看，它是由各种系统组成的，并且在不断地发展和演化。大到宇宙系统、社会系统，中到军队组织、武器装备，小到两根木棍组成的筷子、一套的茶具等，都可以看成系统。这些系统的性质很不相同，当时基本上可以分为两大类，即简单系统和复杂系统。

简单系统，也称简单性系统，它的整体等于各部分之和，研究每一个局部就可以知道整体如何，因此符合还原论规律，也就是系统的结构不变，性质也不会变。例如，自行车就是简单系统，由两个轮子、大梁、龙头、链条等组成，结构始终不变。我们可以形象地说它们是“1+1=2”的系统。其实，所有的机器都是简单系统，因为它们都可以分解后再还原，“瓦良格号”拆开了重新组装，成了“辽宁号”，但它还是机器，再复杂的机器也还是简单系统。但是，航母这台“大机器”再配上官兵，就变成了航母作战舰艇部队，那它就不再是简单机器了，因为上面有了活生生的人，因此也就不再是简单系统了。

传统自然科学研究的对象基本上都是物理对象，绝大多数都属于简单系统，因此我们很自然地就会养成习惯，把所有的系统都当成简单系统来思考，而不管这个系统到底是不是简单系统。这就是简单系统思维。它认为系统本质上都是简单的，都是可分解还原的，即使像钟表结构那样复杂，拆开后仍然可以重新组装起来，分毫不差。此外，系统还具有确定性，如果了解了系统运动规律，就可以对它的行为进行精确预测。例如，我们可以预测每天日出日落的时间，所以就可以精确地安排天安门举行升降国旗仪式的时间。这些系统的因果关系都是线性的，小动因只会引起小结果，大动因才会引起大结果。这就像我们敲锣，轻点敲必然声音小；使劲敲，声音就会大。这种思维模式称为机械思维模式，或者还原论思维模式。概括起来，其要点就是，系统可分解还原、具有确定性、可预测、可重复、因果线性等。

在机械思维模式下，我们会认为世界就是“机器”的世界。宇宙、地球、社会、人群都可以看作某种结构固定的机器，所以战争也被称为“战争机器”。我们在思考问题时，也会把所有事物都想象成机器，所有的思维都按机器和零件的方式来处理。即使在100多年前“科学管理”创始人泰勒发明的流水线上，人也成为机器的组成部分，所以才会有脍炙人口的电影《摩登时代》。100多年前的普鲁士军队也有个很重要的观点，就是认为如果能把军队训练得像机器一样精密，就可以战无不胜。这也成为他们军队训练的基本理念。

这种简单系统思维模式，对我们每个人的影响都是巨大的，经过多年的学校教育，已经潜移默化地成为我们默认的基本思维模式。大家想一想是不是这样的？从小学到中学，再到大学，甚至研究生，我们已经逐步养成这种思维习惯，不管对待什么事情，都会自觉不自觉地这样去思考问题。但是，我们的世界还存在很多并不简单的系统，也就是复杂系统，使我们的很多看法与现实产生矛盾和冲突。

复杂系统与复杂系统思维模式

复杂系统存在整体性质，所以整体不等于各部分之和。由于多出来那一点整体性质，因此就不可能符合还原论。对于整体性质可能不太好理解，我举个例子来说明。例如，人，现在科学家已经基本上搞清楚了人体的所有组成成分，但是即使都是同样的组成，死人和活人却有着本质的不同，有无“生命”就是它们最大的不同。“生命”就是活人的整体性质。其实，由人主导的经济系统、社会系统，包括战争系统，显然都是复杂系统。因为它们都存在某种整体性质。一些物理系统也是复杂系统，如天气系统，它的运行也具有整体性，而且是混沌的，很难预测。但是我认为，这两者的复杂性根源是不一样的。关于这一点，我在后面会解释。

复杂系统思想认为，世界本质上是复杂的，具有整体性，因此不能简单地用分解还原的方法进行解释，把它分解开单独看，反而看不到问题的本质了。复杂系统思想承认存在不确定性，因为确实存在一些无缘无故发生的事情。因此，它的因果关系可以是不明确的，可能具有非线性关系，也就是小动因也可能得到大结果。概括起来，复杂性思维模式就是，非还原论、不确定、不可预测、不重复、非线性。

复杂性思维模式认为，世界是“信息的世界”，关系才是整体的基础。实体本身并不是最根本的，最根本的东西是实体之间的关系。这更符合我们对社会的观察和实际，因此与物理自然界不完全相同。这样就可以把“人”的系统当成“活”系统来对待，如群体、组织、体系等，因此与人有关的系统就都是复杂系统，如社会、战争、经济系统等。

战争科学与自然科学的巨大差异

战争科学乃至社会科学，与传统自然科学体系相比，都存在巨大的差异，主要表现在以下三个方面。

第一，复杂性。复杂系统不能分解还原，结构可变，结果也不会唯一，因此不能简单地重复和预测。它与传统牛顿自然科学体系下的结构不变、确定性、结果唯一、可预测、可重复等性质完全不同；与决定论更是不同，有些结果就是没有原因。这些复杂性一般可以分为物理复杂性、生物复杂性、社会复杂性三大类。物理复杂性主要起源于类似混沌之类的运动特性，而生命复杂性则在于有机和无机之间的过渡和转换。这两个都不详细讨论了，下面重点说一说社会复杂性。因为战争也属于社会复杂性的范畴。社会复杂性的产生大多与人的认知有关，反映的也是人类社会运动的复杂性。

第二，反身性。在社会复杂系统中，人的知识或行为会反过来影响人所在的系统，导致系统发生演化，改变系统本身。这就与自然科学系统很不相同。例如，不管官多大，你的意见都不可能干扰自然界的规律。你再有名也没用，该下雨还是下雨，该刮风还是刮风，自然界不会听你的。但是，人的知识或看法却可能改变我们建造的社会系统的运行，因为这个系统本来就是人类的认知驱动的。例如，证监会主席一句话，可能就会影响股市的涨跌；指挥员对态势的理解，很快就会影响兵棋推演的结果。我们的认知和看法，会导致我们所在的系统发生演化，反过来影响我们自己。

第三，不可预测性。人类社会，也就是社会复杂系统，它的未来是不可预测的，因为人类未来的知识是何时，以及如何产生是无法预测的。这一点又和自然科学不太一样，怎么就不可预测了？找到公式不就可以预测了？对复杂系统而言，这个“公式”可能永远都无法找到，因为复杂系统的规律可能会不断发生变化，而不像万有引力定律，多少年都不会改变。这个结论是著名哲学家波普给出的。他从逻辑上证明了，我们无法知道明天将会产生什么知识及其如何改变人类社会和世界，因此人类社会的未来是不可预测的。这就是复杂系统科学的世界观。社会在不断发生变化，因此我们不能用物理学的思维去思考人类社会的事情。战争是人的战争，因此战争的未来也是无法预测的。这就否定了机械思维模式下的决定论基础。

因此，我们就可以得出结论：将传统自然科学作为战争研究的科学基础是不合适的。拿研究“物”的还原论思想，作为研究“人”的战争的科学基础，显然有些文不对题。这些传统的自然科学理论和方法，只能作为我们研究战争的一般性工具，而不能作为根本性工具。换句话说，如果用错了对象，科学有时也是不靠谱的。例如，过去我们以为人口政策可以用自动控制理论来研究，预测中国人口在21世纪初会多的惊人，但事实大家都知道了，恰恰不是那样。因为人不是机器，是有认知的，会根据认知调整自己的行为，比如现在就有很多年轻人不愿意生孩子，所以用研究机器的自动控制理论来预测人口就显然不合适。

从本质上讲，战争科学与社会科学同属一个大类，但是战争科学与一般的社会科学相比也有不同，主要表现在两个方面。一方面是对抗性。战争的本质是对抗，不会有“双赢”，而社会实体间更多的是合作，最多是竞争。因此，两者从本质上看差别很大。我们研究战争，不可能不研究对抗。对抗才是战争研究的核心。另一方面是残酷性。社会活动可以多次试验，不成功可以重新再来，但是战争只会给你一次机会，成王败寇，不可能再来一次。这两性使战争科学研究可以借鉴社会科学方法，但是不能简单移植。

概括来说，复杂性科学思想与方法，而不是传统自然科学思想与方法①，应该成为战争研究的科学基础。用复杂性科学思想作为战争研究的基础，一是要理解复杂系统的性质，二是要学会使用复杂系统研究的科学方法。

1.3.2　复杂系统的三个主要性质

复杂性的概念是由奥地利生物学家贝塔朗菲首先提出来的。此外，他也是一般系统论的创始人。他认为，对复杂性的研究必须采用新的方法。这些方法就称为新科学，也就是复杂性科学。钱学森是最早在中国推广复杂性科学研究的学者之一。他也说：凡是不能用还原论处理的，都应归到复杂性一类。意思就是，复杂性科学可以涵盖更大的范围。从理论意义的视角来看，复杂性科学是建构在系统科学基础上的科学理论，并不排斥传统自然科学，而是对它的超越和拓展。因此，还原论也可以看成复杂性科学的特例。

复杂性也契合战争的特性。我们耳熟能详的一些话，例如“战争中的偶然性”“战争结果的不可重复性”“战争中的迷雾”“兵无常势，水无常形”等，其实都是在说战争复杂性的特征。将战争系统称为战争复杂系统，就明确了战争的复杂性特点。这就摆脱了牛顿科学理论“机器”思维的束缚，将战争系统看成人与人之间的对抗，因此更符合战争本来的特点。

要想理解复杂系统，有三个性质最为关键，即适应性、不确定性和涌现性。下面简单说一说这些性质具体是什么意思。

复杂系统性质之一：适应性

“适应性造就了复杂性”，这是美国圣菲研究所的霍兰提出来的。圣菲研究所是专门研究复杂性科学的研究机构，在世界上非常有名。霍兰认为，那些能够根据环境调整自身结构的系统导致复杂性产生。

① 这里将“传统的自然科学方法”与“复杂性科学思想与方法”相对并列并不十分严谨，只是为了叙述方便才这么做。因为自然科学方法也在不断发展，复杂性科学思想与方法也可以包含其中。这里所说的“传统自然科学方法”指的其实是牛顿科学思想方法，即传统物理学方法。

适应就是能够感知外界变化，然后改变自身的过程。例如，感知天气冷了，就会多穿衣服；感知开车速度快了，就会踩刹车，这就是个体在适应。一群人过马路，每个人都有一个相互调整速度和位置的过程，这就是群体在适应。适应的结果就是调整每个人之间的关系，而这个关系在系统中就称为结构。

因此，那些能够根据环境不断调整自身结构的系统，就称为复杂适应性系统，如人群、鸟群、军队、社会组织等。它们总会以最合适的方式，如节省能量、易于繁殖和传播等，来调整系统的结构关系，以适应环境的变化。军队的体制编制调整也是在改变结构，为的是有更强的战斗力。鸟群为了飞行也在不断调整结构，为的是飞行时更节省能量。

系统论里有个很重要的结论：系统结构决定系统功能和性质。结构不同，性质和功能就会不同。例如，石墨和金刚石都是碳原子组成的，但一个是层次结构，性质很软，可以制作铅笔；另一个是正四面体结构，性质很硬，成为金刚石。机器的结构一般也不会改变，所以它的功能性质一般也不会变化，该是什么还是什么。复杂系统却不一样，因为它的结构总是在变，结构一变，性质和功能就变了。

那么，系统结构可变会带来哪些不同呢？

第一，系统会不断发生演化。结构的改变是因为自组织产生的，所以系统在约束条件下由自组织驱动进行演化，从而不断改变系统的功能和性质，使系统出现不同的状态。因为每个个体适应环境的因素很多，所以改变的结果也多种多样。例如，一个作战体系有时战斗力很高，有时又很低，就是其结构不断发生改变造成的。一支经过训练的部队，组成没变，但是会发生本质性的变化。都是 100 个人，拿着同样的武器，土匪和正规部队的战斗力肯定不同。复杂系统与简单系统的不同之处在于，在“完整”和“损坏”两种状态之外，还有另一种状态，就是“成长”。简单系统，如机器有“好”“坏”之分，而复杂系统像小孩，他是“活的”，因此除了“好”“坏”，还会成长。

第二，系统无法分解还原。对复杂系统而言，是无法采用分解还原方法的。系统既然已经成长了，就不可能再回到原来的样子。例如，一个小孩长大成人后，是无法再返回童年重新开始的。一支部队身经百战后，绝对比他是菜鸟的时候强；你让他回到不会打仗的状态，也是不可能的。因此，对复杂系统而言，不可分解还原就是这个道理。

因此，用传统的自然科学还原论思想来研究复杂系统是不可行的。

复杂系统性质之二：不确定性

简单性思维在本质上是确定性，知道初始条件就可以决定结果，不确定的只是误差。这就是所谓的决定论：什么结果都有原因，什么原因都会产生结果，同样的原因会产生同样的结果。今天的结果是因为昨天的原因，同时又成为明天结果的原因。因此，可以回溯过去，也可以推及未来，似乎一切都可预测，例如我们可以预测哈雷彗星 76 年后归来。但是，为什么有些结果我们预测不出来呢？因为我们找不全所有的原因，拿不到相关的数据。

但是，复杂系统科学不承认这一点。它认为，我们的世界客观上就是存在一些不确定性，与认识的多少无关。例如，量子力学中的不确定性原理，也叫测不准原理，总是无法同时测量光量子的坐标和运动的准确值。一个测量的越精确，另一个越测不准，所以叫测不准原理，说的就是不确定性的客观存在。又如，人的自由意志也是不确定的，是由人主导的，而不是由什么物理定律主导的。但是，这一点有些物理学家不太承认。你能说人没有自由意志吗？学过概率统计的人都知道，世界上确实存在一些无缘无故发生的事情。这就是随机性。这些都告诉我们，不确定性是客观存在的，而不是测量误差。

克劳塞维茨说：战争是不确定性的王国，充满了战争的迷雾。毛泽东也说，战争充满了“盖然性”。其实，他们说的都是战争的不确定性特征。物理学家普利高津也说过：确定性只是我们的错觉，而不确定性才是世界本来的面目！我们总认为世界本来是确定性的，但确定性只是其中很小的一部分。

不确定性有很多种，主要可以分为四类。一是，随机不确定性，即事件本身确定，但是否发生不确定。例如，明天下雨的概率是 70%，但是到底下不下雨明天才知道。二是，模糊不确定性，即事件本身模糊，但发生是确定的。例如，孩子“像谁”，像父母是肯定的，但到底像谁却是不确定的，“仁者见仁，智者见智”。三是，灰色不确定性，即信息不完全而产生的不确定性。例如，战场态势，敌人隐真示假，你不可能像下棋似的了解所有态势。这三类大家了解的比较多，这里重点介绍第四类，也就是认知不确定性。

认知不确定性主要指由认知原因造成的不确定性，最典型的就是“黑天鹅”和“灰犀牛”。我们现在学习的知识，都写在课本上了，所以是“已知的已知”。“黑天鹅”则是“未知的未知”，就是我们自己甚至都不知道自己不知道。为什么叫“黑天鹅”，这个名称是塔勒布[①]起的。塔勒布是一位专门研究不确定性的学者。欧洲人原来以为天鹅都是白色的，但是当他们登陆澳大利亚时，发现天鹅居然还有黑色的，那种震惊可想而知。塔勒布就把这种颠覆认知的不确定性命名为“黑天鹅”。我们人类原来对“黑天鹅”事件是一点都不了解，所以当它们第一次出现时，张皇失措、无以应对完全是可以理解的。

“灰犀牛”是“已知的未知”，就是我们知道自己不知道。非洲的大草原上一头美丽的灰色犀牛正在低头吃草，你则埋头调整相机准备来一张美照，当你抬头时却发现犀牛已经飞奔而来，想要了你的命。“灰犀牛”说的是大概率出现且影响巨大的不确定性。明明知道，却经常被我们有意无意地忽视，典型的如气候变暖、恐怖主义等。此外，有人认为“灰犀牛”也包括人工智能（artificial intelligence，AI）。

这实质上是决策问题。很多危机都是在我们的忽视、争吵、拖延中，不断累积成难以解决的重大危机。“灰犀牛”这个概念是美国经济学家米歇尔·渥克[②]提出来的。她认为，我们面对的“最大的灰犀牛，就是对不确定性和变化的抗拒”，也就是不承认不确定性的存在。

不确定性是复杂系统的固有属性，是无法消除的。很多人以为只要有足够多的信息就可以消除不确定性，其实这是误解。例如，指挥

---

① 纳西姆·尼古拉斯·塔勒布，出生年月不详，美国纽约大学理工学院教授，著名不确定性研究专家，出版《黑天鹅》《随机漫步的傻瓜》《反脆弱》等多部世界畅销书，被誉为“黑天鹅之父”。

② 米歇尔·渥克. 灰犀牛：如何应对大概率危机. 王丽云，译. 北京：中信出版社，2017。

信息系统通过引入大量的信息，确实可以减少某些不确定性，但是同时又可能引发更多新的不确定性。信息多了有时反而会坏事，例如两块手表时间若不一致，反而会让我们对时间不确定了。所以，不确定性不是源于信息的缺乏，而是对信息的错误理解。

不确定性也会带来思维上的改变。

第一，不可重复。每一次战争的条件都不可能一致，因此战争系统产生的结果也不会一致。“胜战不复”就是最典型的现象。很多重复的初始条件就不可能实现，例如人的思维就无法再现，谁也不敢保证今晚可以做一个和昨晚一样的梦。这和自然系统是截然不同的。

第二，不可预测。不可重复本身就会导致不可预测，知识的反身性也会导致不可预测。因此，复杂系统的未来也是不确定的。对于不确定的东西，非要用确定性的方法去预测，显然是不可行的。例如，前面讲的三场战争案例，如果用越南战争、两伊战争去预测海湾战争，显然是行不通的。即使用同一个国家同一个对手的战争来预测，例如用海湾战争去预测伊拉克战争，也是不可行的。因为战争本来就是不可预测的。

需要说明的是，具有不可预测性不等于不能预测，不可预测也不等于不能准备，关键在于采用的方法要正确。例如，地震目前无法预测，但是我们可以把房屋的抗震等级提高，一样可以未雨绸缪。一般来说，对复杂系统可以采用统计性、相关性、阶段性，以及动态性的方法进行重复或预测。

复杂系统性质之三：涌现性

涌现主要指新的整体性质的产生，也就是出现“1+ 1 > 2”的整体性效果。这是复杂系统最具代表性的一个性质。例如，一些基因组和蛋白质合成产生“生命”，“生命”就是一种整体性质。世界大量的计算机和手机等终端设备，通过互联网以自组织的方式连接在一起，也涌现很多网络的整体性质，产生了我们今天的网络经济和网络社会。这在过去也是不可想象的。

涌现具有相变性特点。“相变”是个物理学术语，说的是物质在某种条件下性质发生了改变。例如，温度下降，柔软的水变成坚硬的冰，就是一种相变。涌现也具有这种整体性质改变的特点，但它是自组织产生的，不是靠外部条件的改变产生的。例如，我们前些年提出的“综合集成”，就是通过系统化过程使作战体系能够更加有效。“军改”的目的其实也在于此。“能打仗、打胜仗”是我军的终极目标，但能否达成目标，还要看如何演化。这就需要看如何发挥好“抓总”“管理”与“指挥”的作用。

涌现是自组织演化的结果。涌现是系统中每个个体都遵从局部规则，在不断交互后产生出来的综合结果。它既是复杂系统的特色，也是系统追求的主要目标。演化结果是不可预知的，也不依设计者的意志为转移。例如，对法律规则的某种解释，就可能演化出社会公民道德尺度标准的改变。“彭宇案”就是因为法官的一个判决，导致人们产生了对于见义勇为结果的疑虑,演化出对见义勇为社会秩序的改变。这肯定不是任何人的初衷，但就是演化出了这个结果。仔细一想，还真是“意料之外，情理之中”。复杂系统的演化就具有这个特点。

涌现结果具有非线性特点。复杂系统的因果关系不再是线性的，小动因也可能引起大后果，多变且不确定，也就是我们常说的“蝴蝶效应”。这点与社会科学特别接近，许多大灾难可能仅由很小的原因引起。森林火灾、金融危机、战争爆发等都被描述为蝴蝶效应，实质都是自组织临界累积的结果。战争演化经常出人意料，非线性可以“放大”不确定性结果。例如，突尼斯小贩的死亡，引起“茉莉花革命”连锁反应，反映的就是非线性涌现这个特点。

涌现还具有层次性特点。每一层可能会涌现不同的整体性结果，而这些结果可能并不相容。底层不一定是为上层服务的，甚至可能是阻碍、矛盾的。例如，一个部落的底层狩猎规律，可能与高层的人类生存规律矛盾①。

涌现性带来的思维改变也有三个方面。

① 这些案例可以在作者的《战争科学论——认识和理解战争的科学基础与思维方法》中找到，这里不再重复。

第一，整体性质的自组织性。每个个体遵从局部规则并不断交互的自组织，会涌现系统整体的新性质，且不依人的意志为转移。

第二，整体结果可能的非线性。小动因也会产生大后果，可能成为“压倒骆驼的最后一根稻草”。每个因素都可以是关键因素。

第三，整体涌现的层次性。低层次的自组织行为会涌现高层次的整体结果，但层次间的结果却可能相互矛盾[①]。

处理简单系统的传统自然科学方法很难处理这一类复杂性质。

1.3.3 复杂系统研究的思维模式和科学方法

科学世界观是思维的底层代码，思维不可能超越世界观的高度而发展。复杂系统的特殊性质给我们带来与机械思维模式完全不同的复杂性思维模式。

第一，适应性导致系统不可分解、还原。第二，不确定性导致结果不可重复、不可预测。第三，涌现性会导致系统产生新的整体性质。第四，非线性导致的小动因也可能带来大后果。系统也从“固化”的机器，转向“可成长”的活系统、聪明系统。

因此，战争研究必须从“机械思维”向“复杂性思维”转变。科学工具的采用则是战争研究从基于常识向基于科学的重大转变。这个转变可以说是飞跃性的，很多人可能会感到不适应。哲学家罗素曾说：所谓常识，不过是我们所处时代的某种偏见而已。这也说明，我们的战争科学研究必须走上基于科学的道路，而不能总是仅仅基于常识。

了解了复杂系统的性质，还要找到合适的科学研究方法。过去也有一些经典的复杂性研究方法，如耗散结构、协同、突变、混沌、分形等。但是，这些方法对数学水平的要求太高了，一般人根本搞不懂，也无法使用。另外，我觉得这些方法主要还是针对物理复杂性的，在大多数以人为中心的复杂系统中，如社会复杂系统、经济复杂系统、战争复杂系统等，可能根本就不适合，或者至少有些牵强。因为它们

① 这里没有展开讲，可以参见作者的《战争科学论——走向信息时代的战争方法学》。

没有从人最核心的认知出发，所以很难得到与我们社会观察相一致的结果。

近二十年发展出来的一些新科学工具，倒是比较好地解决了这个问题。我觉得最值得关注的是以下三种复杂系统科学研究方法。

第一种是复杂网络方法。复杂网络被认为是“复杂系统的天然研究工具”。它具有良好的数学理论基础，可以为战争复杂系统研究提供很多好用的工具。例如，杰夫·凯尔斯对网络中心战的分析[①]就采用了度分布、聚集系数、介数、路径水平、敏感性等参数进行描述，可以反映对作战自同步分析的结果。同样，利用复杂网络分析，我们可以得到作战体系的关键节点，找到战争体系的薄弱之处，发现部队结构中的动态层次关系等，也可以得出作战过程中哪些要素起到主导作用，战斗力在何时会以何种方式才能达到最好状态等。

第二种是大数据方法。这种方法主要依赖对海量动态数据的分析，利用相关性而非因果性得到结果。也就是，所谓的“科学始于数据”，通过密集型数据进行科学发现。这实际上是一种迂回的方式，找不到直接的方法，就通过大量数据找到间接证据，然后得到结论。很多复杂系统直接建模非常困难，但是相关性却给出了一条可以探索的新路。

第三种是深度学习方法。很多人认为，深度学习只是 AI 机器学习的方法，但是在我看来，它还是一种难得的复杂系统建模方法。我们过去建模都是通过形式化分析找到对象的关键特征，然后对其进行抽象描述表示，模型就建立来了。但是，对于复杂系统，尤其是与认知有关的对象，有时根本做不到。例如，让你描述“猫”这个概念，可能穷尽所有语言，也无法描述清楚究竟该如何形式化表达，如同“一千个读者眼中就有一千个哈姆雷特”一样。但是，深度学习方法却可以让我们用大量的数据反推出概念，建立“猫”的神经元网络模型。同样，用这种方法，我们可以建立“具有制空权”“进攻方占优”这样更加抽象的概念。这就是深度学习对复杂系统建模的意义所在。

① 杰夫·凯尔斯. 分布式网络化作战. 于全，译. 北京：北京邮电大学出版社，2006。

1.4 思维模式变了，我们怎么办

从简单系统思维转变到复杂系统思维，是一个巨大的飞跃。但是，思维模式变了，研究方法也必须跟着改变。简单地说，研究战争复杂系统，其实就是别忘记我曾经提出的“六字箴言”——“整体、动态、对抗”。“对抗”改成“博弈”也可以用在其他社会复杂系统上。也就是，从整体出发，用动态方法，得到对抗结果。换句话说，战争复杂系统是“活的”，我们不能用“修机器的方法给人看病”，道理是一样的。

研究战争问题，不论战争、作战、武器装备、社会、经济等体系，所有的课题都应该看成一个整体上动态对抗的战争复杂系统。无论是机械化战争、信息化战争，还是未来的智能化战争，都是如此。要研究战争的制胜机理，可能有历史的、社会的、政治的说法，如“正义战争必胜”等，但是从科学角度来看，应该首先研究战争复杂系统的运行机理。这些运行机理，既可以来源于我们采用传统科学方法得到的结果，也可以来源于复杂网络分析得到的“小世界”“无尺度”“弱关系”“鲁棒性”“极限断点”等结果。有了这些科学的结论，就可以找到在某种条件下如何取胜的途径。这些方法与自然科学的结论可能有所不同，但是十分接近战争和社会的实际。

因此，复杂系统思维可以说是一种比较接近“生物学”“社会学”的思维，是一种“活的”思维。这就是从科学角度讲的机理，与从历史角度、社会角度讲的机理不是一类方法。战争系统复杂性的核心在于知识的反身性，对战争系统建模的关键在于对人的认知的描述。这主要包括对两类知识的描述，一类是形式化知识，可以采用传统自然科学方法对战争系统中的自然规律部分进行建模，如战场环境、武器装备等实体，以及作战机动、火力突击、后勤保障等行动描述和结果描述，这些知识早已形成了体系。另一类是非形式化知识，如人的感觉、认知、灵感、经验、概念、看法等，过去对这一类知识建模是一个很大的难题，但是“阿尔法狗”的出现，使我们有了新的希望，因为它揭示了对战争复杂系统建模的可能。

我曾经去某著名大学讲学，有个学生问了我一个专业主题以外的问题：您认为搞科研什么最重要？您对我们年轻人有什么期望？我当时一愣，脱口而出："好奇心！如果你对什么都不好奇，那还谈什么科学发现和科学研究呢。我们一定要保持自己对世界的好奇心，也只有好奇心才能驱动真正的科学研究，正如乔布斯说的那句话：Stay hungry，stay foolish（求知若饥，谦卑若愚）"。

如果在这里要对年轻人说几句话，我想说的是：第一，了解你自己的兴趣和激情之所在，兴趣才是最好的老师；第二，了解你自己的能力和极限，天赋和努力都很重要；第三，把这些与国家和军队的需要结合起来，你一定能做出改变世界的事情！

第 2 章　复杂性科学思想与思维方法[①]

——理解战争的科学基础，应对复杂且不确定的未来

战争和危机总是大家最关注的事物，但是我们很难对它们进行准确的预测。这时候我们想到的总是“我们知道的数据太少了”，或者“我们的数学模型还不够精确”等，是否有一天能够取得突破，将战争预测掌控在自己的手中。无论我们怎样改进，似乎总无法做到这一点。我们总是在想，为什么不能像预测哈雷彗星，至少像天气预报那样，准确地预测战争或者危机的爆发呢？到底有没有确保我们能够“取胜”的万能数学公式呢？但是，我们从来没有想过，是不是我们的科学基础或者思维方法出了问题？

这实际上就是应该如何去认识和理解战争运行机理的问题。下面从科学思维的角度，介绍复杂性科学思想，以及如何理解战争的科学基础，应对复杂且不确定的未来。

2.1　为什么需要科学的思维方法

大家知道，人类最早是通过总结经验认识战争的。军事家通过对战争经验的不断积累，找到战争的一般性规律，用于指导下一场战争。代表性人物包括中国古代的孙子、现代的毛泽东，西方的拿破仑、克劳塞维茨、约米尼等。大多数军事理论家也是战争的实际参与者，他们对战争的经验认识，既反映战争理论的实践性特点，也反映战争理论研究者本人的概括和总结能力。他们作为战争的主要决策者或谋划

---

① 根据胡晓峰 2016～2022 年在国防大学相关课程的讲稿整理。吴琳、贺筱媛、叶安娜、荣明、齐大伟等参与了课程的准备、讲授和答疑等工作。

者，能够亲身感受战争中变化莫测的压力，促使他们对战争经验进行总结并形成理论，但是同时也受到他们所处时代科学思想发展不足带来的局限。

哲学家、历史学家、经济学家和社会学家也将战争作为他们的研究对象，采用他们各自熟悉领域的方法加以研究。例如，古希腊哲学家赫拉克利特，就是那个说出“战争是万物之王”的人；古希腊历史学家修昔底德，他写的《伯罗奔尼撒战争史》描述了雅典和斯巴达在大国崛起争斗过程中双双毁灭的结局。今天，还用他的名字命名了大国竞争的“修昔底德陷阱”。马克思、恩格斯等也对战争研究做出过突出的贡献。

美国军事历史学家杜派和邓尼根等第一次采用战争历史数据进行定量化研究，创建了“军事历史经验主义学派”，对当代战争理论研究也产生了重大的影响。他们把近一百年各场战争的数据收集起来，通过量化这些数据研究战争的运行规律和机理。军事运筹学中著名的“杜派战斗力指数”，就是用他的名字命名的。邓尼根的主要贡献则是在兵棋设计方面。

一般来说，传统战争研究方法主要以定性的方式说明“是什么”和“为什么”，但是对如何用规范的、定量的、纯科学的方法研究战争背后隐藏的运行机理却关注较少。我们常说的几句话也是似是而非。例如，我们常说信息化战争“信息为主导”，但它是如何主导的？“人的因素”起决定性作用，又是何时、如何起的作用？体系破击需要打关键节点，但哪个是关键节点？比如，我们常说指挥所、通信枢纽、高层领导都是关键节点，但这是真的是吗？美国“9·11”恐怖袭击事件后有研究证实，本·拉登在行动中并没起到关键作用，那他就不是关键节点了吗？这些似乎都是不证自明的事情，但事实上却是我们说不清楚。

科学的介入发挥重要作用

科学的介入在战争中发挥了重要的作用。从古代、近代到现代，不仅对于武器装备的制造，即使对战争本身，大家也认为应该采用科学的方法加以研究，并不断努力地进行尝试。一个基本认识就是，世间万物都必须遵从科学规律，只要我们掌握了科学规律，就可以解释世间的一切，包括武器装备，也包括战争本身。因为战争机理是客观规律的反映，而这个规律应该以一种明确的、量化的科学方式反映出来。这就是我们对科学方法的基本认识。这个规律到底是什么，应该用哪种科学方式来表示，要弄清楚却并不容易。

科学原理有两大战争应用领域。一个是制造武器装备，另一个是解释战争机理。一般来说，新的科学发现首先会被考虑能否制造新武器用于战争，或者能否用于医学治病救人。我有时候调侃说，一个是杀人，一个是救人，两者在这里奇怪的统一起来了。这是社会两个最重要的需求，前者关乎国家的存亡，后者关乎个人的存亡。

正是这个原因，现代科学技术的进步，很大程度上是由军事需求牵引的。计算机、因特网、导航卫星、激光技术、核能技术、无人机技术等几乎都源于对未来战争的准备和发展武器装备的需要，然后才“军转民”，变为民用的装备或设备。但是，在近20年，出现了逆转的趋势，就是先出现民用，然后转为军用。例如，智能物流，先在快递行业出现，后来才被用于军事物流。AI也是这样，如对象识别，先有认猫、认狗、认物品，后有识别导弹阵地、空中目标。为什么会出现这个现象？我觉得很值得研究。

用科学原理解释战争机理

将科学原理用于解释战争运行机理，是将战争研究上升为战争科学的必由之路，仅有150年左右的历史。因为现代科学出现不过三百年，而战争历史已经好几千年了。最早将科学原理用于解释战争机理的有战争理论家克劳塞维茨、约米尼、兰彻斯特等。

克劳塞维茨在《战争论》中，借鉴了他那个时代最先进的牛顿物理学理论，引入了“摩擦”“重心”“阻力”等物理学概念解释战争现象，因此他被称为最伟大的“社会物理学家”。但是，他一直感到很别扭，总觉得用研究物体的物理学研究活生生的人，是不太合理的。法国军事家约米尼系统地总结了拿破仑的战争行动逻辑，也成为赫赫有名的军事理论家。他写的《战争艺术概论》特别实用，连晴天、雨天怎么摆兵布阵都写得非常具体翔实，所以在当时成了畅销书。

更典型的是英国的兰彻斯特。兰彻斯特并不是军人，而是一名飞机工程师。他在 1914 年创造出来的“兰彻斯特方程”结合了数学方法和战争经验，一度被认为是战争的万能数学方程。它能以微分方程的方式，如线性律、平方律，描述“兵力损耗”“集中兵力”等经典的作战理论。尽管不是十分精确，但是和战术原则基本匹配，至今仍有人不断将其扩展和使用，进行作战理论方面的研究。很多军事学的研究生写论文为了显得“高大上”“有理论”，首选的经常就是兰彻斯特方程。

第二次世界大战中产生的军事运筹学，在作战方案分析、战争规划评估等方面，发挥了极为重要的作用，一直被沿用至今，并得到很大发展。它被认为是将数学方法应用于战争研究的代表性学科。军事运筹学可以对搜索、射击、格斗、损耗、规划、决策、对策、排队、存贮、模拟等军事问题，利用数学方法进行分析，一改过去只能定性不能定量的弊端，取得了很好的效果。尤其是，在作战任务规划方面，这几年成为各个部门领导极为关注的事情。

因此，为了科学，一些人一直渴望将战争研究尽可能地与数学的精确性和确定性结合起来，解释和揭示战争的普适法则和原理。他们认为这才是科学，而那种凭经验的研究是不科学的。持这种观点的人，在美国被称为“机械唯物论学派”“技术至上主义学派”。他们特别迷信数学，认为凡是不能用数学精确表达的东西都不能算是科学。他们与经验主义学派经常爆发“冲突”，以至于美国国防部不得不派出一位副部长去调和这两派学者和专家之间的“冲突”。

那么，究竟什么才是“科学”的方法呢，是不是“机械唯物论学派”强调的“精确”“量化”，甚至“公式化”才是科学方法呢？这就需要我们回过头来看看自然科学体系的发展和内容是什么。

牛顿自然科学体系基础

起源于 17 世纪的笛卡儿牛顿物理学体系和数学方法奠定了现代

科学的基础。牛顿的两大发明，一个是力学，另一个是微积分，使自然科学的研究向前迈进了一大步。尤其是，笛卡儿的《方法论》，奠定了科学研究方法论基础。牛顿科学不但创造了理解世界万物的科学原理，而且在认识论上形成了被广泛认可的科学方法和科学世界观。我将其概括为“一法两观”。“一法两观”成为主导我们科学思维的基本范式。什么是“一法两观”呢？

“一法”指的是“还原论方法”。在它看来，任何事物都是可以通过分解还原来认识的。如果一个事物太复杂以至于我们不理解它，就把它分解拆开看。如果拆开后还是不理解，就继续拆，一直拆到我能认识理解它。然后，再把它一步一步组装起来，还原为原来的事物。例如，钟表就可以拆开再组装起来，在拆和装的过程中逐步理解钟表的功能和原理。我们形象地把这叫作“1+1=2”，这就是还原论方法。

“两观”是哪两观呢？第一个叫作“绝对时空观”。时间和空间相互绝对独立，一切物理定律在这个时空中不变。我们现在可感知的是三维空间，以及一秒一秒的时间流逝。古人说，“上下左右为宇，古往今来为宙”，这就是古人的时空观，也就是宇宙观。在这里，空间就是空间，时间就是时间，两者之间是没有关系的，而且任何物理定律不变，所以它叫“绝对时空观”。

第二个叫作“因果对应观”。它认为，原因和结果是一一对应的，有原因必有结果，有结果一定可以找到原因，同样的原因可以得到同样的结果，所以只要知道条件，就一定能够推出相应的结果。正因如此，我们可以对一些事物进行预测，例如预测哪一天日食、哪一天彗星归来。能预测对人类来说简直就是神迹再现啊！因此，牛顿理论给黑暗的中世纪带来光明。因为可以预测，所以在同样的条件下，结果就应该可以重复，因此“可重复”又成了牛顿科学体系不可或缺的特性。可重复和可预测成为牛顿科学体系的基本特征。

这就是所谓的“一法两观”，它们构成牛顿科学范式和思维方法的核心。

牛顿自然科学体系的困境

牛顿自然科学体系思想把我们带进了崭新的科学时代。如果它仅仅局限在牛顿物理学这个范畴中，是没有任何问题的，但是其影响深远，已经远远超出了自然科学的范畴。从小到大，我们学习了大量的自然科学知识，养成了一些基于自然科学的思维习惯，并将其默认为标准的科学范式和认识论方法，自觉不自觉地运用到其他领域。例如，重复和预测已经渗透到社会学、经济学等领域，甚至成为辨别“伪科学”的基本标准，可见其影响之大。但是，这种科学范式是否适合自然科学以外的对象，如社会学、经济学、战争科学呢？甚至，它适不适合自然科学领域的全部对象呢？现在看来，这还真是个问题。

因为出现了很多的反例。例如，重复和预测，牛顿科学方法是不是可以预测一切呢？经济危机能够预测吗？如果可以，经济学家就不会总成为别人调侃的对象，更不会炒股炒到血本无归。令人匪夷所思的是，2013 年诺贝尔经济学奖居然颁给了持两种截然不同的理论的人，法马[①]教授认为市场信号是有效的，席勒[②]教授则认为是无效的。两个人的观点正好相反，但是同时获得诺贝尔经济学奖。这在自然科学领域是绝对不可能的事。但这样的事情已经不是第一次了。诺贝尔奖委员会的颁奖词说，他们揭示了经济系统运行的复杂规律。为什么会这么说呢？我在后面会回答这个问题。

再举一个例子，社会危机能够预测吗？如果能预测的话，美国人在攻打伊拉克、制裁叙利亚时，想到伊斯兰国的兴起了吗？有谁预测到了“9·11”恐怖袭击事件、2008 年金融危机？2016 年，全世界的智库和媒体几乎百分之百地预测希拉里会当选，而不是特朗普。如果能预测，安倍也不至于屁颠屁颠地跑到美国去拍特朗普的马屁以示歉意。

再说一说战争。古人就知道“胜战不复”或“战胜不复”，也就是说，绝对不会出现完全一样的两场战争。为什么同样的打法，战争

① 尤金·法马，1939 年生，美国经济学家，芝加哥大学布斯商学院教授，2013 年诺贝尔经济学奖获得者。
② 罗伯特·J. 席勒，1946 年生，美国经济学家，耶鲁大学教授，2013 年诺贝尔经济学奖获得者。

结果就可能完全不同呢？谁又敢说他可以重复一场一模一样的战争出来？

对于这些问题，我们百思不得其解。问题出在哪儿呢？为什么我们不能像预测彗星回归、预报天气那样，准确地分析、预测和解释这些与战争、经济、社会有关的问题呢？我们能不能找到确保战争取胜的数学公式或经验公式呢？找数学公式或经验公式是我亲身经历的事情。二十多年前，我就接到过这样的研究课题，研究武力强度与民意高低的关系，我也信誓旦旦地以为自己可以解决这个问题。后来才发现，这个问题本身在认识论和方法论上就是错误的，这才有了我们后来对战争复杂系统和理论的研究。

那么，到底有没有不以人的意志为转移的战争运行机理呢？为什么牛顿科学范式对于自然界可行，对人类社会却不行？换句话说，什么样的科学范式才适用于社会领域，包括战争领域的研究呢？

要了解现代战争运行机理，首先需要了解现代科学原理和思维方法。我们要建立一种新的思维方法。复杂性科学的原理和方法，才是我们认识和理解现代战争的那把钥匙！

2.2　复杂性科学思想与战争复杂系统

2.2.1　传统牛顿科学理论面临挑战

20 世纪的几项重大科学发现严重动摇了牛顿理论的科学基础。相对论打破了“绝对时空观”，时间和空间变成相对的，两者之间产生了联系并且可以改变，就像《星际穿越》中宇航员的爸爸旅行回来后居然比女儿还年轻。当然，这是用电影艺术手法来解释相对论的。

量子力学突破了“粒子固态”的观点。量子力学是一个最令人匪夷所思的学科，它的结论经常是反常识的，但是总能被科学实验证实。量子叠加态、测不准、量子纠缠等都是如此。什么叫“粒子固态”？就是说我们总是认为任何物质都是可以无限可分的，只要找到合适的方法。连庄子也说“一尺之棰，日取其半，万世不竭”，这是朴素唯物论思想。牛顿科学也是这样认为的。但是，量子力学告诉我们，从原子、原子核、质子、夸克的这样分下去，到了基本粒子层面，无论用什么方法都分不下去了，也就是说粒子分解不会是万世不竭的。为什么呢？因为到了这个层次，粒子都变成了波，具有波粒二象性，不再是纯粹固体状态，也可能是能量状态。能量要怎么再分呢？

测不准原理和混沌理论挑战了“因果对应观”和“线性因果关系”。原因和结果不再是一一对应的，不会小动因就只出小结果，也可能出大结果。进化论则赋予生物界与物理界完全相反的时间“方向”。物理学认为，这个宇宙是逐步趋于死寂的，因为根据热力学定律，热量会逐渐平衡，即熵增，也就是越来越无序。但是，生物学则不这么认为，它认为世界从无机到有机，从低级生物到高级生物，发展越来越有序，这是一个熵减的过程。两者完全相反，也就是时间的箭头指向了不同的方向。过去科学幻想喜欢用时空穿越机，现在科学幻想开始采用“时间子弹”。例如，电影《信条》，如果不知道熵增和熵减，一般人还真的看不懂，太烧脑了。

还有很多，我就不一一举例了。我们只要知道，这些都挑战了传统的物理学理论就可以了。也就是说，过去我们认为十分坚固的牛顿科学思想体系，已经出现了很大的裂缝。所有这一切，都直指还原论思想的局限。这些局限表现在，它忽略了系统组分之间、系统与环境之间的信息，以及不同尺度可能得到不同的模式和信息。我们的世界并不都是眼中所见的中观物理世界。无论宏观、微观物理世界，还是生物世界、人类社会，并不是都遵从牛顿的物理学定律，而应该有更合适的理论加以解释。因此，就产生了复杂性科学理论。

顺便说一句，认识到不仅只有“分解还原”这一种认识世界的方法，也被认为是 20 世纪的一个重大发现。这是认识论的一个重大进步！

2.2.2 简单系统与简单系统思维

什么是复杂性科学思想呢？这就是如何看待世界，如何看待战争的问题，也就是世界观、战争观问题。

我们的世界包含万物，从系统论的角度来看，它是由各种系统组成的，并且还在不断地发展和演化。这些系统的性质很不相同，基本上可以分为简单系统和复杂系统。

简单系统也可以称为简单性系统，它的整体等于各部分之和。通过研究每一个局部就可以知道整体如何，因此符合还原论规律，即系统的结构不变，性质也不会变。其实，所有的机器都是简单系统，因为它们都可以分解后再还原。“瓦良格号”拆开了重新组装成“辽宁号”，但它还是机器，还是简单系统。但是，航母这台复杂机器再配上官兵，就变成航母作战舰艇，就不再是单纯的机器了，因为上面有了活生生的人，所以就不再是简单系统了。

把所有的系统都当成简单性系统来思考，这就是简单系统思维。简单系统的思维特征是什么呢？它认为，系统本质上都是简单的，都是可以分解还原的，即使像钟表那样复杂，拆开后仍然可以重新组装起来。此外，系统还具有确定性，如果了解了它的运动规律，就可以对系统的行为进行精确地预测。例如，我们可以知道哈雷彗星 76 年后会再次归来，也可以准确预测每天日升日落的时间。这些系统的因果关系都是线性的，小动因只会引起小结果，大动因才会引起大结果。这就像我们敲锣，轻点敲必然声音小；使劲敲，声音就会很大。这种思维模式也被称为机械思维模式，或者还原论思维模式。概括起来，要点就是系统可分解还原、具有确定性、可预测、可重复、因果线性等。

在机械思维模式下，我们会认为世界就是“机器”的世界，宇宙、地球、社会、人群都可以看成某种结构固定的机器，所以战争也被称为“战争机器”。我们在思考问题时，会把事物想象成机器，思维也按机器和零件的方式来处理。即使在 100 年前“科学管理”创始人泰勒发明的流水线上，人也成为机器的组成部分，所以卓别林①才会有了他那部脍炙人口的喜剧电影《摩登时代》。100 多年前的普鲁士军队也有个很重要的观点，就是认为如果能把军队训练得像机器一样精

① 查理·卓别林，1889～1977 年，英国演员。《摩登时代》是查理·卓别林导演并主演的一部喜剧电影，于 1936 年 2 月 25 日上映。该电影讽刺了流水线上的工人被当成机器一样使用。

密和准确，就可以战无不胜。

简单系统思维模式对我们每一个人的影响都很大。经过多年的学校教育,这种思维模式已经潜移默化地成为我们默认的基本思维模式。不管对待什么事情，我们都会自觉不自觉地这样去思考问题。但是，我们的世界并不是这么简单，还存在很多并不简单的系统，使我们的很多看法与现实产生矛盾和冲突，这就是复杂系统。

2.2.3　复杂系统与复杂系统思维

复杂系统又称复杂性系统,也就是那些被我们形象地形容为“1+1≠2”的系统。复杂系统存在整体性质,所以“整体不等于各部分之和”。由于多出来的那一点整体性质,因此它就不可能符合还原论。对于“整体”性质可能不太好理解，我举个例子来说明。例如，“人”，即使都是同样的组成，但死人和活人却有着本质的差别，“生命”就是活人的整体性质，有无“生命”就是它们之间的不同。

这里需要说明一下，系统论与传统的整体论[①]还不是一回事，有许多人把它们混为一谈。传统的整体论认为，整体大于各部分之和，也就是只要组成整体，就一定会有整体性的东西产生。但是，系统论不这么认为，它认为整体是异于（different from）而不是大于（greater than）各部分之和，也就是这个整体性质可能大于整个系统，也可能小于整个系统。物理学家喜欢说，多者异也（more is different）[②]，即宏观和微观在本质上有所不同。差不多是这个意思，大家可以仔细体会这里面的差别。

其实，由人主导的经济系统、社会系统，包括战争系统，显然都是复杂系统，因为它们都存在某种整体性质。有些物理系统也是复杂系统，例如天气系统的运行具有整体性，是混沌的，很难预测。但是我认为，这两者的复杂性根源是不一样的。关于这点，我会在后面解释。

---

① 参见罗伯特·杰维斯的《系统效应》一书第 8 页，李少军等译，上海人民出版社，2020 年版。

② 这句话是物理学家菲利普·安德森说的。菲利普·安德森，1923～2020 年，美国物理学家，1977 年获诺贝尔物理学奖。他的意思是，将所有事物分解还原为简单基本定律的能力，并不意味着从那些基本定律出发就可以具有重建整个宇宙的能力，也就是说宏观和微观可以在本质上不同。

复杂系统思想认为，世界本质上是复杂的。它具有整体性，因此不能简单地用分解还原方法进行解释。如果把它分解开单独看，反而看不到问题的本质了。它承认存在不确定性，因为确实存在一些无缘无故发生的事情，人也具有自由意志，因此它的因果关系可以是不明确的，可能具有非线性关系，也就是小动因也可能得到大后果。概括起来说就是，非还原论、不确定、不可预测、不重复、非线性。这就是复杂性思维模式。

在复杂性思维模式下，认为世界是"信息的世界"，关系才是整体的基础。实体本身并不是最根本的。最根本的东西是实体之间的关系。同样的实体，关系不同，就有可能会得到完全不同的结果。这更符合我们对社会的观察和实际，尤其是与物理学下的自然界不完全相同。把"人"当成"活"系统来对待，如群体、组织、体系等，因此与人有关的系统就都是复杂系统，如社会、战争、经济等。诺贝尔物理学奖获得者普利高津[①]说：我们必须结束对现实世界的简单性理解，意思就是我们必须放弃以为世界都是简单机器的想法。

复杂系统与复杂性

复杂性的概念是由奥地利生物学家贝塔朗菲[②]于 1928 年在《生物有机体》一书中首先提出的。他也是"一般系统论"的创始人。他认为，对复杂性的研究必须采用新的方法。这些方法称为"新科学"。研究复杂系统的科学就是复杂性科学，研究的对象就是复杂系统。

需要说明的是，复杂系统指的是能够产生复杂性的系统。这个概念可能更为准确。意思是说，复杂系统中也具有一些可预测、可重复的部分，不是复杂系统中所有性质都是"不可预测""不可重复""非线性"的。它可以说产生了很多不同的模式，如均衡的、周期的、复杂的、随机的、混沌的。例如，一个经济系统是复杂系统，但是经济的许多部分却是稳定可预测的。

① 伊利亚·普利高津，1917～2003 年，比利时化学家、理论物理学家，提出耗散结构理论，1977 年获诺贝尔化学奖。

② 路德维基·贝塔朗菲，1901～1972 年，美籍奥地利理论生物学家，一般系统论和理论生物学创始人。

我国最早开始复杂性科学研究的是著名科学家钱学森。很多关于复杂系统研究的工作都是从他组织的研讨班开始的。钱学森曾说：凡是不能用还原论处理的，都应归到复杂性一类。也就是说，科学理论在认识论框架上就被划分成还原论、非还原论两大类。从这一点来看，复杂性科学并不是某个科学子类，而应该是科学理论认识世界的重要进展，是认识论上的更高阶段。从理论意义的视角来看，复杂性科学是建构在系统科学基础上的，还原论也可以看成它的特例。

复杂性一般分成三大类，这是成思危首先提出来的。他的这个分类我觉得比较简洁，也易于理解。

第一类，物理复杂性。物理复杂性主要研究由物理运动导致的复杂性。例如，天气系统为什么会产生混沌效应？风暴为什么产生？长期预测为什么很困难？为什么“三体运动”无法预测？物理复杂性是一种很底层的复杂性，可能与宇宙运行的基本定律有关。我们也很难知道，这些复杂性到底是我们的物理知识不够导致的，还是确实存在某种真正的复杂性质，而与我们的认识多少无关？这些要靠物理学家来回答。

第二类，生物复杂性。生物复杂性主要研究由生物运动产生的复杂性。最典型的就是回答“生命是如何产生的”这个问题。我们知道，生命是从无机到有机，从简单到复杂，不断演化而来的。但是，从无机到有机的哪个一瞬间的哪种形式，意味着最简单的“生命”诞生了呢？回答这个问题并不容易，美国有个“疯子科学家”文特尔①，就在做这件事，但是至今未果，据说最少的基因数已经减到了 400 多个，但是仍然没有回答这个问题。美国杂志说他是“想扮演上帝的人”，意思就是想搞清楚生命从何而来，而这应该是“上帝”的工作。生物复杂性的基础是不是物理复杂性呢？有人说是，例如基于量子物理学；也有人说不是，是其独有的特性。这些谜底也许在未来才能揭晓。

第三类，社会复杂性。社会复杂性主要研究社会运动中存在的复

① 克莱格 · 文特尔，1946 年生，美国生物学家，最早实现人类基因组测序的科学家之一。

杂性，如社会系统、经济系统，其中包括最特殊、也是我们最关心的战争系统。需要回答很多前面我们提出的问题：为什么社会危机、经济危机难以预测？为什么胜战不复？这正是我们要讲的主题。社会复杂性应该属于最上层的复杂性，属于一种宏观上的复杂性。这里重点讨论战争系统这个我们最关注的复杂系统的复杂性。

复杂性的根源在哪里？物理复杂性、生物复杂性、社会复杂性的复杂性根源都是一样的吗？目前还没有结论，还处于“公说公有理，婆说婆有理”的阶段。

2.2.4　社会复杂性与物理复杂性的差异

一般来说，物理复杂性源于最底层的物理性质，这是没有问题的。社会复杂性则源于“人的自由意志的存在”，也就是认知，这是存在争议的。战争或社会的复杂性属于高层的宏观复杂性，根源是不是也在于最底层的物理复杂性呢？或者还与生物复杂性有关？这在目前也没有定论。例如，有人认为，人的意识的根子在量子物理学中的量子纠缠，但是并没有太多证据。战争复杂性与物理复杂性的差别确实是巨大的，物理复杂性主要缘于类似混沌之类的物理运动特性，而社会复杂性的产生大多与人的认知有关，反映的是人类社会运动的特性。

对于物理复杂性而言，最典型的莫过于“三体问题”。我们知道，两个天体环绕运动，轨道可能是大圆、椭圆，或者双曲线之类，总之是可以用运动方程表达和求解的。但是，三个天体一起运动时，这个问题就不好解决了，开始可能还行，但到后来就一定无解，也就是不可预测。这个问题早在 200 年前就被数学家庞加莱[①]证明过了。但是，为什么太阳、地球、月亮等这么多星球在一起运行，我们仍能预测呢？这是因为就太阳系而言，400 万年是一个“可预测时界”，之内可以预测，之外就不行了，所以三体运动是混沌的。科幻作家刘慈欣写的

① 亨利 · 庞加莱，1854～1912 年，法国数学家、物理学家，在代数、天体力学等方面贡献突出，创立代数拓扑学，是相对论的理论先驱之一，著有《天体力学新方法》《科学与假设》等。

《三体》说的就是这个事。2021 年的诺贝尔物理学奖颁给了关于气候变暖研究的真锅淑郎[①]。他的结论是，二氧化碳增加一倍，地球升高 2.6℃，其实这也是个物理复杂性难题。颁奖词说他“对理解复杂物理系统做出了突破性贡献”。

对于社会复杂性，包括战争复杂性研究而言，其复杂性根源则不在于物理运动，而在于认知，也就是人的认知导致社会或战争复杂系统内部要素的相互纠缠和影响，以至产生复杂性质。至于认知最后能否在量子物理学上找到关系姑且不论，至少在当前可以理解且有意义的范围内，这个复杂性根源是说得通的。至少它让我们有了可以研究或操作的对象。即使它的复杂性根源真的就是量子纠缠，研究社会或战争问题时，研究没有办法操作的量子，是不是也显得有些隔靴搔痒，有些矫情？也可以说，这就是“终极起点”和“有用起点”的区别吧！

认知具有的独特性质，让我们不得不重新思考我们过去已经习惯的一些结论。因为它有两个与自然物理系统截然不同的特性。

2.2.5 独特性质之一：反身性

第一个叫反身性。什么叫反身性？也就是说，社会复杂系统中人的知识或行为，会反过来影响人所在的系统，进而导致该系统发生演化，改变系统规律本身。最早提出这个观点的人叫索罗斯，就是那个在金融危机中掌控量子基金到处做空别国货币的金融大鳄，也是当年做空港币时被中国击退的那个人。他原来是一个哲学家。这个观点是他早期提出来的。

反身性说明社会系统与自然系统很不相同。自然界的定律永远不会改变，但社会系统的规律却可能改变。例如，不管你的官儿有多大，你的意见也不可能改变物理定律，如万有引力定律，不可能改变相对论，自然界是不会听你的。但是，人的知识或看法却有可能改变社会系统的运行，因为这个系统本来就是由人类的认知驱动的。例如，证

① 真锅淑郎，1931 年生，日裔美国物理学家，普林斯顿大学研究员，2021 年获诺贝尔物理学奖。

监会主席一句话，可能就会影响股市涨跌；指挥员对态势的理解也会影响兵棋推演的结果。我们的认知和看法会导致我们所在的系统发生演化，从而影响我们自己，所以它叫反身性。

反身性为什么会影响自身所在系统的运行？就是因为人会反思。人会对自己做的每件事进行回顾，做得好的继续发扬，做得不好的则加以改进，所以人类才会不断进步。但是，大自然不会这样做。正是因为反思，人类新的认知会引起所在系统的运行规律发生演化，导致社会系统今天的规律可能与昨天的规律有所不同。例如，昨天股市情绪是乐观的，今天却变成悲观的了，规律因为人的认知发生了改变。

反身性还会使社会复杂系统越认识越复杂，而非越认识越简单，这与我们过去的经验不符。对于简单系统，我们如果不认识，可以不断想办法去研究，总有一天会被我们全部理解。例如，理解一台复杂机器，就是如此。但是，对于与认知有关的复杂系统却不是这样。例如，下象棋，开始时我们可能只会"当头炮，马来跳"，只会兵来将挡，但是随着我们越来越熟练，招式越来越复杂，我们的水平也会越来越高，也就是越认识越复杂了。打仗其实也是如此，这就是"菜鸟新兵"与"百战老兵"的不同。

从这一点来说，认知的复杂性总是不断提高的，是永无止境的，从来没有到顶的那一天。反身性告诉我们，与认知有关的系统规律会发生改变，甚至会产生完全意想不到的复杂性结果。这也是有人系统与物理系统最大的不同。

2.2.6 独特性质之二：不可预测性

第二个叫不可预测性。什么叫不可预测性？也就是说，人类社会即社会复杂系统的未来，是不可预测的，因为人类未来的知识是何时，以及如何产生是无法预测的。这一点又和自然科学不太一样，怎么就不可预测了？找到规律不就可以预测了？对社会复杂系统而言，这个规律可能永远都无法找到，因为规律会不断发生变化，而不像万有引力定律，万年都不会改变。

给出这个结论的是哲学家波普[①]。他从逻辑上证明了这个结论。波普认为，社会系统的未来是不可预测的，因为社会的改变是由人的认知决定的。第一，人类的知识或想法会改变社会；第二，明天会发现什么知识，现在无法知道；第三，明天发现的知识也会改变世界。所以，它无法预测明天或许才会发现的知识，将会如何改变人类社会和世界，也就是说未来是不可知的。这也是复杂系统的科学观，即世界总在不断变化。

需要注意的是，不可预测不等于不能预测，更不等于我们无所作为，而是再一次提醒我们，不能用物理学的思维去思考人类社会的事情。因此，我们也可以得出结论，将传统自然科学作为战争研究的科学基础是不合适的。拿研究“物”的还原论思想，作为研究“人”的战争的科学基础，显然是不行的。这让我想起一个很典型的例子：20世纪 80 年代制定人口政策时,就是拿着研究机器的自动控制理论来预测我国的人口数量的，认为到 21 世纪初我国人口会多得不得了。但事实怎么样呢？这其实是我们经常犯的错误，总是拿物理学去研究“人”或社会的事情，却忘记了“人”是有认知的，是会自我调整运行规律的。

战争科学与社会科学也有不同

从本质上讲，战争科学与社会科学同属一个大类，但是战争科学与一般的社会科学相比也有很大的不同，也表现在两个方面。第一，对抗性。战争的本质是对抗，不会有“双赢”。社会实体间更多的是合作，最多的是竞争。因此，两者从本质上看差别很大。我们研究战争，不可能不研究对抗，因为对抗才是战争研究的核心。第二，残酷性。社会活动可以多次试验，不成功可以重新再来，但是战争只给你一次机会，成王败寇，不可能再来一次。这两个性质就使战争科学研究可以借鉴社会科学方法，但是不能简单地移植。

① 卡尔·波普，1902～1994 年，奥地利裔英国人，当代西方最有影响的哲学家，批判理性主义学派的代表人物，出版《科学发现的逻辑》《历史决定论的贫困》等。

“战争中的偶然性”“战争结果的不可重复性”“战争中的迷雾”“兵无常势，水无常形”等现象，其实都在说明战争复杂性的特征。这些话大家耳熟能详，但是本质说的都是复杂性，因此复杂性科学应该成为战争研究的科学基础[①]。我们必须摆脱机械式思维模式的理论束缚，将战争系统看成人与人之间的对抗，才能更符合战争本来的性质。

那么，复杂性是如何产生的呢？复杂系统性质又有哪些呢？

2.3　战争复杂系统的三个主要性质

我们一般认为，复杂性是由简单系统要素通过它们之间的动态交互，逐级演化增加复杂度，最后涌现的。这是空间尺度上的变化。在时间尺度上也是如此，它是一个进化的过程，既可能演化为一个无序的混沌状态，也就是没有什么结果，也可能演化出某种秩序，这就形成新的复杂形态，从而产生复杂性和复杂系统。如果用学术语言说，就是复杂系统是由众多可以自主适应的系统组分组成的。这些组分之间存在复杂的动态网络关系，个体之间通过这些关系相互作用相互依赖。更重要的是，实体能够主动适应和学习，如尝试、模仿、选择，最后产生综合性整体涌现效果。在这个过程中，系统状态的演变充满不确定性和偶然性[②]。

这些话听起来是不是有些不太明白，太学究了？其实记住一条就可以了：将系统看成“生命体”还是“机器”，决定了你会采用什么观点看待它。例如，作战体系，如果把它看成生命体，那么这个作战体系就是复杂系统，就具有复杂系统性质；如果把它看成机器，那这个作战体系就是简单系统，具有简单性。显然，复杂性可以更好地解释作战体系的状态高低起伏、能力动态变化等特点，而简单性就做不

---

① 需要说明一下社会学和复杂性科学之间的关系。事实上，社会学是先于复杂性科学出现的，但是即便如此，复杂性科学也可以被认为是社会学研究的科学基础之一。正是因为复杂性科学和复杂系统概念，复杂网络、大数据方法的出现，并且有了可以通过互联网实现对社会的观察和互动，使社会学的研究得到极大的发展。邓肯·瓦茨称这些为社会学研究的“硬科学手段”，是有一定道理的。战争科学也不例外。

② 用学术语言来说更难理解。这些性质是“对称性破缺”导致系统在空间上发生演化，自组织导致系统在时间上发生演化，涌现导致系统在尺度或规模上演化而产生的。

到这一点。

那么，复杂性有哪些呢？有很多学者提出过几十种性质，但是我认为有三种最为关键，即适应性、不确定性、涌现性。如果能够理解这三种复杂性，就可以基本理解复杂系统了。

2.3.1 复杂系统性质之一：适应性

适应性造就了复杂性，这是圣菲研究所的霍兰教授提出来的。圣菲研究所是美国专门研究复杂性科学的研究机构,在世界上非常有名。霍兰认为，有些系统能够根据环境变化调整自身的结构，也就是“适应”，从而导致复杂性的产生。

什么是适应？就是能够感知外界变化，然后改变自身的过程。例如，感觉天气冷了，就会多穿衣服；开车时感觉速度快了，就会踩刹车，这都是在适应。一大群人过马路，每个人都有一个相互调整速度、位置和方向的过程，这就是群体在适应。需要注意的是，前者是对社会环境的主动适应，是个体决定的；后者是对物理环境的被动适应，是物理定律决定的。

那些能够根据环境改变自身结构的系统，就被称为适应性系统。群体的关系就是它的结构,例如鸟群飞行的关系就是这个鸟群的结构,部队的编成关系就是这支部队的结构。群体中每个个体对环境的主动适应都会导致群体结构发生改变，群体结构发生改变也会反过来调整每个个体之间的关系。因此，那些能够根据环境不断调整自身结构的系统，就称为复杂适应性系统，如人群、鸟群、军队、社会、病毒等，都是如此。因为它们总会以最合适的方式，如节省能量、易于传播、利于繁殖等来调整自身的结构，以适应环境的变化。军队的体制编制调整也是改变结构，为的是能有更强的战斗力。大雁为了飞行也在不断调整队形结构，为的是飞行时能更节省能量。

适应是双向的，你在适应环境，环境也在“适应”你。从某种意义上说，这种适应性也是反馈，结果会导致系统状态或结构发生改变。负反馈会导致平衡，建立某种稳态；正反馈会导致改变，要么形成新的结构，例如社交网络上的“偏好依附、优先连接”导致的“幂律”[①]结果，要么是系统崩溃，例如自激。物理系统如此，社会、组织也是如此。例如，一个单位如果是一言堂，下级从来不敢提不同意见，只有正反馈而无负反馈，那离系统崩溃就不远了，除非还有其他修正的渠道。

系统结构决定系统功能和性质

系统论里有个很重要的结论，就是“系统结构决定系统功能和性质”。结构不同，性质和功能就会不同。例如，石墨和金刚石都是由碳原子组成的，但一个是层次结构，性质很软，可以做铅笔写字；一个是菱形立体结构，性质很硬，可以做刀具切割。机器不会主动适应环境，所以它的结构一般也不会改变，因此它的功能性质也不会改变。例如，自行车永远都不会改变，现实社会也没有变形金刚似的汽车人。

但是，复杂系统却不一样，因为它的个体总是在适应环境，所以系统的结构也在变。系统结构一变，它的性质和功能就会改变。例如，鸟群结构会随着鸟的目的不断变化。军队的编制体制也会根据战争环境的变化不断调整。我军这些年在联合作战指挥方面遇到的问题，美军在 20 世纪 80 年代其实都遇到过。那时的美军到处入侵一些小国家，但是都不太成功，搞得乱七八糟，到处受挫，所以才有了后来的美军联合作战指挥体制的大变革。我军这些年进行的军改，其实也是要解决这个问题。类似地，机构的改革，目的其实也是为了从根本上解决行政管理机构不适应环境变化的问题。

自组织的力量

根据环境变化自我调整结构的过程就叫自组织。复杂系统就是通过自组织来改变系统结构产生演化行为，从而成为催生复杂系统不断进化的主要驱动力。生物进化史就是如此，从单细胞到多细胞，从低

① 复杂系统的幂律结果主要是指连接的严重不平衡，比如网络连接绝大多数都集中在几个中心网站。这一性质的产生有三个模型与社会学（包括战争）有关，一是偏好依附、优先连接；二是临界自组织；三是随机游走等。实际上，这些都与人的行为有关。

级生物到高级生物，整个生物界的发展进化史就是一个优胜劣汰的过程。进化实际上就是在与环境对赌，赌对了生存下去，赌错了自然消亡。恐龙几乎没有天敌，但是为什么没能存活到今天，就是因为它没有想到天气会因为小行星撞击而进入冰河期，它的庞大身躯找不到可以藏身的山洞，反而成为劣势，最后被全部灭绝。

显然，生物要生存下去，多样性就必不可少。但是，多样性并不是天生的，而是因为某种“意外”，或者说“错误”，也就是“变异”。这些“意外”会导致出现不同，这就产生了多样性。因为生物都是靠变异产生出不同的种类，种类越多，与环境对抗生存下去的可能性就越大。就连我们人类本身，原来也有很多分类，最后留下来的我们，其实只是其中一支，叫“智人”。其他的，例如尼安德特人、丹尼索瓦人等现在都不存在了。事实上，我们也不是北京猿人的后代。所以说，多样性是进化的基本条件，只有存在多种可能性，进化才有可能。如果只有一种，也就无所谓什么优胜劣汰了。从这一点来看，多样性才是创造性和生命力的根源。

生物进化如此，社会进步也是如此。“意外”会迫使人离开思维的“牢笼”。我们总是有意无意地给自己设定很多框框，而这些框框使我们只能按部就班，绝不敢越雷池一步。人的退化往往是从害怕“意外”开始的。其实，正是由于这些“意外”，才给了我们进化的机会。例如，“小岗村”“傻子瓜子”等都是从“意外”开始的，它们并不是被设计出来的。

这也是当年农村改革的系统学原因。小岗村的十几个农民按下手印，要包产到户，分田经营。中央为什么批准？中央批准的不是小岗村要干什么，而是批准农民生产要因地制宜，不能天南海北一刀切。因为农民最了解自己的地该种什么、怎么种。政策一放开，农民就知道该怎么做，农业马上大丰收。这其实就是自组织起到了关键作用。

“试错”是进化的基本方法

进化需要不断地找到前行的方向，但哪个才是正确的方向呢？这就需要不断地进行尝试，这就是“试错”。在不知道什么是“好”或“对”的情况下，大规模试错就成为复杂系统发展进化最好的手段。改革开放是最典型的试错，“摸着石头过河”是邓小平创造出来的最科学，也是最成功的发展方法论。在谁都不知道该怎么做的时候，能够意识到“大胆试”就是最好的方法，本身就具有革命性的意义。

从 1992 年开始，到 2012 年，中国进入高速发展期。为什么这个时期发展最快？因为我们知道什么是“好”，加上“集中力量办大事”的体制优势，可以说是势不可挡。高速公路好，我们修高速公路；高速铁路好，我们很快世界第一；飞机场也已经走上高原，航线四通八达；高楼大厦、超级工程，一个接着一个。除了不能学的，我们几乎都跑到了前列，还出现一大批世界级大企业。

这时候新的问题来了：跑到最前面，不知道该向谁学习了，也就是不知道前面什么是“好”或“对”的了，我们该怎么办？所以这时候提出“大众创业万众创新”，就是寄希望于一大批创业者找到新的方向和途径。“双创”提出十多年，确实涌现一批新的企业和发展方向，如大疆无人机、字节跳动、华大基因、拼多多等。我想，其中更多的是“创业”试错这个观念，已经深深地扎根于年轻人的头脑中，并被大家接受。过去我们被别人称为“山寨大王”，说我们抄袭，今天别人也开始“山寨”我们了。美国著名科技杂志《连线》曾在封面登出了小米创始人雷军的照片，大标题就是“该我们山寨中国了”，意思是中国也有了被别人抄袭的创新。这也从一个侧面反映出中国的变化。

战争或作战决策其实也需要试错。事实上，我们很难完全理解战场态势，但即便如此，我们仍然可以“英明决策”，靠的其实也是试错。不清楚战场情况，打几炮看看动静；搞不清敌人意图，在某个方向佯动一下，都是如此。试错本来就是决策的一种类型。

要相信进化的力量

你可能想不到，自然进化得到的可能比设计出来的更厉害。“黏菌进化出来的东京路网”就是很好的例子。日本北海道大学有位学者发现，有一种黏菌可以在不同营养源之间建立连接通道，而且不管这个通道多么复杂，甚至可以走通复杂的迷宫。他就脑洞大开，想看看这些黏菌可不可以在不同的城市之间“修路”。他们按比例在东京和周边城市位置上放上对应的营养源，然后让黏菌在这些“城市”之间演化建立通道。经过十几个小时，这些黏菌果然“修”出了一批“道路”。与东京地区地图对比，发现居然八九不离十。也就是说，日本人几千年进化出来的道路网，这些没有什么智慧的黏菌，居然用十几个小时就完成了。是不是巧合？又拿美国地图来试，结果又是对的。再拿小城市来试，结果还是对的。

这说明，道路生成的规律无论怎样都是一样的，这是最基本的也是第一性的规律，是什么都改变不了的。据说，这种黏菌算法后来还被用于自己“长”出一个星系间暗物质网络，居然和用最先进的宇宙学方法得到的结果一致[①]。这说明，按规律自我演化的结果，可能比人为刻意的选择更符合实际，这就是自组织思维。很多年前，我的一名学生曾经用遗传算法选择作战方案中的突破口，在人工怎么都找不到的情况下，居然靠不断进化找到了，也说明了这个道理。现在，“阿尔法狗”的设计者，试图用增强深度学习方法找到通用智能，也取得了很大的进展，可能也是这个意思。所以说，不要小看进化的力量，它的结果很可能是意想不到的。

战争对抗的也是适应能力

战争系统的适应性，反映在有意识地学习与适应方面。未来对抗的就是适应能力，以便形成不对称优势。大到快速适应时代的军事变革和体制调整，小到快速适应战场态势及时做出处置等。例如，在抗美援朝作战中，我军与美军的对抗，其实就是在你变我变的过程中，不断适应演化的。开始美军不知道我军入朝，所以被我们打了闷棍；后来发现了我军的后勤短板，来了个“磁吸”战术，又让我们吃了不少亏。到了上甘岭战役，我们改变战法不再运动战，而是来了个“坑

① 参见张江的文章《21 世纪为什么需要复杂科学》，《信睿周报》，2022 年 10 月 24 日。

道战”和“冷枪冷炮运动”，又打得美军没脾气。仗就是这样，越打越复杂。

DF-21D 的出现也是如此。20 世纪 90 年代，我们对付美国航母基本上没有多少办法，对它形不成威慑，所以有人提出来用弹道导弹来打。弹道导弹怎么打活动目标呢？这个概念开始时大多数人是不认可的，但是后来搞成了，就改变了战场态势，迫使美国人调整了他们的战略，不敢随意在我们近海耀武扬威了。这也是适应，是通过武器装备的创新带来的改变。

适应能力也可以反映指挥水平。1948 年，在辽沈战役攻克锦州后，部队请示下一步行动。当时战场非常混乱，部队一时也难以集结组织。东野司令部下了一个奇怪的命令：哪里有敌人就往哪里打，哪里有枪声就往哪里追。这个命令如果放到今天的指挥学研究生考试中，恐怕会不及格，因为指挥命令的关键要素基本都没有。但就是这个奇怪的命令，使战场局面顿时改观，部队主动穿插、分割，最后在胡家窝棚活捉了廖耀湘。所以，当时媒体评论：上帝之手为东野部队送来的神来之笔！说的就是指挥艺术。这实际上就是在动态作战过程中快速适应战场、调整结构能力的体现。这种战例在战史上比比皆是。这其实就是我们现在所说的“任务式指挥”的概念，放权给一线指挥员，让听得见炮声的指挥员指挥，可能更符合战场的实际。

最好的适应是不断学习

法国是第一次世界大战的战胜国，它从第一次世界大战中总结经验，认为未来德法之间如果打仗还会是阵地消耗战，所以就在德法边境修建了马其诺防线。后面的结果证明，马其诺防线形同虚设。法国在第一次世界大战后也注意到坦克的作用，但只是当成会移动的炮使用，而德军则创造了装甲突击集群。这说明，法国人学习的仅是事例而非机理，败就败在观念和思维的陈旧。

从这一点看，经验有时很有用，但有时也会毁掉未来，因为经验最容易成为教条和套路：既然过去是成功的，为什么需要改变呢？所以，胜利者往往不容易吸取教训。丘吉尔曾说过一句话：我们的将军们总是在准备上一场战争。大概说的就是这个意思。失败者却易于吸取教训，因为与其被动死亡，不如向失败学习，主动求变。

战略理论也有动态性特点，它反映的是对抗各方的思想。既然是思想，它就会不断地受到影响而不断改变。正是因为某个战略一次奏效之后，就可能被模仿或应对，因此必须创造新的理论才行。这和自然科学理论不太一样，自然规律一旦发现，就不会随着人的思想而改变。例如，所谓的“大国竞争战略”导致“决策中心战”“马赛克战”等概念的产生。反过来说，也有这样的情况，一个理论被证明有效，也会制约新思想的产生，恰恰是从被“证明有效”时开始，它已经走在了消亡的路上。因此，绝对不要被“成功的惯性”所束缚。战略管理大师迈克尔·波特①说过一句话：战略的意义不在于求更好，而在于求不同。说的其实也是这个意思。

所以说，正确、准确、精密和可预测只是简单系统的特征。对复杂系统来说，最好的并不一定是“最优”的，但一定是最会适应的。“最优”往往脆弱，稍有风吹草动就会崩塌，不如退而求其次，选择“满意”即可。因为在反复无常的巨大变化面前，“伟大”会失去意义，追求“正确”会被追求生存取代，“杀不死的我”才有资格谈胜利。

在重大不确定性危机面前，很多人都忘记了，追求所谓“绝对正确”的决策，才是最大的风险。制定一个不太完美的计划并迅速实施，在实施中快速调整适应，要比等到做出“100%完美计划”再做要强百倍！何况在复杂环境下，根本就不可能有 100%完美的事情，因为环境总是在变。真正的高手都会根据形势变化采用不同的策略，从来都不迷信或盲从某种教条，而是根据形势做出改变。这就是我们大家非常熟悉的那句话：实事求是。

适应性带来的思维改变

复杂系统的适应性会给我们带来哪些思维改变呢？

---

① 迈克尔·波特，1947 年生，哈佛大学商学院教授，被誉为“竞争战略之父”，是全球公认的战略管理权威，出版过《竞争战略》《竞争优势》等著作。

第一，系统结构会不断发生演化。结构的改变是自组织产生的，不断改变系统的功能和性质，导致系统出现不同的状态。因为每个个体适应环境的因素很多，所以改变的结果也多种多样。例如，一个作战体系有时战斗力很高，有时又很低，就是因为其结构在不断发生改变造成的。一支经过训练的部队，组成没变，但性质会发生根本性的变化。同样都是 100 个人，拿着同样的武器，土匪和正规部队，战斗力肯定不同。复杂系统与简单系统的不同之处在于，“完整”和“损坏”两种状态之外，还有另外一个状态，这就是“成长”。简单系统，例如机器只有“好”“坏”之分，而复杂系统像小孩，是“活的”，因此除了“好”“坏”，他还会不断“成长”。

第二，系统无法分解还原。对复杂系统而言，是无法采用分解还原方法的。系统既然已经成长，就不可能再回到原来的样子。例如，一个小孩长大成人后，你再不满意，也是无法让他再返回童年重新开始的。一支部队身经百战后，绝对比他还是菜鸟的时候强。你让他回到不会打仗的状态，也是不可能的。因此，对复杂系统而言，不可分解还原就是这个道理，而且不要忘记，复杂系统的适应性本身就包含反身性，也就是说，它会使复杂系统变得更复杂。

所以，用传统的自然科学还原论思想来研究复杂系统是不可行的。这就是第一个复杂系统性质。战争复杂系统具有适应性，结构会动态进化成长，因此无法被分解还原。

2.3.2　复杂系统性质之二：不确定性

简单性思维在本质上是确定性的，知道初始条件就可以决定结果，不确定的只是误差。这就是所谓的“决定论”。但是，复杂系统科学认为，我们的世界客观上就是存在不确定性，与我们的认识多少无关。例如，量子力学中的不确定性原理；人的自由意志，也是不确定的，是由人自己主导的，而不是由什么物理定律主导的。学过概率统计的人都知道，世界上就是存在无缘无故发生的事情，并不需要什么特殊的原因。这些都告诉我们，不确定性是客观存在的。

战争是不确定性的王国，充满了战争的迷雾，这是写《战争论》

的克劳塞维茨说的。他认为，“不确定性”和“恐惧”是研究战争最基本的要素，也是我们理解它的关键。恐惧是什么？就是你早上上了战场不知道晚上还能不能活着回来，这本质上也是一种不确定性。毛泽东也说，战争充满了“盖然性”。其实，他们都说出了战争的不确定性特征。普利高津也说过，确定性只是我们的错觉，而不确定性才是世界本来的面目！我们不能老以为世界本来就是确定的，确定性只是其中很小的一部分。

不确定性的种类

不确定性有很多种，主要包括四类：一是随机不确定性，即事件本身确定，但是否发生并不确定，例如天气预报明天下雨的概率是70%，但到底下不下雨明天才知道；二是模糊不确定性，即事件本身模糊，但发生是确定的，例如你的孩子“像谁”，像父母是肯定的，具体像爸爸还是像妈妈却是不确定的；三是灰色不确定性，这是信息不完全而产生的不确定性，例如战场态势，敌人隐真示假，你不可能像面对象棋棋盘似的了解所有态势。前面这三种大家了解的比较多，我就不再做过多的解释了。这里重点说一下第四种，也就是认知不确定性。

认知不确定性，就是那些主要因为认知不足造成的不确定性。大家重视这个概念，还与伊拉克战争期间美国国防部长拉姆斯菲尔德说的话有关。当时美军入侵伊拉克的理由是找“大规模杀伤性武器”。在记者会上，记者问拉姆斯菲尔德大规模杀伤性武器在哪？拉姆斯菲尔德说了这样的一段话：“有些事情我们知道我们知道，也有些事情我们知道我们不知道，还有些事情我们不知道我们自己不知道，……”结果引起在场记者的哄堂大笑，说他这个绕口令式的回答明显是在狡辩。其实，拉姆斯菲尔德的这段话，在逻辑上还是很严谨的。2006 年，美国加州大学物理学家就曾引用过他的这段话，并给予肯定。拉姆斯菲尔德对此一直耿耿于怀，他后来出版的回忆录，干脆起名就叫《已知和未知》，自黑一把，以解心头之恨。

其实，拉姆斯菲尔德的这段话，说得直白一点可以是这样的：据我们所知，有“已知的已知”，有“已知的未知”，还有“未知的未知”。我们现在学习的知识，都被写到了课本里，所以叫“已知的已知”。“已知的未知”叫“灰犀牛”，说的是我们知道自己不知道的事情。“未知的未知”则叫“黑天鹅”，就是连我们自己都不知道自己不知道的事情。

“黑天鹅”和“灰犀牛”

“未知的未知”为什么叫“黑天鹅”？这个名称是塔勒布起的。欧洲人原来以为天鹅都是白色的，但当它们登陆澳大利亚时，发现天鹅居然还有黑色的，那种震惊可想而知。塔勒布就把这种颠覆认知的不确定性命名为“黑天鹅”，还写了好几本书，书名都是《黑天鹅》。

塔勒布认为，黑天鹅是一种非常特殊的不确定性，使复杂系统性质完全不同于简单系统。最典型的黑天鹅就是“非典”，因为我们人类原来对它们是一点都不了解，所以当它们第一次出现时，我们的那种张皇失措、无以应对的反应是可以理解的。

黑天鹅事件有以下特点：一是很少发生；二是影响巨大；三是不可预测；四是发生有理，事后可解释。战争爆发、社会动乱、经济危机等几乎都可以被描述为黑天鹅。但实际上，黑天鹅是一种独特的不确定性现象，更多的还是认知缺乏造成的。越是高手之间的对决，胜负越是取决于无处不在的不确定性。所以，避免让不确定性特别是黑天鹅事件主宰胜负，首先需要提高的便是认知。

黑天鹅事件虽然无法预测，但是可以预防。就像地震无法预测，但我们只要把房屋的抗震等级提高就可以了。所以，我们必须时刻防范黑天鹅事件可能带来的巨大影响。例如，在世界大变局中有什么可能会是黑天鹅事件？其他地方的局部战争对我们来说又有哪些地方可能会飞出黑天鹅？我们又该如何应对？这恐怕就是古人说的，“预则立，不预则废”的意思吧！

“灰犀牛”则是“已知的未知”，就是我们知道自己不知道。这个概念是美国经济学家米歇尔·渥克在她的同名书中提出来的。“灰犀牛”其实说的是大概率出现且影响巨大的不确定性。我们明明知道，却经常被我们有意无意地忽视，如气候变暖、恐怖主义等。有人说，人工智能也是。

这实质上是决策的问题。很多危机都是在我们的忽视、争吵或拖延中不断累积，最终成为难以解决的重大危机。新冠病毒对于中国来说是黑天鹅，但对欧美国家来说则是灰犀牛，因为我们连病毒的基因图谱都给了他们，还搞得死人百万。米歇尔·渥克认为，我们面对的最大灰犀牛，就是“对不确定性和变化的抗拒”，也就是我们大多数人还是不承认不确定性的存在。所以说，我们的认知往往会决定认知不确定性的种类和发展。

信息能否驱散“战争迷雾”

指挥信息系统使情报侦察能力大幅度提升。美国的欧文斯海军上将，甚至欢呼：千百年来围绕着指挥官的战争迷雾终于被驱散了。但事实真的如此吗？其实，指挥系统试图通过获取大量信息减少不确定性，但是涌入的大量信息反而引发了更多的不确定性。事实上，信息情报只能解决第三类不确定性，也就是灰色不确定性，其他不确定性的“迷雾”仍然存在，并不能消除。

还有人认为，不确定性存在的主要原因是“信息匮乏”，其实这是个误解。信息缺乏、信息过多、证据矛盾、理解错误都有可能带来不确定性。例如，信息过多也会是一种不确定性，你看手表是 10:30，你会很肯定，但是如果还有另一块手表是 10:35，你马上就会觉得不肯定了。这就是西方民谚说的：用两块手表你永远不知道准确的时间。所以，不确定性并非源于信息鸿沟，而是源于对信息的理解。

未来学家托夫勒[①]在 30 年前就曾预言：未来我们会淹死在数据的海洋里，因为缺乏信息。到处都是水，你却渴死了。海湾战争时，美国刚完成指挥自动化系统建设，一天就往一个师指挥所发了无数份电文，那叫一个爽！因为它有这个技术实力啊。但是，这对师长来说，

① 阿尔文·托夫勒，1928～2016 年，美国著名未来学家，社会思想家，出版《第三次浪潮》《未来的冲击》《权力的转移》等未来学三部曲，以及《未来的战争》等军事未来学著作，享誉全球。

这么多电文他看得过来吗？又有什么用呢？而且，事实与人们想象的相反，决策质量在达到一定程度后，会随着信息获取量的增加而下降，更多的信息反而会导致较差的决策结果，除非接受过专门培训并掌握相关知识。所以，我们必须记住：战场永远都不会被完美感知，指挥员必须学会在不确定条件下指挥！

战争决策就是对不确定性的处理

拿破仑说：战争的过程，基本上就是对各种可能性的计算。也就是，我们古人说的“多算则胜”。学会利用不确定性，从不确定性中找到机会，是每一个决策者必须要做的事情。

大国战略也是如此。我们知道，在历史的长河中会出现很多偶然性事件，但偶然性并不是历史长河中可有可无的几朵浪花，也有可能是重要的机会。偶然性不是必然性的附属，而是一种规律。

19 世纪中期，德国和普鲁士虽然是一个民族，但却是两个国家。当时，普鲁士掌权的是铁血宰相俾斯麦，正在谋划德国的崛起。欧洲第一强国大英帝国，外加法国、俄国等列强在周边虎视眈眈，“普法必有一战”“普英必有一战”的论调甚嚣尘上。在这种情况下，俾斯麦却从来不去强调这种“必有一战”的必然性，而是故意模糊敌我，甚至不允许部下讨论这个问题，以至于英法列强也搞不清楚德国究竟属于哪个阵营。俾斯麦要的就是这种不确定性，并巧妙地加以利用，来争取时间。历史的“机会间隙”很小，最后德国普鲁士合并，德国崛起并实现了统一。俾斯麦下台后，其继任者又开始强调“不可避免”的确定性，导致第一次世界大战爆发，结果德国战败并迅速瓦解。

所以说，必然性给的是方向，偶然性给的才是机会。巴菲特的合伙人查理·芒格说过一句话：宏观是我们必须接受的，微观才是我们可以有所作为的。就像太阳东升西落是无法控制的，但是利用好天亮的日子做自己的事却是可以的，大概说的也是这个意思。

但是，这不是说我们不用关注战略。战略问题其实就是在“变”与“不变”中做选择。“变”强调的是抓机会，“不变”强调的则是定方向，两者缺一不可。亚马逊的贝索斯说过一句话让我印象深刻：

“总有人问我，未来会有什么变化，但很少有人问我，未来十年什么是不变的。我认为第二个问题更为重要，因为你要把战略建立在不变的事物上。”也就是说，我们不能因为重视不确定性而忽视对战略的研究和确立，不能“脚踩西瓜皮，滑到哪里算哪里”。

不确定性是复杂系统的固有属性，是无法消除的。对于战争而言，不确定性永远存在，不能消除，但可管理。跨代优势、加大余量、预案应变、加速反应等都是具体的管理方法。例如，早期的地毯式轰炸、3：1 兵力原则等就是一种基本的解决不确定性的方法。所以，战争是“不确定性的科学，可能性的艺术”，是“最接近哲学的科学”，这是非常有道理的。

学会利用不确定性

很多人总觉得有不确定性不是好事，其实这是最大的误解。如果什么都是确定的，也就失去了其他可能性。如果人生是确定的，哪天出生、哪天上学、跟谁结婚、生几个孩子、哪天会死……，都是确定的，那人生还是人生吗？确定那不是在放录像带？所以说，不确定性才是我们的希望，不确定性才意味着有创新的可能。

复杂性思维的核心是创新和适应，但是创新只存在于有序与混沌之间，也就是所谓的“混沌的边缘”。这里不确定性的程度起着很大的作用。太有序、太混沌都意味着无法创新。过去常说，“一放就乱，一抓就死”，其实就是因为没有把握好有序的程度。这提示我们，创新必须有一个合适的环境，既不能太死板，也不能太混乱。

畅销书《失控》的作者叫凯文·凯利①。他在书中说过这样一句话给我留下了深刻的印象：“你想创新吗，去拥抱不确定性吧！”意思就是，只有不确定性才会给创新以机会。如果既想创新，又要一切确定的，那是不可能的事情。

塔勒布说过一句话很有哲理：“未来唯一可以确定的就是，一切都会变化，而真正的强者喜欢变化”。“你想要成为火，就不要怕风

① 凯文·凯利，1952 年生，美国《连线》杂志创始主编。

的吹拂”，因为风既可以把火吹灭，也可以把火吹旺，取决于你怎么利用风。风就是那个不确定性的因素。你能说它是好还是坏呢?

特朗普当总统之前曾在中国做生意，还和人合伙写了本书，叫《交易的艺术》。他在书中就说过：和中国人谈判是最困难的，因为谈着谈着就掉到中国人的口袋里了；为了在谈判中占便宜，你必须想办法让中国人对你无法预测，也就是要有更多的不确定性。他当总统后还真是这样做的。我们跟他几次谈判，他总是出尔反尔，目的恐怕就是给我们制造不确定性。后来我们也熟悉了他的那些套路，保住一个底线就可以了，其他随他去。倒是他的那些欧美盟友不乐意了，这个人怎么这么无法预测啊，所以恨不得天天盼着他下台。当时我给学员上课时说，特朗普恐怕是我们今后碰到的美国总统中对我们“最好的”了，也是我们最容易对付得了，还有不少学员不太相信。现在看来是不是这样呢?

对于指挥员来说，未来战争中碰到的不确定性恐怕都是极高的，该怎么处理呢? 所以，优秀决策者和指挥员应该是利用不确定性的大师。尤其是弱者，才能从中寻求取胜的机会。对于确定性的决策，未来会越来越靠 AI，而我们则会集中处理不确定性。所以，从这个意义上说，指挥员就是为了应对不确定性而存在的。

不确定性带来的思维改变

不确定性会带来哪些思维上的改变呢?

第一，不可重复。每一次战争的条件都不可能一致，因此战争系统产生的结果也不会一致。“胜战不复”就是最典型的现象，因为很多“重复”的初始条件是不可能实现的，例如人的思维就无法再现，谁也不敢保证今晚做一个和昨晚一样的梦。这与自然系统是截然不同的。

第二，不可预测。不可重复本身就会导致不可预测，知识的反身性也会导致不可预测。所以，复杂系统的未来也是不确定的。对于不确定的东西，非要用确定性的方法去预测，显然是不可行的。例如，如果非要用越南战争、两伊战争去预测海湾战争，显然有点文不对题。

即使用同一个国家同一个对手的战争来预测，例如用海湾战争去预测伊拉克战争，也是不可行的，因为战争本来就是不可预测的。

这就是复杂性的第二个重要性质：战争复杂系统具有不确定性，不能预测和消除，只能进行管理。

2.3.3　复杂系统性质之三：涌现性

涌现，表示新的整体性质产生，也就是出现“1+1>2”的整体性效果。这是复杂系统最具代表性的性质之一。例如，一些蛋白质分子组合在一起产生“生命”，而“生命”就是一种整体性质。一群沙丁鱼见到海豹后组成集体防御机制，也是一种涌现。大量的计算机和手机等终端设备，通过互联网以自组织的方式连接到一起，也涌现了很多网络的整体性质，产生了我们今天的网络经济、网络社会。对于这些整体性质，如果仅考察个体是得不出来的。

涌现是自组织演化的过程

涌现具有相变性特点。相变是个物理学术语，这里借用它说明涌现的概念，说的是物质在某种条件下，性质会发生大的改变，例如温度下降到零摄氏度，柔软的水变成坚硬的冰就是一种相变。涌现也具有这种整体性质改变的特点，不过它是由自组织产生的，而不是靠外部条件改变导致的。这个类似相变的过程就是涌现，是慢慢浮现出来的意思，而不是简单地切换。

前些年提出的综合集成，其实就是要通过网络化、系统化的过程，使我们的作战体系能够逐步形成整体，变得更加有效。这些年“军改”的目的其实也在于此。“能打仗、打胜仗”是我军定下的终极目标，但能否达成这个目标，还要看作战体系如何构建、如何演化。与简单系统不同，复杂系统达成目标更需要引导和修正。这就需要看如何发挥好“抓总”的作用，促进“主建”与“主战”的协调发展。

涌现是自组织演化的结果，是系统中每个个体都遵从局部规则，在不断交互后产生的综合结果。它既是复杂系统的特色，也是系统追求的主要目标。但是，演化结果却是不可预知的，也不以规则设计者的意志为转移。例如，对法律法规的某种解释，就可能演化出社会公民对道德尺度标准的改变。最典型的就是南京“老人摔倒扶不扶”的案例。

南京有个小伙子下公共汽车时看到一位老人摔倒，就上去扶她。结果老人受伤非要说是小伙子撞的。小伙子说我是见义勇为啊，非常委屈。最后闹上法庭打官司。因为找不到任何证据，法官就“和稀泥”，判定小伙子虽无过错但赔偿大约四万元，理由是“你上去扶就证明你还是有撞人的可能”，结果全国舆论哗然。就是因为法官的这一句判词，全国人民产生了对见义勇为结果的疑虑，演化出对中国社会秩序中见义勇为看法的改变，看到老人摔倒后不再主动上去扶，也就是产生了新的整体性质。这肯定不是任何人的初衷，但就是演化出了这样匪夷所思的结果。仔细一想，这还真是“意料之外，情理之中”。

复杂系统的演化还就是具有这个特点。例如，对公开规则的适应或歪曲，会“异化”出各种社会潜规则。行贿者得利，社会风气就会败坏；买官者成功，整个官场就会腐败；小人得势，人才就会流失，“劣币驱逐良币”。见义勇为反倒被罚，剩下的就是没有人再挺身而出。所以，只有堵住这些漏洞，社会才会走上正轨。近些年来的司法改革，对许多旧案错案进行改正，鼓励见义勇为、正当防卫等，就很好地引导了社会秩序朝正确的方向发展。

这种演化有时对我们还是很有启示意义的。英国 17 世纪末为什么会崛起？很大原因是它建立了非常高效的海军。为什么只有海军高效？因为航海科学过于复杂，大海茫茫谁也不敢拿自己的生命开玩笑，所以那些懂得航海测量、物资管理、水手训练的具有真才实学的人才能当上海军军官，至少这些职位那时是买不到的。但是，当时的英国陆军军官除了很帅气地骑马，并不需要知道太多，所以谁都可以去混几天。正是因为科学的重要性，才使滥竽充数者不敢涉足[①]。这也是涌现自组织的结果，有点意思不？

① 这个观点源于加拿大历史学家、牛津大学教授马格利特·麦克米伦。

在俄乌冲突中，欧美对俄罗斯实行金融制裁，将其驱逐出 SWIFT 系统[①]。开始卢布暴跌，大家都以为卢布要完了。后来俄罗斯要求买其能源者一律卢布结算，结果反而促使卢布大幅度升值。加上国际市场本来能源就短缺，俄罗斯不仅没亏，反而大赚特赚。其实，从更长远来看，将一个主权货币踢出美元结算体系，会不会让大家开始防范自己成为美国人的下一个目标，最后导致美元信用的崩塌，也是说不准的事情。

涌现结果的非线性特点

这些演化的结果说明，涌现具有非线性特点。也就是说，不再是“种瓜得瓜，种豆得豆”了，很可能“种下龙种，收获跳蚤”。人类的大部分活动都是非线性的。例如，听歌可以获得快乐，但同时听两首歌并不会得到双倍快乐，反而可能是痛苦。又如，头孢可以治病，喝酒可以助兴，头孢加酒却可以要命。这些都是非线性的结果。面对复杂性，我们不能再简单地靠线性思维了。

复杂系统的这种非线性因果关系，也就是小动因也可能引起大后果，并且多变而不确定。这就是我们常说的蝴蝶效应。蝴蝶效应是洛伦兹[②]在进行天气预报计算时发现的：非常小的一点改变，却可能导致结果的巨大不同。原来计算结果是晴天，只改变一位小数，结果可能就是暴雨成灾。洛伦兹把这些结果画成曲线图，非常像一只蝴蝶（图 2.1）。这才有了记者描述的那句名言，“南美的蝴蝶扇一下翅膀，引起了亚洲的一场风暴”。

这种非线性与社会科学特别接近，许多大灾难可能仅仅由很小的原因引起。例如，森林火灾可能只是一个丢弃的水瓶恰好形成透镜效应引燃枯叶引起的；金融危机可能只是因为合同中一项条款设计不当

① SWIFT（Society for Worldwide Interbank Financial Telecommunication）即国际资金清算系统。SWIFT 为银行的结算提供安全、可靠、快捷、标准的自动化通道。该系统主要由欧美把持，因此很容易作为地缘政治的金融武器。

② 爱德华·洛伦兹，1917～2007 年，美国气象学家，美国科学院院士，在 1963 年提出非线性混沌问题，影响了基础科学的众多领域。

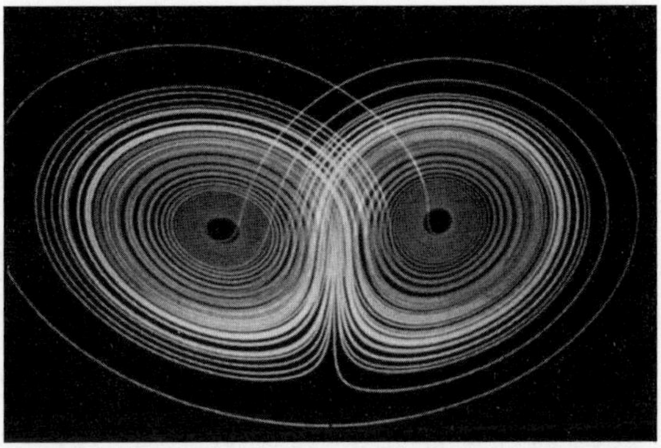

图 2.1　蝴蝶效应示意图

引起的；战争爆发只是因为某人开了一枪。这些都被描述为蝴蝶效应，实质上是自组织临界累积的结果。也就是说，系统早就达到了临界点，只待“压倒骆驼的最后一根稻草”。战争演化也经常出人意料，例如淮海战役本来的计划没有那么大，但是打着打着就成了大战役。

此外，非线性还可以放大不确定性结果。一名微不足道的突尼斯小贩的死亡，却引起中东地区“茉莉花革命”的连锁反应，一批阿拉伯国家的政府倒台，好多国家陷入混乱。2019 年，演员翟某某在网上炫耀自己的北京大学博士后录用通知书，引起网友质疑，导致其博士论文造假被查，后来又被指控硕士论文抄袭。自己丢掉了博士学位不说，甚至引起相关教育部门对所有学位论文的严查，因此 2020 年被网民戏称为“天临元年”。如果他知道这个非线性结果，他还会那么高调地炫耀吗？这几年，我们见到了太多的非线性现象了。一场暴雨让一个城市的防灾能力原形毕露，一场战争让俄罗斯军队几乎沦为笑话。这都说明，非线性应该是我们面对的这个复杂世界的一个基本性质。

涌现还具有层次性特点。每一层可能涌现不同的整体性结果，但是这些结果可能并不相容，底层也不一定就为上层服务，有的甚至可能是矛盾的。例如，一个部落的底层狩猎规律，可能就与高层的人类生存规律矛盾①。这里就不多说了，大家如有兴趣，可以去读我写的

① 参见胡晓峰《战争科学论——认识和理解战争的科学基础与思维方法》，科学出版社，2018 年版，第 2 章。

《战争科学论——认识和理解战争的科学基础与思维方法》一书。

何时会发生涌现?

涌现会产生新的整体性质，也可以说，这是一个从量变到质变的过程。那么，涌现的那一刻到底是什么时候呢？能找到这个结果吗？这个问题对不同的系统来说，就会有不同的答案。

举例来说，社会态度会在何时发生彻底转变呢？例如，是否支持种族隔离，是否支持独立，是否支持参加北约？科学家发现，这个数字可能是 10%。也就是说，如果有十分之一的坚定反对派，不管什么情况都拒绝改变，就可能导致社会态度整体发生逆转。这一点和美国 20 世纪 60 年代黑人民权运动的发生非常吻合。1959 年，美国人口普查，黑人人口数正好达到美国总人口的 10%。所以，整个 60 年代，美国的民权运动在马丁 · 路德 · 金[①]的领导下风起云涌，最后导致美国的种族主义政策被取消。看来这个 10%还是有点道理的。

这个理论的基础源于一位在谷歌工作的华人，他的名字叫谢瑞杰。他认为，个体通过关系网络而发挥影响力，会深刻影响，甚至左右社会态度或观念的走向，只要高忠诚度群体突破总人口的 10%，社会态度转化速度就会大大加快，直至颠覆。后来，美国政治伊斯兰研究中心的人员将这个理论应用于宗教国家化转移现象研究。例如，土耳其原来是基督教国家，后来怎么突然转变为伊斯兰国家了呢？他们研究后认为，一个国家转变为完全伊斯兰化的临界点，也在 10%左右。一个国家的伊斯兰化只要达到 10%这个阈值，几乎就可以全部完成伊斯兰化的转移，如埃及、突尼斯、土耳其等国。除非发生武力或外部介入，例如西班牙就因为战争又转了回去。目前也有不少国家快达到这个阈值了，如德国、法国、瑞典等，但是否会发生转换，很多人都在拭目以待。

现在看来，很多国家的动荡似乎也可以用这个理论解释。例如，泰国的红衫军、黄衫军，乌克兰的亲欧派、亲俄派，英国的亲欧派、

① 马丁 · 路德 · 金，1929～1968 年，美国黑人牧师，社会活动家，黑人民权运动领袖。

脱欧派等。要解决这些问题，只有外力介入才能扭转这个势头。

这些案例也说明一个道理，就是复杂系统有它自己的运行机理，关键在于我们能不能找得到。

涌现性带来的思维改变

涌现性带来的思维改变也有三个方面。

第一，整体性质的自组织性。每个个体遵从局部规则并不断交互自组织，会涌现系统整体的新性质，且不依人的意志为转移。

第二，整体结果可能的非线性。小动因也会产生大后果，可能是“压倒骆驼的最后一根稻草”。每个因素都可以是关键因素。

第三，整体涌现的层次性。低层次的自组织行为，会导致涌现高层次的整体结果，但是层次间的结果却可能相互矛盾。

这就是我讲的复杂系统的第三个重要性质：战争复杂系统具有涌现性，整体性质是系统自组织演化的结果。

理解复杂系统的多侧面

上面讲了复杂系统的三大特性。科学世界观是思维的底层代码，思维不可能超越世界观的高度自己发展。复杂系统的这些特殊性质给我们带来与机械思维模式完全不同的复杂性思维模式。

第一，适应性导致系统结构总在动态变化，并以网络形式相互影响，因此不能用还原论方法去理解系统。

第二，不确定性导致因果不再唯一，因此结果不可重复不可预测，并且具有非线性和不可预测性。

第三，涌现性导致系统自组织演化，因此会产生新的整体性质。

第四，非线性导致小动因也可能带来大后果，导致系统从“固化”的机器，转向“可成长”的活系统、聪明系统。核心的转变就是，把战争当成人之间的战争，而不是机器之间的战争！

因此，战争研究必须从机械思维向复杂性思维转变。复杂系统最典型的思维就是它的多面性，需要我们从整体多个角度才能得到它的结果。这就像我们了解一个事物，过去常用的是我们熟悉的理论推导、科学实验、仿真模拟三种认识世界的途径，对解决简单系统问题得心应手，但对复杂系统则困难重重。这些年又发展出了大数据、复杂网络和深度学习等方法，使我们研究复杂系统有了新的工具。

需要注意的是，这些工具展现给我们的只是复杂系统的某些侧面。由这些侧面得到的结果可能并不一样。如图 2.2 所示，一个圆柱体的投影，我们从正面看是个矩形，从侧面看则是个圆形，虽然不一样，但它们都是这个圆柱体不同侧面的投射结果，都是正确的。大家还记得那两个同时得诺贝尔经济学奖的科学家吧？他们俩就是从不同侧面得到不同的投射结果，展现的就是经济学的复杂性。

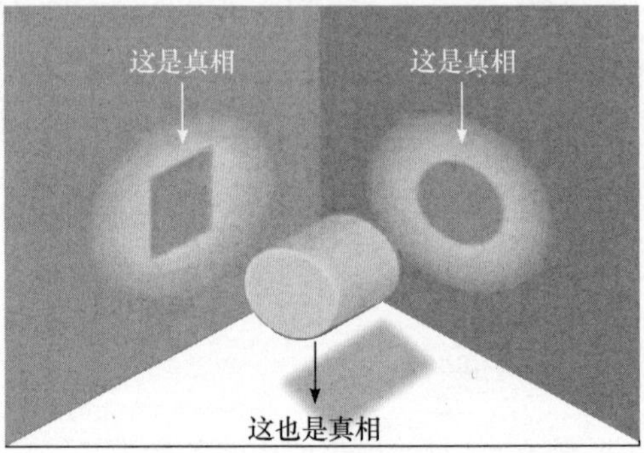

图 2.2　圆柱体投影

从这个例子我们也可以看出，即使是复杂系统，最终也会有合理的结果，关键在于提高“维度”。如果宇宙真的是毫无规律随机运行的，那么科学方法就行不通。复杂性是要在更高维度上寻找有序，而非在混沌中寻求某种解法。战争也是一样，也会有很多都是“正确的”不同结果。除非我们能够得到和研究对象一样更高维度的工具，否则我们就只能这样像“盲人摸象”一样的“管中窥豹”。我们能做的只能是慢慢积累，慢慢拼凑，因为战争也在不断发展，我们很难知道这个“维度”到底有多高，而且我们可能永远都不会知道复杂系统的“全部”究竟是什么。

但是，我相信，复杂性科学就是我们走向那条正确道路的指路明灯。科学工具的采用则是战争研究从基于常识向基于科学的重大转变。

这个转变可以说是飞跃性的，很多人可能会感到不适应。哲学家罗素曾说过一句话：所谓常识，不过是我们所处时代的某种偏见而已。这也说明，我们的战争科学研究必须走上基于科学的道路，而不能仅仅基于常识。如果说，自然科学为我们描述了物理学世界，那么复杂性科学则为我们描述了以人为核心的战争或社会这个世界。

2.4　如何应对复杂且不确定的未来

战争是典型的复杂系统，但是我们却一直用还原论的机械思维模式来理解战争，就有些不太合适。海湾战争预测出错，就是这个原因。过去之所以还算合理，是因为战争中各要素相互影响的速度较慢，范围较窄，涉及的关系也较为简单。信息化战争的速度加快，范围拓宽，甚至是“秒杀”，极大地冲击了我们原有的思维模式，因此对战争的理解必须采用新的思维模式才行。那么，信息化战争会带来哪些冲击，我们又应该如何应对呢？

2.4.1　信息时代的战争改变

信息时代的数字化、网络化、虚拟化和智能化，使社会的一切都发生了重大改变，包括战争。

第一，相互影响加大，要素之间链接复杂，相互纠缠。

第二，非线性更强，小因素影响力也可能被夸张地放大。

第三，演化速度变快，需要不断调整才能适应环境。

第四，不确定性增多，对未来的预测和应对变得就越来越困难。

前进的道路上不但充满机遇，而且潜藏众多陷阱。正是这些所谓的“加大”“更强”“变快”“增多”，导致我们所处的世界变得更为复杂。

战争及社会系统的网络化

战争及社会系统的网络化，使战争系统的所有要素被网络紧密连接到一起，形成更大体系参与战争，又使战争影响范围更大、更快，也更复杂。例如，作战体系链接了所有战场单元，很难区分前方和后方、局部和整体、军事和社会等传统概念，同时改变了社会关系和战斗力关系。有人说，未来会出现高德式的作战态势及规划，微信式的情报支援，顺丰式的智能物流保障，而这些都需要建立在网络上。又如，大网络公司可以封锁某些账号以施加自己的影响，在美国连总统的账号都敢封；卡扎维[①]只用制作简易炸弹的教学视频，就可以发动一场战争，靠的也是网络。这个网络算是谁的？谁有主权？谁有控制权？似乎都不好说。

网络还会引发“去中心化”，也叫“去中间化”现象。它打破了工业化时代形成的等级制系统结构，也从本质上改变了作战体系和战争环境。网络链接抹平了层次结构带来的资源垄断和交互鸿沟，产生了很多新现象。例如，一个演员的自媒体就可能有上千万粉丝，远超过去一个大报的总读者数；一个短视频博主的关注人数，可能比一个电视台的关注人数还多；北京一场特大暴雨，志愿者可以在 2 小时之内动员 600 辆私家车去机场接人，可能即使政府号召都不会这么有效；疫情期间的志愿者就更不用说了，都发挥了重要的作用。

所有这些现象也都反映到了战争领域。早期出现的网络中心战、分布式作战，后来出现的混合战争、跨域作战、决策中心战等新的作战结构形态，都是直接的结果。通过网络实现战争中力量的快速分配、情报的直接共享、创新的快速响应已经成为常态。

这说明了什么？经济学家托马斯·弗里德曼[②]对此进行了深刻的阐释，可以让大家理解网络时代带来的巨大改变，尤其是全球化现象。这还是十几年前的事了。今天，有人又说世界本就不是平的，物流成本、劳动力成本导致产业链回流，政治经济学压倒了效益经济学等，又开始了所谓“逆全球化”过程。区块链、元宇宙、XR（extended reality，扩展现实）、Web3 等新概念的出现，更是颠覆了我们过去很多传统

① 阿布·穆萨布·卡扎维，1966～2006 年，基地组织三号人物，本·拉登的助手，2006 年被炸死。

② 参见《世界是平的：一部二十一世纪简史》，托马斯·弗里德曼，何帆等译，湖南科技出版社，2006 年版。

的观念。面对这种情况，我们又该怎么办呢？

网络化非线性效应突出

网络化使各要素之间的关系相互纠缠。它的非线性特性既放大了影响和后果，又使未来变得更加不确定。加拿大一个乡村歌手乘坐美联航的飞机托运吉他，在装卸时给弄坏了。歌手要求美联航赔偿，结果被置之不理，气得够呛。他一气之下写了首歌，歌名就叫《美联航弄坏我的吉他》，本来只是为了出出气，但没想到视频一下大火，人人传唱。为此，美联航的股票暴跌 10%，损失了好几个亿。一把好的吉他也就只值个 3000 美元，但是因为网络却引发这么大的效应。这就是不可忽视的网络力量，一夜之间出现的“网红”，既可能是巨大的机遇，也可能是巨大的风险，就看如何利用。

互联网如此，国家关键基础设施网络也是如此。美国东部地区曾经发生过一次断电事件，号称“美东大停电”[①]。其实就是因为一个 1000 美元左右的变压器损坏，造成连锁反应，使整个北美东部地区全部停电，导致 300 亿美元的重大损失。这就是关键基础设施由于网络互联带来的级联失效风险。这还是偶然的故障，如果战争中敌人找到网络的关键节点，可能只需一发导弹就可以达成极为震撼的效果。

联系紧密的社会也会影响战争的形态与演化。爆炸的高电磁脉冲炸弹可能只是损坏了电网，却没有杀死一个人，是不是这就是“好的战争”？社会又会如何反应？但是，停电导致医院的病人死亡，又应该算是谁的责任？冰箱里的食物腐坏导致民众上街暴乱，又应该怪谁？在俄乌冲突中，西方制裁俄罗斯本以为可以致卢布于死地，但是没有想到卢布反倒坚挺了起来。所以，千万不要忽视网络非线性带来的不确定性放大效应和级联效果。

演化出来的新组织形态

网络的去中心化也可以演化出很多新的组织形态。最典型的就是

---

① “美东大停电”又称“美加大停电”，指的是 2003 年 8 月 14 日美国东北部和加拿大东部出现的大范围停电事故，损失在 250 亿～300 亿美元，影响 5000 万左右人口。

不需要领导的组织，如基地组织、黑客组织、盗版组织，这就是所谓的“无领导组织形态”。这些组织可能没有明确谁是领导，但是却可以自主地执行任务，通过网络联系进行精神控制，并通过网络培训提供支持。基地组织就是这样，本·拉登只是个精神领袖，提供极端主义的音视频进行宣传，在阿富汗或巴基斯坦搞个基地进行射击、爆炸的培训，然后恐怖分子再自己去执行任务。

美国学者布莱夫曼曾经写过一本书，书名叫《海星与蜘蛛》，副标题是“无领导组织不可阻挡的力量”。他在书中说：这种去中心化的组织就像海星一样。由于没有“头”，也就是没有领导，所以很难消灭。也正是因为它无领导，所以效率也不会高，因此也很难干成大事。但是，在网络时代，这种组织形态却可能给社会带来很大的破坏性。我的总结就是“成事不足，败事有余”。

我举这个例子是想说，在网络化时代，很多新的组织形态并不是我们有意设计出来的，可能是演化出来的。演化就意味着对外界的快速适应和不断地改变。所以，创新才是未来的主旋律。要记住我们前面说过，系统的结构决定系统的功能和性质，组织形态就是结构之一。新的战争形态、新的作战样式必定会在快速演化中形成，很多可能连我们都想不到。例如，分布式杀伤网、大都市自组织蜂群作战等，都可能在未来成为主流作战形式，这在俄乌冲突中已经初见端倪。

新“创新”层出不穷

网络化世界也会导致新的作战样式出现。2004 年，恐怖组织在网络上公布了对美国人质的斩首视频，血腥场面震惊全世界。当时世界各大电视媒体为追求收视率全部转播，成为轰动一时的大新闻。但是，谁也没有想到，这是基地组织精心设计的一次宣传战，世界各大媒体都上当了，可以说是“被卖了还帮着数钱”。

正是这个残忍镜头的渲染，引起美国民众的反感，反对伊拉克战争的热潮开始涌现，达到了基地组织的预期目的。极端组织的这种“创新性”，在后续战争或冲突中仍不断涌现，网上募捐、干预选举等让人防不胜防。

尽管这些极端组织所谓的“创新”让人反感，但也印证了我前面说过的战争复杂系统的一个特点：往往是“弱者”更愿意创新。因为他不创新，就根本没有出路。但是，为什么我们就不能创新呢？其实完全也是可以的，只是我们还没有被逼到那个份上。

敌人和我们一起进入新时代，分别获得了不同的优势，造就产生了一个不可预测、错综复杂的新环境。环境已经发生了巨大的改变，从复杂变得更加错综复杂，对此我们不能视而不见，装作什么都没有发生。美国人常用几个字母 VUCA 来表示这些新环境，即它们是动荡的（volatility）、不确定的（uncertainty）、复杂的（complexity）、模糊的（ambiguity）。这不就是我们前面说的复杂性环境吗！

我们该如何适应这个复杂的环境呢？改变思维模式应该是第一步。

2.4.2　还原论错觉

应对新的时代，需要重写规则。最重要的是，要重新审视我们建立在还原论基础上的机械思维模式及战争思维方法，看看是否还适合未来信息化战争的要求。简单地说，这种思维模式的可分解还原、结构不变、因果对应、线性关系、可预测、可重复等特征就是把一切都想象成“机器”，从而产生一些所谓的还原论错觉。

错觉 1：各部分相互不影响

以为战争系统像机器一样，是按层次组成、按树状运行的，任何组织都是可以分解还原的，任何任务都是顺序执行的，各部分之间是相互不影响的。实际上，战争系统的各个部分链接方式多种多样，而且会相互纠缠、快速演化，导致系统结构不断地发生改变。事实上，如果一个系统包含相互依赖关系，那么就很难具体描述出它们会对其他关系产生什么影响。在复杂系统中，即使只是两方的关系也可能会影响他人。例如，国际政治中即使两方的联盟也可能损害他方利益，导致系统均衡被破坏，产生新的演化过程。美英澳建立“奥库斯”联盟，为澳大利亚提供核潜艇就是这样，虽然是三方联盟，但是它破坏了核不扩散条约关系，所以遭到多方反对。

作战体系也是一样，它们既可以是“点对点”式的独立作战，如特种部队、潜艇作战，也可以是“多对多”式的网络联系，如联勤保障、信息支援等。可以说，影响和演化无时不在、无处不在。我曾经让研究生研究兵棋推演中作战体系的演化过程。如果把作战体系的编成结构画成图，开始的时候，对抗双方作战体系编成还非常规范，层次结构明显，但是随着演习的推进，体系连接很快就相互交错，各部队之间的联系随着作战的进程急剧改变；与作战行动密切相关的部门联系大幅度增加，而另外一些单位则会被逐渐边缘化；层次逐步减少，信息流动逐步精简，作战体系结构与最初相比完全变了模样。这说明，体系结构是会演化的，它会朝着适应作战的方向发展，而不会像机器那样一成不变。

错觉 2：增加层次解决问题

在还原论的观点下，如果一个组织内部部门之间出现矛盾，一般的解决方案就是再增加一个层次进行协调，所以才出现那么多的“领导小组”。以为通过增加层次就可以解决问题，但其实可能是南辕北辙，事与愿违，反而离解决问题更远。新增加的临时层次会导致信息传递距离更大，反应更慢，而且信息变形的可能也更大。解决这类问题的正确方法，要么是组建正式的协调机构，前提是这个机构是必需的，而不是临时的；要么放手让系统直接交互，靠自组织演化，自己找到解决问题的途径。

例如，我军在军改中解决联合作战指挥问题，并不是简单地在过去军兵种上面新增一个层次，组建联合指挥机构，而是改变原来“建、战混合”体制编制模式，形成“主战”“主建”的作战体系结构分工，更新指挥和建设的观念，让作战体系焕发出新的战斗力。这和过去那种简单增加一个层次的方法是有本质区别的。

让系统自己演化找到解决问题的途径是另一个方法。前面提到的辽沈战役中东野司令部的命令，“哪里有敌人就哪里打，哪里有敌人就往哪里追”就有这个特点。试想，如果再临时组建一个协调机构进行协调，恐怕黄花菜都凉了。这种情况下，找到能够解决问题的人，比新增一个层次或者机构可能更为有效。面对不断改变的作战环境，我们必须学会用动态思维去思考作战体系结构的问题。

错觉 3：一切皆可预测

以为只要信息足够，战争过程就都是可预测的，所以计划与决策都以“可预测”为前提，以“最优化”为目标。其实，这是不可能的。战争复杂系统的巨大不确定性，使我们对战争的任何精确预测都是徒劳的。必须承认，敌人的对抗和偶然性事件都有可能使预测落空。不能把不确定性、非线性带来的“蝴蝶效应”等同于“杠杆放大效应”。如果每一只蝴蝶都能掀起一场风暴，那它就是可以预测的了，就不称其为“蝴蝶效应”了。

多年前美国的“鹰爪行动”①就是一个很好的例子，它完美解释了不确定性会带来怎样的灾难。1980 年，伊朗扣留了美国大使馆的 52 名人员作为人质，美军则开展了营救人质的行动。美军计划先用直升机把特种部队送到德黑兰附近，天黑后攻入大使馆解救人质，然后运到一个机场换乘运输机离开。计划堪称完美，组织也可以说严密，但结果却是巨大失败。因为突如其来的沙尘暴导致坠机，然后是直升机与运输机相撞。由于没有预见沙尘暴会导致状况百出，就算是有一位国防部副部长亲自指挥，陆军、海军、陆战队、中央情报局等多个部门之间还是协调困难，又都按自己最优的方式各行其是，最后只能导致行动进行到一半就匆匆结束，以失败告终。什么都计划好了，就是没有考虑到不确定性会带来问题。

对比 35 年后美军实施的“海王星行动”，也就是击毙本·拉登的行动，同样也出现了直升机坠毁的突发状况，但突击队还是很快找到解决方案，顺利完成任务并安全返回。所以说，与其想尽方法进行预

① 美国政府 1980 年为解救被伊朗扣押的 52 名人质而采取的一次军事行动，以失败告终，同时使美军特种行动部队司令部诞生。

测和强化临时协调，不如提高执行任务部队应对不确定性的能力。

错觉 4：一切皆可控制

将战争看成机器，很容易让我们错以为我们能像控制机器一样，完全控制战争过程和结果，也会错以为指挥信息系统可以像手机一样畅通，武器装备可以像工厂机器一样好用，物流保障可以像快递一样随叫随到。殊不知，“炮声一响，计划作废”，一切皆会失控，战争的态势迷雾重重。战争就像一头发了疯的野兽，根本不会听你招呼，又何来的随意控制呢？只要你一改变，系统就会发生演化，至于会演化出来什么，则存在很大的非线性特点。千万不能想当然，以为“种瓜一定得瓜”。复杂系统思想家有句口头禅：如果你没有演化出来，你就没有证明它。

对于战争的控制，我们能做的只是根据态势进行引导。也就是说，通过我们的指挥决策和部队的作战行动，使战场态势能朝我们期望的方向发展，但结果并不确定。因为战场不是你一方表演的舞台，而是对抗双方或多方的角斗场，战场结果的不确定，既可能是因为敌人的对抗，也可能源于各种不确定事件的发生。我们必须具有行动的能力和实力，而且能够正确地指挥和决策，并根据不确定的情况不断调整，才有可能达成对战争态势的期望。

以上这些错觉其实都来自我们的思维深处，如果我们还是不加注意的话，将来就很可能会在战场上被惩罚。那么，我们该如何改变呢？

2.4.3 如何应对改变

既然时代要求我们改变，那么规则又应该如何重写呢？这就需要转变思维模式，找到积极应对的办法；认识到还原论思想已经不适合现代信息化战争，必须将复杂性科学方法引入我们的战争思维之中；用“整体、动态、对抗”的复杂性思维，应对未来战场上的动态适应性、不确定性、不可预测性和结果的非线性。因此，特别要关注以下几点。

组织形态的变革

战场态势变化加快，因此作战部队必须具有快速反应、及时应变的能力。层级制结构虽然建立了权力体系，但也损害了对战机把握的迅捷性。过多的层层请示，必将贻误战机。例如，发现入侵的空中目标，如果再层层请示，恐怕敌机早就逃之夭夭了。对于一些突发情况，请示是必要的，但至少要有初步行动方案，不能坐等战机丧失。这在过去是有过教训的。所以，未来及时应变是第一位的，应将层级体系转变为可快速应变的组织模式。

网络化时代需要新的团队形式。“小团队、自驱动，无边界、有目标，低成本、高回报”成为一种常态。只有大小合适的团队，才能具有更好的应变和自驱动的能力，也就是自己就知道该干什么。多大的团队最合适呢？牛津大学的邓巴曾给出一个“邓巴数”，即一个人可直接联系的最大人员极限，在 150 人左右。这个就可以作为基本作战单位的人数参考，一个连左右。

对于众多的小团队，则需要提供一个无边界的平台。平台将小团队用任务和目标组织起来，灵活编配，形成更大的团队，才能具有更强的适应能力。陆军的数字化合成营就可以看成作战体系中的一个基本混合团队。然后，这些基本团队组成更大的网络化作战体系。这其实就是一种基于作战任务和目标进行组织变革的尝试。

第一，作战体系结构的变革。

为了适应网络化环境的改变，作战体系也必须建立合适的体系结构。“军改”结构调整的目的就是催生管理和指挥上的变革。滴滴（Uber）的分享模式创新了网络时代“使用权比占有权更重要”的新理念，使传统出租车公司成为多余，这称得上管理的一次变革。“军委抓总、军种主建、战区主战”本质上就是对作战资源的管理改革，为的是提高应变能力，最终要体现在打胜仗的总要求上。网络化主导了当前作战体系的结构变革。未来智能化又会怎样呢？大家可以去思考一下。

其实组织变革不仅体现在部队编成结构上，在人员政策上也有所反映。例如，军衔制度的改革，也会引发组织结构的调整，以及人员队伍的动态博弈。某个军衔等级晋升政策的调整，也会引发每个人对自己未来职业规划的改变，最后导致整体上该军衔是多还是少，并且稳定下来。这个结果很可能并不是制度设计者所期望的。例如，如果现有军衔政策不变的话，在某个衔级层次，就有可能出现短缺现象。为什么会这样？这就是个人职业规划与军队军衔政策博弈的结果。这就是我前面说过的复杂系统的涌现，必须引起管理者的注意。随着政策的不断调整完善，问题有可能得到逐步的解决。

第二，目的是增强适应性。

适应能力是团队建设的首要。要以灵活的架构、集体的互信来应对无法预知的灾难和不确定性。互信是团队建设的基础，即内心认知的一致性，如信仰、目标等。自驱动则是集体智慧产生的源泉，即发挥主观能动性。增强适应不确定性的能力才是关键，这可能比制定更多、更复杂的计划要好得多。说一个很有名的例子[①]。1989 年，美国的 UA232 航班在飞行中出现故障，飞行员无法控制转向。在这种突发情况下，机长沉着冷静指挥，并得到一位恰好休假乘机的飞行教官的帮助，找到了天才的解决方案，仅靠引擎调整就完成迫降，成功挽救了机上三分之二人员的生命。这靠的就是对特殊情况的快速适应，以及每一名机上人员的共同努力。与此相反，航班 UA173 的故障并没有那么严重，但他们按部就班地查手册搞测试，最后不是因为故障而是因为油料不够而坠毁，导致灾难发生。2018 年 5 月，我国 3U8633 飞机突发舷窗破损事件，情况危在旦夕，但由于机长刘传健转业前在军队受过迫降训练，最后成功迫降，也反映了其应对不确定情况的能力。电影《中国机长》讲的就是这个故事。

美军提出的基于“决策中心战”的“马赛克战”作战概念，就是对网络中心战思想的又一次反思和调整，以适应战争新形态的发展。它承认未来战争中的战争迷雾仍然存在，而且网络也不可能实现全联通、全透明。因此，只有通过强化指挥决策速度和质量，给对手制造

① 该例子源于《赋能：打造应对不确定性的敏捷团队》，作者为美国陆军四星上将斯坦利·麦克里斯特尔，中信出版社，2017 年版。

更多的决策困境，才能在未来打败大国对手。他们认为，复杂性就是一种有效的武器。因此，通过将部队调整成更小的作战单位，大量采用无人平台作战，也就是所谓的“马赛克”，并利用 AI 辅助快速决策指挥，才能适应未来战场的不确定性，并且具有很好的反脆弱性。这种建立在决策中心基础上的跨域分布式作战，也很好地体现了复杂系统思想的灵活运用[①]。

应对不可预测性

只有简单系统才可预测，复杂系统是无法预测的。为什么复杂系统就不可预测呢？不可预测又如何决策呢？这是很多人心中的疑问。我再讲两个案例[②]，大家再体会一下什么是不可预测性，然后讲如何应对。

第一个案例，出人意料。1984 年，美国有一个科学家请了 284 名各行各业的专家大拿，包括大学教授、经济学家、政府前高官、企业高管等对未来政治经济问题进行预测，然后封装起来，20 年后再汇总进行分析。都有什么问题呢？例如，“戈尔巴乔夫会不会因政变下台？”“会”或“不会”，两个答案选一个。诸如此类。20 年很快就过去了。2004 年，结果公布了，出乎所有人的意料。这些专家的预测与实际结果相比，基本上与扔硬币做选择相当，也就是没有什么参考价值。这是为什么？他们不是思维睿智、知识渊博的专家嘛！

第二个案例，匪夷所思。一个教授选了五名基金经理，每人给了 5000 美元，让他们去炒股，半年后再看看他们能挣多少钱。同时，他又悄悄找来一个黑猩猩，名字叫奥拉，也给了它 5000 美元，让它炒股。黑猩猩当然不会炒股，就让它扔飞镖，扎到那个股票的名字就买卖哪个。半年后，结果出来了，黑猩猩居然赢了！这真是让人大跌眼镜！其实，我们经常可以见到，股市里的大妈反而更能赚钱，而所谓的专家却亏得一塌糊涂。这又是为什么？

---

① 关于决策中心战的有关内容，可以在本书“复杂性就是一种武器”、“复杂性如何成为武器”章节中看到详细的解释和说明。

② 这两个案例来自《智识分子：做个复杂的现代人》，作者万维钢，电子工业出版社，2016 年版。

为什么专家的预测有时会失败？根本原因就是复杂系统各要素之间的相互影响，系统的反身性，以及程度不同的不确定性。

专家只适应确定性情况

其实，专家只适合确定性的情况。当答案只有一种，例如可以用公式求解时，专家就十分重要。他的专业知识可以帮助我们制定科学量化的决策。例如，得到哈雷彗星返回的准确时间、做出从北京到上海最短的路径规划、算出导弹发射后会落在什么地方等。因为这些答案都是确定的，结果也是唯一的。

但是，当答案存在各种可能性时，专家就没有多大用处了。例如，扔骰子，谁扔都是一样。因为不确定性会带来多样性，所以即使是傻瓜，也有可能会战胜天才。不确定性会使“你是不是专家”变得不再重要。这就叫“人算不如天算”。前面说的案例中的专家预测，其实大多数都是不确定事件。黑猩猩股市赚钱更是随机事件，是不是专家又有什么用呢？

这些案例告诉我们，在不确定性很大的时候，决策者的勇气、股市大妈的手气可能反而成为关键。不要期望这时候用逻辑或计算能得到确定的结果，那是不可能的事情，因为这本就不是确定性系统。即使具有某种统计规律，你也有可能栽在偶然性上。事实上，应对这类复杂系统决策问题的关键在于如何控制不确定性。所以说，战争决策往往是知识、方法与勇气结合。冒不了大险，就得不到大利，这也是战争理论家与战争决策者不同之处。

兵棋推演的目的是什么

我们再来看一下兵棋推演。有人总是说，某某兵棋推演预测了某场战争，结果一模一样。真是这样吗？很显然，这是不可能的。兵棋推演的目的是什么？是为了预测未来战争的结果，还是为了得到最优的作战方案？

事实上，兵棋推演无法预测胜负，更不会有什么最优方案。但是，通过兵棋推演，我们却能发现和解决问题，从而提高在未来战争中取胜的概率。这才是兵棋推演的目的。

兵棋推演与作战模拟也是不同的。兵棋推演的关键在于，指挥员参与的“推”，而不只是模拟系统的“演”。兵棋推演与传统仿真模拟最大的不同在于，指挥员会产生新的认知，也就是对作战态势形成新见解，而新认知又会驱动指挥员做出新的决策，使战场态势演化变得更复杂，即所谓的反身性。所以，在推演中，谁更能适应，谁就会更加主动。要使指挥员能在越变越复杂的战场态势中“见多识广”“灵活处置”，时刻处于主动地位，这就是训练的意义所在。

复杂系统如何预测和决策

既然复杂系统不可预测，那对复杂系统又该如何预测和决策呢？

复杂系统不可预测，但不是不能预测，因为并不是复杂系统中的所有部分都是完全无法预测的,总有一些东西是可以得到预测结果的。例如，全球石油产量价格关系介于有序和随机之间，很难具体描述、解释和预测，但整个走向趋势却是有一定规律的，是可以观察和预测的。复杂系统的预测就是处理不确定性的过程，是对可能性和动态性的预测，不能照搬简单系统的预测方法，而是与不确定性的程度，以及决策方式有关。具体说，有四点需要注意。

第一，长、短程的预测方法不一样。短期看运气，长期看智慧。科学决策就是要把运气与水平分开。短期可以把非线性当成线性看，缩短测量区间，依靠“惯性”来预测；长期则要看大趋势，重点看包线，不能拘泥于一时一事。炒股就有这个特点，也分短线和长线，短线抓机会，长线看价值。

复杂系统的远程是无法预测的，但是可以做准备。例如，你无法预测疫情期间一年后市场会发生什么变化，那就应该多做几手准备。例如，有个企业专门制造玻璃瓶子，但它不是什么畅销就只做什么，而是尽量多样化自己的流水线，以适应更多的产品生产。结果疫情一来，别人因为产品单一都倒闭了，这个企业却因为可以转产疫苗瓶子还赚了不少钱。打仗也一样，不能就只会那“一招鲜”，否则情况一变就会傻眼。

第二，预测拐点比预测趋势难，但是拐点才有用。什么叫拐点，就是那些扭转了趋势的点。例如，长期不地震，突然地震了；长期和平，突然打仗了；股市本来下行，突然向好了。这些突然变向的点就是拐点。

对复杂系统而言，预测趋势没有什么大用。例如，我预测“今天不地震”，准确率即使高达 99%，也没有什么价值，因为谁都知道。但是，我若能预测“今天会地震”，那价值就太大了，因为这就是拐点。所以说，复杂系统决策不能迷信趋势。但是，对拐点的预测太困难了，人们过去已经做过太多的努力，总是失败居多。为什么总会失败？我觉得还是方法论有问题，总是用简单系统的预测方法来预测复杂系统的事情，那怎么行？

不过有时也可以主动制造拐点，能抓住或制造出黑天鹅事件才最有用。例如，第二次世界大战时出现的原子弹，加速了日本的投降；战场上的“斩首”行动，也可能瞬间改变战场态势。

第三，预测方法一次性使用，动态看待结果。因为社会复杂系统具有反身性特点，任何决策都会导致系统重新演化，所以任何评价、预测方法只能短时有效。有人好不容易研发出根据推特情绪预测股市涨跌的预测算法，但也只能用几次，后面就不灵光了。谷歌公司用检索词预测流感[①]，开始时准确率高达 94%，但也就用了几年，后面就不准确了。有些人以为是算法还不够完善，其实也是反身性在起作用。

第四，不能选择性证实，也不能选择性证否。我们喜欢预测，而且也以能够预测准确为荣。但是，对于复杂系统而言，即使预测准确了，也只能说是偶然，“瞎猫碰上死耗子”；预测不准确也不必懊悔，因为你得到的结果不对，并不一定就是你的选择或方法不对，可能是你的运气不好。

所以，我们不能拿着那些碰巧对了的预测吹嘘。例如，有人说海湾战争与兵棋推演结果一致，其实只是从 180 次推演中找到了一个接近的结果而已。失败的远比成功的多，不能仅挑成功的说事，因为这

---

① 2008 年，谷歌利用搜索词预测流感趋势，准确比较高，但到了 2013 年，准确率却急剧下跌。

叫选择性证实，并不可取，反之亦然。前面我说的“黑猩猩炒股”其实也是故意选择性证实，为的只是戏剧性效果，加深人的印象，所以也不必太当真。

不确定条件下指挥

网络化环境带来更多的不确定性，使传统指挥控制方法已不适应复杂环境，因此需要在新机制下适当改变。

耶鲁大学皮尔洛研究了多种已有的指挥控制模式，包括完全集中控制、集中指挥分布执行、协同指挥控制、分散指挥控制，以及无组织控制等。他认为，在未来不确定性不断增加的情况下，自同步分散控制方式可能是最合适的，而不是传统的集中控制，因为集中控制也会集中不确定性和摩擦。

网络中心战提出者之一的塞布罗斯基也说：军事行动极为复杂，复杂性理论告诉我们，最好自下而上的组织军事行动。将大任务分解为若干共享态势的小任务，把处置不确定性的权力交给任务本身，才更符合复杂系统的特点。

这种方式在美军中称为放权周边（power to edge），过去有人翻译成“权利边缘化”，有点生硬也不够准确。我理解就是“好钢用在刀刃上”，这个边缘就是刀刃的意思。这其实就是我们说的“任务式指挥”。

放权周边就是赋能

也就是说，应对不确定性的关键，在于将决策权赋予一线部队。需要做到以下几点。

一是任务式指挥。“让听得见炮火的人指挥”，实现“共享态势条件下的任务自主执行”是最好的选择。击毙本·拉登的海王星行动、中途岛海战都是成功案例。在中途岛海战中，美军机群在指定海域未发现日军，但是主动自行在其他区域搜索攻击，结果重创日本隐蔽航行的航母编队。这个一线指挥官的自主行动决定，被尼米兹认为是太平洋战争中最重要的决定之一。

二是自同步协调。为了跨单位协调而增加新的层级，不如建立战场自同步机制。什么是战场自同步？就是让每个部队都知道在什么时候自己该干什么，他们才能像交响乐一样配合得天衣无缝，这就是自同步。《亮剑》里的李云龙，得知自己媳妇被抓，一气之下擅自攻打平安县城。其他兄弟部队一看他跟鬼子干上了，马上主动配合，结果打了个大胜仗，这就是战场自同步。

三是不间断学习。这是应对不确定性最关键的能力，也是人与机器最大的不同。因为不确定性总是在变化的，人的行为也会对系统产生反身作用，所以不可能通过一次学习就解决所有问题，必须不间断地学习才行。不间断学习，不间断实践，也会不断地积累经验。

要避免技术进步的冲动

要避免技术进步带来的不必要的冲动。新技术层出不穷，给我们带来很多新的工具，但我们要避免为了技术而技术，忘记战争的目标到底是什么。虽然技术手段已经可以做到由上级实时指挥，例如可以观察到一线的通用态势，但是也要避免所谓的“决策权上移”。这个问题目前尤为突出。

海湾战争时这个问题就已经出现。当时，美军指挥自动化系统刚建成，由于通信手段充裕，部队指挥所几乎被接收的大量报文淹没，信息情报反而成为决策干扰。

随着侦察情报信息化、无人机运用的普及，这个问题愈发严重。美军一个营长写回忆录说，他的营曾出现过“来自 12 颗将星的干扰”。我算了一下，至少被好几个中将、少将或准将干扰，这让营长还怎么指挥？因此，这被戏称为“5000 英里长的螺丝刀”修机器，意思是说将军们的手伸得太长了。

美军一个中将曾下令无人机操纵员，操纵无人机靠近目标以便让他看得更清楚，但耐不住他老眼昏花，直到无人机撞上也没有看清。美军驻伊拉克部队司令弗兰克斯通过态势图指挥，对部队一线指挥员大加指责，但他不知道是，态势图因为数据延迟与实际情况早就不同了，而他自己才是瞎指挥，最后不得不道歉了事。很多上级喜欢指责下级“不理解上级意图”，但根源却在于上级意图并没有表达清楚，或者上级也不清楚自己的意图，与战场实际早就脱节了。

“放权周边”的条件

“放权周边”也不是乱放，需要找到所需能力与可能的平衡点。

一是，对一线指挥员能力的要求提高。他们必须在把握全局、共享态势的基础上，具有较强的独立判断和决策能力，而学习和适应能力尤为关键。今后借助人工智能，可以大幅度提供辅助，也是可以预见的结果。

二是，对部队快速反应能力的要求提高。要求响应部队能够快速应变，具有很强的任务理解和执行能力，而且每一个人都具备独立作战能力。这些要求会使部队的构成目标和训练方式发生重大改变。

三是，对情报信息共享的范围和要求提高。大家都知道，共享与保密在很多情况下是矛盾的，但总的来说还是共享利大于弊，其中的关键在于响应速度。处理这个矛盾是未来必须面对的难题。

美军驻伊拉克特战部队一向名声不佳，但在司令麦克里斯特尔上任后发生了重大改变。他的一大创举就是建立情报快速响应机制。过去情报工作繁文缛节，保密倒是保密，但战机也丧失了。麦克里斯特尔建立了情报快速分发系统。这个系统有点类似微信，不管在哪里都可以快速收发情报。正是靠这个有点离经叛道的举动，特种部队第一次掌握了伊拉克、阿富汗战场的主动权，很快收获了多次任务的成功。麦克里斯特尔也因此接连晋升，官至上将。后来人红嘴大，擅自评论总统决策和人事，被奥巴马解职。他解职后写了一本书，叫作《赋能：打造应对不确定的敏捷团队》[①]，倒是很值得一看。

理解战略规划的作用

我简单地讲一下在这种复杂环境下，战略规划的意义何在。很多人一提战略规划，在心目中想到的其实就是“计划”“预测”，或者

① 参见《赋能：打造应对不确定性的敏捷团队》，斯坦利 · 麦克里斯特尔，中信出版社，2017 年版。

是一堆各种各样的“技术”。也有人认为，战略规划已经脱离实际，无法应对今天快速多变的环境。根据管理大师德鲁克[①]的看法，这些关于战略规划的看法都是错误的，仍是简单系统思维，是认知不足造成的。

首先，战略规划不是什么技术。在战略规划中会用到很多技术，但这并不是必需的。战略规划应该是一种分析性思维，是思想、分析、想象和判断的应用。简单地说，是一种责任，要解决的是问题，而不是一堆技术。

其次，战略规划也不是要预测未来。前面已经讲过，未来是无法预测的，而且很多还是非线性的。例如，20 世纪 60 年代，没有人能预测美国黑人中产阶级会在 70 年代爆炸式增长，甚至超过英国。但是，又有谁预测到，正是这些黑人群体的经济进步，导致种族歧视问题更加严重。所以，对复杂系统的未来进行预测是没有意义的，而战争、社会都是复杂系统。事实上，战略规划之所以重要，也正是因为我们不能预测未来。

再次，战略规划也不涉及未来决策。因为所有的决策都只关乎当前，涉及的只是当前决策的未来性。也就是说，战略决策者面临的问题，不是明天该做什么，而是今天必须为不确定的未来做哪些准备。美国兰德公司的战略演习有一个基本环节叫“翌日”，英文是“the day after”，就是先设定未来假设发生了什么危机，然后反推，看现在我们该如何做才能应对未来的那个危机。各种大的可能危机都来一遍，就是在为未来做准备。

最后，战略规划存在的意义也不是为了消除风险。有些人以为搞好战略规划就可以消除未来的风险，这在本质上还是认为未来是确定的，是可预测的，还是简单系统思维。从某种意义上来说，战略规划，甚至也不是为了使风险最小化，因为风险是什么都是不确定的，又如何“最小化”呢？其实，战略规划存在的意义就在于，它能够提高战略规划者承担最大风险的能力。事实上，这也是战略规划的最终成果。

① 彼得·德鲁克，1909～2005 年，原籍荷兰，后移居美国，美国著名管理学家，被誉为现代管理学之父。

所以，不要误解战略规划的本质和意义。我们说了那么多战略规划“不是什么”，那么战略规划到底是什么呢？按德鲁克的说法，它是下列工作的持续过程。一是系统地完成当前的决策，并充分了解这些决策的未来会发生什么变化。二是系统地组织实施这些决策所需要的各种努力。三是通过有组织、有系统的反馈，对照期望来衡量这些决策结果是否达到目标。最后这条是什么？其实就是评估，根据目标，通过评估不断地进行反馈。

我讲这个的目的就是告诉大家，像战略规划这样的高层问题，我们如果用传统思维的话，是很容易跑偏的。

2.4.4　战斗力的炼成

战斗力与什么有关？一是体系的形成，二是人的因素。这两者都与复杂系统的性质有关。美军转型办公室曾经有一句名言：“战斗力只存在于体系之中”，说的就是战斗力与体系的关系。一辆坦克放在仓库里并没有什么战斗力，把它编入作战体系之中，战斗力才能展现出来。

体系，作为战斗力的直接载体，可以看成“放大了的人”，而“人”作为体系的核心要素，充分反映了体系的性质和特点，又可以看成“缩小了的体系”。因为他们都是“活的”，而且具有整体性性质，所以能力是可变化和可成长的，也只能进行相对性比较。

所谓战斗力的炼成，就是将人、武器和作战关系进行有效结合的过程，核心说到底就是如何发挥“人”的主观能动作用。这是任何武器装备都无法反映出来的“战斗力指数”，不是仅靠统计有多少武器装备就可以得到的。

体系的核心在“人”

作战体系的这些特点，很大程度上反映的是“人”在其中起到的核心作用。这种作用，既有优势，也有弱点，都必须承认。

人的认知作用会支配作战体系的成长。有无经验、知识水平高低、智能化程度如何等因素，都会对体系能力带来巨大影响。但是，人不是机器，每个人又有各自的不同和缺陷，所以也会给体系带来巨大的不确定性，影响体系的演化和发展。因此，为保持体系战斗力，必须承认和适应人的特点。

例如，人不能长时间处于高度紧张状态，因此就有了“兵力轮换池”的概念。部队从整体上进行任务轮换，三分之一作战值班，三分之一进行训练，三分之一休假。那种认为“人”可以像机器一样长期处于高度紧张状态的观点，还是简单系统的思维。抓住人的因素，前提需要理解复杂系统的“人因”原理是什么。

反脆弱性与战斗力

塔勒布认为，不能将复杂系统等同于机器，而应该看成生命体。因为在完整和损坏之外，生命体，比如人或部队，还有第三种选择，就是“成长”。这就是所谓的“反脆弱性”，这不是我们熟悉的可靠性或者鲁棒性，而是复杂系统的观点。塔勒布为此还专门写了本书①，十分畅销。

反脆弱性，实际上是一个学习和积累经验的过程。人的战斗力炼成，必须着眼于强化训练和成长；团队和体系的战斗力炼成，更要关注“反脆弱性”的提高。这其实就是“打不死我的使我更坚强”，是尼采说过的话。意思是，将人置于死地后能出来的，都会比过去更具有战斗力。各国部队的严格要求、特种兵的魔鬼训练、部队的极限对抗等目的都在于此。

反脆弱性是战斗力中非常重要的性质。面对战场的瞬息万变，需要的不是机器，而是会主动适应变化的人。因此，那些善于创造、敢于负责、能够担当，而不是只知道服从的人才是未来战场上最需要的。

所以，部队在选拔士兵时也注意寻找那些敢于负责的人。有一个例子，美军训练基地来了一批新兵，上尉给他们下达了一个任务，“负责把连队的厨房打扫好”。士兵来到厨房后，却发现军官不见了，就在那里等。等着等着，有一个士兵就说，不就是打扫厨房吗，咱们就干吧，他就开始分派任务并干了起来。等搞好了，军官出现了，他实

---

① 参见《反脆弱性：从不确定性中获益》，纳西姆·塔勒布，雨珂译，中信出版社，2014 年版。

际是在观察士兵的表现，并清楚地找到了那些愿意负责、愿意干脏活累活的人。当然也知道了哪些人喜欢偷奸耍滑。这就是一次很好的人才选拔活动，这比那些公开选拔要准确得多。

这其实就是我们说的，在真刀真枪的实践环境中选拔人才。美军西点军校就认为，领导具有“极端所有权”，即领导拥有其团队的所有错误和缺点，不管你自己如何，作为领导就必须为团队“背黑锅”，敢于“站出来”。这样在战场上，领导才能得到团队的信任。所以，领导应该是组织环境的缔造者、培育者，目的都是使每一个人都为团队负责，为胜利负责。

“领导力”理论和培养

“领导力”是这些年经常听到的一个词。“领导力”指的不仅是“领导的能力”，也是“部队能否在任何情况下都能坚持完成任务的能力”。这是西点军校安东尼 · 伯吉斯提出来的观点，得到很多管理学大师的青睐。哈佛大学的一位管理学教授还专门去拜访伯吉斯，心想军校的教研室主任一定五大三粗，没想到是个文质彬彬的学者。

伯吉斯认为，领导力应该也是作战单位的一个整体属性，不管客观条件怎么变，部队都能想方设法完成任务，以及之后转换新任务目标的能力。这就是我们前面说过的自组织的能力。我拿一部电影来说明它的含义。在《集结号》中，即使连长谷子地从一开始就牺牲了，剩下的士兵也能主动适应变化，坚信任务能够完成，最终也能完成任务。

这一点，抗美援朝时我军的很多士兵都能做到。那时的官兵是很厉害的，经过那么多年战争幸存下来的都是极具作战经验的。一个炊事兵挑着担子上阵地送饭，结果发现阵地上的战士全部牺牲了。谁也没有给他下命令，他一个人就可以坚守阵地一整天，直到增援的部队到达，因为他知道连队的任务就守住阵地不能丢。

所以，领导力不仅要靠优秀的领导，更要靠团队的每一名优秀士兵。领导力不仅反映在平时工作上，更要反映在完成关键任务和关键时刻中。所以，要训练每一个士兵，使其能在极端复杂的情况下独立完成任务，逼着他能够在极端困难的条件下做出正确的决定才是最重要的，而不仅仅是敢于吃苦和勇于牺牲。

金一南说过一句话：军人最高的奉献不是牺牲而是胜利。他说的也是这个意思。特别能战斗，特别能完成任务，特别能调动一切资源去取得胜利，才是更重要的。上级更希望的不是流血牺牲，而是完成任务胜利归来。这种领导力，不是武器装备，也不是战法，但却是实实在在的战斗力。

“人”之经验的价值

人不是机器，人的经验价值是任何机器都难以比拟的。越南战争期间，美军 F-4 对越军米格-21 的交换比曾一度掉到 2.3：1，出乎美军高层意料，因此不得不停战进行研究。为什么这么低？是什么原因产生的？他们在一个叫作“TOP GUN”的飞行学校反复研究，尤其突出了对人的研究，因此创造出 AAR，也就是事后评估（after action review）。通过记录飞行员的所有动作，与强大对手进行对抗，进行不留情面的点评，从而达到理解对手，理解队友的目的。“军事科学是实践性科学”，从来就不存在只靠理论就可以得到成果，全部都必须经过对抗实践检验。“对抗相长”就是最基本的方法。对抗与理解才是 AAR 的关键。

经过长时间研究，美海军飞行员重返越南战场，结果交换比达到惊人的 12.5：1，提升了好几倍。美空军跟着学，并由此创造出著名的“红旗军演”，一直延续至今。红旗军演的目的很清楚，就是将飞行员最容易被击落的前 10 次战斗，都放在演习中完成，成为上战场前最后的准备。后来好莱坞还和美国国防部合作，拍摄了电影《TOP GUN》，中国翻译为《壮志凌云》，背景说的就是这个事。

人在实战中进步的速度，远远高于武器研发带来的进步速度。人的价值到底在哪里？就在那些久经沙场的指挥员和老兵的经验里。人的经验和学习能力是最宝贵的，这是所有机器目前都没有的能力。也许将来人工智能发达了，可以具备同样的能力，那时也许机器才能和人类媲美。

经验可不可以传授呢？当然可以，名师高徒是也。但是，经验不是“秘籍宝典”，不是收你为徒交给你，从此你就是武功高手，可以独步江湖了。事实上，即使武林也根本没有什么秘籍宝典，因为凡是实践性事物，必须亲身实践才行。即使名师带你，也必须自己去悟，自己去练才行。军事科学也是如此，名师教你的不是具体怎么做，而是应该怎么去思考，改变的是你的认知，再由你将认知转换为行动。在这个过程中，如果能够创新更好。对于指挥员来说更是如此。事实上，名师的作用在于缩短认知的路径，避免常见的错误。除此之外，并无其他。当然，如果想借名师上位，那就另当别论了。

体系的反脆弱性：韧性

体系的韧性又称弹性。与传统可靠性、鲁棒性、可维修性不同，韧性体现的是作战体系的整体适应性和主动恢复能力，这也是反脆弱性。构建体系的反脆弱性一般需要做下面三件事。

一是，构建不易受损结构。这样才能减少受损影响，快速制止连锁反应，缩短恢复时间，尽快从灾变中恢复执行关键任务的能力，也就是用“快变”应对“刚性”。刚性过于死板，而“最柔软的往往是最厉害的”，大概就是这个意思。

二是，加强主动恢复能力。能主动恢复，才有可能不脆弱，其中就蕴含着快速适应变化、应对不确定性、保持基本功能、积累经验和不断成长的含义。这里体现的是管理复杂战场能力的高低。

三是，引入智能装备。引入智能装备可能大大增加体系中各系统的自主恢复能力，这是未来体系韧性发展的重要方向。

孟宪忠教授曾提出过关于组织在不确定条件下反脆弱性的七种策略，28 个字。我这里罗列一下，供大家参考，即长程视野、预字当先、冗余为要、多元分散、阻断隔离、敏捷调整、反思提升。

用韧性思维应对不确定性

在充满复杂性的情况下，需要我们用韧性思维应对不确定性。也就是说，我们不期望能够完全消除不确定性，但是要建立有韧性的体系去应对可能出现的威胁。这与传统还原论的机器思维恰好相反。传统思维总以为自己能够预测威胁，结果却破坏了体系韧性。例如，法军建立马其诺防线，以为这样就可以抵御德军，但其实是放弃了组建更强机动部队的能力，反而限制了自己。

现在我们的作战体系基于网络化结构进行建设，本质上也是为了增加韧性。体系的韧性需要历经磨难才能逐步形成的。例如，中国的经济经过多年的发展，已经具备很强的韧性。这几年，不少国家经济濒于崩溃，但中国却一枝独秀。外电评论：没有想到中国的经济具有这么强的韧性！说的也是这个意思。

有人说，大海波涛汹涌使我们难以张臂而渡，但我们可以造出更好的舟船驭波而行。这也是一种韧性思维，告诉我们不要只靠“一根筋”的线性思维，要学会灵活应对。

创新是第一位的

用韧性思维应对不确定性，创新是第一位的。军事领域是竞争和对抗最为激烈的领域，也是最具创新活力、最需创新精神的领域。只有创新才能使自己适应未来不确知的环境，使敌人空有优势而无法利用。这是思维模式的进步，而不只是战法与技术上的进步。

我们需要做到管理上的创新、文化上的创新、领导者的创新。也就是，让每一名指战员都能主动进行思考和行动，而非简单执行命令；坚持不懈地培育部队的作战适应能力，避免教条和纸上谈兵；领导者不仅是领导，更应该是创新、合作、共享环境的创造者和培育者。

创新就需要改变。我们未来面对的是强大的敌人。按部就班，即使失败了可能也不会受到谴责，因为敌人太强大了，我们可以把一切都归于自己无法控制的外部因素。但是，成功的标准不是避免被责备，而是打败敌人，“胜利”才是唯一重要的。如果创新能够换来成功，那么创新和改变就是我们的任务。其中，最重要的就是改变我们的科学思维模式和方法，跟上世界科技发展的潮流。当年大清军队打不过八国联军，很大程度上就是思维认知上的落后造成的。因此，创新必须建立在认知不断提高的基础上。

2.5　复杂性科学思想是一场认知革命

说到认知的重要性，我先讲两个故事，一个是中国故事，另一个是外国故事。也可以说，这是两个寓言。

中国故事说的是，有人问一个拾粪的老头：如果你当了皇帝会如何？拾粪老头说：我如果当了皇帝，就拿黄金打一把粪叉子，大街上的粪都归我，谁抢，我就杀谁的头！他当了皇帝也还是拾大粪的思维。

外国故事说的是，牛津大学有一个探险队，来到非洲密林深处的一个食人族部落，带回一个小孩，并将他送入了牛津大学念书，学成后小孩又回到部落。很多年后，探险队再次来到这个部落，问了那个已经成为酋长的小孩一个问题：你还吃人吗？“干嘛不吃啊？不过我是拿叉子吃。”工具换了，人肉还是照吃不误。认知还停留在原处，行为并没有进步。

认知的高度决定行为的高度。一个人的认知高度，决定了这个人的行为；一个领导的认知高度，也会决定他领导的那个单位的认知高度。因此，领导绝对不要成为拖后腿的那个人。

复杂性科学思想的引入，对战争研究来说就是一场思想革命。本质上讲，也是我们认知上的一场革命，一场关于科学思维方法的革命。科学思维是我们认识战争的工具，淘汰人的永远都不是年龄，而是工具。我身边就有一个年过九旬的老人，他用起手机来十分熟练，微信、视频、购物样样精通，他就可以说没有被社会淘汰。但是，也有年龄刚过六十的人，基本不会用手机，那他是不是就脱节于现在这个网络化社会了？所以，工具才是关键。

有人曾指责我，说用科学思维方法研究战争，就是要丢掉《孙子兵法》等老祖宗留下的军事思想财富。我说：“我什么时候说过要丢掉《孙子兵法》了？但是，我们确实不能只抱着古代的战争研究工具不变了，仅靠经验和思辨是不行的了”。这就如同我们的双脚，确实很灵活，想到哪就到哪。但是，如果我们有了汽车，我们可以走遍全国；有了飞机，我们可以到达全世界；有了宇宙飞船，我们就可以飞出地球，看到银河的广阔、繁星的灿烂。这就是工具的作用。科学可以给予我们的，并不是“砍掉”我们的双脚，而是更好的工具。军事理论现代化的核心就在于科学工具的运用。

回过头来看，思维方法的进步也是战争研究发展的必然。历史经验主义者虽然看到了“人”的历史经验价值，但是却忽视了事物内在的运动机理也有科学规律可循；技术至上主义者（机械唯物论者）虽然看到了武器装备的物理运动规律和科技的作用，但是却忘记了战争是“人”的战争，认知才是决定其行为的根本法则。他们各自存在于战争研究的两个极端，所以只能在某一方面、某一阶段或某一侧面得到正确的结果，无法在战争研究的整体上获得更高维度的认识。复杂系统观却将两者的优势结合起来，从更高的维度给了我们全新的视角，让我们有了“豁然开朗”之感，顿感战争研究又有了可以发力的着力点。

不过要注意，历史经验主义者不容易被说服，其实技术至上主义者更不容易转变。这在我们身边经常能够看到，尤其是那些自然科学工作者，很容易就以为传统自然科学可以解决一切问题，而且尤为固执，因为这是他们已经获得的亲身经验，并且得到他所知“科学”的证实。事实上，很多战争和社会问题仅用传统自然科学是无能为力的，我自己也是碰壁后才发现认知的局限①。但是，现在还是可以经常看到新一代的后来人还在十分“自信”地不断重复我曾经犯过的错误。遗憾的是，他们的自信变成了自负，结果经常被事实打脸。不过请注意，我这里用了“传统自然科学”这个限定词，是因为自然科学本身也在不断进步。

拥抱还是抗拒，这个认知革命意味着是否会被“降维打击”。降维打击，就是已经和对手不是处于相同认知层次上的较量了，这是不同时代、不同思维模式的比拼。《三体》中有一句话：“毁灭你，与你有何相干？”意思是，不是你不优秀，而是你已经不在同一维度上

① 见第1章。

了。你可以是十分优秀的蚂蚁，但人类又有谁关注过你呢？

大道至简。战争制胜一条亘古不变的规律仍是“强胜弱败、优胜劣败”，信息化战争、智能化战争改变的只是调度规则。我们不能再用还原论思维将战争看成机器了。必须认识到，战争是一个整体的系统、动态不确定的系统、对抗的系统。要想制胜，就必须以“整体、动态、对抗”的复杂系统思维，去寻找体系的相对优势和强弱点，才有取胜的机会。这就是现代科学理论告诉我们的最基本的理念，是仅用传统思维无法认识和把握的。

需要强调的是，复杂性科学并不是要否定还原论思想，而是要超越还原论。核心区别在于，我们应该把战争当成“生命体”，还是“机器”？我们应当知道，什么时候对什么系统用还原论方法，还是复杂性科学思想。《人类简史》中说：“科学革命的关键不在于某一项科学突破，而在于一整套认识世界的科学方法”。我们不能认为牛顿科学范式就是科学思维方法的终点，因为科学思维方法也在不断进步，并促进人类的发展。同样，复杂性科学也需要不断发展和进步①。

拿破仑说，世界上只有两种力量：思想力量和武装力量。从长远来看，武装力量总是会被思想力量打败。所谓科学思维，就是从科学原理出发的思维。所以，认识战争机理就必须从科学原理出发，从理解我们所处的这个不确定世界出发，才能真正理解信息化战争的复杂性，使我们处于不败之地。这就是思想力量的作用。塔勒布说：我们可以死于无常，但不能死于无知。美国经济学家托马斯 · 索维尔②也说：要想认识到自己无知的程度，需要相当程度的知识。思维的落后是最大的落后。打开好奇心之门，用科学思维努力去认识和理解信息化战争的运行机理，是我们每个人应该努力去做的事情。

---

① 所谓某某科学，只有在具有明确术语、概念和测量时，才能成立，而复杂性科学尚不能完全做到这一点，很多关于复杂性的测量还有些牵强，一些概念也还存在很多争议，目前还在不断发展完善中。美国哲学家威廉 · 詹姆斯说过一句话可以参考：复杂性并非一门统一的科学，它目前依然只是“科学的一种希望”。

② 托马斯 · 索维尔，1930 年生，美国著名经济学家，芝加哥学派代表人物。

第 3 章 《战争科学论》释疑[①]

——音频大师课的讨论与答疑

3.1 为什么需要科学的思维方法

大家好！我是胡晓峰。今天继续给大家讲《战争科学论——认识和理解战争的科学基础与思维方法》课程，给你一个不一样的战争科学思维。今天是第一单元“为什么需要科学的思维方法”的答疑和讨论，我用有限的十几分钟时间，回答一下大家提出的问题，并和大家共同讨论。

这一单元内容其实主要是在提问题，我相信大家的头脑中已经出现很多问题和困惑了。这就是我想要的结果，相信今后这样的问题和困惑会越来越多。因为这些问题开始对你原有的科学思维模式产生冲击，使你发现一些固有的观念开始动摇。随着课程的深入，你还会发现一种新的思维模式在逐步地建立。事实上，我们对世界和战争的认识，就是在这样的“否定之否定”过程中不断发展和完善的，包括战争研究的科学基础和思维方法。

战争研究的科学基础应该是什么呢？它的思维方法又应该怎样呢？其实，不管你是否认真思考过这个问题，都会有一个自己的答案。因为从小到大，从小学、中学到大学，甚至到研究生，所有学到的知识体系都会自动告诉你一个答案，而得到这个答案的过程，就是你的

① 根据胡晓峰 2019 年在“军职在线”的《战争科学论》音频大师课的答疑讨论整理。每一节的题目是每一个单元的主题，对应书中的一章。由于每次音频课时间限制在 20 分钟左右，因此只能进行很精简的讨论。有关具体内容和讨论留言，读者可以从微信 APP“军职在线”上找到，也可以参考《战争科学论——认识和理解战争的科学基础和思维方法》一书。黄教民、肖枫涛、潘湘鹏、陈丹萍、吴燕等参与了答疑讨论的准备和整理。

科学思维模式，也就是对上面两个问题的回答。但它们是否符合战争研究的本质和特点，就不得而知了。这门课程就是想告诉你，对于战争研究来说，你原来以为正确的观点，却有可能是错误的，甚至原来习以为常的常识，也可能是不对的，从而树立一个不敢说是完全正确，但至少也应该是符合现代科学发展趋势的战争世界观和科学观，也就是一个全新的科学思维范式。这样，将来在你碰到一些复杂问题时，就会有“不一样的战争科学思维”，可以更深刻地理解战争现象，对提出的理论也能用更合适的科学基础进行解释并做到自圆其说，也许就会有意想不到的收获和发现。

大家可能已经发现，这个课程会涉及许多科学理论和最新的科学成果，而且有些部分可能会很烧脑，例如狭义相对论、量子纠缠、认知理论等可能会让部分学员听起来像“天书”一般。尽管我想尽量把它讲得更通俗易懂，但估计很多人可能会坚持不下去。这也不要紧，实在听不懂的地方，跳过去也是可以的。因为我们这门课程并不是专门讲物理学的，跳过一些并不影响对这个课程核心内容的本质理解。这就像我们去参观博物馆，有些人可以围着一件文物仔细研究几个小时，甚至好几天，但也有人只是走马观花粗略了解。这其实都很好，大家各取所需。因为我们每个人的专业背景、文化水平、兴趣爱好毕竟都不相同，没有必要都成为专家学者。我们说了那么多关于牛顿科学体系的“一法两观”，也说了那么多相对论、量子物理学等方面的内容，后面还会涉及更多的专业内容，其实就是想告诉大家，科学思维方法不是一成不变的，也需要与时俱进。对于战争研究的科学思维也与研究自然科学的思维有所不同，需要我们有所了解并认真地加以审视。所以，对于我讲到的许多内容，“不要求你完全理解，只要求你有所了解”，知道还有这样的思维和方法就可以了。这有点像我们出国游学，出去走一圈见见世面，总比宅在家里强得多，能够跨出“家门”“国门”，你的眼界就是“世界的”了。同样，多了解一种思维见解，多知道一些科学知识，你的思想就会更丰富，就不至于“坐井观天”“夜郎自大”，也就不会“自以为是”了。

有学员问：复杂性科学是不是可以理解为是哲学、自然科学和伦理学等学科的综合运用呢？我觉得，这样说对，也不对。说它对，是因为复杂性科学思想首先需要回答对这个世界和科学的看法，也就是世界观、科学观问题，这也可以看成一个哲学问题；复杂性科学方法很多都来源于对自然科学的拓展，所以它与自然科学密不可分；复杂性科学研究的大量问题与人和人的行为有关,这又与伦理学沾了点边。所以，我说这位学员提的问题还是有点想法的，动了脑筋。说它不对，或者说不太准确，是因为复杂性科学并不是这些学科的综合，也不是由它们产生的，而是一个相对独立的科学体系，具有独特的科学思想和方法。大家现在可能还无法理解，毕竟这才讲了几课，到后面就可以逐步了解了。同时，我还要说的是，我们讲科学思维，并没有排斥其他思维方法的意思，例如哲学上的辩证思维、逻辑思维、系统思维等，甚至可能会更强调这些思维的重要性，我们只是把它们放到科学体系框架内加以审视。事实上，科学就是从哲学分离出来的，关于这一点，我们在后面也会讲到。

有学员问，对“有些情况下整体才是个体的基础，任何失去了整体的个体，也就失去了存在意义”这句话不太理解，无法想象。其实，这也是我们的一个固有思维模式，整体都是由个体决定的，没有个体也就没有了整体。但是，其实也存在反过来的情况，也就是整体决定个体。量子纠缠的例子可能比较难懂，我举一个大家熟悉的例子。例如，手机网络，每台手机之所以能够成为手机，是因为它可以和网络连接，如果没有了网络，它就什么也不是了，除非你把它当个小计算机使用。在这里，某一个个体对整体来说是不重要的，它存在与否并不影响整体，但以整体形式存在的网络才是个体存在的基础。这里还可以举出不少这样的例子，需要我们体会的是一种思维方式的改变。

还有学员对“第一性原理”不太理解。我这里再解释几句。第一性原理指的是那些最基础的科学原理，说它“第一”，意思就是排在最前面，是基础中的基础，原理中的原理。但是，所谓排在最前面，是随着科学研究进展而变化的。例如，古代的人发现“一硝二磺三木炭”可以爆炸进而做出了火药，这个原理在当时是排在最前面的，也算是当时的“第一性原理”。后来出现了物理学、化学，搞清楚了火药爆炸的真正机理，物理、化学在这时就成了“第一性原理”，排在了最前面。到今天，关于能量的释放，我们有了更多基础性的研究，如质能方程，也就有了新的第一性原理。我们依靠这些第一性原理，就可以更颠覆地发现，对事物取得更基础、更接近真理的进步。自然科学如此，战争科学也是如此。强调对第一性原理的重视，就是为了使我们能够重视基础性研究，包括对战争机理的研究。这对我们理解战争、把握战争，能够起到更核心、更关键的促进作用。

还有很多学员对战争预测很感兴趣，但是对“为什么未来是不可预测”这个概念很难理解，觉得这个概念太匪夷所思了，总是想不通：只要搞清楚了事物的运行规律，而且有足够数据，不就可以预测了吗！其实，大家需要注意的是，这里说的“未来”，指的是人类社会的未来，不是物理世界的未来。对于物理世界，只要搞清楚了物理定律，我们一般就可以预测未来的许多结果。例如，预测明天太阳几点几分升起等。当然，也不是全部。对于人类社会，这样预测就不行了，因为我们无法知道每个人对事物会产生什么认知，明天又会有什么创意，后天又会发明出什么东西，从而影响我们所在的社会，也就是“反身性”，自己影响自己的意思。简单地说，这就是人的认知会导致社会规律发生改变，进而导致未来不可预测。也有学员提出，除了“知识”以外，人的心理、情绪是不是也有同样的作用？这个问题提得很好，很有创意，大家可以一起探讨一下，这有助于我们对问题的理解。复杂系统预测问题是个核心问题，也是自然科学思维与社会科学思维，包括战争思维不同的关键，所以这个讨论会贯穿这门课程始终。大家可以在以后的学习中慢慢体会和理解。

还有学员对如何解决战争不确定性问题，以及在未来人工智能大量运用后会出现什么情况等很感兴趣，发表了不少的看法，都很好！反映出我们的学员能够积极地思考。大家提的这些看法、疑问或者困惑，后面的课程中都会有所涉及。大家不要着急，我们毕竟才刚刚开始，到时候大家就会听到了，我们可以进一步深入探讨。也许你会发现，你现在觉得很有把握的看法，在后面可能会被颠覆！这也是我们这门课程有意思的地方之一。

还有学员提到：课程中有一些名词不太熟悉，如军事运筹学、博弈论、量子力学等，希望能给一些解释。还有人问了一些更基础的概念，如战争与和平、战争形式、战争规律等。后面这样的名词还会更多。有些比较关键的我会进行说明，例如战争科学到底是什么含义、如何进行理解等。但由于时间有限，我也不可能对每个名词都做详细解释，请大家谅解。好在现在网上什么都有，大家百度一下就知道了，这样还可以了解更多相关的内容。

还有不少的同志问了很多关于兵棋推演的问题，可能是知道我曾搞过兵棋系统研发的缘故，可以理解。由于我们这门课程并不是讲兵棋系统和兵棋推演的，所以我不能花很多时间讲这个内容，虽然课程中也有涉及。如果你真的感兴趣，可以找一下相关的书籍看一看，例如我写的《战争模拟原理与系统》《兵棋演习概论》等，也许就有答案了。在这里，我想我们还是把注意力集中在科学思维这个重点上为好。

我说一件事，也许对学习这个课程、启发大家思考有所帮助。最近，我在北京参加一个学术会议，作了一个关于如何对作战体系进行能力评估的大会学术报告，讲了一下作战能力评估问题，也就是如何得到作战装备或作战行动对作战体系的贡献率。大家知道，对一支枪、一辆坦克、一架飞机的性能指标很容易用数据说清楚，但是对拿着枪的战士、开着坦克和飞机的部队，他们的能力又应该怎样评估和比较呢？如果再放大到更大的作战体系，我们又应该如何做呢？

这其实是一个很专业的学术问题，但我没有想到引起很大反响，很多同志非常感兴趣。有个与会的年轻学者专门找到我的学生要到我的微信号，打电话向我提了三个问题：第一，如何评估一支部队中所谓的“英雄”（这是他的原话）对作战能力的影响？也就是，如何计算“英雄”起到的不可替代的作用？第二，一支部队中的“弱点短板”又会如何影响作战能力？例如，“一颗马蹄铁上的铁钉坏了，导致输掉了一场战争”？这又如何计算？第三，如果按能力评估理论，是不是可以理解为，当年我们的“小米加步枪”永远都不会战胜敌人的“坦克加大炮”呢？但是，我们为什么又取胜了呢？

这三个问题如果没想清楚其实并不好回答，里面陷阱挺多的。他说，他问了我的学生，但我学生的回答他并不满意。我在电话里谈了我的看法，结果他承认我说服了他。我说了什么呢？其实就是思维方法的问题，我们到底应该用传统的机器思维，还是更合适的复杂性科学思维来看问题；我们是应该只看武器装备，还是更应该看到武器装备后面的人，对问题的不同理解，得到的结果是不一样的。具体回答就不说了，相信大家在听完这门课程后就会有自己的答案。

最后，说一下音频课这种形式。采用这种方式讲课对我来说还是第一次，进行军事职业教育更是没有经验。我知道，这种形式并不是把书拿来读一遍就可以了。例如，一些可以用文字描述清楚的东西，可能用语音就很难描述清楚。好在给大家提供了文字参考稿，可供大家在没有听清楚的情况下看一看。另外，我在讲授的时候有意把语速说得快一点，是为了增加单位时间内的信息量，也是为了顺应当前快节奏的生活方式。好在音频课也有它的优势，就是可以随时听，反复听，干其他事情的时候并行听，听不清楚的地方可以多听，比较适应军事职业教育时间碎片化的特点。总之，一切都在尝试之中，让我们大家一起来探索、试验，共同提高。

课后的留言中，学员提出不少问题。都一一回答也不现实，何况很多问题并没有标准答案。我觉得这个留言的地方应该是我们讨论的一个平台，大家都可以发言讨论，回答问题，相互交流，提出自己的看法。我们这个课程的目的，也是启发大家的思考，建立科学的思维模式，而不是给出所谓的“标准答案”。

由于时间有限，今天只能讨论到这里了。对这些问题的回答只是我的个人看法，说的也不一定对，只是期望能够引起大家进一步的思考和讨论。

3.2 复杂系统与复杂性科学思想

大家好！我是胡晓峰。今天继续给大家讲《战争科学论——认识和理解战争的科学基础与思维方法》课程，给你一个不一样的战争科学思维。今天是第2单元“复杂系统和复杂性科学思想”的答疑和讨论。这一单元比较长，但我也只能用二十分钟左右的时间，挑几个有代表性的问题谈谈我的看法，供大家参考。

我建议大家如果有时间，可以看看动态区的讨论。动态区分享的信息也不乏真知灼见，有的讨论对我来说都很有启发性，有的甚至属于专业级的水平了，再一次证明了“高手在民间”“网上有高人”，以及“教学相长”的说法。不过，也需要注意，我们这门课程具有普及性特点，必须考虑大多数学员的理论基础，对太过专业化的问题，我们一般都不做过多的讨论。不过大家可以在动态区里互相提问与解答，也不失为一种弥补的办法。同时，也说明一下，我对动态区的有些问题没作回答，并非没看到或者不礼貌地不予理睬，而是有几个原因。一是所提的问题在后面课程中会讲到，所以大家还需要耐心等待；二是问题的答案可能就在课程中，请再仔细听一听；三是所提问题可能过于深奥或宏大，无法简短回答，感兴趣的学员可以参考有关书籍。这些都请大家谅解。另外，有时候我为了解释概念可能会用一些很通俗的语言或案例，目的是让大多数学员都能基本理解，但是可能会显得略微不够严谨，也请大家谅解。

这一单元重点介绍了复杂系统的概念。为了大多数人能够理解，我只能做简单介绍，避开那些比较抽象、难以理解的理论性内容。即便如此，可能还会有学员仍然不能理解这些概念。怎么办呢？一个简单的方法就是用“死”“活”来区分。如果你把系统看成机器，那它就是“死”的，就是简单系统；如果你把系统看成“活”的，那它就是复杂系统。尤其是，那些我们比较关注的与人有关的系统，如战争系统、社会系统、政治系统等。当然，这样说也不十分准确，因为有些复杂系统并不是“活”的，或者说并不是“有生命”的，例如天气混沌系统、耗散结构系统等就属于或者被看作物理复杂系统，至少现在是这样认为的。所以，我们的课程都有一个前提，如果不特别说明，都会集中到“社会复杂系统”这一类上，否则就很难一下子说清楚。

把战争复杂系统看成“活”的，主要是从其特性上说的。例如，它的结构会不断发生改变，会适应周围的环境。一支部队的编制编成，随着战争的进行会因为战损、重组、调动或整编不断发生改变。系统的结构决定系统的功能和性质，结构改变会带来系统性质的改变，进而导致系统的自我调节和功能变化。这时就出现两个核心特性，一是系统会不断演化，二是系统不能分解还原。这就是适应性，也就是我们说的第一个主要性质。能否理解这种适应性，关系到我们对战争系统的理解是否正确。例如，把部队当成机器就不太合适，因为机器在建造完成后除了磨损都不会改变。如果把部队当成会成长的复杂系统，就比较合适，就能反映出部队经过训练或作战带来的改变。一个机器不管放多久都可以拆解再装回去，但是部队成长后就再也回不到过去，这就是它们之间本质的区别。

把战争复杂系统看成“活”的，还是因为它会面临许多不确定性。简单系统中虽然也存在随机性等问题，但基本上是基于因果关系的。而战争复杂系统中的不确定性，很多却是由于人的认知产生的，如人的自由意志。一场战斗那么多意外，有些可以找到原因，有些可能就找不到原因，这就是战争复杂系统的不确定性。不确定性的存在也会带来两个特性，一是不可预测，二是不可重复。“胜战不复”就是我们最熟悉的例子。有很多东西会导致“不可重复”，例如人的思维就不可重复，即使作战方案再执行一遍，参与者的思维也肯定不会和上次完全一样。他已经有了认知经验，会导致许多新情况发生。这与“死”的物理机器完全不同。

复杂系统的第三个重要特性是涌现性。讲的是整体性质在某一时刻突然产生，所以叫涌现。整体性质的涌现需要一点一点的积累，但是当某一时刻条件全部满足时，性质就会突然发生巨大的改变。需要注意的是，战争复杂系统的涌现靠的主要是内部的自组织，而不仅仅是外部的环境。例如，由于某些原因突然发生了社会态度转变，进而引发骚乱；一个作战体系经过一段对抗消耗，能力忽然坍塌崩溃等都是如此。这种整体性质的涌现过程还具有非线性、层次性，以及结果不确定性等特点，这些就不重复了。

复杂系统的这三个特性是我认为最主要的性质。理解了它们，基本上也就理解了复杂系统。有的学员可能还看过其他一些复杂性科学的书籍，可能看到过更多的复杂系统性质。我就看到过有的书列出的复杂系统性质就有 40 多种。其实都是万变不离其宗，只要理解了其中最主要的对我们来说就足够了。我们不需要专门去研究复杂性理论，只要了解它的主要内容，学会用复杂性思维看待问题，我觉得就可以了。

下面回答一下学员的提问。有学员问，复杂系统具有适应性，而且还会根据环境不断改变或进化，是不是复杂系统的所有个体都有适应性，都是智能体才行？自组织过程会不会受到外界影响？每个个体是不是都以生存为目标？为什么有时候需要主动牺牲呢？我觉得这些问题提得都很好，有的还很专业。

第一个问题，是不是所有的复杂系统个体都有适应性，都是智能体才行？前面说过，我们说的适应性主要是指主动适应，集中在社会复杂系统上，但在物理复杂系统中就不一定有这个主动适应性，只有被动适应性。例如，“水往低处流”，它也没有进化的概念，只有演化的概念。社会复杂系统的个体是不是都有智能性，那也不一定，例如很多低级生物，如微生物，它虽然会适应也会进化，但还称不上有智能。第二个问题，自组织过程会不会受到外界影响？当然会，自组织就是为了适应内部、外部影响才产生的。但是不是他组织倒不一定。他组织是有目的性的，而适应却可能是被动而为的。有学员认为，自组织的速度要恰当，与环境同步，进化才能取得更好的结果。我觉得说得非常有道理，这就叫顺势而为。第三个问题，每个个体是不是都以生存为目标？我觉得是的，但对物种或群体的整体利益而言，要求某些个体做出牺牲，也是有可能的。这时，个体就不能“贪生怕死”，就要勇于挺身而出。有学员举了很好的例子，例如生物界中洄游繁殖的鲑鱼，交配完毕后就需要其死亡，为下一代的生存提供营养。打仗其实也是一样，为了整体的胜利，也可能会需要有人做出牺牲，都是一个道理。不能简单地将“生存”理解成为个体的绝对目标。第四个问题，怎么才能知道适应或进化的规则呢？由于不可预测性，我们很难知道进化规则是什么。那怎么办呢？其实就是试错。只有不断地试错，我们才知道哪个是对的，哪个是错的。因此，进化需要多样性。但是要注意，我们讲适应，讲进化，也要避免把人类社会发展简单地等同于自然进化，那就成为社会达尔文主义了，反而可能导致一些错误的结论。

大家对不确定性的讨论也挺多，尤其感触很深。但也有人对不确定性不太理解，觉得你尽说不确定性，那我们是不是啥也不用想，反正战争是不确定的，直接干就完了？或者扔个硬币决定我们如何干？其实这是对不确定性的误解，还是确定性思维的惯性使然。有一个学员在动态上留言说得很好，我引用一下，他说：“能首先承认不确定性，改变人对未知的本能恐惧，就已经是一种思维上的进步了”。说得真好！传统的思维让我们在不知不觉中形成了对确定性的追求，对不确定性的恐惧，以至于我们不敢或者不习惯于在不确定性条件下决策和行动，但这在战场上将是致命的。指挥员对不确定性无所适从导致的优柔寡断或者盲目决策都会给部队行动带来灾难。只有适应了不确定性，我们的决策才会更加主动，才有取胜的更大可能。理解“不确定性”，并不是让我们“无所作为”，而是让我们知道“如何才能可为”。

美国跟中国打“贸易战”，特朗普就把不确定性运用到了极致，也给我们上了很好的一课。因为我们过去习惯了在确定性国际规则下的决策，讲规则、讲信用、讲双赢，但碰上特朗普这样不靠谱的，老想把什么都注入不确定性的，我们过去习惯的东西就都失灵了。他就是要用不确定性把你搞崩溃，然后让你服输，他好占便宜。这是他有意而为之的，并不是什么性格问题。所以，如果想占据主动，如何控制不确定性就成为关键。我在课程中讲了个 BBC 电视节目中尼克控制对手拼奖金的故事，不知道大家是否能够从中得到启发。我们跟特朗普斗智斗勇，实际上也是在控制不确定性，利用不确定性，看起来很有意思。当年我们为什么要搞“两弹一星”？其实也是为了在战略上控制不确定性。现在谁还敢像对付伊朗、朝鲜那样对付我们呢？打起仗就更是如此，战场上不会什么都像棋盘一样清楚，也不会像下棋一样“费厄泼赖”，谁理解不确定性、利用不确定性更好，谁才是大师，才会是胜者。

有学员问黑天鹅事件的辨别标准。并不是所有的突发事件都是黑天鹅事件。黑天鹅事件一般指的都是后果巨大，影响全局，根据历史和趋势无法判定，完全没有想到也就是缺乏认知的那些具有拐点性质的突发事件。“未知的未知”，也就是“不知道自己不知道”，这样的事情其实并不多。非典、特朗普当选等事件被公认为黑天鹅事件，但对“9·11”“金融危机爆发”等还有争论，看法不一。因为虽然这些事件突发，但是这些事件在事前我们并不是一无所知，还是有许多蛛丝马迹的，只是我们没有注意而已。现在媒体上也有滥用“黑天鹅”术语的现象，把什么不确定性事件都说成是“黑天鹅”，如果只是说说而已也无可厚非，但若认为这就是准确概念，那就是不对的了。

还有学员对灰犀牛现象不太理解。你说人工智能是“灰犀牛”？那所有的高技术都应该是，如核武器等。其实，“灰犀牛”强调的是“忽视已知的危险”，而不是像核战争、基因武器这样谁也不敢轻视的灾难。现在已经有很多学者呼吁重视对人工智能研究的管制，但更多人看到的只是它带来的好处和利益，忽视了它可能带来的巨大危险。气候变暖、全球贸易战都有这个特点，都知道危机很大，但似乎谁也不当回事，觉得还很遥远，但是若不注意，等死到临头就来不及了。所以，“灰犀牛”说的不是具体事物，而是对这个事物的态度。这个概念的提出者米克尔·渥克接受采访时就说：最大的“灰犀牛”其实就是对不确定性和变化的抗拒。

有学员听课后指出，我在说“灰犀牛”的时候说成了“未知的已知”了，而应该是“已知的未知”。实在不好意思，这种绕口令式的定义很容易“心口不一”。音频是去年录制的，播放时我也是和大家一样第一次听，也听着不对劲，但发现后已经很难修改了。感谢这位学员很快地指出，让我第一时间可以在课程动态中跟大家说明。没有办法，后面也许还会出现这样的问题，可能还会有不准确的地方，只能提前请大家谅解。不过从这个失误中却可以引出一个话题，就是“未知的未知”是“黑天鹅”，“已知的未知”是“灰犀牛”，而以前的知识是“已知的已知”，那么“未知的已知”又是什么呢？也就是，不知道或说不清自己已经知道的东西。对于这个问题，我曾与许多人讨论过，我说可能是“经验”，也就是实践性认知，就属于这一类。你有经验，但又说不清楚这个经验究竟是什么，对不对？我们怎样才能把这个“经验认知”说清楚，或者采集下来传递下去呢？这个后面我也会讲到。或者还是其他什么东西呢？大家有兴趣的话可以讨论一下。

再说说涌现。有学员问，涌现是一个从量变到质变的过程，还是突然由不确定性引起的结果呢？这是一个很好的问题。简单的回答就是，涌现其实是一个过程。从这个词就可以看出来，是一个从量变到质变的过程，但这个过程是非常短暂的。如果画时间曲线，它就像一个突然跳起的台阶，迅速成为系统的一个整体性质。例如，部队作战的能力在训练后迅速提升，社会的态度在某一时刻突然反转等。但这个过程是如何产生的呢？并不是由于某个不确定性事件，而是由于其内部的自组织恰好在这个时间段形成了这种整体性质的结构，所以就发生了涌现。一个创业团队的形成如此，一个作战体系的综合集成如此，一个社会的态度转变也是如此。

还有学员问，复杂系统会有“逆涌现”吗？也就是出现“1+1< 2”的情况。当然有，但是不叫“逆涌现”。涌现说的是系统整体性质的产生，但并没有说这种性质一定都是你想要的。“彭宇”案导致的对见义勇为的曲解，以及当年萨达姆的军队一夜崩塌，其实都是涌现。涌现结果是非线性的，也是不确定的，是不以人的意志为转移的，所以才有那么多的“意料之外，情理之中”。但它却是可引导的，这在后面的课程中还会讲到。

很多学员结合实际，谈了对涌现现象理解的体会，我觉得说得都很好。例如，当年老一辈无产阶级革命家讲人民战争的伟力，就是复杂系统自组织产生的功能涌现；《亮剑》里的李云龙，就是通过他这个局部的改变，才带出了整个队伍的改变，所以指挥员本身的素质很重要。还有人引用看到的其他文章说：我们每个人都把本职工作干好，从自己的一言一行做起，见到好人好事给他鼓掌，见到坏人坏事敢于挺身而出，其实也是对整体的贡献，最终也会涌现改变世界的力量，这不是什么“做大事”的智慧，恰恰是“不做大事”的智慧。说的都很好！不过要注意的是，局部规则改变产生的涌现还需要有一个条件，就是要有快速传播到整体系统的途径和机会，就像“彭宇”案中，如果没有媒体炒作的快速传播，也不会那么快就涌现整体效果，甚至会不会涌现都很难说。所以，这也是互联网给我们带来的最大改变。

在涌现层次性那一讲里，我提到一个随机决策的问题。有的学员觉得不可理解，觉得怎么随机决策在有的情况下反而会是最科学的决策呢？这不就是碰运气、扔骰子吗！事实就是如此，这也是为什么有时“人算不如天算”的原因。大家不要小看这个随机决策，很多时候，尤其是我们暂时无法了解情况时，往往是我们打开科学决策之门的第一步。例如，决策中的“随机试错”就是典型代表。指挥员在不清楚战场态势时，最先开始的一步就是试探性行动，例如试探性射击、试探性机动等就是为了引出敌人的反应，搞清楚战场上的态势，然后就可以有的放矢，进一步决策了。在一个我们不熟悉的事物面前，这种随机性可能还会带给我们创新的结果，反而是那些我们自以为“科学的”“有经验的”自以为是，在复杂系统面前会一败涂地。这种方法也被用到了“阿尔法狗”下围棋、大数据样本选择等方面。这些在后面课程中大家都可以听到，这里就不做过多解释了。

在课程中，我们还讨论了复杂系统预测问题。有学员对为什么复杂系统决策“失败了并不能说明决策方法错误”的说法不太理解。其实，有的学员已经在动态留言了，说对复杂系统而言，“正确的方法是对结果成功的大概率追求”，说得很好，但只说对了一半。另一半应该是，“正确的决策，却是结果成功的合适选择”。也就是说，大概率不能保证每次都能成功，方法对了结果也可能不是你想要的，但正确的决策却可能选择概率不是那么高的方法或途径，把小概率的可能转变成为大概率的成功。因为复杂系统的态势总是在变化的，这也是为什么有些决策者愿意冒险的原因。

还有很多学员对如何提高复杂系统的预测准确性很感兴趣。事实上，我们这门课程都是在做这件事情，但要从理解复杂系统做起。光理解了是做不了什么事的，还要有工具。这样才能发现复杂系统的运行机理，进行预测和决策。下一单元介绍的复杂网络、大数据等方法就是最新出现的复杂系统研究工具。对机器智能的深入研究才可能是我们理解复杂系统的终极武器。

有些学员对什么是复杂系统概念还有疑问。有人问，如果人工智能出现了，那算是什么呢？我要说的是，人工智能也有低级和高级之分，最简单的就是自动和自主之分。前者纯属自动化，只是更好的机器，后者具有自主性，才能逐步走向智能的道路。发展到一定阶段，机器智能与人类智能就难以区分了。这时与以人为核心的复杂系统相比，可能就没有太大差别了。但是，高等级的人工智能，也就是所谓的“强人工智能”会不会有意识，如爱恨情仇的“情感”还在激烈争论之中。

有的学员还在纠结整体和个体的关系。例如，有人将空间、时间分开来分析系统，但又想不清楚该在什么时候综合。又如，有人觉得研究复杂系统的某一具体特性时，是不是可以当成简单系统研究呢？再如，有人认为生命体也可以分为细胞，再分为分子、原子，乃至夸克等，这不又回到物理学的粒子上去了？其实产生这些想法的原因，还是没有跳出还原论思维的框架，还在用习惯的方法在思考。物理学、生物学思维方法都不一样。复杂系统思维本质上就是整体性思维，并不排斥对某一侧面、某个局部的研究，但最终还是要回到整体上看问题。

有个学员列举的《史记》中“荆轲刺秦”的故事就非常有启发性。燕国的太子丹为拉拢荆轲，对荆轲百般讨好。荆轲看到一女子弹琴，便对太子丹说，那女子的手真漂亮。太子丹回去后便命人将这个女子的手砍了下来，装在匣子里送给荆轲。故事虽然很残忍，但我觉得很有启发意义：这双“手”还是荆轲喜欢的那双手吗？大家可以仔细体会一下这里面局部和整体的关系，就可以理解复杂系统为什么要强调整体性思维了。有的学员说，我们学习了那么多西方的机械思维模式，是不是我们都学坏了？我觉得这倒也不是，机械思维有机械思维的用处，对简单系统就很有效，但如果把它无限推广就不对了。所以，我们从来不说否定或推翻还原论，而是说超越还原论，就是这个意思。与机械思维模式相对，有人说是生物思维模式。我觉得对我们理解社会复杂系统，包括战争复杂系统，有一定的启发意义，但还是不够准确。"生物"更多强调"活"，但在社会复杂系统中，还需要强调"认知"。

有学员对复杂系统理论很感兴趣，希望我推荐一些课后阅读的书籍。有一本书叫《复杂》，作者是梅拉妮·米歇尔，湖南科学技术出版社 2011 年出版。我认为写得通俗易懂，而且不失专业准确性，曾被评为亚马逊年度十佳科学图书。还有一本叫《黑天鹅——如何应对不可预知的未来》，主要讲不确定性，作者是纳西姆·塔勒布，中信出版社 2009 年出版。该书被评价为"未来十年的杰作"，值得一读。还有一本叫《科学的作战方法——现代战场上的有序和混沌》，作者是安托万·布斯凯，蓝天出版社 2011 年出版，讨论了作战中的复杂性、混沌等问题等，有时间也可以读一读。这几年，微信上也有不少关于复杂性科学的文章，写得通俗易懂，大家有兴趣也可以看看，相信也会有很多启发。

由于时间有限，今天只能讨论到这里了。对这些问题的回答只是我的个人看法，并不代表一定正确，只是期望能够引起大家进一步的深入思考和讨论。

3.3 复杂性科学新方法

大家好！我是胡晓峰。今天是第 3 单元"复杂性科学新方法"的答疑和讨论，我用有限的十几分钟时间，挑几个有代表性的问题，谈谈我的看法，供大家参考。

这一单元的部分内容比较烧脑，可能很多人会听不懂，但是不要紧，了解一下就好，好在本课程最难的部分已经过去了。这一单元给大家介绍了研究复杂系统的一些新方法，包括复杂网络、大数据、深度学习方法的产生、内容及特点等。其实，研究复杂系统还有许多传统的方法，例如非线性科学、不确定性分析、系统动力学、混沌理论等可能会更加烧脑，没有数学基础的人很难理解。即使这里介绍的复杂网络、大数据、深度学习，它们也都是建立在坚实的科学基础和数学描述上的，但我都设法避开了，没有去讲，因为它不符合我们军事职业教育音频课程的特点。之所以介绍复杂网络、大数据、深度学习，是因为我觉得这三种方法比较新，而且成果也比较显著，能够被大家接受，也易于应用到实际工作中。在后续的课程中，我还会结合思维方法介绍一些相关的内容。至于纯理论的部分，就留给学者去研究吧。

复杂网络、大数据、深度学习，方法各异，但殊途同归。核心其实都是基于大量数据，研究复杂系统内部要素之间的关系，从而分析复杂系统特性和演化的方法，最终实现对复杂系统的认识和理解。因为它们是建立在现代最新科学研究基础上的，尤其是与“有人”的复杂系统密切相关，很值得我们去了解和应用。例如，关系在复杂系统中起什么作用？数据的量会怎样影响我们的科学研究模式？认知对复杂系统的影响是如何产生的？复杂系统又是如何在认知的作用下发生演化的？这比那些基于物理学的理论和方法，更接近我们所关心的战争复杂系统的实际。

先说说复杂网络的发现。大家要注意，我在课程中用的说法是“发现”，意思就是复杂网络其实本身就自然存在，我们只是发现了而已。这意味着，对于复杂系统而言，我们找到了一种可以研究其运行规律的媒介或者工具——复杂网络方法。我在前面说过，复杂系统中最重要的东西就是“关系”，而复杂网络就是描述和研究这种关系的。通过研究复杂网络，我们可以了解复杂系统的结构是什么样的，它是如何运行的，以及会有哪些普适的或者特别的规律。例如，发现小世界模型，我们知道人类社会其实可以通过很少的几个中间人就可以联系起来；发现人类社会关系网中的幂律现象，并不像物理世界那样随机和平均，因此我们也就不能用物理思维来研究人类社会了。因为这些性质规律都是复杂系统中客观存在的，而我们只是发现而已。由于这些发现，我们可以更好地去理解和控制复杂系统。例如，发现复杂网络具有的鲁棒性、弱关系等性质，我们就可以针对性地进行管理和处置。我们还可以研究作战体系的脆弱点在何处，研究互联网如何发挥影响力等。大家在后面的课程中还会了解更多。所以，理解战争复杂系统，借助复杂网络这个工具，我们就有了很好的抓手。

有学员问，“二八律”是好还是坏？它有什么理论基础没有？幂律是好是坏？复杂系统“赢者通吃”会不会造成垄断而影响竞争呢？这会不会与复杂系统的多样性发生矛盾呢？其实，大家要注意，这些性质其实都是我们对复杂系统性质的发现，无所谓好坏，它们只是复杂系统内在规律的体现，是人类社会在认知作用下自组织、自适应的结果，具有一定的普适性和稳定性。了解了这个规律，就可以利用这个规律。如同我们利用其他规律一样，例如我们可以利用物理学定律等来发射火箭、控制卫星等，其实是一个道理。

“二八律”的理论基础，其实就是“幂律”，这只是一个通俗的说法，来源于经济学家和大众媒体，也不是真的说数值恰好在20%和80%，只是说群体或网络中的不平均性，比较通俗易懂。物理学家和数学家则喜欢说“幂律”，因为这种表达可以用数学公式描述，更加精确一些。这一点也恰好与管理学中“二八现象”类似，从某个侧面也反映了人类社会的基本特点。我们能避免“二八律”吗？从宏观规律来看，这是很难的，因为规律是不能违背的。事实上，除非群体比较小，任何一个大的群体中都不可能人人都是精英或全才。即使都是精英，也还是会有“好中更好”“精中更精”之分，这也是客观规律。但这与那些只是描述“人浮于事”的贬义表达是不同的，也不会与我们要把每一个人都炼成“精兵”矛盾，因为它们说的不是一回事情。

关于“赢者通吃”，其实也是一种通俗的说法。大家要记住，复杂系统是动态的，任何人都不会永远是那个“赢者”。如果不变革、不进步，规模越大反而离垮台就越近，早晚也会被别人给“吃掉”的。这就涉及复杂网络的另一个规律，即所谓的“断点定律”。这在后面的课程中也会讲到。所以，复杂系统的多样性作为最基础的性质，总是存在的，而且不会与幂律矛盾。

有学员问，你说复杂网络具有中心节点，但是又说复杂网络具有去中心化的特征，这不是矛盾吗？我们应该如何理解呢？我要说的是：第一，复杂网络具有中心节点，但中心节点可以是多个，而不是唯一的集中节点。中心节点的意思是可以聚集较多连接的节点，所以从这一点看，“中心”这个词翻译的似乎不太合适，很容易被误解，不如叫“聚集节点”更好一些。第二，正因为中心节点可以是多个，才去除了唯一中心的垄断地位，也就是产生了所谓的“去中心化”现象。例如，一个电视台变成了几百家电视台，这就削掉了“山头”，建立了媒体“高原”，世界也就变“平”了。

很多学员对复杂网络发表了很多看法。例如，有学员说，复杂网络是一个革命性的发现，利用好能造福人类，利用不好则很恐怖。说得很对。学会利用复杂系统的规律，既可能产生好的结果，也可能产生坏的结果。例如，利用互联网影响社会态度和影响大选，就是从深层次利用了复杂网络的很多规律，包括信息传播、行为影响、舆论管控等，也被称为“影响力作战”“认知作战”。这一点我们很多人可能还不是很清楚。

还有学员评论了复杂网络中的弱关系理论，说“弱关系决定广度，强关系决定深度。弱关系给你提供思路，强关系帮你把事办成”。他说的挺有意思，出乎我的意料。大家可以讨论一下他说的是否有道理。其实，如果真正理解复杂网络告诉我们的那些社会关系规律，如果是官员，可能会使你更高效地管理社会；如果是个人，也可以让你知道什么是高效地办事。

再说说大数据方法的出现。这又是一种全新的复杂系统研究工具。对大数据，我们的关注重点是理念，这些由量变到质变而产生出来的新理念，拓展了我们认识复杂系统的途径。至于会不会是第四范式再说，但这些所谓“科学始于数据”的方法确实大大开拓了我们的思路，为复杂系统研究展现了更多的可能。下一单元我还会对“大数据思维”做更多的介绍，这里就不多说了。

有学员问，大数据方法可以让我们更加了解复杂系统，使我们的社会变得更加透明，是不是不确定性就减少了呢？进而会不会引发社会活力的丧失呢？这个问题提的很有想象力。我想说的是，一方面，大数据确实让社会更加透明，但这只是改变了观察社会的方式，就像我们过去看天气只能“坐井观天”，而现在气象卫星让什么都一目了然一样。大数据为我们提供了了解复杂系统的有力工具。另一方面，复杂系统自身的运行仍在进行，大数据方法虽然会使部分不确定性消失，但也正是这种观察方式，由于社会复杂系统的反身性，又会产生其他不确定性，甚至更加复杂。我曾经在学术会议上说过一个观点，引起很大反响：简单系统越认识会变得越简单，越接近对它全面理解；复杂系统却是越认识会变得越复杂，原因是我们人类的认知会不断学习和改变。我举个例子，几十年前去西藏用一根铅笔就可以换一把虫草，而今天恐怕一箱子铅笔也未必能换了，为什么呢？游客教会了藏民虫草市场价值的观念。打仗也是一样，一个菜鸟指挥员，只要经过几次战斗，他一定会变得更有经验，更会打仗。你说这时的战争复杂系统是更简单了呢，还是更复杂了呢？我们的社会也是如此，大数据在帮助我们的同时，也在改变我们的社会，社会的活力就永远不会丧失。

还有学员问，大数据可以帮助我们应对战争的不确定性，那么应对成功了，是我们的方法对了呢，还是战争不够复杂呢？换句话说，大数据方法会不会也失灵呢？对于这个问题，参考我对前面那个问题的说明就会得出正确的结论了。要记住的是，复杂系统不会一成不变。因此，我们认识复杂系统的方法也要不断改变，才能适应它的变化。

还有学员提了一个很有意思的问题。前面我们说过，你有两块手表，永远都不知道准确的时间，也就是数据多了反而会增加不确定性。那么，现在大数据又强调以多博精，避免局部数据失效，从多种数据来源中获取数据可能更好。这两者是不是矛盾的呢？这个问题在后面的课程中其实还会讨论，这里我简单回答一下。两块手表可能会使你不知道哪一个时间是对的，因为数据多了反而增加了不确定性，这个不确定性指的是你对时间的判断，会让你“左右为难”。但你想过没有，只要手表都在正常使用，对 100 块，甚至 1000 块手表的时间进行统计分析，与那两块手表相比，哪个更能得到准确的时间呢？所以，这个问题也恰好说出了大数据从量变到质变的意义。

在“大数据的作用”一讲里，我讲了个关于以色列医生罢工后很奇特的大数据发现。有一位学员在动态留言区用很长篇幅谈了他关于医学方面的观点，由于太长我就不引用了，但是值得一读。他的基本观点就是：人体是个复杂系统，医学方法实际上很多都是在处理复杂性。我觉得他说得特别好，可以看出，他是真正理解了复杂系统这个概念。很久以前，我就跟一些医学专家讨论过，医生和我们战争研究者很相似，面对的都是复杂系统，所以在讲课时，我很多时候都是拿人体和医学方法来解释战争运行机理的，例如用人体来解释体系，用体检指标来解释体系评估指标等。

但是，医生罢工为什么会出现意料之外的结果呢？实际上，我并没有给出确切的答案，只给出了我对这个结果的解释。需要大家注意的是，很多大数据的发现，并不是从简单线性因果关系中就可以得到结果的，需要的是从高层得到的“洞见”或“顿悟”，而这种“洞见”或“顿悟”有时在不同环境下会有不同的解读。这恰好是复杂系统的特点之一。所以，从“医生罢工”案例中，我们并不能简单地得出“医生治病增加死亡率”这个结论，至于能得到什么“洞见”，就要看研究者分析的结果了。我更想强调的是，有时候，对于同一件事情我们可能会有两种截然不同的答案，而且可能都是对的。这就像一个圆柱体，从侧面看投影是方的，从顶部看投影却是圆的。它们都是正确答案，只是处在不同侧面的观察而已。

有人问，能不能让大数据直接告诉我们答案呢？其实，人工智能最想做到的就是这个，但也是最难做到的。这也是我要专门讲深度学习的原因。

最后说一下深度学习的意义。这个部分可能更加烧脑，因为太专业了，尽管我并没有讲什么专业内容。我只是讲了人工神经元网络的起源、发展和突破，并没有涉及具体的技术和算法。这可能会让那些等着听我讲算法的学员有点失望，也可能让更多的学员松了口气。在这门课程里，我只能谈一谈思想和思路，让大家从技术发展史中体会其产生和发展的意义。在很多情况下，这对我们来说是很有启发性的。

有的学员可能会有疑问，我们学习战争科学论，你怎么讲到了人工智能技术上去了？这是为什么呢？这是因为，深度学习在我眼里绝对不仅仅是一种智能技术，而是一种复杂系统的建模方法，是我们未来认识战争复杂系统，包括打造战争模拟系统、作战规划系统、指挥决策系统的关键。我坚定地认为，要想真正认识和理解复杂系统，最终还是要靠对复杂系统进行建模，而能够对社会及战争这一类与人密切相关的复杂系统进行建模的，非认知模型莫属。因为那些机械的简单系统建模方法肯定不适应复杂系统的特性，必须找到能够表达系统复杂性的方法才有可能建模。换句话说，只有模型本身就是复杂系统，才可能真正表达出复杂系统的特性。这就像你拿金属机器零件永远都不可能造出活生生的人是一样的，就算是电影里的变形金刚，我想它的大脑也不会全是钢铁制造的吧。

以深度学习为代表的这一类基于学习的方法，可以使计算机认识图像中的各种对象和关系，捕捉人类直觉和经验来下赢围棋。这些看上去似乎不过尔尔，我们人类早就会了，但其实是一个伟大的进步。因为它突破了"莫拉维克悖论"，使机器也可以像人类一样感知、行动和决策，再加上机器原有的高速计算和无限拷贝能力，其能力是不可限量的。更重要的是，它还展现了基于人工神经元网络，建立认知模型的初步可能，搭建了沟通人类认知和物理规律之间的桥梁。我把它称为认知建模。这就使那些"反身性""不可预测性"等人类社会才会有的复杂系统特性有了被建模、被理解和被认识的可能。"阿尔法狗"围棋战胜人类、阿尔法星在"星际争霸"游戏中称雄，都展现了未来的这种可能。当然，这个观点可能还有点难以理解，我们不妨拭目以待。还有很多人提到智能化战争相关问题，这在后面的课程中会有几讲专门讨论，请大家耐心等待。

有学员问，让人工神经元网络认识"猫"和下围棋，需要大量数据进行训练，那要怎么得到这些数据，又如何筛选呢？如果它学习的图像数据库中正好没有这些对象，是不是就认不出来了呢？这是个很专业的问题，我简要回答一下。训练人工神经元网络确实需要大量的数据，例如认识猫、学会看围棋的盘面等。好在做这些事情互联网可以发挥巨大的作用。每天我们的手机不知道会上传多少"猫"的图像，网上也有很多专门组织围棋比赛的网站，数据的获取其实都不是太大的问题。关键是还要告诉计算机这是什么东西，也就是要在图片上人工标上这是"猫"，那是"板凳"，那是"花朵"等。这项工作叫作"标注"，可能就是你说的"筛选"。有了这些标注好的图片，计算机就可以去学习了，深度学习的术语叫有监督学习。这个工作比较简单，只要有网络和手机在家里就可以干，所以现在农村很多年轻人也不外出务工了，开始为人工智能创业公司干"标注"工作。听说，河南等地已经形成很大的产业，利用人口优势，为全世界提供数据标注服务。人家问他是干什么的，他说我是搞 AI 的，显得很"高大上"，但其实这也只是体力活，不用费什么劲，当然收入也不会太高。

如果是图像数据库中没有的对象，是不是就不认识了？一般来说是这样的，没有训练过的对象，神经元网络当然就不认识。但也可以试着让神经元网络自己去干，根据图像的不同层次特征进行分类。因为学习的核心特征就是不断分类，也就是对概念进行概括和整合，分着分着，就把一类对象都归到一起去了。这种方法叫无监督学习，类似于自学成才，将来的技术发展余地会更大。至于分好的这一类东西叫什么，它可以自己定义，也可以上网查一下。原来你们把它叫作"狗"，这样它就认识"狗"了。所以，数据量很重要，没有足够多的数据是不好分类的，也就无法得出好的结果。无监督学习需要一定条件，搞好了可以很厉害。那个"阿尔法元"，不仅会下围棋，还会下日本将棋和国际象棋，并且从零开始，在三四天之内就可以战胜人类，包括战胜"阿尔法狗"，采用的就是这种方法。它的数据来源，其实就是自己过去的积累，一天就下几十万盘棋，自己跟自己打，自己向自己的过去学习，比人提供的棋谱数据多多了，也好多了。

"猫""狗"和围棋等一般性的数据容易得到，但对军事应用来说获取数据就要更困难一些。例如，理解作战态势就比认识猫、狗，以及理解围棋盘面更难，而且很难得到足够多的作战数据让神经元网络学习，作战态势也不是某个农村小伙子、小姑娘就可以标注的了的。那么怎么办呢？现在多是采用作战演习和兵棋推演获得基础数据，然后加工成更多可以用来训练神经元网络的数据。此外，还有特别的技术手段，例如用对抗生成网络制造数据的，这种方法还在研究开发中。其实更重要的是，要想办法让人工神经元网络不要使用那么多数据就能学习，小孩子学习东西就不需要那么多，目前还没有找到特别好的办法，不过已经见到曙光了。

最后，我还要特别说说“科学工具”的意义和作用。有学员留言说，课程在讲战争科学论，他隐约感到是不是要否定战争艺术啊？我不知道他是怎样得出这个结论的。但这也不是第一次有人有这个想法了。曾经有一位老教授在听完我的讲课后，提出一个很尖锐的问题。他说：你讲现代战争科学方法，是不是过去的《孙子兵法》就没有用了？他的意思显而易见。我当时的回答是，我们永远不会否定《孙子兵法》这一类人类战争理论研究的瑰宝，但我想说的是，虽然《孙子兵法》等战争思想仍然可以指导现代战争，但是产生或承载这些伟大思想的工具却会随着时代不断进步，从而促使战争理论不断向前发展。这就是科学工具的意义之所在。用两条腿我们可以在村庄周围走动，有了汽车我们就可以到达千里之外，坐上飞机就可以环球旅行，但若乘上火箭飞船，我们就可以冲出地球，看见更浩瀚的宇宙。人还是那个人，但眼界更宽了，思路更广了，方法更多了，力量也更大了，这就是工具的作用。我们对军事理论的研究，如果能插上科学的翅膀，不也就可以飞得更高、更远吗！如果只会抱着自己熟悉的工具进行军事理论研究，永远都停留在“四六句”式的口诀阶段，恐怕最终也会被时代淘汰。这就是为什么我说，淘汰人的从来都不是年龄，而是工具的原因。事实上，科学思维与方法就是最有力的工具之一。

由于时间有限，今天只能讨论到这里了。对这些问题的回答只是我的个人看法，并不代表一定正确，只是期望能够引起大家进一步的深入思考和讨论。这几天正好赶上国庆节假期，在这里我代表我们课程团队，祝祖国永远繁荣昌盛！祝大家节日快乐！特别向那些在节假日仍然坚持在岗位上的官兵致以崇高的敬意！

3.4 信息化战争的科学思维

大家好！我是胡晓峰。今天继续给大家讲《战争科学论——认识和理解战争的科学基础与思维方法》课程，给你一个不一样的战争科学思维。今天是第 4 单元“信息化战争的科学思维”这一讲的答疑和讨论。因为这一单元比较长，我也用稍长一点的时间，挑几个有代表性的问题，谈谈我的看法，供大家参考。

这一单元重点讲了四个信息化战争思维，也就是网络化思维、体系化思维、大数据思维和虚拟化思维。我之所以花这么多时间给大家讲这四种思维，是因为这是我们认识和理解信息化战争的基础。有什么样的战争思维，就会导致什么样的战争理解，进而导致什么样的战争结果。这就是战争思维存在的意义。

这些思维方法的共同之处在于：第一，将战争看成复杂系统，它的核心就是系统化思维方法；第二，特别强调战争系统的适应性、不确定性、涌现性和非线性等复杂性特点；第三，可以采用复杂网络、大数据、认知科学等现代科学方法作为主要技术手段加以研究；第四，目的是最终实现观念的转变，即理解和把握信息化战争，我们必须学会用复杂系统思维来思考。

下面回答学员提出的问题。先看看网络化思维。有学员问，为什么说“网络化思维是点与链的连接革命”呢？我之所以这么讲，有两个原因：一是网络化思维特别强调系统中“关系”的核心地位，而表达这些关系的就是点与链之间的连接，这打破了传统以组分为核心的思维模式，是一场思维的革命；二是网络的连接会带来社会（包括战争）的巨大改变，而这些改变不亚于一场革命，会导致我们必须重新审视很多事物。这个问题是学员在本单元课程刚开始的时候问的，听到现在你是不是会有同感呢？

有学员问，你说网络节点的连接具有无尺度特点，有的节点连接数会很多，但你又说还有个“邓巴数”，限制了连接极限，那它们之间又是什么关系呢？这个问题提得很好，确实有不少人会产生一些迷惑和不解。其实，邓巴数说的是人类能够直接识别和联系的连接极限，是被人类大脑本身能力约束所限制的。例如，直接识别和联系的部落成员、部队中直接指挥的下级或战士等。复杂网络中的中心节点虽然可以有很大的连接数，但这些连接也只是某种社会关系而已，并不是某个人需要直接识别和交流并影响行为的数目。例如，一个人的通信录里可以有 5000 个人名，但实际上大多数都是弱关系，很少发生直接交流或行为影响。所以，这两种连接的类型和数目是不一样的。需要说明的是，借助某种工具，我们也许可以扩大“邓巴数”的极限，这个工具既可以是所谓的“故事”，如宗教信仰，也可以是某种技术工具，如社交软件、指挥信息系统等。但是，这些并没有推翻人脑能力的限制，也许有一天智能技术成熟后可以帮助我们突破这一点。

还有学员对我在课程中举的卷烟厂企业管理信息系统的例子有点不能理解。他觉得，如果能将引进的国外先进系统与国内的管理理念和模式相结合，不是应该更好吗？关于这个案例，可能是我交代的不够清楚，也可能是大家对几十年前的企业不熟悉。这是 20 世纪 90 年代初的事情了。当时，我们的国企基本上都是传统的计划经济管理模式，要参与国际竞争就必须引进国外先进的管理理念和企业资源管理系统，而且落后的管理理念与先进信息系统也是难以融合的。其实，我想说的是，任何信息系统都要建立在相应管理理念基础上才能发挥作用，所以“穿新鞋走老路”是行不通的。我们国企的真正市场经济改革，也是在加入世界贸易组织（World Trade Organization，WTO）后才被倒逼出来的，就是这个道理。同样，如果我们军队光换用新装备，而不对指挥管理体制进行变革，也是适应不了未来战争需要的。所以说，“改变观念”“改变生产关系”总是改革的第一步。

有学员问，随着网络化的深入，战争有越变越小的趋势，那是不是未来就不会有大战的可能了？其实，我说未来有“小战争”的趋势，但这种“小”不能理解为后果小、影响小。战争规模可能在越变越“小”，但影响却可能越变越大。虽然战争行动可以精确到某一小目标，但是牵一发而动全身，引起的连锁反应却可能是巨大的，而且可能会是非线性的，后果不堪设想，甚至无法控制。这一点必须引起我们的高度重视。例如，最近发生的一件事，NBA 火箭队经理莫雷的一条几个字的推文，引发了那么大的后果，无论他本人、NBA、中国篮协，还是中美两国政府、民众，事先可能都是没有想到的。如果真能想到，每一个反应、决策还会那样做吗？何况更加惨烈的战争呢？

还有学员问，网络化会不会带来很大弊端，例如某种病毒爆发而被团灭呢？当年曹操的连环战船就是"网络化"，最后几乎被一招全灭。其实，任何事物都有两面性，网络化也不例外。是否合适，最终还是要看它是否推动了社会进步。没有网络，是可以避免网络攻击，但你愿意生活在一个没有网络的世界里吗？同样，打仗如果还靠人力送信和处理信息，当然不会被网络病毒感染和黑客攻击，就算你能忍受很慢的速度也不怕辛苦，但是战争却不依你的意志转移了。敌人的网络化卫星雷达仍然可以找到你，精确制导炸弹仍然会掉到你头上。所以，网络化不是"要不要"的问题，而是应该如何搞好的问题。为了防止被团灭，就要研发能够对抗的系统。战争总是在矛与盾的对抗中不断发展的。

关于体系化思维大家讨论的最多，也最热烈。有学员问，体系建设需要不断演化才能成长，是不是只能靠自适应才能完成呢？采用强有力的约束规范就不能达到效果吗？这是一个很好的问题。我们说过，体系是"活"的。它的"活"就体现在可以不断改变自己的结构，适应环境的变化上。所以，为达成共同使命，首先体系要有活力，其次才是对其进行规范和引导。焕发出体系的活力，是第一步要做的事情。没有活力的体系，任何约束都是失效的，也是没有意义的。

引导则包括"硬约束"和"软约束"。所谓硬约束，就是刚性约束，如严明的纪律、八项规定等。所谓软约束，如道德规范、个人意愿、自由选择等。需要注意，这里的"软"，不是薄弱的意思，而是"非刚性"或"无法刚性"的意思。这两者都会引导体系的演化方向，但体系演化主要靠内部的适应性，任何约束都只是条件。对军队这种强组织结构进行强约束，必然会使体系朝着建立高纪律性的体系发展。所以，关键就是我说的"不能留口子"，一有"口子"，个体在适应过程中就必然会找到，“千里之堤，毁于蚁穴”，硬约束就变成了“没约束”，或者是“选择性约束”，这对体系的损害是根本性的。

对于软约束而言，情况更复杂一些。例如，就拿我们军事职业教育学习来说，我听说有的单位是根据学习课程得分来评优的，所以同志们的学习积极性很高。但很快也适应演化出了一些集体对答案、不听课只要分等不良现象。这当然不是我们学习的初衷，如不重视，最终也会导致军事职业教育学习体系的异化。对于此类问题，除了改进规则制定以外，只能进行更多的引导，例如加强思想政治工作、明确道德底线、提高文化水平、改善组织管理等。这些工作对于以“人”为中心的复杂系统来说，更为重要，也更加难做，好在我军在这方面是有好传统的。所以，体系演化靠适应，演化方向靠约束，两者共同作用，才能塑造出最终的体系。

还有学员问，体系是由系统松耦合组成的，那么如何理解体系的整体对抗？局部系统结果之和能不能代表整体结果？回答这个问题，其实就是解释“松耦合”这个概念。所谓两个系统松耦合，指的是这两个系统相对独立，不像一个系统那样联系紧密。两个人在一起工作是松耦合的，而一个人的两只手在一起工作就是紧耦合的，这就是差别。体系的组成系统都是独立系统，当然就是松耦合的。松耦合并不代表不好，而是代表系统可以各自独立，而且可以协同。那么，又怎样理解体系对抗呢？很多独立系统为了共同目标而组成体系，就可以与敌对体系进行对抗。这在概念上是整体上的，对抗的效果也是建立在整体上的，而不是局部对局部的基础上。就像导弹攻防体系，导弹打的不一定只是导弹，也可能是其他目标。体系效能评估也必须是整体的。整体效能不是每个局部最优相加就可以得到的。

说到这里，有些学员可能觉得不可理解。每个局部都最优了，为什么加起来整体反而可能不是最优呢？其实，有个国外经济学家就举过一个很形象的例子：假设大家都在剧院看戏，有一个人为了看得更清楚，就站了起来，这是局部最优。但是，当所有人为了局部最优都站起来后，整个剧场看戏还是最优吗？显然就不是了。需要注意的是，体系不追求“最优”，不等于不要求每个局部都要做到最优，都去“混日子”。局部能力越高，也就为体系达到更好状态的潜力奠定了基础。就拿前面剧场那个例子，如果现在需要你站起来，例如提问，结果你连站都站不起来，不就影响了对体系的满意程度吗？还要说明一句，我们现在讲的是“体系的评估”，不是“局部或个体的评估”，所以不要将体系评估方法无限地推广到其他方面。关心体系评估具体技术与方法的学员，可以参考我们写的《战争复杂体系能力分析与评估研究》[①]一书。

有学员问，体系不是强调整体性吗，怎么还要尊重多样性呢？多样性会不会影响整体效能的发挥？回答这个问题，首先要记住的是，体系是活的。体系的效能不是固定功率的马达，是需要不断调适和激发才能出来的。整体性并不意味着体系效能高，如果不能激发体系到达最佳状态，体系的整体效能也是发挥不出来的。多样性也不意味着会影响整体性发挥,但有时候却可能是激发体系潜力发挥的最佳手段，关键在于体系引导者会不会向有利的方向引导。所以，尊重多样性才可能使体系有发挥更高效能的机会。

也有学员对体系发展进化中的“试错”还有疑惑：都在试错，会不会很乱啊？会不会通过试点找到合适的目标，然后照此办理，结果是后来又发现是不对的，涌现了不想要的结果呢？我想说的是，试错作为复杂系统进化的途径，是建立在复杂系统性质基础上的，因为复杂系统的演化是无法预测的。但是，试错绝不是乱试，是因为“不知道”的无奈之举。当然，也不是什么都试，扔个骰子就可以做出决定。人类与自然物体最大的不同之处，就是具有认知能力，所以试错也是建立在已知经验，包括常识基础上的，只有这样才会迅速减少试错的次数。

试错后的结果就一定是永远对的吗？其实也不一定，发展一段时间后可能又会发现是“错”的，还需要继续试错。所以，对复杂系统而言，“试”是永恒的。例如，20 世纪 50 年代，我们以为用物理化学方法做“人造肉”“人造米”才是未来食品工业化发展的方向。后

① 参见《战争复杂体系能力分析与评估研究》，胡晓峰等著，科学出版社，2019 年版。

来我们知道，其实牛、羊、稻米才是最好的食品“工厂”，需要改进的是工业化养殖方式。今天，再次出现用基因新技术造出的“人造肉”，不知道后面又会如何发展。我想说的是，对于复杂系统而言，可能我们永远都不会知道什么是永远“对”的，因为复杂系统的演化充满了不确定性。但是，通过试错，至少可以知道什么在现在和可预见的未来是“合适”的。我觉得这才是应有的复杂系统应对之道。

很多学员对体系能力的建设很感兴趣，尤其是对“人”在其中的作用发表了不少很有价值的观点，大家有空可以到留言区看一看。按照复杂系统观点，体系能力，也就是体系的战斗力，只有通过整体、动态和对抗才能展现出来，其结果就是体系效能，也就是完成使命任务的程度。有学员问，体系能力会不会因为某处“短板”崩溃呢？“长板”能不能弥补“短板”呢？由于“人”的核心作用，扩大相对性优势的关键是不是主要在“人”呢？

这个问题提得很好。首先要注意的是，不能将复杂体系等同于简单系统。简单系统的短板确实会导致系统能力下降到最弱处，但体系是大的复杂系统，根据复杂网络理论，只要是成熟的体系，就应该对一般性弱点具有天然的鲁棒性，也就是韧性，所以不会有点问题就马上崩溃。但是，若这个“短板”在关键之处，就很难说了。例如，作战能力生成方式、人才选拔实施过程等，都与体系战斗力密切相关，一旦出现漏洞，体系崩溃指日可待。这点在过去我们也是有教训的。

至于“长板”能否弥补“短板”，则要看什么“长”，什么“短”。我在前面说过，“以前是强点制胜，现在是弱点致败”，指的就是作战体系在不同时代的关注点。在体系联系不那么紧密时，大家关注强点制胜，追求的是“一招鲜，走遍天”，一个强点可能就是一个突破口，所以打仗经常从弱敌打起。当体系联系紧密时，形成的是体系整体对抗。“弱点致败”，这个弱点指的就是关键节点，要是关键节点垮了，整个体系也就垮了，所以打仗要从敌人的关键节点打起，对自己来说则是确保自己体系的关键节点具有很强的抗打击能力。强点与弱点时时都有，是个相对性的说法，这与复杂网络的鲁棒性并不矛盾。所以，长板能否弥补短板，还要看具体情况。

那么，“人”在体系建设中的核心作用如何体现呢？是不是每个人都很优秀了,就可以保证体系能力的发挥呢？ 这在很大程度上还要看体系内“关系”的强化程度，是否能够使体系成为“体系”。也就是说，即使每个人都很优秀，“关系”不行，体系也难以发挥其效能。大家知道,传统的战斗力组成要素是人、武器装备和两者的结合关系。这里的“关系”主要指的是编制编成。在现代作战体系中，这个“关系”就不那么简单了，既包括力量组成等编成关系，也包括指挥、保障、支援、协同等关系，还包括影响这些关系的毁伤、干扰、欺骗等对抗关系。由于人是体系中唯一具有自主能力的成分，在如何使各种关系变得优化方面，如强化作战意志、提高训练水平、优化作战编成、改进政策制度、吸引保留人才等方面，其实都是要起核心作用的。

特别要注意的是，从体系角度来看，“人”不但有优势，也有弱点，例如体力、专注度就不可能像机器那样始终如一。例如，让一支部队长期处于高度紧张状态，得到的不是战斗力的提高，而是战斗力关键时刻的崩溃。能将部队在关键时刻调整到最佳状态，才是指挥员应该做的事情。因此，在调适体系关系时，也必须考虑这一点。现在开始试点采用的任务部队轮换制度，就走在了正确道路上。所以，体系不仅需要每个人都优秀，更需要将各种“关系”优化，这样才能涌现最好的能力水平。

有学员问,你前面说“三个臭皮匠，顶个诸葛亮”，这里又说“诸葛亮人才难得”，两者是不是矛盾呢？其实，这两句话表达的是人才对体系的不同贡献和作用，前者说的是人才群体的作用，通过群体的集结会促进体系能力的提高；后者说的是关键人才的作用，一个天才的出现可能导致体系发生根本性的变化。团队需要诸葛亮带路，诸葛亮也需要团队的支持，两者并不矛盾。所以，人才是分类的，人才也不等于“人力”，不能用一个模子来套，识别人才、找到人才、人尽其才，将合适的人放到合适的岗位上，并且能够让人才之间建立有效的协同关系，也是最重要的关系之一。军改中的一个核心工作就是调适这些关系，当然这需要很长的时间，付出极大的努力才能完成。

关于大数据思维。大家这些年接触大数据概念比较多，但什么是大数据思维，很多人可能就说不清楚了，经常认为只要关注了数据处理，就是大数据思维。这在概念上是不准确的，而且还很容易造成误解。数据思维是大数据思维的基础，但光有数据思维是不够的。同样，数据挖掘是大数据挖掘的方法基础，但大数据挖掘更宽一些，还包括数据耕种、动态实验、个性推荐等方法。大数据思维可以为我们提供更多认识和理解战争复杂系统的新思路、新途径，为打开我们的眼界提供更广阔的视角和层次。所以说，大数据思维是理念上的本质性变革。

有学员说，当数据越来越多时，如果混入错误的，甚至不科学、造假的数据，就会影响大数据的质量，也会导致数据可信度的风险。这一点说得很对，我们采集数据一定要坚持准确、科学，要经过验证，更不能造假。但我还想补充说一点：当大数据真正成为“大数据”而非传统的数据库后，由于它的容错性，反而会使那些错误数据被消除，将造假数据暴露出来，因为它们毕竟是少数，而且一定会使数据之间的关联关系显得异常。这也正是“大数据”和传统“数据库”的不同之处。

还有学员问，用相关性解决问题，距离近的相关性就明显，距离远的就不行了，我们该怎么去利用呢？因为说不清楚因果关系，结果会不会被说不科学呢？回答这个问题，还是要先说清楚相关性和因果性的关系。一般来说，因果关系一定是相关关系，而相关关系却不一定是因果关系，也就是说，相关性的外延要更大一些。所以，首先要注意的是，相关性不是“距离远”的因果性，并不一定存在因果关系，所以不要什么都往因果关系上靠。第二，相关性也是一种“关系”，并没有什么科学不科学之分。相关性研究往往是解决问题的关键。举例来说，二十年前语音识别就已经达到90%以上的水平了，但却根本无法使用。当时采用的方法就是把人说的话按语素、字词、语句、语法等要素进行分解识别后再综合还原，但因为每个人说话千奇百怪，难以建立因果关系，所以一直无法突破。近些年采用大数据方法，直接采集大量人的说话声音建立神经元网络，也不管什么明确的因果关系了，“人就是这么说话的”，反而使识别率得到大幅度提高，甚至超过人类的水平。你能说它没有说清楚因果关系就是不科学的吗？事实上，大数据思维告诉我们的不是不要因果，而是不要自限于因果。对于复杂系统，也许这可能就是唯一的可行之路。

有学员对基于大数据的决策与 AI 决策的区别有点疑惑。简单地说，虽然目前的结果极为相似，但两者在概念上还是有所不同的。基于大数据的决策可以看作 AI 决策的初级阶段，有人称之为“数据智能”，而 AI 自主决策属于高级阶段，不能全靠大数据来解决。这是因为，基于大数据的决策本质上还是建立在数据从量变到质变的结果之上，靠的还是通过大数据对决策模式的归纳，甚至不用理解也可以“英明”决策。对于未来智能化自主决策，还需要具有理解、演绎、推理，甚至解释的能力，是更复杂的 AI 形式。如果小样本学习问题得到解决，大数据也许就可以不再是必要条件了。

一些学员讨论了决策权是否该交给计算机。其实，真正的问题是，该将什么样的决策权交给计算机。实际上，下层的决策我们已经交出去了，例如自动洗衣机、汽车自动换挡等，这里主要是技术问题，也容易做到。现在中层的决策也开始逐步交出，如舰船末端导弹拦截、自动驾驶防撞选择、网络窗口实时攻击等。这不是愿意不愿意，而是不交不行，因为决策反应时间实在太短了。至于战役战术，甚至更复杂一些的战斗决策，对指挥艺术或认知要求更高，至少目前还看不到计算机取代人的可能，因为智能技术还没有达到那个水平。至于今后“智能化系统越来越多，人该怎么办”这样的问题，我的回答是“天无绝人之路”，但也别“在一颗树上吊死”，不愿意改变。我觉得对未来年轻人来说，有两种能力很重要，一是学习能力，也就是扩大自己的潜力；二是创新能力，也就是敢于走新路。

对算法的认识也是一样。其实，所谓“算法”一直都存在，也就是我们常说的“流程”或“套路”，只是现在计算机将它推进到了极致。关键在于我们是否理解这些算法，只有理解了才不至于被算法玩弄。说个简单的例子，《今日头条》是按每个人的个性需求推送新闻的，你的每一个阅读搜索行为都是它算法的一部分。知道了这一点，就可以利用它帮你收集所有相关的特别信息，例如有关犯罪的社会新闻，非常有效。但是，如果你不知道，你还会以为全世界到处都在犯罪，而且见解都和你一致，那你就被算法玩弄了。现在战场上也充满了算法，如雷达搜索、卫星侦察、无人机控制等，指挥员如果能了解和理解其中的算法，很可能就多了一条制胜之道。例如，现在美国卫星是使用深度学习算法来搜索导弹阵地的，但这种算法就特别怕某种图形的“忽悠”，一“忽悠”就误判。如果指挥员知道了这一点，是不是就可以利用它来进行电子伪装呢？所以，理解算法对指挥员来说也是非常重要的。

还有很多学员对如何搞好数据工作，提出很多很好的建议。我相信，有关部门已经关注到这个问题。正如一些学员所说的，那种人员填报式的数据采集方法，是很难适应大数据建设需要的。只有走现场实时采集的方式，就像利用手机等各类传感器进行数据采集才造就了现在的“腾讯云”“阿里云”一样，才是可行之道。我将其称为自然采集法，不是由人而是由数据记录设备自动采集和上报，才最有可能实现所谓的大数据“作战云”。美军很早就通过法律规定，所有未来可能上战场的装备，都必须安装数据采集仪，也是这个目的。那种为了数据保密而不惜切断数据联系的做法是不可取的，因为在技术上两者完全可以相容和共存。

关于虚拟化思维，大家可能有点陌生。这是我提出的一个观点，实际上是想让大家理解战争疆域在发生改变，不要老是抱着必须“看得见、摸得着”的想法去看待战争空间①。如不然，未来的发展可能真的会让我们瞠目结舌，就像印第安人第一次见到欧洲人的坚船利炮，义和团拿着大刀对付洋人密集的火枪火炮时的那种感觉。理解虚拟空间，包括赛博空间和认知空间，是虚拟化思维的关键。

有的学员反映对这个概念感觉有点烧脑，主要还是因为对认知空间的理解问题。我不太想把这个问题搞复杂，所以就没有展开来讲。其实，谈到认知，国外已经有了很多研究，涉及哲学、脑科学、认知

① 2021年后才开始火起来的元宇宙，其实就是虚拟化的重要现实案例，当时并没有出现。本书“谈谈军事元宇宙”一章，弥补了这个遗憾。

心理学、信息科学、社会科学等很多方面。有的观点本来就有很大的争议，并不适合在这里讨论。即使像有学员提到，古人所说："风动？幡动？心动！"，即世界是感知的结果，还是感知的前提？我估计也会有相当多的人不能理解，甚至会说这是唯心主义。所以，我们不讨论这些哲学问题，先知道物理空间、赛博空间和认知空间的存在，以及三者的关系就可以了。对这一点，还是那位学员，他总结的就很好：物理空间为客观世界，认知空间是主观世界，赛博空间是联系两者的映射通道；通道是可以被生成并改变的，也就是我们目前电子战、网络战、舆论战的主要场所之所在，但最终影响和落实下来的还是我们的认知，也就是对战场的看法。有什么样的战场看法，就会有什么样的作战行动，这就是我们讨论虚拟化思维的战争意义。

有学员问，目前训练仿真模拟技术，尤其是与认知有关的技术发展到什么程度了？简单的回答就是，随着人工智能、虚拟现实和模拟仿真，包括 5G 通信等技术的发展，训练模拟器、模拟系统、模拟环境等都开始进入新的一代。大家如果有机会参观一下各种展览会，看到的就与过去有了很大的不同。看看小孩玩的各种游戏，包括大型游戏设施，就可以知道现在训练模拟可以达到什么程度。游戏往往是先于军事模拟出现的，当然它没有那么专业。关于认知有关的模拟，过去主要用于制造假目标，现在也有了很多新东西，如模拟假新闻，就已经难辨真假。美国就有人将特朗普的头像毫无痕迹地加到另外视频中的人身上，按特朗普的声音让他张嘴说了一段他根本不可能说的话，真的就造出了"假新闻"。以后谁还敢说"眼见为实"呢？所以，美国国防部高级研究计划局，又开始招标研究如何识别假新闻了。他们认为这是未来战争中不可避免的事情。

为什么说理解认知空间对理解战争很重要呢？大家可以想象一下，如果一个国家或地区各种逼真的假新闻满天飞，老百姓真假难辨，这个国家还有什么意志进行战争呢？所谓"不战而屈人之兵"就是在控制战争意志上取得胜利。所以说，认知空间才是战争的终极空间，在其他空间进行的所有战争结果，最终也会映射落实到认知空间。只有了解这一点，我们才有可能知道未来战争会走向哪一点。

还有学员问，大脑记忆和身体记忆有什么区别？所谓“身体记忆”只是一个通俗的说法，它也是大脑记忆的一种。这种记忆反映的是通过我们身体体验到的感觉，并不能被我们自己的意识主动控制，例如骑自行车时控制平衡就是如此。那些只可意会不可言传的经验，也属于这一类。那些可以被我们意识控制的信息，例如记住某个人名、数字、事件、知识等，则属于另外的类型。

问题就回答到这里。最后说一句，我在课程中举了几个兰德公司研究报告的例子，为的是说明体系评估的方法，便于大家理解，并不代表我同意他们的观点或结论。大家还要注意，这些报告的发表时间大多数都是2015年以前的，现在的世界，包括我们自己、我们的军队，已经发生了很大的变化。所以，千万不要以为这些报告的结论永远有效，更不能将其推及今天。另外，还要说明，之所以介绍美军的例子，并不是因为我迷信美军，“言必称美军”，而是因为，一是只有这些报告是公开的且有参考价值的，而且在《参考消息》这样的报纸上也经常可以看到，有利于我们把眼光放到全球来看问题；二是我们自己的例子，由于“你懂的”原因，也不适合在这个场合讲。后面我们还会看到一些这样的例子，大家要注意正确理解。

今天讲的时间有点长，由于时间有限，只能讨论到这里。对这些问题的回答只是我的个人得看法，并不代表一定正确，只是期望能够引起大家进一步的深入思考和讨论。从课程留言来看，学员的思维越来越活跃，提出的问题也越来越有深度，很多问题学员在讨论中就已经替我回答了。还有学员对每一课都进行了要点归纳，并谈了自己的理解，而且总结的非常到位和准确，有人说的比我都好。我发现，课程过半后，有很多学员的思维已经开始发生转变，开始用复杂性科学的思维模式思考了，这正是我想看到的。其实，这门课程的目的不是几个所谓应该知道的知识点，而是启发大家的思维，看来这个目的已经达到了。互动，本身就是学习的重要途径。我觉得，将来如果评优秀学员的话，互动多的学员中应该会产生很多。同时，我觉得也应该鼓励那些由于某种原因打卡失败但仍然坚持学习的同志。这也可以看作对课程学习的一种引导吧！

3.5 复杂性科学思想与战争研究

大家好！我是胡晓峰。今天继续给大家讲《战争科学论——认识和理解战争的科学基础与思维方法》课程，给你一个不一样的战争科学思维。今天是第 5 单元“复杂性科学思想与战争研究”的答疑和讨论，我用有限的十几分钟时间，挑几个有代表性的问题谈谈我的看法，供大家参考。

这一单元主要讲的是怎样使用复杂性科学思想进行战争研究。从半个世纪前美国人进行的科学管理转型，“蓝血十杰”的登场谢幕，博伊德的战争理论探索，到近一二十年美军利用复杂性科学方法进行的指挥控制研究，从战斗力、领导力的炼成，到去中心化作战、颠覆性创新，还展望了智能化战争带来的影响。所有的这一切都是想要说明，没有正确的科学思维指导，很多问题可能就难以取得预想的成果，就会在战场上被教训。这既需要时代变革的牵引，也需要战争研究者在科学思维上的推动，但这并不是一件容易的事情。中国军队也不例外，需要我们共同努力。

有学员问，美军从麦克纳马拉时代起，到海湾战争、伊拉克战争，战争理论也在不断改变，这是不是在“试错”？我觉得当然算是，但也不尽然，因为只要是与认知有关的理论，就不会永远“长生不老”，总有寿终正寝的那一天。尽管每一个理论的提出者，在开始时一定是信心满满，认定自己的理论是绝对正确的。麦克纳马拉觉得“搞量化，用数学”没有什么不好啊，在企业不是很成功吗？拉姆斯菲尔德也认为，基于效果作战在逻辑上也说得通啊，为什么马蒂斯[①]就认为不行呢？一定都是这样想的。其实，对自己理论的自信也很重要，自己的理论连自己都不相信，那不是自欺欺人吗！但科学的态度是，一旦发现自己的理论有缺陷或者错了，愿意去修正，去调整，才是正确的观

① 詹姆斯·马蒂斯，1950 年生，美国海军陆战队四星上将，2008 年担任联合部队司令部司令，2010 年出任中央司令部司令，2013 年退役。2016 年，马蒂斯被特朗普提名为国防部长，2019 年元旦离职。

点。何况，认知还在不断地改变。所以，愿意承认错误更重要。

有学员提了一个很有意思的问题。他说，你引用的科学理论基础都是解释现代战争理论的，对古代的中国或西方的战争理论能用科学理论来解释吗？科学理论推动战争理论发展，就一定是最好的方法吗？回答这个问题可能需要说两层意思：一是在古代肯定没有科学，科学概念的产生也只有两三百年的历史，所以当时肯定也不会拿科学理论去解释战争；二是现在可不可以用科学理论来解释古代战争呢，我的答案是，当然可以。已经有很多战争理论家用数学、数据或模拟仿真等方法研究并再现了古代战争。至于采用科学理论方法研究解释战争是不是最好的方法，恐怕不能这样说，但肯定是目前最好的方法之一。研究战争还有很多方法，哲学的、经济学的、社会学的，以及政治学的等各有千秋，但也是各有所限，科学的方法也不例外。

有学员问，是不是伊拉克战争中关于后勤物资运输的问题，导致马蒂斯否定了基于效果作战理论呢？据我了解的情况，美国陆军包括海军陆战队，一直对基于效果作战（effects based operations，EBO）不感冒，这里既有美军军种之间竞争的因素，也有空军和陆军的作战行动具有不同特点的原因。空军一直对精确计划看得很重，因为飞机在天上不能停下来，所以这种建立在效果分析、逐步回溯，再来制定精确计划的方法，很显然是比较容易被空军接受的。陆军不是这样，部队在地面上随时可以停止和转向，反倒是发生各种意外的可能性大增，所以那种强调事先计划的理论，当然不受欢迎。自然，争论也是难免的，作为海军陆战队出身的联合部队司令，马蒂斯的反对也是可以理解的。

那是不是后勤问题导致的呢？后勤计划确实是美军在海湾战争，包括伊拉克战争中遇到的难题。例如，海湾战争运送了大量油料，生怕不够用，结果兰德公司有个研究员利用军事运筹方法分析发现，美军之所以耗费了大量油料，其实是因为多运了大量没有用得上的油料，有点讽刺意味。在伊拉克战争期间就实行所谓的“精确保障”，结果不确定性又导致油料不够用了，陆军当然恼火。所以，对于充满了不确定性的战场，任何精确计划其实都是一厢情愿，需要的应该是快速应变。那事先要不要精确计划？当然要，但这只能看成“快变”的基础，就像高德地图导航一样，事先有规划，但在过程中可以根据情况快速改变。这是不是马蒂斯反对 EBO 的理由，我没有看到直接的证据，估计是一个原因。关于 EBO 的争论，大家如有兴趣的话，可以参看前几年有关外军研究的期刊。资料还是比较多的，很容易找到。

有学员对“放权周边”做了很多评论，认为放权周边不是目的，而是提高作战指挥效率的手段，适应网络化时代变革的结果。说得很好。有人问，既然很好，过去怎么不提这个呢？我想，这是因为过去缺乏信息共享的手段，所有的信息都必须首先集中，由上级决策并逐级下发，所以集中是必然的。现在信息共享变得十分简单，为什么还要让信息去跑冤枉路呢？例如，大家用的微信，信息可以在瞬间就共享到地球的各个角落，无论你身在何处，这就给我们提供了许多好处，如信息交流、视频会议、导航定位、网络支付等，这些在过去都是不可想象的。新技术可以给我们提供新的生活方式，为什么就不可以给我们带来新的作战方式呢。有人说，作战信息需要保密，所以共享很困难。其实，这根本不是理由，而是思维没有转变到新的时代，还在用传统思维思考现代作战问题。

有学员推荐了《赋能》一书，我在书中也提到。不过我看的比较早，所以用的还是英文原作的书名《团队的团队：复杂世界的交战新规则》，大家有兴趣的话可以读一下。其实我更喜欢这个英文的书名，它的本意是“应对新的时代，作战规则需要重写”，可能可以更准确地反映复杂性科学思想这个主题。传统思维总是让我们产生“还原论错觉”。例如，以为什么都是可分解还原的，作战任务各部分都是顺序执行的，相互不影响的，但实际上它们是纠缠在一起的，不可能分开；如果出现协调问题，以为再增加一个层次就可以解决，所以各种名目的“领导小组”众多，但是殊不知多一个层次反而会使信息传播得更慢，这在信息化战争中可是大忌；以为作战中一切皆可预测，一切皆可控制，所以总想着如何最优、如何按部就班，实际上这也是不可能的。“炮声一响，计划作废”，打起仗来，哪能什么都那么确定呢？这个时候，每一个指挥员都在等着上级告诉我怎么打仗？出了一点变化都不敢行动，那还能应对复杂战场去打胜仗吗？所以说，作战规则需要重写。

有学员问，古代就有“将在外，君命有所不受”的例子，也强调一线指挥员的作用。若有经验的上级能对下级进行指导，也应该是很有好处的。这点说的虽然有一定道理，但却和“放权周边”不是一回事情。实际上，在古代，很多情况下“君命”到达不了“将军”那里，不是不想，而是通信不畅的无奈结果。这与“放权周边”恰恰相反，现在是网络极为发达，上下级联系极为紧密，“君命”随时可达，而且容易过于集中，我们反而更需要避免技术进步带来的上级干预的冲动，从而忽视一线指挥员的主观能动性，把他们培养成“妈宝”式的指挥员，不敢决策、不敢创新。上级可不可以越级指挥呢？当然可以，但却不是替代他指挥，这在责任上必须区分得很清楚。至于“对下级的指导”，在我看来，打仗不是训练，如果上了战场还要上“辅导课”，无论是一线指挥员，还是上级指挥员，在战争准备上可以说都是不合格的。

有学员问，我们既不希望上级随意插手，但又希望在需要时上级能够出面协调，如何处理好这个关系呢？简单地说，这要通过调整作战体系结构关系来完成。放权周边就是要求各级协同能在本级通过作战编组就自主完成，特殊情况下才会交由上级去协调，这就是所谓的“战场自同步”。这就像篮球比赛，一般情况下，场上队员自己就知道该如何去打，但某些关键时刻则需要教练来决定。要做到这一点，作战及指挥体系的设计就很重要，现在各国军队在体制编制上的调整试验，都在朝这个方向努力，就是要将更多的权力下放给一线指挥员，目的就是适应战场瞬息万变的不确定性。当然，真正要做到战场自同步，还需要经过艰苦的努力。

所以，放权周边不是要取代上级指挥，而是要各级负起该负的责任，发挥出各级该有的创造性。当然，这对各级指挥员的素质要求会更高。所以，任务式指挥也好，委托式指挥也罢，都是为了指挥员能更好地适应未来战场的不确定性，最大限度地利用网络化带来的创造性。顺便回答一下有学员提出的任务式指挥与委托式指挥两者是否一样的问题，本质上两者还是有些差别的。简单地说，委托式指挥更强调被委托者的全责，任务式指挥则更强调各负其责。

有很多学员讨论了关于“去中心化”作战问题。需要注意的是，我在课程中讲这个问题，并不是说未来都是去中心化作战了，而是想说我们必须关注网络化时代带来的变革，学会用动态的思维去思考问题。“去中心化”也好，“无领导组织”也好，都是如此，不能老是以为战争形态是一成不变的。最近在世界各地连续发生的各种骚乱，基本上都是依赖网络传播动员，存在有组织无领导等现象，其实都印证了现在网络化社会中存在的“去中心化”发展趋势和“无领导组织”成事不足、败事有余的特点，也印证了我在前面课程中讲到的“模仿效应”“反身影响”等现象。如何解决这些问题，非常值得我们深入思考。这种情况在未来战争或社会中将变得十分普遍，管理决策者必须知道如何应对。解决复杂问题时，太过深思熟虑未必管用。“让子弹飞一会儿”也许是目前最好的处置方式，太着急的“头痛医头，脚痛医脚”可能并不太合适。但是，未来终归会演化到系统应该有的常态，但会是什么，引导就很关键。我们不妨拭目以待。

很多学员结合科学思维方法的学习谈了对军改的理解，我觉得说得都很好。例如，有学员说：“任何复杂体系的形成，都需要经过一定时间的演化，才能真正实现体系的功能和目标，没有哪个体系是一夜形成的。军事变革也是如此。军队变革之难，难在冲破传统思维的禁锢，难在突破既得利益者的羁绊。有些痛必须忍，有些关必须闯”。还有学员说：“军队改革，是我们未来立于不败之地的基础，也是转型的必然选择。我们既是改革的亲历者，也是改革的见证者，干好本职工作，就是为改革助力”。说得多好啊！之所以将“军改”作为复杂体系演化的例子，就是希望我们能从科学思维的角度去理解这个对我军来说极为重要，并且是大家亲身参与的改革举措的做法和意义。学员的这些话，让我觉得我的辛苦没有白费。

关于创新，有学员问，信息化是对机械化的颠覆性创新吗？如何看待我们还没有完成机械化呢？这是一个好问题，也是一个不太好简单回答的问题。颠覆性创新意味着对传统的“破坏”，最大的颠覆是对时代的颠覆，所以从这个角度来说，信息化战争可以说就是对机械化战争时代的颠覆，因为信息化就是一个新的时代。但这绝不是说，在某一天突然发生了时代的转换，“改朝换代”了，而是有一个很长的演化过程。在这个过程中，两者不但并存，而且信息化还会促进机械化的升级，甚至可以认为信息化就是机械化的高级阶段。也就是说，信息化并没有排斥机械化，而是将其纳入自己的创新体系之中。从这个角度说，它又是渐进持续的创新，是一种从量变到质变的颠覆。这不同于某些绝对的颠覆，例如原子弹的出现，颠覆到只能靠恐怖平衡来避免使用它。现在，我们面临的实际上是“三重”转型，机械化、信息化、智能化的同时转型，所以难度更大、更复杂，但是或许也可以避免一些难以解决的类似“马粪”那样的问题。在我看来，智能化的颠覆性可能要远远超过信息化，效果有点接近核武器，所以切不可麻痹大意，后果我们可能真的不能承受。

很多学员对智能化战争很感兴趣，也发表了不少很好的看法。智能化战争并不是课程关注的重心，但我之所以在这里讨论，是因为智能化武器装备的出现，很可能颠覆很多传统的看法和想象，也可能导致新作战思维的出现。例如，一些高智能平台可能不再以简单工具的形式出现，而是以作战伙伴的形式出现。飞行员身边的“忠诚僚机”，特战队员身边的“无人护卫”，这都已经不是幻想。但是，这并不是说机器就有了“自我意识”，它们仍然属于高级工具的范畴，而且可能永远也不会像科幻电影描绘的那样产生意识。它们的智能可能已经接近，甚至超过了我们，我们对待它们不能还像简单机器那样，必须思考如何与它们合作或对抗，如何了解它们的“想法”，如何让它们听从指挥并控制它们的行动，如何对它们进行训练等。这些都将是我们要面临的新课题。可以想象一下，当你第一次面对这样一群具有“想法”的机器人的时候，无论它们是伙伴还是对手，难道不会感到很颠覆吗？当然，它们要能够真正参与实际作战，我估计怎么也还要一二十年的时间，但是我们现在就必须开始准备。说到这儿，有学员说感到本领恐慌了，问现在该怎么办？我觉得当然是从了解 AI 的基础知识开始，现在有的地方连小学都开设 AI 课程了，也许智能时代真的要到来了。

还有学员对“坚信大趋势”与“真理往往在少数人手里”两种说法感到矛盾不解，说过去普朗克不就是在别人不理解时的坚持，才创造了量子力学吗？问题很好。这两种说法听上去似乎是有点矛盾，但要注意语境，“坚信大趋势”指的是基于认知的趋势判断，也就是对事物发展规律的把握，是感性的，而不是对真理的探求，那是理性的。未来已经很明显要进入汽车时代了，这是对规律的认知，但你非要在马车时代坚持，当然也可能发明出更好的马车，也可能是创新，但价值已经不大了。科学原理的发现并无趋势一说，别人坚信经典物理学不可动摇，但这并不是趋势，而是信念。普朗克发现了量子力学，也不是反对趋势，而是改变了经典物理学不可改变的信念。所以，“坚信大趋势”只是感性的判断，不在人多人少，也不一定就对。大家都不是傻子，都看到的趋势你非要坚持不信，出错的概率就可能比较高。这和基于理性的坚持真理，讨论的其实并不是一回事情。

我下面花点时间回答一位基层士兵学员的提问。他问，未来信息化战争对指挥员的思维和能力要求很高，但对士兵来说该怎么办呢？我们学习科学思维有什么用吗？首先，我很赞赏这位士兵学员的学习精神，跟课能跟到现在就已经很不简单了，说明学习积极性非常之高。愿意读书学习，这是未来能够不断保持进步的基本条件，不管你是一名将军，还是一名普通士兵。我也是知青也就是农民出身，然后当工人、上大学，最后参军在部队一步一步成长起来的，能够不断进步，我觉得愿意读书学习可能是最基本的一个原因。我前面说过，未来人才最重要的素质其实是潜力，潜力要靠学习来积累和培养。一个人必定在其思维空间中成长，“心有多大，舞台就有多大”，说的也是这个意思。所以，就思维方法学习而言，指挥员也好，战士也好，其实并没有什么本质的区别，能够区别的只是各自岗位的不同。同样是坚持，同样是努力，明白了科学道理就像睁开了眼睛，总比闭着眼睛误打误撞要好。例如，理解了为什么要进行极限训练，其实就是为了“反脆弱”，“打不死我的使我更坚强”，就是为了让我成长。部队就是一所大学校、一个大熔炉，使我们百炼成钢。这也是为什么很多人即使离开部队后，仍十分怀念从军生涯的原因。所以，我十分看好这些愿意学习、愿意进步的战士，我相信他们一定会有更美好的未来，无论在部队，还是在地方。

另外，还有学员想了解海豹突击队、红旗军演和 AAR 等具体情况，这些可以上网搜一下。时间有限，我就不说了。这些方面的书已经出版了不少，也有翻译的中文版，就是不知道有没有你想了解的内容。

由于时间有限，今天只能讨论到这里了。对这些问题的回答只是我的个人看法，并不代表一定正确，只是期望能够引起大家进一步的思考和讨论。为了大家都能顺利结束课程，从下一单元起，课程将采用按单元提前解锁方式，课程的第 6 单元答疑，也就是最后一次答疑，将会提前，第 7 单元也将提前解锁。所以，大家有什么问题希望请尽早提出，以免错过。

3.6　从科学思维到科学方法

大家好！我是胡晓峰。今天继续给大家讲《战争科学论——认识和理解战争的科学基础与思维方法》课程，给你一个不一样的战争科学思维。今天是第 6 单元“从科学思维到科学方法”的答疑和讨论，我用有限的十几分钟时间，挑几个有代表性的问题谈谈我的看法，供大家参考。为方便大家赶上学习进度，这一单元采用提前开放所有资源的方式，因此答疑和讨论的时间就提前了。这样也带来一些副作用，有些学员可能还没有听完课程，答疑和讨论就结束了。一个弥补的办法是，我还会继续关注大家的留言，尽可能地在留言中再回答部分问题。

这一单元讨论了“什么是科学”“战争是科学吗”“战争研究如何才能科学”等问题。这些都是一些基础性的问题，相信大家已经有了自己的看法和理解。对于这些问题，过去很多人是有模糊认识的，要么把自然科学与其他科学等同起来，以为自然科学就是所有学科的科学，自然科学的研究方法就是其他所有学科的研究方法；要么把战争科学等一类社会科学与自然科学对立起来，完全失去了科学所应该具有的特点和原则，使科学概念被滥用、泛用或者误用。这些都是不合适的。我们需要正确地理解科学概念、科学目的、科学精神和科学方法，才能真正地理解科学，包括理解战争科学。下面我简要回答一下学员提出的问题。

有学员问，我听课程到今天，还是没有弄清楚“战争科学”到底是什么？到底是“战争的科学”呢，还是“科学的战争”？这说起来有点惭愧，看来我还是没有讲得足够清楚。这里我再补充几句。“战争科学”，简单点说，就是研究战争的科学。但是，它的范畴太大了，包罗万象，纵横古今，要讲清楚实属不易，同时也不是我们这门课程的任务。战争科学论讲的其实不是战争科学，而是“认识和理解战争的科学基础与思维方法”，也就是我们该如何用科学的方法去思考和研究战争，特别是信息化战争。过去很多人都认为，有关战争的所有学术研究都是科学研究，但在研究时又强调其艺术性的特点，不遵从严格的科学规范，这其实都是不对的。战争既有其艺术性的一面，也有科学性的一面，由此如果要将其作为“战争科学”来研究，就必须知道，哪些是它的科学基础，应该遵从哪些科学规范，应该采用什么样的科学方法。但是，“战争科学”中的“科学”，指的并不是自然科学。它研究的对象是人和社会，而不是大自然。所以，从基本原理到科学方法就与传统的自然科学有所不同。它的理论基础应该是复杂性科学思想，并采用与之相适应的思维方法、科学工具、技术手段。这样才能使战争研究真正走上正确的科学发展道路。我想，这就是我们这门课程关于“战争科学”想要表达的核心思想和内容。

有学员问，我在课程开始时说过，被一些人指责为“不科学”的经验理论，例如《孙子兵法》，为何还能千百年盛行不衰，是不是这中间蕴含着我们现在的科学尚不能解释，或者是还没有去解释的内在机理呢？谢谢你还能一直在思考这个问题。首先需要说明，这里的“不能解释或还没有解释”，我指的是战争的内在机理，不是《孙子兵法》。其实，这个答案在前面的课程中已经给出来了，这就是我们不能简单地用自然科学的方法去看待战争，也包括古代的战争。战争的运行机理具有复杂性，即使经验理论也蕴含着科学道理，并不能简单地斥之为“不科学”，很多也都可以找到科学理论基础，如自相似理论、混沌理论，以及认知科学等。《孙子兵法》中蕴藏了那么多战争智慧，虽然大多数源于古人的经验，即使在现代也很有参考价值，但是对于战争研究而言，很多机理我们尚没有认识。我们不能总是停留在《孙子兵法》阶段，如果我们能够学会使用现代科学工具，就能更多地发现并解释战争，尤其是现代战争的运行机理，从而将其真正地发扬光大。

还有学员问，都说“科学技术是第一生产力”，这里面“科学”和“技术”哪个更重要呢？我们是不是该强调“科学”的作用呢？我觉得，就对生产力的贡献而言，没有必要非要将“科学”与“技术”排个序，分个高低什么的。虽然我们说，科学与技术是两个不同的概念，但也要注意技术是科学在各种任务上的应用，两者又是紧密地联系在一起的。科学发现的自然规律，又以技术的方式被应用到改进生产力的过程中。还需要说明的是，科学与技术的区分并不是绝对的，有时候是很难区分开的。特别是在技术发展的早期，往往需要科学理论的突破，而很多的科学发现，又依赖技术的支持才能做到。例如，获得诺贝尔奖的很多项目就很难说清楚它究竟是科学还是技术。所以，科学技术在这里往往不再强调它们的不同，而应该强调的是它们对生产力贡献的共性结果。这个学员还问了个很有意思的问题，“难道技术还有不科学的吗？”我的回答是，当然有，可能还不少，说个极端点的，例如看风水、跳大神的“技术”，大概就不能算是科学的吧。

还有学员问如何提高基层指挥员科技素养的问题，尤其是对非理工科出身的基层指挥员来说，有没有什么可操作性的建议。首先，我想说的是，大家这种想提高科技素养的愿望是很好的，因为科技素养的高低确实是现代军人的重要标志之一。但是，我觉得，科技素养高低并不是按照是否读过理工科大学来区分的，而是由你个人对科技的关注、理解和热爱决定的，是慢慢养成的。其中“好奇心”非常关键。如果你对科学技术总是很好奇，什么都想知道其缘由，自然就会关注科技的发展，有愿意去学习和理解的动力，慢慢也就提高了自己的科技素养。我曾经讲过，未来对军人最重要的是“技术理解力”和“战术想象力”，其实就是在说科学素养对未来军人的重要性，而且越来越重要。即使是理工科学生，如果缺乏好奇心，仅凭着上学时读过的几本书，也就不一定有很高的科技素养，即使有也会慢慢退化。例如，我最近面试过一个著名大学的理工科研究生考生，他说他最近刚去部队实习了很长时间，而且对军事技术非常热爱等。我问他能不能说说在部队见到的装备型号或应用特点时，他却一句也说不上来。可见他其实对军事装备及技术并不好奇，你能说他有很高的科学素养吗？所以，对提高科学素养来说，系统地学习科技知识是一方面，增强自己对科技的好奇心，并能结合部队的实际，多问自己几个为什么，并力争找出答案恐怕更加重要。我觉得，培养自己的科学好奇心，可能就是提高科技素养最好的钥匙。

有学员问，在军队这样高度集中统一的组织里，如何才能保持创造性思维和批判性思维呢？我理解他想说的意思，军队上下级区分这么明显，我怎么敢给领导提不同的意见呢？不错，军队中等级分明，下级服从上级，令行禁止，不能各行其是。但这与是否应该具有创造性思维和批判性思维并不矛盾。这是思维方法问题，也是我们每个人看待一个事物的态度。敢于质疑，才有可能发现问题；敢于创造，才有可能柳暗花明。敢不敢想，是思维方法的问题；能不能做，那才是决策行动的事情。从红军时期起，我们就提倡军事民主，即使在今天，所有的决策也必须贯彻民主集中制这个原则。只会唯唯诺诺，人云亦云，对我们的事业并没有什么好处。所以，并不存在军队这种强等级结构的组织就不需要创造性思维和批判性思维的问题。恰恰相反，在作战中这些思维可能更为重要。学会创造性思维和批判性思维，是提高我们战争研究科学性最重要的方法之一。

当然，在某些单位也确实存在着个别“一言堂”的领导，一些人明哲保身不愿发表自己的意见，或者是一些人不愿动脑筋而没有自己的意见等现象。这对我们的事业，包括对我们个人都没有什么好处。事实上，对于一名领导来说，在做一件事的时候，学会给下级创造质疑的机会，可能给工作带来更大的成功；对于下级来说，学会从领导的角度考虑问题，在得到机会时能够并且敢于发表不同的见解，反而更能得到有水平领导的赏识。当然，一旦上级决心已下，就应该坚决执行、不打折扣，这是行动问题，而不是思维的问题。需要注意的是，上级更希望听到的不是否定式的抱怨，而是建设性的意见。

有学员问，你说大自然千百年的演化都是有一定道理的，但有的人在推销保健品的时候强调自然原生态，你又说它们是伪科学的，怎么理解这里面的矛盾呢？回答这个问题其实很简单,保健品是人吃的，但大自然千百年来演化出来的东西并不都是给人吃的，也有很多毒草或毒物。自然原生态并不能保证对人都是合适的，所以上面的说法并没有矛盾。关于所谓“原生态”还真的需要注意，即使常年习惯的东西，说不准也有问题。有一样东西很多人可能都吃过，就是鱼腥草，四川人叫它折耳根，2017 年 10 月美国的《科学》子刊就刊登过研究论文，依据大量数据，证明其具有很强的致癌性，这就是一个很好的例子。“我们四川人都吃了这么久了，不是也没事吗？”但科学的证据已经证明了这一点，你还真不能拿“原生态”作为证据，即使很多人因此得了癌症，可能还以为是别的什么原因造成的呢。

有学员问，关于城市兵和农村兵哪个更能适应军队生活的问题，似乎与自己感觉到的情况不同，这应该如何理解呢？我讲这个例子，是想说，得出结论需要有充分的证据。例如，拉扎费德教授的研究数据证据比较充分，就可以被认为是比较科学的结论，但若只是拿自己周边的某个案例就得出结论，就不能认为是科学的结论。但是，拉扎费德教授研究的是美国军队的情况，也许并不符合中国的实际。要得出在中国到底是城市兵还是农村兵，谁更适合军队的生活，就需要拿出更全面的过硬数据才行，光靠感觉是不靠谱的。

为什么说感觉不靠谱呢？我再举个例子，大家猜一猜哪些国家癌症发病率世界排名在前列呢？凭感觉一定是那些落后的发展中国家吧？环境污染、食品影响等，可能都是理由。但是我告诉大家，实际上是那些发达国家排在前列，丹麦排在第一，法国第二，澳大利亚第三。为什么呢？很简单，就是因为这些国家的人口平均寿命比较长，而导致癌症患病的第一大因素就是年龄，也就是年龄大了才容易得癌症，当然癌症发病率就高。那些落后的发展中国家的人，可能还没等到患癌症的年龄，就已经去世了。例如，中国古代皇帝也不患癌症，这不是御医水平高，而是因为皇帝寿命短，平均只有 39 岁多一点。这就是感觉不靠谱的原因。所以，得出任何科学的结论都必须靠科学的方法和充分的证据，结果才能被科学界承认。现在我们不少战争理论研究课题就经常犯这一类错误，凭感觉或常识就可以提出所谓的概念和论点，从来不去寻找证据来证明。这种问题在社会科学包括军事学研究生中间表现的比较突出。他们的这些论点，充其量只能称为"假说"，是很难被科学界承认的。

还有学员问，既然战场上充满了不确定性，环境、对手、战术等又总是在变，是不是即使知道了对抗机理和装备性能，也不能预测胜败呢？对于装备试验来说，如何把握装备过不过关呢？这个问题其实属于前面课程的内容。既然问了，这里我再简单回答一下。如果说预测胜负，我的答案是，本质上我们无法预测复杂系统的未来，包括一场战争。对于结果的预测，有时候很容易，有时候很困难，这取决于不确定性的程度。例如，我们很容易就可以预测，伊拉克打不过美国，因为两者实力差距实在太大了，但是很难预测"两伊战争"的结果，因为这两者当时的实力相差不多。即便如此，预测也不是预报，也有出现被颠覆的可能。我更想说的是，我们研究战争机理，并不是为了预测胜负，因为这种预测没有太大的价值，而是为了更好地把控战争进程，尤其是把控其中的不确定性。

至于装备试验，虽然也存在不确定性，但总的来说这种不确定性绝大多数都在技术层面，装备过不过关，是很容易通过技术手段，包括作战试验判定的。但是，越往实际作战运用层面走，涉及的因素就越多，判定就越困难。例如，这个装备对作战体系的贡献率是正是负，贡献有多大，得到结果就很不容易。是不是能对装备有个能力底数呢，我觉得是可以有的，更准确地说不是对装备，而是对拥有这种装备的部队。通过对装备能力、部队能力，包括训练和保障水平，以及体系支援能力等方面的综合评估和试验，是可以得到结果的。这就是指挥员在战前必须要知道的部队作战能力底数。说到底，最终还是要靠战场来检验的，任何预测、试验、研究都是在努力降低战场上出错和失败的概率，增大取胜的机会。

还有学员问，为什么说马斯克的反直觉思维模式与那些依靠直觉的思维，具有“原始创新与边际创新之间的差别，也就是颠覆创新与增量创新之间的差别”呢？回答这个问题，其实就是区分几个概念：原始创新，也就是前所未有的科学发现、技术发明，这是最根本的创新。很多重大发现颠覆了传统观念，所以这些重大创新又可以叫颠覆性创新。那些在原有科学理论基础上的创新，属于增量创新。因为它不断扩展了科学发现的疆界，所以又叫边际创新。有人很形象地形容前者是“从 0 到 1”，而后者是“从 1 到 N”。马斯克认为，人的大多数思维都是凭直觉，以增量的方式思考问题的，例如对汽车、火箭的不断改善。但若从“第一性原理”来看，汽车为什么非得是用油的呢,用电可不可以？火箭发射后为什么非得扔掉,就不能回收吗？这些思维经常都是反直觉的，也是颠覆性的。这就是不同思维方法之间的差别。

还有学员对课程中提到的“中国古代没有科学”的说法不能理解。关于这个论断，有兴趣的学员可以读一下吴国盛、江晓原等教授的书，也可以在网上搜一下他们的文章看看。这里我简单地说一下我的看法，这确实是现在学术界比较认可的一个结论。不过，我觉得这个结论有点太极端了，采用的很显然是狭义的科学概念，若采用广义的科学概念，就不能这么说了。关于这一论断虽然有很多争论，但大家都承认中国古代科学思想是非常薄弱的，即使我们大家熟悉的四大发明，其实也都属于技术的范畴。科学比较强调寻根问底，比较强调逻辑的正确运用，但这方面恰恰是我们比较薄弱的。虽然也有一些科学成就，也出现了一些伟大科学家，但总的来说和中国古代的国力不太相称。为什么会是这样呢？我猜想，也不一定对，这可能和中国的文化传统有关。中国人其实并不笨，你看那些诗词歌赋，不仅意味深长，情感动人，就是里面的平仄韵律，都如此之复杂，绝不亚于任何物理学公式，我到现在都搞不清楚。但是，古人玩得纯熟，取得了很高的艺术成就，受到国人的全面推崇。可能也就是这个原因，中国古人感性思维的高度发达，反而制约了那些纯理性科学思维的发展，导致古代科学思想的薄弱。不过，这纯属我的个人猜想，仅供参考。

由于时间有限，今天只能讨论到这里了。对这些问题的回答只是我的个人看法，并不代表一定正确，只是期望能够引起大家进一步的深入思考和讨论。

3.7 课程结束时说的几句话

到今天，我们的课程就全部讲完了。加上答疑和讨论一共 103 讲，也就是足足讲了 103 天。实话实说，我也没有想到会有这么多学员选择这门课程。我原以为能有 1000 多人就很不错了，现在居然到了几十万。原计划只是面向中高级指挥员，但现在却是从将军到士兵，从一线部队、指挥机关到科研机构，从中学文化水平的战士，甚至部队家属，到博士、博士后和专家学者，什么类型的学员都有。我更没有想到的是，这个如此之烧脑、枯燥和理论性很强的课程，在以一种全新的音频课形式出现时，居然会有几十万人选择来听。由此可见，我们解放军和武警部队官兵热爱学习的风气之浓厚，自我提高的热情之高涨。所以，只有拿出更多更好的课程，才能真正满足这么多求知若渴学员的需要。到了我们该说再见的时候了，我还有几句话想说。

第一，感谢大家有足够的耐心听完我的讲座。

出于音频课的特点，虽然每天只有 20 分钟左右，但要坚持下来，并能在 100 多次打卡、测试、考试中通关也是很不容易的。此外，还有部分由于种种原因测试未过仍然坚持听课的学员。你们能够坚持到今天，说明你们就是胜利者，终于在一次长达 100 多天的历练中得到了思维的升华。这并不是因为我讲得有多好，而是因为你们对知识的渴望有多高。这门课程给你们打开了一扇窗，开辟了一块思维碰撞的阵地，让你们能在 100 多天里不断地进行思考、凝练和升华。课程已经结束，但是思考不会停止。我并不期望通过课程教给大家许多新奇的知识。我讲的内容或许还存在一些不足，甚至错误，但若能够活跃大家的思维，激发更多的创造，产生更多的好奇，思考更深刻的问题，我想目的就达到了。这需要耐心，也需要包容。感谢你们的耐心和包容。

也感谢大家给了我很多的启发。面对几十万之众的学员，我相信没有哪个教授有底气说，我能满足每一个人的需求。网络上的留言和讨论，让我们看到了什么是“网上有高人”。所谓“教学相长”，说的就是这个意思。“提问”和“回答”本来是一对矛盾，但在这里却有了精彩的讨论和知识的碰撞，有的甚至非常专业。这些提问和会话给了我很多意想不到的启发，而这些启发是以前根本想不到的。所以，我要说，谢谢你们！

第二，我想感谢“军职在线”这个军事职业教育平台。

完成这个讲座，并不是一开始就计划好了的，但是却满足了我多年前最初的一个心愿。在导言中我说过，我对战争科学的认识是走了弯路的，以为只要照搬自然科学的方法就可以了，但是结果却让我碰的“头破血流”，从此开始了对复杂系统的研究。随着研究的深入，我就想，我吃过的思维方法错误的大亏，是不是其他同志也会遇到呢？为了其他同志不重犯我的错误，也为了促进战争思维向现代科学方法转变，我把我的心得体会写成了第一本书，供大家参考。这就是 2011 年出版的《战争工程论——走向信息时代的战争方法学》，没想到挺受欢迎。

随着国防大学教学改革的深入，我在国防大学开了一门战争科学思维的课程，连讲了五年，也受到广泛欢迎，于是就有了 2018 年的第二本书，也是本课程的蓝本，《战争科学论——认识和理解战争的科学基础与思维方法》。前者关注方法论，后者则关注认识论，而且全部采用简单通俗的写作手法，为的就是让大家愿意去读，并且能够读懂。我觉得，与其写一本没有人看的“阳春白雪”的专著，还不如放下身段，写一本通俗易懂的小书，与大家一起讨论，在聊天中学习知识，从故事中得到启迪，从而改变我们传统的思维习惯，使我们的思维方法能向科学化转变。这正是我们急需的。我当时想，如果有一个人愿意花时间去读，我就不白写；有两个人读后说还可以，有点收获，我就“赚了”，能影响一个算一个。这就是我的初心。

尽管两本书都很畅销（虽然卖多少书与我无关），但是能够发挥的影响力却十分有限。军事职业教育在线平台的出现，不但适应了军事人员现代化对现代科学知识的渴求，而且适应了军事职业教育碎片化时间的特点。这门课程一下能够聚集这么多人，是我无法想象的，可想而知科学传播工具在其中发挥了多么巨大的作用。有人说，这么多听众愿意听你讲，你不如去“得到”或“喜马拉雅”。我想说的是，虽然音频课并不是我的本职工作，而且只能用业余时间来做，但我觉得是“军职在线”这个平台满足了我的初心，就是给我的最大报偿。所以，我要谢谢“军职在线”这个平台！当然，我也希望它的功能界面能更好一些，接入速度能更快一些。

第三，我想感谢我们这个教学团队。

除了我是来自国防大学联合作战学院外，其他人都来自国防科技大学军事职业教育技术服务中心。大家看到的是网络昵称，这里我第一次公布他们的名字：肖枫涛副主任、黄教民教授、课程助教吴燕（喵喵或课程助教 M）、潘湘鹏（潘潘）、陈丹萍（苹果酱）、陆海叶、曾赛琦（小梦）等诸位老师，参与早期录音和编辑的张雅迪、邓雨薇，音频编辑团队，以及我不知道姓名的后期参与教学运营的同志。此外，还有清华大学的技术团队。

大家可能已经注意到，这门课程每天都是要播的，也就是说对于团队是没有休息日的，每天都需要不断地进行编辑、检查、上传、播放、答疑和运维等工作。他们需要为每一次课程、每一个单元出测试题和考题，而且还要照顾方方面面不同层次学员的具体情况。可想而知他们付出了多大的努力。所以，在这门课程即将结束之际，我要非常郑重地对他们的辛勤劳动和高质量工作，说一声：“是你们的努力，让这门课程熠熠生辉，谢谢你们！”

第四，我要感谢国防大学和国防科技大学各级领导。

这门课程的创意来自国防科技大学的王副校长。2018 年春节前，他专门赴北京找我商议如何将《战争科学论——认识和理解战争的科学基础和思维方法》一书转为网络音频课，用于军事职业教育的教学。是他的坚持感动了，也说服了我，也就有了我们后来一年多的共同探索、准备和磨合。音频课是我军在职教领域的第一次探索，谁也没有经验，需要不断地探索和试错。军委训管部及其职教局的领导不但支持，而且主动推广。国防大学及其联合作战学院、国防科技大学的各级领导也都大力支持。尤其是，国防科技大学教务处的汪副处长，军事职业教育服务中心领导的奔走、请示、商议和直接指挥，才有了今天这门课程的诞生。我要说："谢谢你们！"

第五，也请大家多多谅解。由于我的水平有限、时间有限，讲课时肯定有很多不足之处和不当之处。除了答疑课程以外，其他所有课程都是 2018 年录制的，很多事情现在已经发生了很大变化。例如，内容举例已经不是处于最新鲜状态，可能也影响了一定的效果。而且，我以前也没有搞过什么音频课，许多事情做完了才知道哪些合适、哪些不合适。面对这么多类型的学员，有些内容我可能就会精简，有些说法可能也会改变。有的音频明显声音沙哑，可能也应该重新录制。有些学员提出的问题，我也没有能够全部回答。这里既有时间有限的因素，也有因为内容、形式或场合不太适合的原因。此外，还有我老眼昏花，看手机、输文字确实比较困难，因此只能三言两语，"敷衍了事"。所有的这些，都希望得到大家的谅解和包容，这也算是试错过程中必须付出的代价吧！好在这些探索也为后面的职业教育音频课的建设摸索一条路子，相信后面的课程会搞得更加精彩，更受大家的欢迎。

今天，就要跟大家在这个平台上暂时告别了。最近这三个多月，每天早上听课看动态，插空找时间准备答疑和讨论，似乎已经成为我生活工作的一个固定程序。今天就要跟大家告别了，回归我原来的生活工作状态，还真的觉得有点不太习惯。我看有的学员也说，他们每天的学习似乎也成了某种习惯性的"期待"。是的，我们虽然从未真正谋面，只能通过声音和文字神交，但每次"见面"我都期待着科学的精彩，也期待着心灵的相会。你们给我留下的美好回忆，将会在我心中永存。我期望我们能有机会在这虚拟空间里再次相遇，或是在哪一个偶然的场合真正见面，更期望我们的强军梦，在我们的共同努力下，终有一天能够真正实现！

谢谢大家！再见！

第 4 章　认知建模与复杂系统研究[①]

——是理解和管理战争复杂系统的新途径吗

复杂系统建模一直是战争系统研究的核心难题。社会管理、战争决策、经济治理、指挥控制、医疗诊断等复杂系统领域，一直存在着对经验、直觉等认知建模的需求。“阿尔法狗”所采用的人工神经元网络方法，能否为解决这个问题带来曙光，很值得我们认真加以研究和探讨。

4.1　问题的提出

战争复杂系统及其特性

战争系统包括社会系统、经济系统、政治系统、指挥控制系统等，都是与人有关的典型复杂系统。“战争中的迷雾”“战争中的偶然性”“战争结果的不可重复性”“兵无常势，水无常形”等，都是在说系统的复杂性特点。复杂系统在各种信息关系网络的交互作用下，会不断发生演化。因此，要想掌控这些系统就不能回避系统复杂性问题。

战争复杂系统的特性主要表现在以下几个方面。

一是，作战实体的自主性。自主性会导致实体行为的不可预测性。其中，既有单一实体的自主行动，也有多个实体的群体自组织行为。

二是，作战体系的结构适应性。适应性会演化出新性质和功能，从而使作战体系结构也不断发生改变，无论这种改变是主动的，还是被动的。

---

① 根据胡晓峰 2019 年 5 月在第三届中国系统科学大会上做的主题报告整理。陶九阳、郭圣明、贺筱媛等参与了报告的准备，对报告的形成亦有贡献。

三是，作战结果的不确定性。不确定性会导致因果不再对应和唯一，也就不可重复和预测。

这种不确定性经常是偶然性与必然性同时存在，很难区分和处理。概括起来说就是行为自主适应、结构动态可变、因果不确定、结果不重复、非线性涌现。

战争复杂性带来的建模难题

正是因为复杂系统的这些性质，给建模带来了困难。根据相似性原理，传统建模的基本原则是结果可重复，即对实际系统进行建模之后，只要确定相同的输入，就一定会得到相同的输出结果，而且可操控、可测算、可验证，如物理实验、化学实验等。所以，才可以用仿真系统的输出来代表实际系统的输出，这是仿真系统运行的基本原理（图 4.1）。

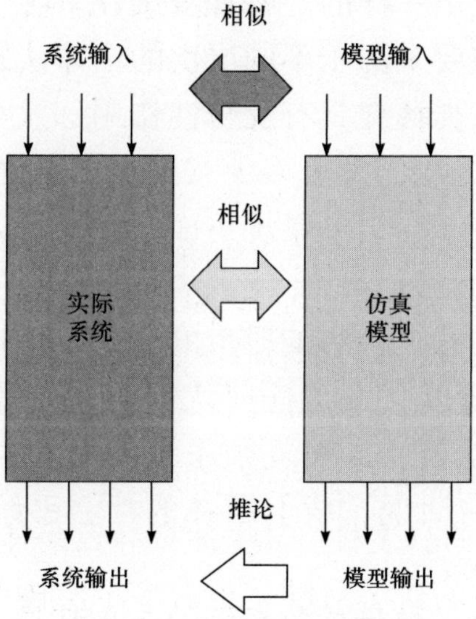

图 4.1　仿真系统运行的基本原理

由于复杂系统的出现，这个前提变得不可能了。因为复杂系统的结构动态可变、结果不重复，而且涌现根本就不可预测，又如何建模呢？例如，对人的决策行为建模，又如何能够保证这个人的认知和原来是一致的呢？原先建模的前提是固定的，现在不固定了，所以复杂系统建模从根子上就出了问题。同样的难题也存在于战争、社会、经济等复杂系统建模中。

传统上，复杂系统是被统一研究的。研究认为，复杂性源于实体间的相互影响和网络纠缠。实际上，不同类型复杂系统的性质是不一样的。根据系统科学家成思危的分类，复杂性可以分为三类：第一类是物理复杂性，研究物理原因引起的复杂性，如混沌系统等；第二类是生物复杂性，研究生命是如何产生的，遗传又是如何发生的等；第三类是社会复杂性，研究社会人群之间交互引起的复杂性，如社会系统、经济系统，也包括我们最关心的战争系统。简洁起见，我们把讨论的重点放在社会复杂性上。

战争复杂性的独特性

社会复杂性与物理复杂性虽然都是复杂性，但至少在现在来看，它们产生的缘由是很不一样的。物理复杂性来源于不同层次的物理运动，而社会复杂性主要来源于不同层次的个体认知和群体认知。

第一，认知对人类社会具有反身性作用。人类认知不会影响自然界的运行规律。例如，我们发表多少意见也不会改变天气系统的运行，因为我们人类认知并不在天气系统里面。但是，人类的认知却可以反过来影响人类社会的运行，即影响人类自身所在的系统，并导致其演化。例如，证监会的意见会影响股市的涨跌，指挥员对态势的认知会影响战局的进展。所以，人类任何认知的改变都会引起所在系统的改变。与我们的直觉相反，对复杂系统的认知，反倒会使复杂系统变得更加复杂。换句话说，我们所在的社会系统实际是由我们的认知塑造的。

第二，社会系统，包括战争系统的未来都是不可预测的。这是因为人类的知识会改变社会，而明天会发现什么知识现在却无法知道，但是我们知道明天发现的知识也会改变世界。所以，也就无法预测明天才会发现的知识，将如何改变人类社会和世界。人类的知识导致社会系统不断改变，从而导致复杂系统的未来不可预测。这就否定了传统机械思维模式下对社会“决定论”的看法。

战争复杂系统的认识之路

这就是有人系统与物理系统最大的不同之处。认知在系统的演化中发挥着关键作用,而传统基于物理学理论的建模很难反映这个特点。我们对“战争复杂系统”的认识之路也反映了思考不断深化的过程。

最开始时,我们认为,应该将战争系统作为一个整体来考虑,系统结构是不变的。随后,我们逐步意识到,战争系统不但是一个整体,而且还应该是一个结构自适应的“活的”复杂系统。到今天,我们才认识到,战争系统更应该是一个结构可以自学习的、具有认知功能的复杂系统。这就是一个从简单系统(机器)到网络化复杂适应系统,再到网络化复杂智能系统的过程。

此外,对复杂系统认识的进步也要求复杂系统建模方法必须进步,如适应性实体模型、网络化结构关系、不确定性的影响、自主的学习方法等。显然,要解决这些问题仅靠传统的建模方法是不可能的。我们以前也专门做过这个主题的研讨,结论就是那些基于相似性原理的建模方法,从根本上就不太适合复杂系统建模。

复杂系统建模的尝试

那么,哪些方法比较适合复杂系统建模呢?这些年,学术界在这方面做过很多尝试,提出一些新的复杂系统建模方法,也取得一些进展。

第一种是大家比较熟悉的多智能体建模。这种建模方法依赖多智能体之间的相互作用。虽然可以反映复杂系统内部要素之间的相互影响,但是目前的“智能体”实际上并不智能,大多数都过于简单,因此反映不了实际情况。同时,建立的系统模型也比较简单,很多都是粗线条的概念性模型。

第二种是复杂网络建模。用复杂网络反映系统的整体性质,是一种比较合适的理论和方法。但是,现在复杂网络的研究与应用大多数都是单向的,也就是对已有的复杂系统数据进行分析来确定它是否属于复杂系统,或者具有什么结构、性质等。简单地说,就是利用复杂网络方法对复杂系统进行实证的多，反过来做实际建模工作的还比较少。

第三种是大数据建模。大数据建模是用数据模型来代替数学模型，利用大数据的相关性回避复杂系统因果性难找的难题。这种方法可以解决许多复杂系统问题，但最大的问题就是用“过去”很难代替“未来”，因为复杂系统的未来根本就是无法预测的。模型都是要有预测功能的，也就是建立能够预测未来的模型。这对大数据来说虽然可以做，但仍比较困难。

第四种是平行系统建模。平行系统方法是解决复杂系统管理的一种非常实用的方法。采用虚、实平行的方式来解决复杂性问题，将人引入模型运行过程中，是一个很好的创新。但是，即使采用这种方法，也需要在“虚”系统中对复杂系统建模，因此上述建模难题也同样存在。

其实，不管哪一种方法都难在同一个地方，就是缺乏对非形式化知识的建模方法。类似于经验、直觉、记忆之类的知识，其实都是建立在各类知识相互纠缠基础上的，所以很难用简单的因果形式，如某个数学公式，或者“IF-THEN-ELSE”的形式表现出来。因此，就需要找到一种非形式化知识的建模方法，才能解决复杂系统的建模难题。

“阿尔法狗”带来的曙光

以“阿尔法狗”（AlphaGo）为代表的深度学习方法，不但在多种棋类或游戏上所向披靡，而且揭示了一种复杂系统建模的可能。AlphaGo、AlphaZero、AlphaStar 等每一个都可以说是一个里程碑。AlphaGo 采用人类知识加上随机创新的深度强化学习方法，战胜了围棋大师，启动了世界对深度学习的广泛关注。AlphaZero 通过奖励函数自我博弈的增强学习方法，脱离了人类知识的桎梏，创新了多种棋类博弈自我进步的途径。AlphaStar 将增强学习和监督学习用于不完全、不完美信息的马尔可夫决策博弈，在“星际争霸”游戏中战胜人类，更是在一个更接近人类战争研究形态的游戏中崭露头角。它们的一个共同特点就是通过用人工神经元网络描述非形式化知识来解决问题。

"阿尔法狗"采用的方法是深度增强学习方法，就是通过建立人工神经元网络来理解概念、捕捉经验的。学习方法主要是大家熟悉的有监督训练、无监督训练等，实质就是分类和聚类。学习条件是通过大批量的训练样本总结出特征。学习结果是形成对应的人工神经元网络。从输入的各种数据出发，通过整合，建立网络内部的各个连接得到正确的下棋结果。这些连接的逐步整合意味着对问题的逐渐理解。

有一点值得说明，"阿尔法狗"的设计者其实也不知道这个网络中间是怎么连接的。因为这是网络自己学习训练出来的，所以对我们来说就是一个"黑箱"。AI 的开山鼻祖明斯基[①]就说过这样一句话：智能的诀窍就是没有诀窍。我理解他的意思是，智能实际上自然的，不知道怎么建立这些网络，但却把它建立起来了，才最符合智能的本质。其中就有涌现的含义，只有涌现了，才能做到复杂的事情。

深度学习的核心是通过多层神经元网络形成对概念、规律等知识的理解，因为人脑认知具有深度结构，需要逐层训练、逐步抽象才能得到认知。例如，识别"猫"，把这只猫的形象转变成为"Cat"或者"猫"这个概念符号，就不是一件简单的事情，需要非常复杂的识别理解过程。识别理解的概念越复杂，需要的层次就越多，运算量也越大，需要的数据也越多。吴恩达[②]曾经领导谷歌的一个课题组 GoogleX，用 1.6 万个 CPU 核跑了 7 天，才识别出"猫"的概念，可见这个计算量是非常大的。

对概念的理解过程是非常复杂的。例如，要想训练出认识猫的人工神经元网络，可能需要用成千上万的数据来不断地刺激它，才能使它对猫的各个特征，如尾巴、颜色、形状等都能有所反应。反过来，当它去认识"猫"的时候，用训练过的神经元网络，就可以理解这个概念，知道"猫"到底是什么。但是，"猫"并不是只有一个简单的

① 马文 · 明斯基，1927～2016 年，美国著名人工智能科学家，人工智能框架理论创立者，1969 年获图灵奖。

② 吴恩达，1976 年生，华裔美国科学家，是人工智能和机器学习领域的著名学者。

形象，它的形象可能会是千奇百怪的，有不同姿势、不同花色、不同大小，有的可能只有部分形象，要像人一样的都把它认出来，就需要训练出非常复杂的神经元网络才行。

要做到这些还需要大规模的计算，但这只是必要条件，而不是充分条件。“深蓝”可以做到每秒 113.8 亿次浮点运算，搜索 12 步，超过了棋王卡斯帕罗夫的 10 步搜索能力。谷歌的 Google Brian DNN 有 16000 个 CPU 核，2012 年时可以模拟大约 10 亿个神经元，而人脑大约有 1000 亿个神经元，两者相比只相当于 1%的样子。战胜柯洁的 AlphaGo Master 采用 4 个 TPU，每个 TPU 大约有每秒 180 万亿次浮点运算能力，通过 50 个 TPU 的谷歌云使用，计算量和耗电量仅为一年前战胜李世石的 1/10，还是因为算法改进了。但是，人吃个馒头就可以进行复杂认知，从这点看，计算机还差得很远。

所以，可以认为，深度学习在某种程度上就是大数据加上高性能计算，再加上好的神经元网络算法的组合，少一个都不行。这实质上是一种以奖惩而非明确指令驱动的学习方法，能适应更多、更复杂的情况，而不像“深蓝”，只能下国际象棋。能找到奖励函数的，就采用深度强化学习；找不到奖励函数的，就采用深度监督学习，但这就需要大量的样本了。

需要说明的是，过去我们老以为 AI 就是机器模拟人，向人学习才行，如今已经不是这样了，机器完全可以自己学习。这就是“阿尔法狗”这一系列突破的最大进展之处。研究“阿尔法狗”的 DeepMind 创始人哈萨比斯有个理念：人类并非完美物种，为什么 AI 要模拟人呢？例如，人类习惯于三维空间思考，而 AI 甚至可以到 12 维，你说那个更强些？

深度增强学习下的认知是什么？

这两年我总是在想，深度学习下的认知到底是什么？我觉得，这是一种非常接近人类认知的方式，很值得研究。

过去我们认为，我们学习的知识基本上都是通过抽象化、理性的方式学习到的，学习了包括牛顿定律、运动方程在内的各个学科知识，也读了很多的书。这些知识都被形式化地表示。但是，我们学到的更多知识是从我们呱呱落地之后睁开眼睛那一瞬间开始的，从眼睛、耳朵、皮肤等各个感官获得的。例如，眼睛相当于每 200 毫秒拍一幅图像，到 3 岁时就已经看过几亿张图片了。这个过程也是学习的过程，但是以直觉感性、试错的方式进行的。一个球扔过来，你伸手就能抓得住，这时你根本不管什么抛物线公式、万有引力定律，也不管什么空气阻力、引力系数，凭的全是经验和过去的试错。这一点不仅人能做到，狗也能做到，扔出去的盘子它跳起来就能接到。狗就更不懂牛顿定律了，但是它也做得到。

这说明，我们通过试错方法学习到的东西，可以与形式化知识截然不同，而且远远超过我们在学校学到的知识。对环境的感知是最常见的学习，但这种学习是需要过程的，而且经验是不能言传的，必须亲身体会。结果可能有对有错，理解也可能会有偏差，不是那么确定。但这些恰好比较符合复杂系统的特点，因为很多复杂系统根本找不到对应的因果关系和形式化表达，依据的主要就是感觉和经验。事实上，所谓“高手”和“低手”的差别，除了基本能力以外，主要就是经验与直觉上的差别。例如，谁都知道围棋的规则，也都会按照规则去计算和走子，但围棋手中既有臭棋篓子，也有超一流棋手，关键还是他们的经验和棋感不一样。

所以，我们很快就会想到，训练得到的人工神经元网络可不可以是一种知识表达形式呢？大脑的神经元大致是由细胞体、树突、轴突、突触等构成的，我们把它转化为数字的形式，就变成人工神经元网络。通过人工神经元网络，我们可以识别猫，也可以下围棋，还可以当飞行员开飞机。这些现在都可以做到，并且表现出不同的形式，但基础都是人工神经元网络。所以，知识是可以变成特定神经元网络表达形式的。我的意思是，知识不一定非得要用符号、公式、文字去表达，人工神经元网络本身就可以是一种特殊的表达形式。

所以，如果这个观点成立，人类知识的数字化表达将更加完整。我们已经有了大量的形式化表达知识的方法，如规则、公式、文本等。人类积累下来的知识基本上都属于这一类。然后，再加上可以用人工神经元网络表达出来的非形式化知识，也就是经验直觉等，包括我们看到、听到、感知到并理解的东西。我们积累的更多知识就属于这一类。这样，表达方式就更加接近于人类了。因此，我们既可以用形式化表达的知识造出“深蓝”“沃森”这一类系统，也可以用非形式化的经验类知识造出“阿尔法狗”和“AI 飞行员”。这样，我们认知的数字化表达就更加趋于完整了。

这是否启示我们，复杂系统应该将“认知”作为重要的建模对象，才能更准确地反映复杂系统的性质和特点呢？也就是通过捕获人类经验、直觉、记忆等非形式化知识，与形式化知识一起构建能够反映复杂系统特征的认知模型，实现对复杂系统的深度理解。这相当于对认知进行了建模。

什么叫认知建模呢？我给出一个简单的定义：通过捕获人类经验、直觉、记忆等非形式化知识，与形式化知识一起构建能够反映复杂系统特征的认知模型，实现对复杂系统的深度理解和仿真，从而实现对复杂系统演化的预测和管理。所谓“认知”，实际上包括理解、预测和决策三大环节，相当于我们平常所讲的 OODA 环（观察、判断、决策、行动）的前三个部分。

对复杂系统认知建模，就是今天我们要讨论的主要问题。重点讨论认知建模能否做到，以及如何做到、有没有建模的极限等。

4.2 关于认知建模的几个问题

问题 1：经验直觉捕捉是复杂系统建模的特殊模式吗？

经验直觉认知是什么

经验认知是对事物运行规律的深刻理解，也是对各种因素的综合权衡，很难用形式化的方式表达。概括来说，经验认知主要包括以下几个关键要点。

第一，它是主观的，从属于个人。每个人的认知必定是主观的，是对事物的一种理解。

第二，人不同，则认知不同。所以，不同的棋手才会有不同的水平。高手认知就高，低手显然就差。

第三，经验认知并没有一致的形式化表示形式，很难记录和传递。

第四，经验认知很难以直接的方式传授。接受者要有个“悟”的过程，能否接受很大程度需要其理解。

在很多传统领域对复杂系统的理解，往往取决于经验认知的高低。例如，中医把病人看成一个整体，辨证施治，对疑难杂症有时非常有效；社会管理，“治大国若烹小鲜”“宰相必起于州部”，讲的也是需要经验的积累；战争决策，对战机的准确把握，“猛将必发于卒伍”，说的也是好的将军必定要在作战过程中逐步积累经验。所以，经验在很大程度上决定了认知的高度。这里既有个人的认知，也有集体的认知。

事物规律可否看成一种认知

那么，事物的规律是不是一种认知呢？可能这句话一出来，大家就会想起哲学课的内容，感到这个问题本身就有点矛盾。其实，这里蕴含着两个问题。

第一个问题，事物规律是客观的还是主观的？显然，复杂系统的规律肯定是客观的，我们认识与否只是主观的结果。但是，需要注意的是，任何事物的客观规律都是需要被主观认知后才得到的，也就是客观规律都是认知的结果。无论它们的知识是形式化的，还是非形式化的，直到这个认知被更好的认知所替代。那么，我们建模的依据到底应该是规律的相似，还是认知的相似呢？也就是说，我们到底是该为“我们认知的”这个事物规律本身建模，还是直接对事物规律带给“我们的认知”建模呢？

第二个问题，经验直觉是意识的还是物质的？显然，哲学课告诉我们，经验直觉是意识的，是认识事物规律的体现。但是，如果它们能够被转化为某种物质的形式，如人工神经元网络，那它又是什么呢？“阿尔法狗”就是对围棋规律的一种认知，它本来是属于意识层面的，但又转化成为一种软件的物质形式了，这又是什么呢？从这个角度来看，认知的人工神经元网络算不算意识的一种物质体现？这是不是直接挑战了意识和物质的二元对立观点呢？

概念是被学习“反推”出来的

复杂系统建模的难点在于，难以完整描述复杂系统的概念。因为参数太多、太复杂了，怎么都说不清楚各种参数的关系。就像“猫”这么简单的概念，我们都很难以说清楚到底该怎么描述。“四只脚”，四只脚的动物多了去了；“花皮毛”，老虎也可以是花皮毛，猫也有单色的。“喵喵叫”这个可能是个独特特征，但这只是声音，而没有形象。真的很难形式化描述清楚。

“学习”方法的介入，使我们有了“反推概念”的途径。我们可以通过大量输入各种各样“猫”的照片、影像、声音数据，逐步建立“猫”这个概念。事实上，只要我们输入的数据足够多，对于任意复杂系统，就可以使描述该复杂系统概念的神经元网络逐步形成。神经元网络本质上就成为这个复杂系统的一个模型。需要注意的是，这个概念可以是公式、规则等“科学”的形式，也可以是感知、理解等“智能”的结果。

认知会受反身性影响

复杂系统会受到认知的反身性影响而演化，因为规律在发生变化。有人老以为我们之所以不能在某个游戏，甚至战争中取胜，是因为没有足够的算力。果真如此的话，是不是就像有的人想的那样，围棋真有“必胜之道”？战争真有“必胜之法”呢？若果真如此，复杂系统的博弈对抗就都沦为算力的比拼了，造量子计算机就成了关键。事实并非如此。结果为什么不会重复？就是因为认知会使复杂系统在演化中的规律发生变化，因此结果并不能像简单系统那样，由某个运行模式或“取胜公式”决定。认知得到的神经元网络模型可以看成对规律的动态认知。

从目前的情况来看，经验认知模型似乎也越来越成功。“阿尔法狗”的突破在于找到一种生成人工神经元网络的方法，可以将对围棋的经验直觉这种非形式化的知识捕捉下来，进入走子网络和估值网络中，并用多层网络描述经验的综合性。目前，它已经可以适应视频游戏、德州扑克、星际争霸等多种游戏形式，基本上是战无不胜。最近又看到它开始自动编程、分析蛋白质结构、写诗、写书了。其实还是那句话：规则谁都懂，能力谁都不差，差的就是经验和直觉，差就差在神经元网络的训练效果和所用数据的质量上。

不同观点之一：复杂系统建模的特殊模式

说到这里，就可以看看我们需要讨论的第一个问题了，经验直觉捕捉是否是一种特殊的建模模式呢？现在主要有两种观点。

第一个观点，它是一种复杂系统建模的特殊模式。经验直觉如果能够捕捉下来就可以更好地反映复杂系统性质。例如，“阿尔法狗”学习的不是下围棋的逻辑，而是获得几千万盘棋的试错经验。捕捉获取的是只可意会的非形式化知识，形成的结果是人工神经元网络。这种方法较其他建模方法更具有整体性、适应性、不确定性等复杂性特点。这个观点的核心是，必须要有办法把所谓的经验直觉等非形式化的知识捕捉下来。从“阿尔法狗”的成功来看，深度学习、增强学习等一系列经验直觉捕捉技术手段显现出了初步曙光，像 CNN、LSTM、DBN[①]等都在不断完善进步，能做的事情越来越多，也越来越好。以至于“阿尔法狗”的创始人哈萨比斯[②]，甚至认为，AI 就是深度学习加上增强学习。

现在又出现了一些更新型的模型，例如 DeepMind 公司提出的想象力模型。它认为，单纯的试错学习计算量太大，仅靠给定规则又可能丢失创新性的结果，因此将两者结合就会产生出更好的结果。这就出现了想象力模型，模拟的就是人类思考问题的经验方式。给定的一个问题，先想象如果这么做会产生怎样的结果，然后才开始行动。这

① CNN（convolutional neural networks）是卷积神经元网络；LSTM（long short-term memory）是长短期记忆人工神经网络；DBN（deep belief network）是深度置信网络。

② 戴密斯 · 哈萨比斯，DeepMind 的创始人，号称“阿尔法狗之父”。

是因为复杂系统的规则不会像围棋那么明确，信息经常是不完全的，还会经常出现不可预知的情况，就需要先想象会发生什么事情。例如，在“推箱子”游戏中，智能 Agent 在不了解规则的情况下，需要先通过想象来看看这样做的后果，然后根据结果行动。“星际航行”的游戏也是一样，要先想象一下各个星球对飞船的吸引力结果，再决定如何规划航行的轨迹。类似于人类思考的新模型，可能在今后会见到更多。

不同观点之二：本质上只是一种新的方法

第二个观点认为，它不是一种复杂系统建模的特殊模式。持这个观点的人认为，“阿尔法狗”获取的其实并不是真正的经验直觉，只是一种大数据分析和抽取经验的方法而已。也有人认为，本质上它还是一种剪枝和搜索方法，而非人的模糊直觉。“阿尔法狗”虽然扫荡了围棋的定式，改写了棋形，但并没有动摇围棋的棋理。一个没有感情的机器，是没有办法完全获得完整的人类经验和直觉的。

他们还问道：依赖经验的模型可信吗？在他们看来，很多经验和直觉有时并不可靠。中医的很多诊疗效果因果关系并不明确，甚至很多只属于安慰剂效应。如果这样，那么我们建的模型是否可信就值得怀疑了。特别像战争决策、社会管理等高敏感度场合，不靠谱的模型还能否使用，就是一个需要考虑的问题了。同时，还有研究证明，现在很多学习算法模型其实很容易被忽悠，例如一个通过深度学习算法产生出来认识“猫”的神经元网络，只要稍微修改其中一点点数据，它就会把“猫”识别为“烤面包机”，很容易被误导。

其实，最终还是要回答这个根本的问题：“经验”“直觉”到底是什么？它们能够被建模吗？复杂系统的那么多特性又如何表达出来呢？

复杂系统认知的多侧面

复杂系统会有许多不同的结果，“胜战不复”就是如此。为什么结果不是唯一的？这样得到的结果还是正确的吗？

事实上，我们对复杂系统的认识是有多个侧面的，而且这个认识可能是永无止境的，也就是不存在认识的终点。所有的这些结果，实际上都是我们对事物认知的不同侧面，就像一个圆柱体，“方”的是它的真相，“圆”也是它的真相，但从更高维度上看，它却是一个圆柱体[①]。对复杂系统的认识就有这个特点。截然不同的结果可能都是正确的！如果维度更高一些，也许结果会更多。关键在于我们能在多高的维度上去看这个复杂系统。

从多个侧面来看对复杂系统规律的认识，不能说完整，但至少是更全面了。也就是说，不管从哪个角度认知事物规律，反映出来的其实都是部分认知的侧面，只有把它们都结合起来，才有可能更逼近实际规律的真相。即便如此，也不能说这是完整的，因为对于动态可变的复杂系统而言，你永远也不会知道终点在什么地方。

对复杂系统认知表现出来的这些特殊性，不但在很大程度上制约了我们采用传统形式对其建模的可能性，同时也为我们揭示了复杂系统建模的新方向。所有的这一切，其实就是认知物质化带来的直接后果，也就是“意识-物质”在人工神经元网络上的统一，而对经验直觉等认知的捕捉，就可能成为建模的新形式。

有意思的是，当年处于导体、绝缘体之间的半导体带来了信息革命，处于理论推导、科学实验之间的仿真计算，也就是虚拟实践，带来了第三条认识世界的道路。今天处于意识和物质之间的认知捕捉，会不会给我们带来对复杂系统建模的突破呢？

问题 2：人工神经元网络是复杂系统模型的表达形式吗？

复杂系统模型是认知模型

复杂系统模型主要用于描述复杂系统的运行规律，而且这个规律取决于其内部的结构和演化，也取决于人类对它的认知，因为人类认知本来就是复杂性产生的原因之一，如反身性。由于是复杂系统，模型的内部结构应该反映多层网络、节点之间相互纠缠的影响，可以涌现整体运行规律。无论是对社会、战争，还是互联网、作战体系等复杂系统建模，都应该反映这些特征。从相似性角度来说，如果用人工

---

① 参见第 2 章的图。

神经元网络作为复杂系统的模型表达形式，至少在形式上是比较接近的。

但是，人工神经元网络完全不同于传统的模型，它包括所谓的“认知表达”形式，也就是说，是由人自己认识并通过人工神经元网络表示的。它可以看成一种应用类似大脑神经突触连接结构进行信息处理的数学模型，通过调整内部大量节点之间相互连接的关系，实现对事物的理解。所以说，它其实表示的是对复杂系统规律的某种认知，并将这种认知以模型的形式展现出来。

既然是认知，那它就是“个人”的，不同的人会有不同的结果，所以也才有“高手”和“低手”之分。从这个角度看，众多人对这个事物的正确认知集合，才能构成接近反映复杂系统统计规律的模型。例如，“阿尔法狗”就是由16万盘人类对弈的棋谱作为其认识围棋规律的数据基础产生的，反映的就是人类对围棋的认知和看法。后来的“Alpha Zero”不需要人类的知识了，那它反映的就是增强学习算法对围棋的认知和看法。至于某些天才个人的认知深刻影响社会，最终也是以社会的综合反响为结果的。

人工神经元网络模型也具有复杂性特征

人工神经元网络模型不同于传统物理模型，也具有复杂系统的特征，至少在性质上它们是高度相似的。这主要表现在以下几个方面。

第一，它是整体建模的。所有的神经元网络，在多个层次之间相互纠缠，反映的是整体性效果，并不依赖某一独立特征。

第二，它的结构是动态的。只要数据进来，它马上就会不断地调整结构和演化，对输入数据的特征进行适应，并改变自身结构。

第三，它的结果是不确定的。输入输出都有不确定性，结果也不是绝对唯一的。这一次的结果和下一次的可能都不一样。

第四，可以描述概念的涌现。低层次的特征抽象和组合，就会涌现对高层概念的理解，例如将众多动物的特征识别为具体的“猫”。

正是因为这些复杂性特征，人工神经元网络模型应该可以反映整体特征、结构动态可变的模型。

所以，人工神经元网络可以作为复杂系统的模型表达形式原因如下。

第一，它符合模型的相似性原理，用人工神经元网络的黑箱模型模拟复杂系统的黑箱，两者之间具有天然的相似性。这是高层次的整体相似。

第二，不同认知可以有不同结构的差异性，发展出的不同的人工神经元网络结构单元，以及它们的组合，可以表示不同类型的复杂系统，就像可以用积木模型表示不同的大模型一样。确实有人这样做了，对人工神经元网络的基本结构进行了划分，把不同的结构组合，形成各种各样的结构形式，然后组合出很多不同类型的复杂系统模型。我总觉得这有点简单系统还原论的嫌疑，也可能是类似人类基因组的形式。

认知模型反映复杂系统的核心原理吗?

我们知道，人类借鉴鸟飞翔的动力学核心原理发明了飞机，但是并没有采用鸟的扑翼方式。飞机并没有模仿鸟，但是速度却远超鸟类。人工神经元网络试图模仿大脑，但是这种依赖调节神经元连接权重进行信息处理的方式，是不是就是复杂系统的核心原理？例如，AlphaGo Zero 得到的是不是就是围棋的原理呢？人类认知的核心原理是不是也应该与它的认知对象（如复杂系统）有关呢？通过深度学习建立的人工神经元网络，虽然还是很初级的模仿，但是不是开始靠近人类复杂神经系统的核心原理了？现在还不知道。目前的神经元网络模型还是太简单，应该深入研究生物大脑的机制才行。

深度神经元网络的基础理论研究也显得不足。现在我们更像是工程师，对神经元网络只是盲目地建造，“知其然”但并不知其所以然，并不知道“知识”是如何转变为各种连接的，而只能不断训练和调参，有时简直无异于撞大运，例如 CNN 适合图像、RNN[①]适合语音、贝叶斯适合文本等。这些经验的理论实质是什么，却不得而知。

深度神经元网络基本理论的研究近些年也在发展。我们知道了更

① RNN（recurrent neural network）是递归循环神经网络。

多关于神经元网络深度、宽度、连接、权重的知识。例如，1989 年就已经证明，单计算层、无限宽、无限连接的神经元网络可以完成任何任务，但是存在不好训练、计算量太大等问题。增加一层就可有效地减少神经元数量，并具有同等的可靠性。又如，2018 年已经证明，“最小宽度”是存在的，如果宽度不足，再多的深度也无法弥补。这意味着，不同的问题会有不同数量的参数。还有就是“信息瓶颈理论”，学习最重要的部分实际是遗忘。正是对细节的遗忘，才使系统形成通用概念，保留通用概念的相关特征。但是，这些研究对 AI 来说，还远远不够。

怎样对复杂系统模型进行表达

对于复杂系统而言，神经元网络可以描述出几乎所有的知识。形式化的知识加上非形式化的知识，这些就组成复杂系统的知识。

更进一步，人类的先天知识，也就是先人积累传承的知识，包括基因密码遗传的“天性”，再加上后天的学习，包括形式化和非形式化的知识学习，就组成了人类知识的本身。因此，就要找到可以表达的不同类型，包括形式化知识（一般用符号模型）和非形式化知识（一般用神经元网络），以及两者结合的学习模型。

但是，目前符号主义与连接主义方法，或许还有行为主义，尚不能很好地结合起来。常用的知识图谱与人工神经元网络还不能融合，已有的形式化知识也无法自动转化为人工神经元网络。很多人在这方面做了努力，例如 DeepMind 正在研究将知识图谱与深度学习结合起来的“图网络”。这两者结合并不容易，一般来说，形式化学习是“举一反三”，而深度神经元网络则是“举三反一”，本质上是不太一样的。如果两者能够很好地融合，复杂系统的描述可能就更加合理，也会更容易一些。

将知识图谱与神经元网络融合后，可以发展出关于形式化知识的不同人工神经元网络单元及其组合，并与非形式化的知识相结合，就可以精确干预人工神经元网络单元的组合方式，因此可以更接近人类的认知模式，使用更少数据的小样本学习，将已有的规则输入，进行迁移学习和推理。更复杂的是空间和时间要素与语义的结合，例如理解视频和态势都是深度学习的最高境界。最后，就形成了复杂系统的模型。

此外，还需要回答一个问题：认知模型的建模最后到底是建一个还是建多个？对于认知智能来说，不会只有一个方面，例如只会下棋，它还必须会其他东西，因为这些知识对一个人的认知来说，是完全纠缠在一起的。因此，对复杂系统的理解，也不能只关注一个或几个方面。这样就必须回答，复杂系统的模型到底应该是一个极为复杂的统一整体模型，还是若干个不同类型模型构成的组合？群体认知是多种模型的综合，还是一个可以区分但可以成长的动态模型？这都直接挑战了复杂系统模型本身的结构性问题。我认为是一个统一的大模型的可能性更大，因为只有这样，才更符合复杂系统的本性。

人工神经元网络的黑箱特性

人工神经元网络的黑箱特性，增加了人类理解模型的难度。事实上，从建模角度来看，复杂系统认知模型只不过是用人工神经元网络黑箱模拟复杂系统认知模型黑箱，也就是用一个复杂代替另一个复杂。为了看清楚神经元网络内部发生了什么变化，DeepMind 甚至开发了 TensorFlow，但还是很难看清内部发生了什么。现在有报道说，“阿尔法狗”自我对弈的棋谱人类已经无法理解了，是不是打开了这个黑箱就可以帮助我们更接近围棋之神呢？换句话说，是不是也能从中得到复杂系统更深层次的规律或者知识呢？所以，有专家说，不能理解的模型根本就不应该算是科学的模型。

因此，现在又出现一个新的研究热点，就是对深度学习产生的人工神经元网络黑箱进行探测。有人建议对这些人工神经元网络进行“脑外科手术”，目的当然是要想弄清楚里面到底是什么。《科学》杂志认为，应该发展出一门新的学科，叫“人工智能神经科学”，可能也是同样的意思。

为什么说人工神经元网络黑箱是个难题呢？其实难就难在复杂系统性质这一块。一是因为它所有的连接极为复杂且整体纠缠，牵一发而动全身。有人形容这些信息是“全息”的，也就是“人人有我，我有人人”，每一部分都包含整体，每个整体又都影响局部。二是因为它还是动态的。因为认知总是在不断变化，模型也会跟着不断变化，基本上是“此一时，彼一时”，不会一直固定不变。例如，有很多网民在和微软小冰对话时，就不断教它说脏话，结果小冰真的就学会了说脏话。但你要把它改回来还很不容易，不是调调哪个软件参数就改得回来的，需要用大量数据再去把它训练回来，所以很不容易。因为人工神经元网络的每一个连接都相互关联，一动就牵出一大片。这就像要教育好一个调皮的小孩不容易一样，因为不是简单地调试机器。

解开黑箱实际就是增加认知模型的可解释性。对于简单系统而言，可解释性是天然的。但是，对复杂系统而言，可解释性就不那么肯定了。这里有个扎德不相容原理，“随着系统复杂性的增加，我们对其特性做出精确而具有显著性意义的描述能力随之降低。一旦达到某个阈值，精确和有意义就会相互排斥。”也就是说，对于复杂系统而言，不会存在完全的可解释性。对于黑箱来说，我们可能永远都不能完全看清。

这倒是符合复杂系统的本性。我猜就像我们要理解大脑，最终解开的可能只是大脑的原理，而不是某个具体大脑本身。具体对象反而可能比普遍原理更难。

“大模型”的尝试和未来可能[①]

最近几年，自然语言处理模型中又发展出来一种“大模型”，其实也是一种复杂系统的表达方式，展现出很好的前景。例如，它可以与你和老朋友一样聊天搭话，而不是机械地问答；可以按照用户的要求编程序，写代码；可以把用户根据想象描述出来的画面绘制出来，甚至参加人类的绘画比赛得到冠军。这就是所谓的“人工智能内容生成”。它的进展是如此引人注目，有时甚至不可思议，很值得我们思考。这里简单介绍一下有关情况，供大家参考。

---

① 参见未尽研究. 中美的 AI 大模型竞赛. https://new.qq.com/rain/a/20221202A004ED00[2022-2-10].

"大模型"实际上是从2018年前后才发展起来的。大家知道，在机器学习中，数据模型参数量直接关系到学习训练的效果，当然参数越多越好。这些年模型参数量虽然一直稳步增长，但效果基本是线性的，总让人感到作用不是那么突出。从1950～2018年，模型参数量60多年大约增长7个数量级，也就是达到了百万级的水平，可以说是波澜不惊。但是，从2018年开始，模型参数量突然爆发，短短4年间迅速增长了5个数量级，也就是达到千亿数量级，令人惊叹。这说明什么？说明我们的计算能力快速提高了，有了增加参数数量的条件。更重要的是，在模型参数量达到一定程度后，量变带来质变，突然达到一种过去想都不敢想的效果，机器似乎真的有了智能，变得有点让人不认识了。这就出现了"大模型"这个新概念。

"大模型"始于自然语言处理。2017年，谷歌发表"Attention is all you need"（无可或缺的注意力），首次提出自然语言处理模型Transformer，导致后来产生BERT、DALL-E[①]等模型，使自然语言处理成功出圈，如文本转图像。尤其是，OpenAI[②]发表著名的GPT-3大模型后，一举将人工智能带入大模型时代。有学者甚至开始计算，描述我们的世界到底需要多少参数就够了。2022年7月，李飞飞等众多人工智能科学家联名发表了一篇论文"On the opportunities and risk of foundation models"（论基础模型的机遇与风险），正式命名了"基础模型"（foundation model），也就是"大模型"。从此，"大模型"成了定论。

大模型的核心是预训练。通过神经元网络的大规模自监督学习，大模型可以有效地从大量标记或未标记的数据中预训练出知识，存储到海量参数中，只要微调就能执行特定任务，极大地扩展了模型的泛化能力。例如，在自然语言处理领域，预训练大模型可以共享预训任务和部分下游任务的参数，完成翻译、问答、文本生成等自然语言任

---

① BERT，即bidirectional encoder representation from transformer，可以利用大规模无标注语料训练获得文本的语义信息。DALL-E是OpenAI开发的图像生成模型。

② OpenAI是2015年在美国成立的人工智能研究组织，目标是实现安全通用的人工智能，使其有益于人类。创始人包括马斯克、彼德·蒂尔等。

务。结合其他模型，还可能具备转化为视觉、听觉、运动、推理、操纵机器人等能力。

为什么大模型能够突然突飞猛进？一个很重要的原因是，它相信“大力出奇迹”，只要把参数数量搞上去，不愁没有效果。但是，千亿、万亿级别参数的模型需要成千上万个 GPU 在超级计算机中运转，耗费的电力往往以百万度（1 度=1kW·h）计算，这也不是谁都可以搞的，因此算力设施就成了“大国重器”，也就是关键基础设施，由不得你不重视。另一个原因是，大模型在朝集成通用泛化的方向发展，而不再像过去那样只是局限在一个个局部搞优化。这很符合复杂系统“整体性”的特点，使那些本来就需要很多参数的“大”模型有了可能，在内容创意、3D 绘制、蛋白质结构分析等方面都展现出很好的前景。我觉得，法律、商业、决策智能恐怕也要走这条路，数学推理说不准也有可能。

我猜想，这种大模型的复杂系统表达能力还会逐步增强，后面还会出现更惊人的东西。大模型展现的不仅仅是“理解力”，还有工程化、迭代反馈的能力，以及可能带来的指数级改变。有人说它可能会是下一个谷歌，会带来生产力巨大的改变，以及我们想象不到的社会改变，也许通用 AI 就此诞生。我觉得这是肯定的，想想谷歌就知道了。也许将来我们需要的不再是搜索，而是解答，因为它将给出结合了全人类知识的综合答案，尽管它自己可能也不理解自己说了什么。

但就产生通用智能而言，越来越多的参数，是不是就是唯一的途径呢？

问题 3：动态可进化是认知模型的固有属性吗？

复杂系统的进化与反身性

根据复杂系统理论，适应性是进化的动力。如果从建模的角度考虑，我们还要回答一个问题，到底是谁进化了，是复杂系统，还是我们的认知？

客观上，复杂系统在适应环境中是不断进化的，因此复杂系统的原理模型也需要不断进化。主观上，对复杂系统的认知也在不断进化，因为理解在不断加深，所以认知模型也需要进化。这两个侧面（客观、主观），无论是复杂系统本身，还是我们对复杂系统的认知，其实都在进化。因此，认知也应该成为建模必须考虑的核心问题之一。

要理解这个问题，还是要回到复杂系统“反身性”这个性质。这个复杂系统的关键核心性质经常被研究者忽视，即凡是与人有关的系统，人的任何行为，包括认知都会对系统造成反作用。它的任何改变都会导致系统的状态发生改变。这就像网络上一个漫画描述的，人和熊在树上构成平衡，但人若为消除威胁举枪将熊打下去，他自己也会因为失去平衡而掉下去。反身性就是自己破坏了系统，终究影响到自己。

我们对复杂系统的认知，会导致系统向更复杂的方向演化，而非越来越简单。例如，对战场态势的认知会随着指挥员的理解不断复杂化。在战场上，指挥员对战场态势的认知也会影响战场系统。认知到和没有认知到对系统的影响是不同的，无论他有没有采取实际的行动。战场上的 OODA 过程也应该是不断学习和改变的过程。所以，认知和行为本来就是分不开的，只要接收信息，认知就会不断改变系统。自然界中的简单系统没有这个问题，但是人类社会只要是与人相关，就与认知分不开。因此，模型的进化很自然就与系统本身和认知有关系了。

“阿尔法狗”的成功依赖的就是不断进化。它的策略网络、价值网络、增强学习都在不断发展。策略网络通过学习人类 16 万盘棋中蕴藏的有限的经验知识而不断进化。价值网络通过自我对弈的 3000 万盘棋中蕴藏的经验知识学习，而且还脱离了人的限制。增强学习则是“左右互搏，见多识广”，人类已经很难理解其对弈的招数，进化出来的新版本也远远超出它自己的初始版本。后来出现的 AlphaZero 则完全靠算法、算力得出新结果，依靠自我经验总结而非人类的数据。

因此，是否可以得到这样的结论：进化是智能认知模型的固有属性。不会进化的模型，显然满足不了复杂系统建模和仿真的要求。同时，得到一个推论：认知模型应该是动态的，也就是结构应该是不固定的。从这个结论和推论来看，目前只有人工神经元网络比较符合它的特点。

模型进化的极限与方向

如果模型应该进化，那么还需要回答两个问题，即“极限”问题和“方向”问题。

“极限”问题说的是，这种进化会不会有一个尽头呢？例如，“阿尔法狗”的能力会不会一直增长？它一直在“左右互搏”，新版本跟老版本对抗，不断学习，提高自己，这样会不会有能力提升的极限呢？如果到了这个极限，会不会继续进化？如果再进化，它还是不是认知模型呢？据说，“阿尔法狗”现在相当于人类围棋等级的 22 段，那它会不会达到 50 段、100 段？这都是需要探讨的问题。人类现在已经进化成了直立行走的动物，但我们现在也不知道人类的行走方式是不是已经停止了进化，也不知道“双腿行走”是不是就是人类行走进化的极限。

“方向”问题说的则是进化方向会不会是唯一确定的？也就是说，进化会不会有几种不同的结果？是不是都能从低手进化成高手？提出这个问题，是因为复杂系统有一个固有问题，即混沌问题。从复杂系统来看，系统的演化既可能涌现更有序的系统结构，也可能掉入混沌状态，进化的方向不会只是一个。所以，这里都说是“进化”似乎不太准确，也有可能是“退化”，叫“演化”可能更好些。既然智能认知模型也是一种特殊的复杂系统，它是不是也具有混沌特性，不同的初始条件会不会训练出完全不同的智能认知模型，就像蝴蝶效应，从而产生大量非线性结果呢？如果我们再训练一个“阿尔法狗”，与现在的“阿尔法狗”是不是会完全相同呢？如果相同，是不是可以认为人类认知也可以用相同方法去克隆呢？如果不同，那又会进化成什么样子呢？有没有可能越训练越笨，根本下不了棋？

“狼孩”就是一个例子。印度发现了两个狼孩并被人收养，但是发现时他们已经过了最佳认知期，不管怎么训练也回不到人类应该具有的认知程度。所以说，人类认知进化的方向并不是唯一的。那么，人工神经元网络是不是也有这种情况呢？认知进化的方向是由什么确定的呢？这是大家可以探讨和思考的问题。

认知模型的容忍限度与超越可能

现在都说 AI 在奔跑，是福是祸不知道。因为机器的认知速度已经远超人类，它可以不知疲倦地学习，“阿尔法狗”的进步就非常快，几天的学习就超过了人类顶级高手。不断改进的深度学习技术，大量开放的研究和测试环境，不断出现的各种开源软件和数据，都为其快速发展创造了条件。就复杂系统模型而言，这种快速的发展会不会超出人类容忍的限度呢？例如，“阿尔法狗”超过人类我们可以容忍，顶多我承认围棋下不过机器，但是如果别的什么“狗”成了你的领导，指挥你做这做那，你还能忍受吗？

宏观上看，对 AI 到底能发展成什么样子，很多人是持有很大不同观点的，而且可以说是针锋相对。一部分人不相信智能模型能够超过极限，以扎克伯格、吴恩达、李彦宏、约翰 · 古德等为代表，他们坚信“无须担心人工智能会毁灭人类，不必对技术产生恐惧情绪”“我们将人工智能比作一种新型的电力，将普及到各个领域”。另外一部分人认为人工智能必会超过极限，以霍金、马斯克、比尔盖茨、库兹威尔等为代表，他们坚信“人工智能的崛起可能是人类文明的终结”“研发人工智能就是在召唤恶魔”。大模型的出现，更加深了人们的这个算法。库兹威尔甚至算出了机器超越人类的“奇点”就在 2045 年。

我不想去漫谈这个问题，只是看看建模技术上有没有可能。

第一个观点认为是完全有可能的。从现在的技术看，已经出现了端倪，因为“阿尔法狗”对围棋博弈的理解已经超出了人类。深度学习技术与算法也在不断改进完善，攻克了一个个人类的智能堡垒，图像理解、语音识别、围棋博弈、德州扑克、飞机驾驶、星际争霸等，只会越来越多。现在，大模型又出现了。

第二个观点认为它只能是逼近，但永远无法超越。“阿尔法狗”也只能在单一智能上超过人类，即使大模型在综合智能、创造性等方面的差距也还很大，还没有任何算法可以“真正”理解它所处理的内容。就像我前面说过的，如果仅单独训练不同的人工神经元网络，不把它放到认知整体来看，它永远不会成为真正的智能。当很多神经元网络像复杂网络一样交错纠缠在一起之后，才能在更高层次上涌现智能。更重要的是，没有自主的知觉和意识，就根本谈不上“超越”人类。你都不知道“你自己”是个啥，如何真正理解“自己”呢？对于自主的知觉和意识，现在根本看不出有这种可能性。

认知智能研究的矛盾与悖论①

认知智能研究会带来很多值得我们思考的问题。对认知模型的研究或许可以解决复杂系统的理解和管理问题，但是也可能带来更多新的问题。我们建立的认知模型会不会比我们更了解复杂系统呢？

未来的认知模型可能比我们更了解复杂系统，从而成为解决社会、经济、战争等复杂系统的终极手段。“阿尔法狗”超过了所有围棋高手，证明了不是完全没有这种可能性。如果有一天智能指挥控制系统指挥机器人部队，打败了人类指挥的军队，其实也不必惊讶。因为更多事实告诉我们，认知建模可能是复杂系统建模最合适的方法，而掌控复杂系统，例如战争，也非认知模型莫属。

这就给我们带来另一个很值得讨论的问题：被认知后的复杂系统会带来什么变化？一般来说，我们对一个系统的认识和理解加深了，掌控它的程度也会更进一步。例如，我们认识了一台机器的原理和结构，就很容易对它进行拆解、组装、维修。但是，对于复杂系统，这个问题就不那么简单了，可能出现一个悖论：我们为了掌控复杂系统，就必须对它充分认识；对它认识越多越发现，可以对它的掌控会使它更加复杂。这样我们不是离复杂系统的真相越来越近，而是越来越远了。例如，安全领域问题，可能激发系统产生更复杂的演化，导致安全、社会等新问题，如同南与北、先与后、国与国、人与人差距过大带来的巨大危险性。

这个悖论之所以产生，就是因为反身性原理。我们认知的本身会导致系统发生演化，而这种演化又具有非线性、不确定性等特点，进

① 更专业的讨论可见刘晓力的《人工智能的逻辑极限》，哲学动态，2001 年增刊。文章讨论了哥德尔定理与人工智能极限之间的关系，并对人工智能的“认知可计算主义”研究纲领提出质疑。经过 20 多年的发展，看法是否改变，值得讨论，但是文章过于专业，这里就不引用了。

而导致复杂系统的性质发生转化，而蝴蝶效应又会使结果具有很强的不可预测性。所以，人工智能的发展面临着“囚徒困境”，也就是谁来决定该不该发展它？发展它可能面临很大的风险，但你不发展而别人发展，也许你更加危险！所以，马斯克不断呼吁限制人工智能，但他也是最积极的一位投资者，恐怕就是这个道理。

4.3 小结

对复杂系统的认知仿真是否可以成为解决社会、经济、战争等复杂系统的终极手段呢？现在看来还真的不敢这样说。我们要重视复杂系统中认知建模的研究，使我们逐步认识和理解复杂系统的运行规律。概括起来，我主要想表达三点。

第一，认知的存在是复杂系统复杂的根本原因之一。反身性导致社会、战争、经济等“含人系统”的复杂演化和不可预测性。这也是这一类复杂系统与物理系统最大的区别之处。

第二，研究认知建模具有基础性的重要意义。“阿尔法狗”的突破启示我们，认知建模可能是社会复杂系统建模的关键，而对完全非形式化经验直觉的建模，可能是理解社会复杂系统的核心。

第三，AI 在认知建模方面的进步，也许是复杂系统建模的解决之道。尤其是，“智能指挥决策”等战争、军事领域，具有许多复杂认知问题，都需要进行深入的研究。我们期望在解决战争复杂系统建模上，探索出一条新的可行途径。但是，必须从复杂系统观点出发，首先从理论上有所突破，才有可能取得较大的进展。复杂性与智能认知是不是殊途同归，还是一个值得思考的问题。

2017 年 9 月，由中国仿真学会承办的中国科学技术协会第 121 次“新观点新学说”学术沙龙，邀请了国内 27 名专家对此问题进行了专门的探讨，并将专家观点汇编成集。有兴趣者可以参阅会议编写出版的《认知仿真：理解和管理复杂系统的终极方法？》[①]一书。

① 参见《认知仿真：理解和管理复杂系统的终极方法？》，中国科学技术协会学术部编，中国科学技术出版社，2019 年版。

第 5 章　复杂性就是一种武器[①]

——“决策中心战”与认知复杂性难题

“决策中心战”是美军近年提出的一个新概念。它为什么要提决策中心战呢？过去的网络中心战又出了什么问题？美国人说将来要打一场让对手看不懂的战争。为什么对手会看不懂？这些动向很值得我们认真加以研究和探讨。

5.1　创造复杂

美军为什么要提“决策中心战”

美军提出决策中心战的核心思想就是为了创造复杂，通过复杂化态势，占据决策优势。这是为什么呢？

第一，他们认为，在未来的大国对抗中，美军将不再占有绝对优势。这和美军与传统的伊拉克、阿富汗、叙利亚等中小国家作战不太一样，与大国对抗，重大的战争资产，例如航母、军事基地等也会遭到打击，不能再像过去那样通过比拼消耗来取得战争胜利。因此，必须引入新的战争理论和作战概念，改变未来战争的制胜机理，才能确保取胜。

第二，实践证明，网络中心战并不适应战场实际，存在很多问题急需解决。网络中心战理论中有一个“通过信息优势转化为决策优势”的假设，认为战场是全透明的，网络是全联通的，指控都是及时的，通过集中方式来改善决策，通过比拼消耗来决定胜利。这个想法在战

① 根据胡晓峰在 2021 年第九届中国指挥与控制大会上做的大会主题报告进行整理。

争中是不大可能实现的。战场上充满了迷雾和摩擦，战场网络也不可能保障时时全联通，因此还是要立足于部队能够局部自主性作战，也就是我们说的实现任务式指挥。

第三，战争发展出了新的形态，智能无人平台使战争走进新时代。智能无人平台大量涌现，AI 技术快速进步并走向战场，这也会彻底改变未来战争形态和运行机理，必须主动地加以适应才能保持领先地位。美国哈德逊研究所的研究认为，中国提出的“体系破击战”和俄罗斯提出的“混合战争”概念，都强调了把信息和决策作为未来冲突的主战场，而美军自己过去对这方面却关注不够。

这不禁让我想起美国前国防部长拉姆斯菲尔德曾说过的一句话：如果不是你主动设计战争，你就会被别人设计的战争所设计。这句话很好地反映了美国人的一贯想法，就是要在战争设计中掌握主动。

美军提出的三项对策

因此，他们认为需要找到对策，确保领先对手，并在战争中取胜。他们提出 3 个对策。

对策 1，分布式作战。他们认为，未来不能把宝押在所谓的撒手锏（例如航母）上，需要基于更多的自主平台和独立系统实现分布式作战和任务式指挥。也就是，“大变小”“少变多”，将传统的多任务平台和部队，解聚为大量功能成本比更优化的系统，从而具有更强的适应性和选择优势。例如，把更多的大型平台拆成更多的小型无人平台，以便更灵活地执行作战任务。有些平台，甚至就是消耗平台，用完即弃，用来提升效率优势。请注意，他们的航母、攻击核潜艇、大型登陆舰等核心平台，作为战略性武器装备并不会被拆开，仍然会保留。

对策 2，情境中心型指控。通过情境中心型的指挥控制与通信，实现独立且关联的指控。他们认为，战场并不是全联通的，必须根据实际，只对可以通信的部队进行控制。在通信不畅时，部队要能自主完成任务。所以，特别强调，指挥控制与通信需要支持平台自主完成任务，也就是抓住战机是第一位的。

对策 3，智能辅助决策。通过基于 AI 的决策支持工具，实现对战场环境的快速适应和改变，并给敌方决策造成复杂度。这主要表现在四句话：一是重心在指控，重心放在指挥控制流程上，而非信息共享；二是慢笨变快灵，综合运用人类指挥决策和机器智能不同的能力，使判断和决策速度加快，避免过去常见的“参谋驱动型”指挥流程带来的缓慢问题；三是循规变自主，允许基层指挥官随敌而动地调整部队，而不是简单地按照条令行事，独立个体的创造性，常会使敌人更难判断；四是低效变高效，以更精准的力量组合和任务安排得到更低的作战消耗，而不是原来的预测为中心，只按最坏情况进行准备的最大消耗方式。简单地说就是快变，快速反应、及时决策、行动创新。

美军这样的对策会带来哪些改变呢？一是平台目标变小变多了，不容易被敌人侦察和摧毁。即使发现了，它也可能是消耗品，但是可以完成任务。例如，“弹簧刀”无人机的运用，就是如此。二是力量分布式部署，力量运用更加灵活多样了。由于适应性很强，“小碎片”很容易随时组合和升级。三是指挥控制更灵活了，不易被对手发现“套路”。平台数量大种类多，决策就会具有更大的选择优势。四是更符合战场实际了，而不是所谓的“完美”作战体系。因此，更具有反脆弱性，也就是可以适应和成长，而非传统刚性系统才有的鲁棒性。

简单地说，就是给敌人增加复杂度。概括起来就是多、新、快、变。因此，这也会导致战争制胜机理发生改变。这就是所谓的创造复杂，“决策复杂度本身就是一种武器”。为什么复杂性会成为武器？因为复杂的战场会让对手产生疑惑：“谁在打我？我要打谁？打谁有效？”这些都与指挥决策有关，因此就产生了决策中心战。

“决策中心战”思想与“马赛克战”

所谓决策中心战，就是试图利用 AI 和自主技术改变作战形态，通过分布式部署实现多样化战术，在保障自身战术选择优势的同时，对敌方施加高复杂度，干扰其决策能力，在认知域这个新维度，实现对敌的颠覆性优势。

这些优势表现在以下几个方面。

第一，选择优势。通过分布式部署，多样化战术，就会有更多的选择。

第二，效率优势。通过更灵活的组合，更强的适应性，产生更高的效率。

第三，决策优势。使敌人感到战场高度复杂，从而将其 OODA 环运转变慢。简单地说，就是将 AI 引入 C^4KISR（command、control、communication、computer、kill、intelligence、surveillance、reconnaissance，指挥、控制、通信、计算机、杀伤、情报、监视、侦察）一体化杀伤链流程，推动作战活动发生系统性变革。

说到底，就是我们老祖宗说过的那句话：“不战而屈人之兵，善之善者也”，也就是通过指挥决策控制，使战场情况变得极为复杂，让你没办法打仗。要利用好复杂度这个武器，就必须发展出新的作战概念，这就是马赛克战。

马赛克战是实现决策中心战思想的基本形式，也是所谓“边缘作战”的一种形式。将作战单元变小、变成无人自主化系统之后，就可以更好地适应战场情况，就像装修时马赛克瓷片能适应各种不同的地面一样。通过这种更强的适应性，以及更多的基于机器的决策，可以产生更多的行动组合,因此就可以提升更多的决策复杂度和不确定性。

马赛克战有五个基本假设，即信任机器决策系统、增加敌决策复杂度、可采用更多的行动、提升自己决策速度、实现更好的指挥策略等。说到底，这就是个战场管理问题。由于作战体系的组成越来越大，各级决策中人与机器混杂交织，尤其是智能平台的广泛运用，会导致问题更加突出。对己方来说，更复杂的体系需要更科学的管理，一个“坏”的信息系统还不如没有。例如，美国人就认为，在武器上中国与他们已经没有代差了，但在战场管理上还远远比不上美军，未来将会受制于自己体系的复杂性。对敌人来说，则是更多的行动组合，制造出更多的决策复杂度和不确定性。要使敌人单向感到决策复杂，核心就在于指挥控制方面要胜过敌人。

决策智能与认知的复杂

战场对谁都是公平的，充满了战争迷雾，但如果只是要让敌人单向感到决策复杂，而自己不被复杂困扰，就必须解决决策智能问题。

决策的复杂度体现在 OODA 环的判断和决策环节，其核心就是要使敌人对作战态势的认知变复杂。OODA 环是敌我双方的对抗过程，我们有，敌人也有。在正常环境下，OODA 可以完成循环，走完从观察、判断、决策到行动的完整周期。如果有办法使战场变得更复杂，使敌人始终无法及时做出判断，也就无法做出决策并付诸行动，就可以把敌人的 OODA 环始终限制在观察和判断这两个环节上，这样环就会变成死循环。如果只有自己的 OODA 环可以完成，而敌方完成不了，就达成了自己的目标。这就是决策中心战力图创造复杂度，想要达到的最终效果。

因此，如何快速做出判断，就成为问题的关键。如果这个认知过程能够用 AI 完成，也就是实现所谓的智能认知，就可以大大加快 OODA 环的循环速度。如果真是这样，就可以取得单边优势，因为未来能对抗 AI 的，也只能是 AI 自己。

认知是人类独有的重要智能特征之一，即能够发现、加工和传承知识的能力，是知识不断理解的终点。不同层次的认知，代表使用不同加工知识的科学方法。认知可以概括为感知、晓知、认知三个层次。不同层次的决策需要不同类型的智能方法，不能一概而论。低层为感知，也就是感知智能，它的决策主要靠反馈，例如操纵驾驶杆的操作决策。中层为晓知，也就是计算智能，它的决策主要靠计算，例如导航算法中的路径规划。高层为认知，也就是决策智能，它的决策主要靠理解，例如筹划长程决策中的计谋运用。所以说，不同层次的决策需要关注不同的重点，采用不同类型的智能方法。需要注意的是，在决策过程中，层次之间是向下包含的，即中层需要底层感知决策的支持，高层需要中层计算决策的支持。

在观察的基础上得出正确的判断，是做出正确决策的前提。这是建立在具有认知能力条件下完成的。在指挥信息系统、兵棋推演系统中，这些认知工作基本上都是由人完成的。由 AI 系统自主地完成判断及决策，过去的尝试几乎都不成功。因为有一个问题始终没有解决好，就是智能认知建模。各种模型，包括所谓的 CGF（computer generated forces，计算机生成兵力），表现出来的行为都带有“机械味”，并不能真正显示出智能的特点。美国的建模仿真办公室也一直将“人的行为建模”作为重点研究，但是进展缓慢。

智能认知为什么这么难，又难在哪里呢？

5.2 理解复杂

我们知道，指挥决策过程是通过 OODA 环完成的。但是，OODA 环在战场是多层嵌套的，包括上层和下层，下层为上层提供决策服务，一层一层都是 OODA 环；大环套小环，相互嵌套、一起运转。

指挥决策活动面临的认知难题

那么，指挥决策活动中面临哪些难题呢？我们可以在兵棋推演，以及类似的活动中观察到很多这些方面的问题。

一是，作战环境感知。智能体不能感知态势，如对航道、防御、友邻的感知，只能存在于预先设定的范围内，对预设外的情况就不能识别，更无法泛化，所以会导致奇怪的应对行动。泛化感知识别意味着必须具有常识化感知能力，就像识图智能体不能只认识“猫”，而不认识其他对象。

二是，行动意图判断。例如，空袭编队意图判定，需要判定目的、实体、关系、事件、任务，才能识别意图。一般都需要不断跟踪、分层分析、逐步清晰、综合判定。你是空袭机场，还是我身后的大坝，需要不断综合分析和判定。现在大多数智能体只能做低层判断，例如威胁判断，或者只是有限判定，缺乏自主判断的能力。

三是，作战行动预测。例如，对敌方空袭编队进行拦截决策，指挥员需要首先做出预测和判断，一般常用的趋势性预测相关方法对事后分析很有效，但事先预测并无规律可循。预测不可重复，让指挥员全凭经验，甚至预感去决策，这显然不合理。

四是，作战行动决策。打仗过程中会碰到无限多的不同情况，目前的智能体只能做到针对有限情况的临机行动决策。一旦出现意料之外的情况，它就不知道该怎么做了，不能像人一样及时判断并解决问题。当情况具有新的变化或可能时，仍然只会机械执行，而不会随机应变。也就是说，只有“自动”能力，而没有“自主”决策能力。

五是，计划执行认知。在计划推演中需要全自动按计划执行作战行动，但“炮声一响，计划作废”，智能体如何根据态势改变决策，就变得十分困难。当态势因为不确定性而出现变化的时候，如果仍按固定流程指挥决策自动走到底，就与当前态势“风马牛不相及”了。

六是，战役命令细化。战役命令转为战术，甚至战斗命令，命令需要细化。只要命令变细，就需要辅助知识、作战知识，甚至常识的辅助，否则就没办法自主完成这个转换过程。此外，缺乏自主“细化和规划”的能力，也是问题之一。

七是，换位充当对手。例如，充当智能蓝军，或者思考敌人怎么行动的时候就是换位了。一般来说，“蓝军”低层靠装备、行为、编制编成区分，上层靠决策特征区分。智能体是没有“自己”这个概念的，所以也不知道该怎么换位，怎么换位会换得更像一些。因此，换位决策也是个难题。

物理统计，还是认知偏好?

特别说一下第八个问题，也就是方案分析中的认知影响。例如，兰德公司 2000 年做的研究报告《恐怖的海峡》，针对 2005 年前后某海峡可能发生的军事冲突，研究美国空军的需求，得出空军必须保持均势的结论。它利用仿真系统进行 7 变量共计 1728 次推演，然后统计分析得出各个因素影响的排列顺序，并给出相应的建议。这种统计分析方法对后来的战争研究者产生了很大的影响。但是，这样做是正确的吗?

这种统计分析方法有一个基本的假设：每一次试验都是独立且无

序的，而且只有在大数定律下才起作用。这就像扔硬币，扔一次正面，扔第二次仍可能是正面。但是，如果我们扔 1 万次，结果为某一面的概率就会越来越趋向于二分之一。这就是所谓的大数定律，在物理世界是非常正确的。当这个方法移植到人类社会问题，例如战争问题时，还会是正确的吗?

人是有认知的，不会像物理实体那样只遵从物理定律。指挥员在分析作战的过程中也不会机械重复，这就会导致所谓的“偏好依附”。因为人在决策时，一定会考虑以前的结果，从而对下一步行动有所调整，所以就会出现所谓人类行为固有的幂律，也就是我们常说的“二八律”。复杂网络理论中有个说法，即幂律是“人类行为的标签”①，也就是说，它反映的是人类行为的独有特征。因为物理规律并不能反映人类社会真实的认知效果，所以纯理性在这里并不太符合实际。

相似性原理失效

上面所有的问题其实都是出在认知上，是我们对世界的看法出现了偏差。过去我们最大的问题就是基于一个物理假设，也就是所谓的简单系统假设，把世界想象成为机器，用还原论的简单思维方法来思考一切。系统结构不变、结果具有确定性、因果对应清楚、可重复、可预测、可分解还原等，已经成为我们默认的科学思维方法。

就是在这种思维模式下，我们建立了基于相似性原理的仿真建模基本形式。首先，根据相似性进行建模，把实际系统用一个模型表达出来，不管用什么方式。然后，做一个推论，因为因果对应，所以只要输入相似，结果也应该相似。进而得出结论，仿真系统的结果应该和实际系统一致，所以我们可以拿仿真结果代替实际系统的结果。这就是仿真的相似性原理。其核心就是，只要找到对应的模型，如公式、算法就可以准确得到我们想要的结果。

但是，世界上还存在很多复杂系统，也就是所谓整体不等于各部分之和，$1+1 \neq 2$ 的系统，像人体、社会、战争等，就都属于这

① 参见《链接：网络新科学》，艾伯特 · 巴拉巴西，徐彬译，湖南科技出版社，2007 年版.

一类。什么叫整体性质？一个活人和死人的差别在哪里，差别就在生命，生命就是整体性质。因此，复杂系统就具有适应性、结构可变、不确定性、不重复，以及不可预测、涌现性、结果非线性等一系列复杂性特点。社会系统、战争系统、智能系统其实都是典型的复杂系统。

正是因为复杂系统的复杂性，相似性原理失效。因为复杂系统具有不确定性，结果不可重复、不可预测，所以原因和结果不再一一对应。相同的输入却无法得到相同的结果，复杂系统建模与仿真就无法用简单系统的方法解决，也就是说，不可能找到可以解决“复杂”问题的简单性方法。正如我们不可能用齿轮造出类似人脑的计算机一样，很难再用简单系统的相似性原理对复杂系统建模。事实上，从这个角度来看，战争复杂系统具有“胜战不复”的特点，也是符合复杂系统原理的。

为解决这个问题，过去采取的主要是一些传统方法，也能解决部分问题。一种是物理学方法，通过提高层次用统计或综合的方法找到总规律。例如，为了找到气压定律，不可能通过对每个气体分子的碰撞进行研究得到整体容器的气压，但是可以用宏观统计方法代替微观分子碰撞复杂效果。这种方法在物理学领域很有效。玻尔兹曼[①]认为，物质是由原子组成的，但是原子数过多根本无法一个个计算，因此只能用统计方法得出总体规律，这就是统计物理学。另一种是简单群体建模，可以基于多 Agent 的方法来实现，元胞自动机、遗传算法、粒子群等都类似，基本上都是用模拟随机碰撞的方式进行交互，从而得到整体的效果。这些方法用于与人有关，主要是与认知相关的系统建模时，却与实际结果偏离很大。什么会导致这样的结果呢？

社会复杂性与认知难题

这是因为社会复杂性和物理复杂性的难点不一样。物理复杂性经

① 玻尔兹曼，1844～1906 年，奥地利物理学家、哲学家，统计物理学的奠基人。

常体现在其运动规律是混沌的。例如，三体问题，三个天体运行的轨迹在一定时间范围内是可以预测的，但是若超出某个时界，就不能再预测，系统运动会处于混沌状态。社会复杂性的关键不在混沌，而在于人是有认知的。也就是说，它不会只是简单地按照物理定律进行统计性的应对，人群也不是杂乱无章、没有思想的粒子，或者是只有简单生命逻辑的低等生物，而是具有判断和决策认知能力的人。正因如此，带来两个非常重要的认知原理。

第一，反身性原理。人的认知不会影响自然系统的物理定律，但会影响自身所在系统的演化规律。例如，人不能影响天气是下雨还是刮风，也不能影响物理定律，但是可以影响自己所在的系统，如股市、战场。

第二，不可预测性原理。这是由哲学家波普提出来的。由于人们无法预测未来人会产生什么样的认知，因此就不知道人的认知会对未来会产生什么样的影响，进而人类社会的未来是不可预测的。

可以这样说，可预测的基本上都是物理世界的简单系统规律，而人的认知给社会带来的影响是不可预测的。所以，不要拿物理思维思考人类社会的事情，这是我们常犯的错误。人是有认知的，会通过因果关系对结果进行反思，调整认知，然后决定后面如何行动。认知还会不断发展，进一步影响后续的行动。

在这两个认知原理基础上就产生了与认知有关的两个推论。第一个推论：简单系统越认识越简单，复杂系统越认识越复杂。简单系统，如机器，我们了解得越多，对这台机器认识得就越清楚。复杂系统则不然，如下围棋，菜鸟棋手肯定是照葫芦画瓢，而老手则会妙招迭出，越下越复杂。打仗等任何与认知有关的系统都是如此。

在这个基础上还可以得出另一个推论：昨天的规律与今天的规律不再相同。由于认知在不断改变，因此与认知相关的规律也会不断改变，如指挥决策、舆论看法、部队士气等都是如此。这与那些一成不变的物理规律是截然不同的。我认为，这就是战争系统复杂性产生的重要根源之一。

三个复杂性建模难题

昨天的规律与今天的规律不再相同，为什么呢？因为这中间有个时间段使认知发生了变化。模型是对规律的描述，规律不同模型就不同。这就导致三个复杂性建模难题。

难题一，因为规律不断变化，所以模型结构不能一成不变。过去都是固定模型结构，描述的是规律本身，但是无法应对规律的改变。凡是与认知有关的模型都存在这个问题，如态势判断、意图识别等。所以，需要找到结构可变而非只是数据可变的模型，才能从根本上解决这个问题。事实上，神经元网络就具有这种可变结构模型的特点。

难题二，因为概念无法形式化，所以需要找到模型的描述方法。复杂系统概念是很难描述的。对战场制空权的判断，也是这样的。有了学习的介入，就使我们有了反推这种复杂概念的途径，这就是建立神经元网络。复杂系统的概念反推，可以建立概念的神经元网络，也就是对复杂系统进行建模。换句话说，这种模型不是建出来的，而是学出来的。生命是复杂的，是一个涌现过程，无法用简洁的数学方程描述；尽管数学家试图这样做，但是它们不会成为细胞的‘牛顿运动定律’，因为它的涌现性、互动性、动态性太强；让 AI 用正确的方式找出微弱信号中的所有模式，可能就是复杂系统建模的一种完美机制[①]。从这个角度说，数学是物理学的最佳语言，而机器学习就应该是复杂性科学的最佳语言。

难题三，因无法重复，模型结果并不能被模型结构确定。复杂系统的结构不能被预测，局部结果也不具有可加性，任何一种结果都只能代表一种可能，很多可能的结果就构成“结果云”。作战体系的状态高低，“克星”现象的存在，结果的多面性等，都是在描述复杂性。为什么复杂系统的多种结果可能都是正确的？这就像一个圆柱体，我们从正面看是个圆的，从侧面看则是方的，但它们都是事实的一部分，

① 这句话实际上是 DeepMind 公司创始人哈萨比斯说的，这里用的是大意。

并不矛盾，只是我们所看的维度太低了。

在这种理论下，所有复杂系统的矛盾都可以得到完美的解释，前提是要找到这种解释。所以，研究决策系统，必须将其看成认知系统而不是机器。

未来智能行为建模

过去也有很多所谓的“智能”建模方法，例如产生式规则、多 Agent 系统、知识本体等，但结果都不太如人意。计算机生成兵力显得很机械，多智能体实际上是简单+简单还等于简单，得不到我们想要的结果。正是因为它们难以处理复杂性问题，缺乏自主认知的能力，最后靠的还是系统外“人”的预先有限设定，方法也还是局限在规律不变或者规律可描述等框框内。事实上，能够应对“无限多的情况”的自主性，才是“智能的核心”。认知模型的引入才是智能系统是否成立的根本标志。

下一代模型，不管是兵棋模型、指挥控制模型，还是决策分析模型，寻找和研究能够实现动态结构调整的模型就是其关键任务之一。神经元网络模型具有认知改变结构的能力，适合未来认知模型的基本结构形式，因此成为下一代智能决策系统的重要标志。传统的相似性仿真模型是一种定结构的模型，也就是数学模型加上程序计算，未来将发展成认知相似性模型，也就是神经元网络加上认知计算。所以，可变结构的认知型模型应该成为未来智能决策研究的重要课题。

我们对复杂系统建模的认识也是一个不断进步的过程（图 5.1）。从最开始形式化公式的数学模型，到后来支持动态仿真的动态模型，然后是让模型活起来，出现仿生自适应模型。后来发现还不够，还需要引入认知模型。从确定性规律、可动态试验、可适应环境到可以认知环境，是复杂性逐步增加的过程。前面两个都属于简单系统，后面两个属于复杂系统的范畴，这就是我们逐步认知自己，逐步发展的过程。

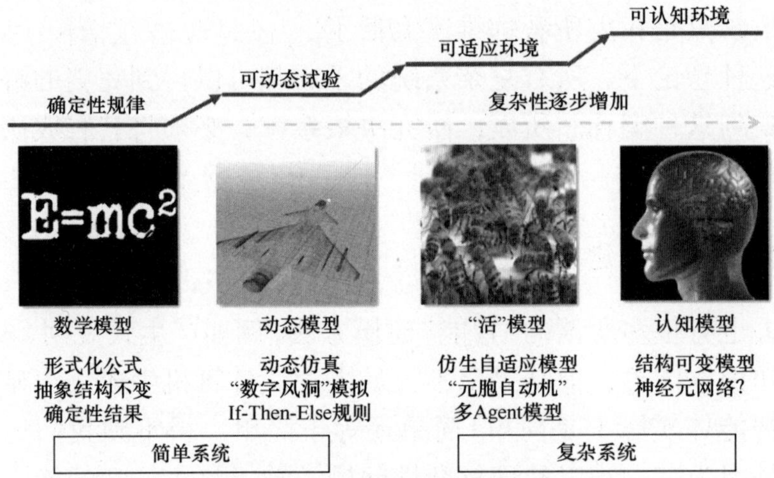

图 5.1 对复杂系统建模的认识过程

5.3 应 对 复 杂

应对"决策中心战"

决策中心战的核心在于认知的加快。所以，应对方法应该是"以复杂对抗复杂"，从基础工作做起。

一是，理解决策中心战的核心思想。依靠在智能认知和决策上的突破，通过主动创造复杂性，避免套路和盲目，把握战场的主动权。

二是，了解"战争机理"发生的改变。瞄准"指挥与控制"这个重点，把首脑的作用、意识的扰乱、力量的控制作为重点，也就是将战场管理的能力作为核心与关键。

三是，找到应对的正确理念和方法。认识和应对未来以认知对抗为中心的新型战争，其主要趋势是指挥决策上移并科学化，控制管理下移并智能化，也就是机器化，将人为的干预放在关键之处，将机器的作用发挥到最大。所以，我们必须从战争设计入手，抓住最核心的技术突破，找到应对之道。这就是决策智能的研究。

决策智能研究应该放在指挥控制层。指挥控制的艺术性和技术性体现在三个不同层次，即技术层、控制层、指挥层，分别对应感知智能、计算智能和决策智能。所以，核心还是应该在指挥决策这个方面。

马赛克战想解决的问题很多，包含在决策组合、任务规划、资源管理、计划实施、任务执行等各个阶段，其中重点还是如何把决策组合规划做好，缩短每个步骤耗费的时间，目的还是以快制胜，搞得慢自然就会觉得复杂，但是做得快要有新的方法支撑。所以，核心还是解决决策智能问题。

战场决策的复杂性

“阿尔法狗”诞生之后的一系列成果，为解决这个问题带来一线曙光。“阿尔法狗”把人类经验变成了决策方法；AlphaZero 通过增强学习方法，自我博弈找到进化方式；AlphaStar 只应该算是一个工程突破，使其能够在游戏中赢得战争，这已经与实际战争比较接近了；MuZero（无零）不需要人的样本，甚至连棋类的规则都不需要告诉它，就可以发现规则，然后赢得博弈。从这些进步看，通过深度增强学习方法实现决策博弈的智能化，似乎大有可为。但战场时空比任何游戏都要复杂，如空间复杂性、时间复杂性、信息复杂性，以及博弈复杂性。这里不做更多的解释，重点说一下指挥决策的主要难点。

难点一，解空间巨大，基本上没有进行全部探索的可能。因为不可能得到如此之多的样本，也很难完全依赖自博弈，怎么办？

难点二，非即时反馈，需要长时间决策的多阶段协调。各阶段的目标可能冲突，如何实现不完全、不完美、不确定的决策？

难点三，开放式环境，所有决策都要跟随外部环境变化。所需的知识、常识和经验都是不断积累的，决策系统又如何跟随？

难点四，创新性求解，决策的真谛在于找方案、做选择。如何协调好“事先学习”（积累经验）和“随机应变”（不断创新）的关系？

决策智能的重点

指挥控制决策需要体现“科学”和“艺术”两个方面。指挥控制的科学性体现在“知道怎么做时”如何去做，例如利用得到的指控数据（武器装备、兵力编成、战场环境、对手情报等）、指控方法（任务、流程、程序、运筹、规划、优化等），制定作战规划并加以实行。最后可能都会演变成科学方法的知识图谱，提供给后人参考使用。

指挥控制的艺术性则体现在“不知道怎么做时”知道如何去做，这才是真正智能之所在。方法无非是不断试错，积累经验，找到解决问题的途径，并形成新的科学知识。事实上，人类指挥员也是通过试错不断发现和总结，而且每个指挥员还具有自己的直觉和经验。

所以说，真正的智能其实是找到例外情况的解决方法。一旦找到就又变成已知的知识了，进而成为科学方法的一部分。所以说，循规蹈矩不是智能，自己找到解题的方法才是关键。这是决策智能的核心，也是我们现在努力的目标。因此，必须从解决科学性方法开始，连科学性都做不到，智能就无从谈起。

5.4　小　结

决策制胜需要“以复杂对抗复杂”

今天讲了三个观点。

第一个观点，决策复杂度确实可以看成一种武器。在战场决策周期越来越短的情况下，复杂度带来的后果会被指数级放大，我们必须加以重视。

第二个观点，理解决策复杂性要首先从理解认知开始。决策认知的复杂性来源于人类独有的反身性和不可预测性,我们必须有所了解。

第三个观点，对抗复杂最终要在决策智能上取得突破。当 AI 走向战场时，也只有 AI 才能对付。首先要从实现决策方法的科学化开始，最终要靠决策智能技术的突破。

决策制胜，“以复杂对抗复杂”，自身就不能太简单。需要说明的是，我这里所说的复杂，既是指决策很有“复杂度”，更是指决策具有“复杂性”。这两者还是有很大区别的。

美空军代号为“提线木偶”的项目，全称是“支持强化复杂性的多域指控决策演算”，就是从理论上研究多域行动方案向对手强加的复杂性度量问题。例如，如何将“强加复杂性”作为作战工具，以获得最优作战效果，以及研究对手如何决策、对复杂如何度量、理论上可以采用什么方法、如何建模等问题。

网上的有关评论

网上也有一些评论，值得关注。

第一，什么是决策中心战？网友说，这是 AI 和自主系统的新瓶子，装上马赛克战的老酒，贴上决策中心战的新标签。那么，这到底是什么呢？是决策战还是认知战？

第二，决策复杂度悖论。美军试图通过跨域分布式敏捷作战体系，给对手制造高度的复杂性。但是，这种单向的复杂性凭什么实现呢？越复杂的系统带来的不确定性就越大，凭什么只影响敌人而不影响自己呢？

第三，是不是历史的重复？二十多年前，一些人跟着美国人研究的网络中心战，至今也没见到什么样的重大成果，当然也不能说一无所得。今天又跟着他们研究决策中心战，到底想要得到什么呢？

这些问题都需要我们深入地研究，并给出合理的回答。

第 6 章　复杂性怎样成为武器①

——从近几场战争看指挥控制变革的趋势

战争让人越来越看不懂了，几场战争打得出人预料。阿塞拜疆-亚美尼亚之间的纳卡战争，无人机成了打击坦克集群的主角，对胜负居然起到关键作用。以色列和巴勒斯坦之间的冲突，以色列的“城墙卫士行动”通过 AI 技术定点打击哈马斯，对大批量火箭突袭进行拦截防御，被称为“第一次 AI 战争”。

俄乌冲突更是令人匪夷所思。局部战争打得像世界大战，甚至还可能引发核战争。开始以为俄罗斯会“势如破竹”，但实际却进展缓慢；以为只是俄乌两方的事，北约却成了对抗主角，还逼迫各国选边排队；以为只是打仗的事，但却在经济、金融领域强度最大，甚至“中立国”也不中立，“观众”也会“参战”。可以说任何想象、推演与预测都不如现实精彩，为何如此诡异？

发生了什么变化？

第一，网络的影响越来越大。虚假新闻满天飞，认知作战成为主流；微软派员协助防御黑客；谷歌地图有意无意介入冲突；每个人都可以把目标拍照定位上传，成为新型的战场目标指示方式……，互联网体现出巨大的战争价值。

第二，指挥控制越来越困难。大兵团作战针对“自由”作战“体系”，有“拳头打棉花”之感；出现大量非作战因素，“平民”及“媒体”介入；单人、无人反坦克武器、无人防空武器的运用……，只是

① 根据胡晓峰在 2022 年第十届中国指挥与控制大会上做的主题报告整理。大会因疫情于 2023 年 4 月召开。指控趋势研究中关于“半人马”项目的情况，吴琳、陶九阳、许霄、郭圣明、李东等参与了深入讨论。

后面越来越趋于传统。

第三，战争变得越来越复杂。金融制裁、舆论挤压、第三方的情报支援、核电站的优先处置、域外的后勤武器支援、隐秘的域外协调指挥（打“电动”方式参战）、星链支援……，混合战争、跨域作战特征明显，体系纠缠交织。

展现出完全不同的战争新特征

一是，“大国竞争模式”，成为战争引发和未来关注的重点。只有“大国”才有可能进行对称作战，你会我也会，你有我也有。

二是，“新型代理人战争”，可能成为未来主要战争样式。通过分割 OODA 环，主要对手置身事外，形成新的代理人战争样式。

三是，“战争体系化能力”，成为战争突出的制胜因素。充分利用联盟力量、后勤支援与反支援、指挥控制的信息优势、城市作战的复杂化。

四是，“无人平台广泛运用”，成为作战行动的关键武器。例如，新型目标识别与精准打击、不同价值目标的交换、大装备地位的下降，但仍不可或缺。

所有的这一切，都在摸索“确保相互摧毁”之外的大国对抗“高端战争”的新模式。

战争复杂性展现无遗

战争复杂性展现无遗，主要表现在以下方面。

一是，预测失灵。几乎所有人的预想都和实际不符。无论是俄罗斯战前对战争进程的预想和准备，对美国联合盟国对抗的意图估计，还是美西方对 SWIFT 金融核弹制裁效果的估计，以及对世界各国选边站队的反应，都存在很大的偏差，很多都是惯性思维使然。

二是，经验失效。可以说，过去成功的战争经验基本上没有了参考价值。既不像美军 2003 年入侵伊拉克那样所向披靡，也不像俄军 2014 年接收克里米亚一路顺风。外电说，俄军像是接收一样来打仗，结果是导致初期战争失利。美国人把世界各国对待“9·11”态度的经验用到这里，显然也失算了。

三是，局势转化。战争中途目的的转变，导致对手的期望也发生转变，从而涌现意想不到的形势。北约觉得有取胜的希望，进而改变了战略目标；俄罗斯认为只是战役阶段调整，强化了北约的取胜欲望。

四是，频出意外。针锋相对的博弈既展现出对抗的智慧，也展现出战争复杂性的突出特点。例如，“卢布结算令”导致金融战结果与美国的预想不符，未来会如何演化，会不会反噬美元仍然未知；俄想通过“打乌压北约”，反而使北约满血复活，死里逃生。

为什么与想象不一样，预测不准？我们该如何理解战争发生的变化？去年我介绍了美军关于“把复杂性作为武器”，搞决策中心战的情况。这里与大家讨论“复杂性怎样成为武器”这个问题，重点介绍兰德公司关于这个问题的一些研究结果，以及我们对这个问题一些看法。

6.1 理解战争复杂性

讨论“复杂性怎样成为武器”之前，我们需要再回顾一下战争的复杂性由何而来，以及复杂系统的性质和特点。

6.1.1 复杂系统及其性质

过去我们最大的问题在于，将世界想象成机器，用还原论的“简单系统思维”（1 + 1 = 2）思考一切，所以战争也是机器。其主要特征表现在系统结构不变，可分解还原；具有确定性，因果线性对应。因此，结果可重复、可预测。因为几乎所有自然科学对象（如钟表）一般也确实具有这些特点，继而将其推广到一切科学领域，已经成为我们默认的“科学”思维方法。思考战争和社会问题也不例外，例如采用线性预测方法对未来进行预测。

但是，世界上还存在着一类复杂系统，整体不等于各部分之和

（$1+1\neq 2$），存在整体性质、能分解还原、结构可变、会演化成长等。这些不能用简单系统的性质来解释，如社会、经济、人体系统等都是如此。它们存在整体性质，不能用分解还原加以解释，例如人体的生命，死人和活人什么都一样，但却在整体上有很大的不同。物理系统中也有复杂系统，例如混沌系统，在一定时界之后就是不可预测的，也具有这些特点。

战争系统是最典型的复杂系统。例如，“战争中的偶然性”“战争结果的不可重复性”“战争中的迷雾”“兵无常势，水无常形”等，其实都是说明战争复杂性的特征。复杂系统的性质主要表现在以下四个方面。

第一，适应性。系统中的个体会根据环境的改变而改变，从而改变系统结构。系统结构改变会导致系统的功能和性质改变，并催生自组织演化和进化。

第二，不确定性。因果可能不对应，存在随机事件，随机、模糊和认知等不确定性导致不可预测、不可重复。

第三，涌现性。局部规则的改变可能导致整体性质的改变，而且这个改变大多是由自组织产生的，可以分层次进行。

第四，非线性。很多小动因也可能得到大后果，非线性可以放大不确定性的结果，引起巨大的涌现效果。

无论物理复杂性、生命复杂性，还是社会、战争复杂系统，这些都是基本性质。

但物理复杂性与战争复杂性的根源是不同的。物理复杂性产生的根源在于其运动规律的混沌性，也就是动力学是混沌的。例如，庞加莱在 150 多年前就证明了“三体”运动是不可预测的。而战争或社会复杂性产生的根源则在于人的“认知”。

人群不是杂乱无章、没有思想的粒子，也不是只有简单生命逻辑的低等生物，因此采用简单的物理统计方法会产生很大的偏差。在这里，物理世界的“大数定律”不再起作用，起作用的是人类社会固有的“幂律”，也就是所谓的“二八律”。同时，人群行为也不会只是“纯理性”在起作用，性格、情绪、态度等感性因素反而可能会主导行为的改变。

6.1.2 认识战争复杂性原理

研究战争复杂性，也包括社会复杂性，有两个基本原理必须了解。

第一个叫“反身性原理”，即人的认知不会影响自然系统的物理定律，但会影响自身所在系统的演化规律。例如，证监会主席的讲话会影响股市的涨跌，指挥员的认知改变会影响兵棋推演的进程。

第二个叫“不可预测性原理”，即由于无法预知未来“人”会产生什么新的认知或发现，所以与人有关的系统的未来，本来就是不可预测的。可预测的都是物理世界的简单系统规律。

根据这两个基本原理，可以得到认知复杂性的两个推论。

第一个叫“认知规律推论”，即简单系统越认识越简单，复杂系统越认识越复杂。因为人会根据因果进行“反思”，通过反思调整认知，然后决定后面的行动，所以认知会不断发展。不断积累的经验，就是认知不断增长，这就是菜鸟和老手的区别。

第二个叫“认知建模推论”，即昨天的规律与今天的规律可能不同。这与物理定律永远不变截然不同，牛顿定律几万年也不会改变，但人的认知却会不断改变。认知会变，所以规律也会变，例如“昨晚的情报导致决策规律发生改变”。模型即规律的描述，规律不同，模型就不同，所以模型需要不断改变。

拿物理思维思考人类社会的事情，这是我们常犯的错误。

认识到战争是复杂系统而不是机器，是一个巨大进步。只有这样才能更好地理解战争复杂性现象，找到解决问题的方法和途径，而不是简单地采用还原论方法，或者简单地移植物理学方法研究战争。

“整体、动态、对抗”是复杂系统问题处理的基本方法。例如，体系能力评估方面①，我们提出的体系三类性质，评估指标的三大转变，评估方法的八大理念，关键概念的12种方法等，都是在这个领域的尝试。指标树转为指标网，能力状态由计算转为测量，能力值需要

① 参见本书“体系与体系能力评估”一章内容。

与对手比较等，都属于创新性的概念。在智能行为建模方面[①]，针对复杂系统建模，提出的动态结构模型、反推复杂模型、试错学习方法等也具有新意。在作战规划分析方面[②]，我们提出的“快变”规划，预评估、快评估、慢评估，以及智能规划等都是解决复杂性的思考结果。研究战争系统时，我们应该牢记这些复杂系统的性质、理念和方法。

6.2　复杂性怎样成为武器

让复杂性成为武器是美军提出决策中心战的追求。所谓决策中心战，其思想是“试图利用 AI 和自主技术改变作战形态，通过分布式部署实现多样化战术，在保障自身战术选择优势的同时，向敌方施加高复杂度，干扰其决策能力，在认知域这个新维度实现对敌人的颠覆性优势，打一场让对手看不懂的战争。”

为什么看不懂？看不懂什么？其实就是搞不清楚“谁在打我？我要打谁？打谁有效？”这些问题导致认知迷雾，使对手看不懂整个杀伤链的构成，无法对杀伤链闭合，进行反制。对己方来说，就是将 AI 引入 C^4KISR 一体化杀伤链中，推动战争运行机理发生改变。

本质上，这是一个复杂战场管理问题。由于作战体系组成越来越复杂，各级决策中人与机器混杂交织，尤其是智能平台的广泛运用，导致战场管理问题更加突出。对己方来说，更复杂的体系需要更科学的管理，“坏”的信息系统还不如没有；对敌人来说，更多的行动组合可以制造出更多的决策复杂度和不确定性，使其无所适从。

因此，美国人认为，未来中国和俄罗斯等大国由于信息系统上的缺陷，可能受制于其体系的复杂性。美国人一贯认为，他们最牛的其实并不是武器装备，而是战场管理。复杂度作为武器，核心就是通过战场管理，让敌人单向感到复杂，而自己却更为简单。

那么，复杂性如何成为武器呢？就是利用复杂系统性质，找到对

① 参见本书“决策智能问题探讨”一章内容。
② 参见本书“关于作战规划系统的几个问题”一章内容。

手的“命门”加以利用和控制。兰德公司对此专门进行了研究，写了一个研究报告，名字叫《在大国竞争和作战中利用复杂性》[①]。其中，第一卷名为《复杂适应系统思维塑造机遇和挑战探索》，第二卷名为《复杂适应系统视角的技术细节》，专门探讨如何在大国竞争中利用复杂性作为武器，给敌人制造复杂性以达到战争取胜的目的。

该报告的主要观点是，打破原有传统决策的方式，从重塑对手的决策流程入手。这是因为传统决策变化只是决策参量的改变，而非决策流程的改变，所以决策复杂度就不会改变。它仍按固有因素和流程决策，调整的只是变量的大小，并未改变原有的因果关系。例如，己方通过增强基地的生存能力，采用伪装、加固等手段，迫使对手改变原有决策，以形成威慑效果。但这样做并不增加敌方的决策复杂度，因为因果关系并没有改变。

如果引入复杂性攻击方法，则需要重塑对手的决策流程，逼迫对手引入新参量，导致决策复杂性增加。因为增加新参量必然改变原有决策因果关系和流程，并使系统发生适应性演化。例如，伪装能力强于对手的侦察能力，会导致其怀疑己方的定位能力，促使其改变决策流程，找到新的侦察定位方法，因此使其决策变得更加复杂。

那么，如何制造复杂性呢？

方法 1：限制情报能力

限制情报能力就是通过制造“不确定性”增强复杂性，降低对手的态势感知能力，使对手只能在有限信息和认知能力下实施行动。

具体的方法包括给出不完整的信息、给出虚假信息，也就是我们常说的隐真示假。这个比较常见也易于理解，不做过多解释；制造深度不确定性，也就是制造黑天鹅，让敌人在认知上具有不确定性，处于“未知的未知”的状态，从而达到目的。例如，某些电子对抗战法使敌人无法理解系统原理，从而无法理解态势。最典型的案例莫过于过去的“不明空情”，虽然可以从雷达信号上看到，但不知道为什么

① 兰德公司的这些报告都可以在兰德公司网站上找到。

会产生出这种信号，使敌人始终处于迷茫状态。从这点看，增加自己的认知，见多识广是多么的重要。但是，也要避免对手由于无知，做出糟糕的决策反而对双方都不利，比如诱发核战，导致同归于尽。这个尺度的把握就很重要。

制造不确定性，在很多情况下就是制造“不可预测性”。为此，兰德公司针对中俄，专门研究如何增加作战行动的不可预测性，并评估可能的效果，也写了个报告。报告叫《作战行动的不确定性和威慑》，专门讨论如何利用复杂性增强行动的“不可预测性”。

兰德公司提出了四种方法。一是，不规则的部署方式，使敌人难以确定理想的作战方案，因此需要更多的情报。二是，展示更多的行动能力，能力越多，对手猜测的方案就越多，从而使敌人难以聚焦并难以推断意图。三是，夸大性的无中生有，通过夸大自己的能力，让对手误解并畏惧，从而取消既定的作战行动。四是，定期披露秘密能力，能力也不能都藏着掖着，只有公布出去才能形成威慑，这会让对手自我怀疑是不是有所不知，从而推迟自己的作战行动。

需要注意的是，作战行动不可预测≠战略不可预测性，区别在于是“可操作的”还是“纯认知的”。例如，战略回应是采取军事行动还是经济制裁可以明白地表示出来，让对手不至于误判。从这个角度说，作战行动可以是不可预测的，但行动背后的实力却是可以预测的。美国前国防部长马蒂斯曾说：对盟友要做到战略上可预测，而对对手则要做到行动上不可预测。他说的意思也差不多。

方法 2：削弱反应能力

通过利用“适应性”特点制造复杂性，削弱对手的行动反应能力。更快地变换环境制造复杂性，迫使对手降级适应能力，并阻碍其及时反馈。因为双方对抗的就是看谁能更快地适应对手、战场和环境的变化。

例如，强迫敌人从集团作战转为分散式作战，使敌作战体系发生不期望的适应演化。在早期俄乌冲突中，俄军是按集团作战方式准备的，装甲集群一路挺进，但乌军却分散作战，用单兵武器打击坦克和直升机，导致俄军很不适应，不得不临时进行战场转换，改变作战方式来应对。

但是，转换速度取决于指控系统结构、流程、决策方式，以及部队的反应速度。如果根本没有这个方面的能力，就会发现根本无法适应战场的变化。所以，如果采用任务式指挥方式，并做过充分的预先研究，具有分布式决策机制等，都可以增强部队的适应性。这也是未来战争提出的具体的要求。那种集中控制的方式，很可能根本不适应未来战争的需要。类似滴滴打车那样的资源分布、服务分布的抢单式指挥控制模式，也许才能更好地适应多变的战场环境，并能做出更快的反应。

方法 3：制造交界混乱

通过跨越边界制造混乱，创造复杂性，形成新的涌现性效果。什么是边界？凡是不同系统之间的缝隙，都可以看成边界。军兵种之间、不同保障系统之间，甚至部队与部队之间、地方与军队之间等都可以看成边界。什么是涌现？出现混乱后一定会演化到平衡，而这个平衡的终极整体效果就是涌现出来的，没到那个时候谁也无法预知结果。

未来作战中跨军种、跨体系的指挥边界会成为体系脆弱点，形成更复杂的网络级联效应，因此如何在跨组织边界制造复杂性，将成为未来作战的关键。例如，在不同作战域、不同部队、不同系统之间制造各种混乱会使作战行动更加有效，从而使己方体系运行有序，敌人体系相互缠绕低效，最终导致体系分割或坍塌。

对体系的复杂性攻击可以有针对性地完成。因为任何体系都可以看成网络的网络，可以采用复杂网络方法进行分析，搞清楚如何保持己方体系能力，以及如何破坏对手的能力。针对体系“相互依存”的特点，可以为跨域攻击、连锁反应、级联失效创造机会；针对“集中指挥”特点，可以知道跨组织边界处会很低效，容易制造体系协调的混乱；针对寻找“关键节点”，可以知道多节点纠缠处，既是脆弱点，也可能是关键点；针对“联合协作”，多组织机构的临时组合会带来协调上的困难。

方法 4：逼到临界点转换

将敌人逼到临界点制造复杂性，造成非线性的转换。复杂系统中的微小变化也可能导致巨大的后果。这个现象经常出现在临界点处，而且还可能形成体系坍塌效果。常见的做法就是“超负荷”和“促崩溃”。

所谓超负荷，就是促使敌人经常处于超负荷状态，大幅度降低其“性能”。例如，指挥信息系统平时可能表现很优秀，一旦在战时处于高过载的情况下时，表现就大幅度下滑，经常处于低效能状态。

所谓促崩溃，就是促使敌方系统在临界点处崩溃。例如，指挥官在战时高压力下崩溃做出错误判断，哪怕他可能仅仅只是处于微小劣势之下。由于判断失误而突然崩溃最典型的案例是萨达姆导致伊拉克军队“一夜蒸发”。延迟决策、糟糕决策、不敢决策都是其典型特征。在这种情况下，指挥员意志的坚定程度往往决定了最终的结果。这也是“玩命”与“玩票”的本质区别。特朗普在很多情况下要搞的所谓“极限施压”，其实也是这个意思，这里比拼的就是意志力。

通过作战行动施加复杂性（表 6.1）可以有很多方法，包括欺骗、反侦察、损坏数据、降级决策辅助、火力打击等。

表 6.1　通过作战行动施加复杂性

利用复杂性的途径		欺骗	反侦察	损坏数据	降级决策辅助	火力打击
限制情报能力	不完整信息	√	√	√		
	提供假信息	√		√		
	制造不确定性			√	√	
制造交界混乱	利用关键点				√	√
	利用分散决策	√		√	√	
	最大化相互依赖			√		√
削弱反应能力	减少反馈		√			√
	阻碍适应			√		√
逼到临界转换	超负荷	√	√			
	促崩溃	√	√			

“复杂性”会破坏平衡

对抗局面之所以能够发挥作用，是因为所有参与者都清楚博弈的结果，容易做出权衡。但是，复杂性往往会破坏这种平衡。例如，在俄乌冲突的第二阶段，俄进展不顺，导致美（北约）、乌、俄都改变了原来的目标。这带来了更大的复杂性。复杂性之所以能作为武器，就是因为这种破坏性可以被利用，从而达成目的。有了这个视角，决策者或分析人员就能识别系统是否复杂、如何复杂、复杂程度，以及如何利用这种复杂。

加强对复杂系统的理解对决策者有帮助，并不是因为它揭示了战争性质和特征的新真理，而是因为它可以描述和增强对现代战争的理解，获取认知上的优势，减轻自己的脆弱性。所以，在战场上不能采用简单系统的机器思维，必须要有复杂性思维，牢记适应性、不确定性、涌现性、非线性，以及“整体、动态、对抗”。这是应对复杂性的“六字箴言”。

6.3 复杂性武器的应对

下面谈一谈复杂性武器的应对，以及指挥控制的发展与变革趋势。

决策中心战的核心在于认知的加快，导致复杂性成为关键。战争中几乎所有的变化都可以看成认知的升级和复杂化。克劳塞维茨认为，不确定性和恐惧是研究战争的两个关键。两者的共性都是认知。恐惧的本身也可以归结为认知，以及认知导致的反身性。

应对决策中心战需要“以复杂对抗复杂”，需要我们从基础工作做起。首先需要理解决策中心战的核心思想，即主动创造复杂来把握战场主动权。对自己来说，需要管理自身的复杂性；对敌人来说，需要向对手施加更多的复杂性。然后了解战争机理发生的改变，就需要瞄准“指挥与控制”这个关键重点。其中，核心就是对复杂战场的感知、控制和管理；对智能认知的理解、建模和模拟。

指挥控制复杂在哪里?

指挥控制的复杂度体现在 OODA 环的“判断”和“决策”环节上。其核心就是使敌对作战态势的“认知”变得复杂。智能辅助的快速判断与决策，会迫使敌人 OODA 环循环过慢而停滞。多重规划叠加在一起，也会形成复杂网络交错，产生非线性连锁影响。从这个角度来看，能对抗 AI 的只有 AI，因为智能认知辅助可以大大加快 OODA 的速度和可靠性。

但是，认知对抗能不能仅靠智能系统完成? 在观察的基础上实现正确的判断是做出决策的前提。这是建立在“具有认知能力”这个条件下的，而无论这个“认知”是谁完成的。在指挥信息系统、兵棋推演系统中，这项工作几乎全部由人来完成。仅靠智能系统自主完成高层判断及决策，在过去的尝试中几乎都不成功。因为一个核心问题还没有解决好，就是智能认知理解及其建模。各种模型表现出来的行为都带有“机械味”。美国人也一直将“人的行为建模”作为研究的重点，但是进展缓慢。

这些复杂性难题难在哪? 应该如何解决呢?

智能决策难点及解决途径

智能决策主要有以下难点。

第一，“解空间开放”，基本上没有进行全部探索的可能。因为不可能得到如此巨大样本，算力上也难以完全依赖自博弈，AlphaGo 方法部分失效。

第二，“非即时反馈”，需要长程决策的多阶段协调。因为难以看到即时结果，阶段目标可能冲突，因此很难实现不完全、不完美决策训练。

第三，“跟随式环境”[①]，所有决策必须跟随外部环境变化。因为需要的情报、知识、常识和经验都是不断积累的，决策系统又如何

① 在本书其他章节有时也写为“开放式环境”，意思其实是一样的。“跟随式环境”是对“开放式环境”说法的一个更容易理解也更准确的改进表达。

跟随?

第四，“创新性求解”，决策的真谛在于找方案、做选择。如何协调好“事先学习”（经验）和“随机应变”（创新）的关系？怎样才能解决这些问题呢?

我们知道，指挥控制具有两面性。它“理性”的一面，就是指挥决策的规范化内容，即科学方法，体现在指挥机制、作战流程、条令条例、计划规划等内容上。也就是，“知道怎么做时”用高效的科学方法做出来，如运筹规划。它“感性”的一面则体现在指挥决策的创造性内容，也就是艺术创造上。因为指挥是一种艺术，它取决于指挥官的灵感直觉、知识经验，甚至性格。也就是，在“不知道怎么做时”能找到解决问题的方法，如试错选择。

事实上，前者只是智能结果，后者才决定智能的产生。所以，从理性角度来看，传统系统希望未来发生的一切都是事先知道的；从感性角度来看，智能系统希望未来能够涌现惊喜，也就是创新。所以说，智能的核心是创新；指挥是艺术，控制是科学；指挥是“智能”，控制是“技能”，这也就是“谋略”和“技术”的区别。如何解决好这两个问题，将引领未来指挥控制领域的变革趋势与方向。

指挥控制模式的变革趋势

第一个趋势，控制管理下移，并将智能决策不断机器化。

这是从技术角度讲的。第一，能机器化的都要机器化。“只有AI才能对付AI”，未来战争比拼的是智能化的水平，更是体系化的水平。第二，机器化的基础是科学化，而这恰恰是我们最大的弱项。因为存在两个误区：一是将科学化等同于信息化；二是以为智能化替代科学化。这需要从基础做起，核心就是科学化方法的深入运用。

第二个趋势，指挥决策上移，并在智能辅助下更加复杂化。

这是从谋略角度讲的。一是要以认知对抗为中心，充分理解“复杂系统越认识越复杂”“昨天规律与今天不同”“未来不可预测”等复杂系统问题，找到应对之道；二是以复杂对抗复杂，你自己就不能太简单。“战略的简洁性”并不能取代“战场和战术控制的复杂性”，不能鸵鸟式的“以不变应万变”。三是创造复杂的非对称性，需要“人”的艺术创造+决策智能工具的辅助。决策的艺术性越强，复杂度就越高，也就是说，对抗 AI 的只有 AI，但不能只靠 AI。

第三个趋势，围绕智能机器，构建作战网和指控网体系。

一是需要重新定义平台类型，不再区分飞机、潜艇、车辆等不同空间的类型，它们都是无处不在的资源，可牺牲、可消耗、用完即弃。用完即弃可以大幅度减少保障人员，逆转人机比例，例如俄乌冲突中的弹簧刀无人机就是如此。二是需要改变资源使用模式，类似滴滴方式，只关注可以提供的服务，围绕作战资源和服务，通过云提供战场链接、指挥、管理和调度。三是适应复杂系统性质，指挥控制与作战体系能承担高过载情况，不能在简单情况时表现“优秀”，复杂情况下却严重下滑，导致复杂性灾变。四是重在实现决策优势，利用智能机器增强决策能力、逆转人机比例、超越人类能力限制、识别异常事件、预测未来趋势、评估可能风险。

这其实就是美军讲的联合全域指挥与控制（joint all-domain command and control，JADC2），被称为数字时代的指挥控制。未来的指挥控制，其核心在于缩小知识差距，在大数据、作战云、机器辅助和共用作战图的支持下，和人一起形成作战生态系统。需要注意的是，AI 的决策运用不是要取代“人”，而是要用好“人”。让“人”和“机器”干自己应该干的事情。

第四个趋势，人机混合的指挥控制将成为主流。

这是将谋略和技术结合起来的结果。具体来说，一是基于混合智能，将人的艺术性能力与机器的不知疲倦结合起来。既可以发挥各自的长处，又可以避免决策智能技术长时期难以突破的窘境。二是解决人机混合的难题，因为认知空间的不一致、可泛化的知识交流、不可解释性的存在、协同体系的难形成、人对机器的不信任等，都需要加以解决。显然，这是未来指控系统设计的主要原则。这能否做到呢?

BrainSTORM 试验

美军的“半人马”计划证实了这个趋势的可能性。他们采用

STORM（synthetic theater operation research model，综合战区作战研究模型）系统进行验证。STORM 系统类似于兵棋系统联合战役层级，可对复杂作战问题进行推演。通过智能化改造，使之成为 BrainSTORM，利用基于 AI 驱动的智能推演接口将其应用于作战筹划、规划、执行过程，可以研究人机组队的指挥决策效果。

这个系统有三种工作模式。一是，人类推演模式，可以知道专家推演能够得到什么结果。二是，自我训练模式，可以了解 AI 可以从人类数据中学到什么。三是，智能辅助模式，可以知道非专家如果有 AI 辅助，是不是可以比人类专家做得更好。美军想知道，如果用专家组队，也就是比较精通指挥专业的指挥参谋人员作为一方，来对抗那些在 AI 辅助下的非专家，也就是并不那么专业的人员，结果谁会取胜呢？

结果是非专家队加 AI 辅助，以 2∶0 完胜专家队。这个结果告诉我们，AI 辅助工具可以提高应对复杂作战的能力；由于决策速度加快，即使专家也会感到决策复杂性的压力。也就是说，人机混合的“半人马”可能比单纯人组队或单独 AI 都要好。这和我们前期研究的试验结果也基本一致。

6.4　小　　结

下面对今天的报告做一个小结，主要讲了三个观点。

第一个观点，理解战争复杂性，需要知道复杂性从何而来。战争复杂性不同于物理复杂性，根源在于认知，会带来独特复杂性效果。

第二个观点，复杂性成为武器。对于战争复杂性特点，包括适应性、不确定性、涌现性和非线性，都可以成为复杂性的攻击位点。

第三个观点，对抗复杂性武器，需要指挥控制模式的变革。当 AI 走上战场，也就只有 AI 才能对付，但仅靠 AI 是不够的。未来我最看好的还是人、机在智能上的有效结合。换句话说就是，“人”解决“做正确的事”，“机”解决“正确地做事”。“人”负责决策价值，“机”

负责处理事实。

美国人公开宣称，未来要与我们打一场让我们“看不懂的战争”。他赌的就是我们对战争机理看不懂，对里面的胜负逻辑看不懂，以及对这背后的复杂性科学原理看不懂。所以，我们要努力去理解战争复杂性，提高我们的技术理解力、战术想象力、行动创造力，才能在未来战争中成功地应对它的复杂性武器，从而真正改变美国人的胜负逻辑。

第 7 章　决策智能问题探讨[①]

——从游戏博弈到作战指挥还有多远

AlphaGo 及其系列智能技术的突破，为智能博弈研究带来了新曙光，也为智能指挥决策研究指明新的探索方向。但是，游戏博弈毕竟不同于战争对抗，两者之间存在巨大的鸿沟。智能指挥决策有哪些难题，有什么解决思路，正是我们要讨论的主要内容。

7.1　从美军决策中心战说起

美军最近提出的决策中心战，其主要逻辑起点是：美军过去主要与叙利亚、伊拉克、阿富汗这类国家或像“基地”这类恐怖组织对抗，但是它们都不具有对美军重大战争资产，如航母、军事基地等进行打击的能力。然而，在美军设想的未来所谓的“大国对抗”过程中，美军就不再占有过去的那种绝对优势。这些战争资产有可能被摧毁，所以必须引入新的作战概念加以应对，如分布式作战，也就是把大平台拆成很多小平台参与作战，而这就需要更快、更好地做出决策，而不是简单地比消耗。这也是马赛克战的由来。

要做到这一点，有两个问题必须解决。第一，利用大量自主系统实现分布式作战，用小而多的平台建设作战体系。第二，基于 AI 的方法建立决策支持工具，采用更智能化的指挥决策辅助手段。无论哪个问题，都需要智能决策技术的辅助，这就对智能决策技术提出了重要需求。

---

① 根据胡晓峰在 2020 年第八届中国指挥与控制大会的主题报告整理。郭圣明、陶九阳、许霄、李东、贺筱媛、吴琳等参与了有关内容的整理。

过去不是没有搞过这方面工作，美军的“深绿”项目[①]就是典型代表。美国国防部于 2007 年启动“深绿”的研发，试图在营连级层面上解决智能决策问题，希望能够像“深蓝”下国际象棋一样，取得重大突破。经过了十几年的努力，除了个别技术取得较好进展以外，基本都没有达到预期目的，总体上以失败告终。这中间既可能是智能技术不够成熟的原因，也可能是技术路线过于简单、思考问题过于线性化的原因。

AlphaGo 带来的曙光

AlphaGo 的发展给解决智能决策问题带来新的曙光。以它为代表的深度学习方法，不但在游戏上所向披靡，而且揭示了实现智能决策的某种可能性。从 AlphaGo 打败李世石，到 AlphaZero 实现完全自主学习，再到 AlphaStar 在星际争霸中战胜人类，给人们带来了一种感觉，也就是通过深度增强学习方法，构建神经元网络，就可以实现决策博弈的智能化，并且可以自然而然地推广到作战指挥上。我们与智能化指挥决策似乎已经近在咫尺了。

近年来，举行了很多兵棋大赛和人机对抗比赛，也产生了很多成果，在不同层次、不同重点、不同类型的技术上取得了许多进步。但总的来看，它们大多都是模仿从 AlphaGo 到 AlphaStar 的方法，利用深度增强学习方法解决问题。不过也有特例，例如 AlphaAI 飞行员使用的是更经典的遗传模糊逻辑算法。但是，这些号称“战胜人类”的系统，是不是都实现了智能决策呢？

总体来看，它们虽然重点不同，在决策上也存在着很大的差异，但在技术本质上的区别并不大，并没有真正解决指挥决策问题。具体表现可以分为以下几类。第一类，比的是操作决策的速度，例如在对抗游戏中比“手速”。第二类，比的是简单判断和选择速度，例如类似 AlphaAI 的 250 倍“判速”。第三类，比的是规划算法的计算速度，例如某兵棋对抗中的规划计算速度。第四类，虽然有一定的自主决策

① 参见“指挥信息系统的智能化挑战”一章有关内容。

能力，但是判胜准则却比较简单，例如只关注“损耗”或“占地”。第五类，虽然可自主决策，但是只能在想定下简化对抗，即“限定”。

这些游戏的智能决策虽然大多也可以说是“自主”完成的，但是与实际作战指挥决策相差甚远，很难体现出真正的决策智能。为什么这样说呢？因为他们大多数都具有“场景封闭”“即时反馈”“目标不变”“对称博弈”式决策的特点。决策类型比较初级，很多最后都退化成了“自动”决策系统，体现的基本上还是决策技能，而非真正的决策智能。

一般来说，对于不同的层次，决策的内容和重点是不一样的。层面上可以分为指挥层、控制层和技术层，如果用技术/艺术三角形来看，各层所占的技术和艺术成分是不一样的。技术层的技术性更多，即时反馈也非常快。控制层则是技术和艺术并重。在指挥层，艺术性更多，更多是非即时反馈。也就是说，决策需要很长的时间才能反馈，这就属于认知决策范畴了。我认为，决策智能研究的重点应该放在指挥与控制层面，也就是说，非即时反馈类决策才是智能决策研究的重点。

指挥决策智能的特点

指挥决策智能的特点主要体现在哪里呢？我觉得主要有四个方面。一是“场景开放”，指挥决策处于开放环境中，不像棋类只是局限在固定大小的区域内，因此无论空间还是时间，都会带来巨大的不同和可能性。二是“长程筹划”，也就是可以综合近期和长远目标进行博弈，依靠总目标牵引，采用多阶段博弈的方式，如 SAGE[①]，而不是简单地边看边动的“即时反应”。三是“环境平行”，也就是说，决策系统与战场环境是平行的，需要实时交互并相互影响，任何决策都随战场环境的改变而实时变化，而且对环境还会有“反身性”的影响。四是“自主求解”，就是能自主制定解决方案且不退化，这是自动系统与自主系统不同的地方。

① SAGE（semi-automatic ground environment，半自动地面防空系统），中文译为赛其系统。这是美国设在美国北部和加拿大边境的警戒雷达系统，为北美防空司令部信息处理中心提供支持，主要用于核进攻预警。

所谓自动系统，就是系统受预先确定的规则支配且不许背离，因此只能按照人类预先想到的有限情况进行处置。自主系统则可主动学习，并能自主制定（非事先确定）解决方案，因此可以应对无限多的意外情况。所以，从这个意义上看，自动系统只是一种机器，自主系统才能称为智能系统。因此，决策智能的研究，必须既具备自主决策能力，又能体现真正的智能。这并不容易，尤其是自主性。一般来说，自主性具有三个维度，即给定情境的熟练性、团队的可信赖性、任务行为的灵活性。灵活性也有三原则，即执行不同任务的灵活性、不对等工作的灵活性、在不同认知条件下解决问题的灵活性等。实际上，决策系统要做到自主性，目前还是比较困难的。

再说一下研究决策智能的实验环境。人们研究智能决策大多数喜欢利用游戏，但是游戏在我看来还是过于简单了，最后很容易沦落为比各种速度。专业兵棋系统可以提供一个更接近智能的决策背景和试验环境，而且与指挥员的交互非常频繁。这是因为：第一，决策足够复杂，单靠“暴力计算”无法完成，算法也不会简单退化。第二，问题相对聚焦，可以集中到“决策智能”上，而非偏移到作战行动模拟上。第三，可及时反馈，与实战和演习不同，兵棋推演的对抗结果可以迅速得知，所以易于不断迭代进步。第四，易于迁移实战，成果更贴近实际，对作战指挥更具参考价值，也易于很快地迁移推广。

因此，要解决智能决策问题，首先需要搞清楚问题有哪些、难点在哪里，以及可能的解决思路有哪些。这里不谈具体的技术问题，只谈问题和思路，讨论问题的本质，以及研究的方向，供大家参考。

7.2　决策智能研究的若干问题

指挥决策的基本过程就是所谓的OODA环过程。对抗双方每一次决策行动，无论层次高低，都是“观察、判断、决策、执行”过程的一次循环。其中，第一个阶段主要是观察态势和理解判断，可以概括为“态势理解”；第二个阶段是做出决策和实施行动，可以概括为“决策行动”。有人认为，还有第三个阶段，即“行动控制”，我认为这可以看作为 OODA 的又一次循环。指挥决策中的 OODA 环实际上是多层嵌套的，上层的 OODA 环嵌套了许多下层的 OODA 环，也就是战役行动决策中嵌套了许多战术行动决策，而战术行动决策中又嵌套了许多即时行动决策，下层决策为上层决策服务。

态势理解包括两方面。第一个是“态”，即通过数据可以得到的状态结果，这是客观的。各种战场传感器数据，各种来源的情报数据，各种数据库的数据，都可以从指挥信息系统中得到。即使在兵棋系统中也一样，表现为战场态势图、感知情报数据库、部队报告文本流等。第二个是“势”，是指挥员对趋势的认知判断，这是主观的。既然是主观的，每个指挥员对态势的理解和认知就可能是不一样的，对未来的预测也不一样，如对战场制权的判断、敌方的企图和动向、未来战局的趋势等。态和势是两种不同类型的智能，不能混为一谈。前面的“态”可以看成计算智能，后面的“势”才是决策智能。

同样，决策行为也包含两个方面。一是理性方面，即指挥决策的规范化内容，也包括我们已经掌握的各种科学方法。这些大多体现在指挥机制、作战流程、条令条例等内容上，并要通过指挥控制、作战运筹、任务规划等指挥系统体现出来。二是感性方面，主要是指挥决策的创造性内容，也就是我们所说的指挥艺术的创造，包括指挥决策中的灵感与创新、指挥员的个性与经验等。智能的产生主要在感性阶段，而不是理性阶段。理性阶段实际上是智能已知的结果。

所以，美军认为指挥是一种艺术，它取决于指挥官的直觉、知识、经验，甚至性格。因此，每一名指挥官都有自己的特色。也就是，我们常说的，指挥是艺术、控制是科学。决策智能研究需要理性和感性的结合，基本上都是围绕态势理解和决策控制问题展开的。那么，决策智能研究面临哪些难题呢？

难题 1：决策智能能否做到？

首先看看我们能不能做到决策智能，尤其是指挥决策智能我们能不能做到。目前从智能技术来看，有两条技术路线。

两条技术路线

第一种是基于符号模型的“算力法”。例如，“深蓝”项目，其基本思路是构建精确模型，建立知识表示或状态空间，然后在上述表示或状态空间推理或搜索，通过暴力计算，找到问题的一个“解”。其核心关键在于，待解问题存在良好定义的精确符号模型，最终取决于算力是否充足，在允许的时间内解决问题。

第二种是基于元模型的“训练法”。例如，AlphaGo 首先构建问题的元模型，然后收集训练数据并加以标注，或者通过自我博弈产生符合“增强”方向的数据，再选择合适的神经网络和算法，根据数据拟合原理，用数据和算法对神经网络权重进行训练，使误差最小。其核心是，有充足的样本数据（不管它是怎么产生的），以及合适的算法。

算力法很难泛化，就不讨论了。训练法有两个难题：一个是脆弱性难题，即神经元网络不在覆盖范围内，或者是只做少量修改，就可能导致严重错误，例如把猫认成微波炉，这是人绝对不会犯的错误；另一个则是工程难题，需要人工编写知识库或者大量人工标注数据。这样建模过程像是变成人的数据标注过程，没有这个标注过程就没法生成 AlphaGo 的神经元网络，而且很多数据是难以标注或无法标注的，如“态势”就很难标注。

AlphaGo Zero 可以自我训练并超越人类，就是将“算力法”与“训练法”结合起来做到的，但是仍有局限。它采用两项算力法，即简化决策论模型+蒙特卡罗树搜索，通过自博弈自动产生训练数据和标注，例如 40 天下了 4700 万盘棋，强度大大超过人类棋手，但是这也仅能做到有限样本。同时，它还采用两项训练法，即残差网络+增强学习方法，通过增强学习算法利用自博数据对残差网络进行训练并不断改进，但奖惩函数是线性的，难以迁移到其他领域。

能否用于指挥决策?

那么，这些方法可否直接用于指挥决策，例如战役战术兵棋推演吗？我们可以对比一下围棋，看一下战场时空的复杂性。

第一个是空间复杂性。游戏空间是封闭的，而战场空间是开放的，这样作战实体的种类多数量大，空间中的可能性会急剧增加，而且换一个战场，就会有很大的不同。

第二个是时间复杂性。棋类主要是序贯决策，你一步我一步，而战场是各个作战实体动态、连续、并行的行动，即所谓的动态微分博弈，每一分每一秒都可以区分开，都可以不同，所以时间的可能性也会急剧扩大。

第三个是信息复杂性。游戏大多数是即时反馈，至少可以在较短的时间内看到效果，而作战指挥尤其是高层决策，大多数都是长程决策，结果需要时间才能看到。同时，很多都是不完全决策（不知道，甚至虚假的信息）、不完美决策（需要很长时间才能看到决策的结果，效果滞后）、不确定决策（存在许多不确定性）。

第四个是博弈复杂性。博弈的基础基本是理性的，但战场上的对抗却是自由的，很多与人性、认知、道德有关，经常出现不对称、不合作、强对抗的现象，可以说战场上充满了迷雾。

这一系列的问题使作战决策成为最复杂的战场认知活动，尤其在中高层。有人做过计算，围棋空间 19×19 是封闭的，落子的可能性为 10 的 170 次方；一个 4 机对 2 机的小型空战，空间为半封闭半开放空间，简单环境，行动的可能性可以达到 10 的 7000 多次方；一个 200 个左右实体参与的中小规模战役，其空间是开放的，带有复杂环境，行动的可能性可以达到 10 的 8600 万次方。当然，这个计算还比较粗略，但从问题空间看，已经远远地超出了 AlphaGo 不知道多少个数量级，也已经不是可以用计算能力与数据量来衡量的了。

而且，指挥员的决策目标会随着作战进程不断调整，开始可能乐观在进攻，后来局势胶着可能又处于守势，再后来不行了又改为撤退。目标变了，评价准则也会改变。这就和游戏的目标始终不变完全不一样。决策空间太大，目标多变，所以完全模仿 AlphaGo、AlphaStar 似乎不太可能。

指挥决策的独特难点

前面说过决策智能的特点，再说说它的难点。它们有点相似，也比较相关。概括起来说，指挥决策独特主要有以下难点。

第一，解空间巨大，基本上没有进行全部探索的可能。因为战争不像下棋，不可能得到如此之多的样本，也很难完全依赖自博弈，自我产生样本。即使想自博弈探索，由于可能性时空太大，算力也远远跟不上。怎么办？就要想办法把时空可能性给减下来。

第二，非即时反馈，需要进行长程决策的多阶段协调。在作战指挥决策时，可能需要分成各个阶段，而且各阶段的目标还可能冲突，如何实现不完全、不完美、不确定决策？过去田忌赛马还来了个长程筹划，先输后赢，作战筹划中怎么实现这种不能即时反馈的增强函数呢？

第三，开放式环境，所有决策必须跟随外部环境变化。也就是说，决策智能系统不是机器，训练完了装到机器中就可以开机即用，而是要与环境匹配。试想如果都不知道昨天夜里战场发生了什么事，现在又怎么可能“开机”拿出决策？这就像不能实时更新的地图导航，是没有太大用处的。而且，所需要的知识、常识和经验都是不断积累的，决策系统又如何跟随呢？

第四，创新性求解，决策的真谛在于找方案、做选择。现有的基于深度增强学习的神经元网络智能系统，大多是先训练后应用，对认识猫狗这一类感知应用可行，但对于决策这种既需要经验，又需要创新的活动，又该如何去做呢？也就是，如何协调好“事先学习”和“随机应变”的关系。

可见，决策智能是很难的问题，指挥决策尤其难。这样看，决策智能问题似乎是无法解决的。真是这样吗？其实只要问一句话就可以了：人为什么能够做到呢？其实，这就是智能的奥秘之所在，需要我们深入地研究。

决策智能解决的基本思路

就目前的技术条件来看，解决问题需要新的思路。一般来说有四个思路，即第一是应用场景封闭，第二是利用已有知识，第三是循序渐进成长，第四是涌现实现创新。这些说起来容易，做起来其实都很难。

下面主要讲一下应用场景封闭[①]。另外三个问题后面都会涉及，这里就不多说了。很多智能问题无法解决，都是因为野心太大，应用场景开放，而又与目前所能达到的智能技术水平不相匹配所致。

首先是"限定"，不要试图取代人，从先当好"智能助理"入手。也就是将任务分解为多个智能体，每个只解决局部问题，得以提高决策效率。因为大多数任务都是所谓的"科学"问题，是有具体解决方法和固定程序的，而非真正的"智能"问题。

其次才是"封闭"，也就是把每个真正的智能体都在局部应用场景范围内封闭，使所有问题都在模型可解范围内，或者代表性数据集也都是有限确定的。即使该场景中出现失误也不具有致命性，不会产生致命后果。

具体封闭方法需要针对应用场景进行适当剪裁和处理。一是强封闭，改造场景使之具有强封闭性，有点像人工生产转为自动流水线，人必须跟着流水线走；二是分治法，对部分环节进行封闭，使其符合准则，有点像人工操作与自动线的结合，有的自动，有的人工；三是准封闭化，就是将可能产生致命性失误的部分封闭，其余半封闭，增强灵活性。这有点像高铁，整列高铁是全封闭的，但车厢内却是开放的，可以自由活动。

这样，就可以在有限条件下解决部分智能问题。同时，就会产生一大批不同类型的智能体，但每个都能解决部分问题。然后，考虑对它们综合运用，再去解决更大的问题，积少成多，逐步走向决策智能。所以，智能决策是否能够真正做到，很大程度上取决于对技术路线的选择。

---

① 参考了陈小平 2020 年中国人工智能大会主旨报告《封闭性场景：人工智能产业化路径》的部分观点。

难题 2：态势能否理解？

理解态势是指挥决策的基础。态势有简有繁，低层的战斗或战术级态势较为简单，而高层次的战役战术级态势就异常复杂。要理解态势，就必须具有扎实的军事专业知识、作战指挥经验才行，这恰恰是计算机最不擅长的事情。“人”的决策是建立在态势理解基础上的，但游戏不是。它们实际上只是做到了“知其然而不知其所以然”。决策并没有建立在理解的基础上，因为缺乏因果关系。

例如，AlphaGo 通过大量数据得到的走子网络，只是通过胜率建立了“知其然”的对应关系，并非真正对围棋有“深刻的理解”。做出的一些所谓“超人”的决策，其实也只是巨大对弈数量下随机探索的结果，也就是随机性创新。说白一点，其实就是“碰上了”。一些方法用到兵棋系统中就可能失效，例如对兵棋系统来说，模仿“快走到底”就没有什么意义，一些方法即使胜率很高，也可能因为推演中经常存在的不确定性而失败。

找到因果关系

朱迪亚·泊尔在其所著的《为什么：关于因果关系的新科学》[①]一书说道：“机器学习不过是在拟合数据和概率分布曲线，并没有触及问题的本质。”“因果不是一个统计概念，统计研究的是变量的静态性质，而因果关注的是变化带来的变化。”只有自带因果的机器学习，才适合做推理和决策，而不能仅靠相关性。他说，“干草堆里寻针，你得先见过针”。如果对针是什么样都不知道，找出来的东西是什么就很难说了。有人说得特别好[②]：如果放弃对因果性的追求，就等于放弃了人类凌驾于计算机的智力优势。

---

① 朱迪亚·泊尔. 为什么：关于因果关系的新科学. 江生，余华，译，中信出版社出版，2019 年版。

② 参见《因果推断：复杂系统分析的利器》，周涛，中国科学报，2022 年 10 月 28 日。

对非即时反馈决策而言，更应该采用因果推断模型，而非单纯数据拟合。泊尔给出了一个三层因果模型。第一层是观察-关联，通过即时反馈就能得到；第二层是行动-干预，这一层的即时反馈已经变得不太可能；第三层是想象-反事实，例如人们会把作战方案在脑海里推一遍，思考我这样做如何，那样做又会如何，我不这样做会如何，不那样做又会如何，但是不需要每个都去试。因为在这种情况下，事实并不存在，没有数据，所以仅仅依靠数据的方法就会失效。因此，我们必须要解决上两层非即时反馈决策独有的因果关系决策问题才行。有研究证明，深度学习方法可以解决第一层问题，而增强学习方法可以解决第二、三层的问题，关键在于怎么用好这些方法。

复杂系统的描述

真正的理解必须建立在因果关系基础上，而因果关系又有不同的表现形式。第一种，可用形式化知识库表示，因为它是确定的，但是很难泛化。一般来说，这属于科学方法范畴，如公式、规则、流程等。第二种，无法用形式化方法表示，因为它很难确定，但是可以泛化。

复杂概念难以描述，因为很难说清楚参数之间的关系。例如，“猫”千姿百态，但是没办法描述出来。“学习”方法的介入，使我们可以通过“反推概念”的途径，拟合生成神经网络。这个神经元网络其实就是复杂系统的模型。有人说，世界万物可以用 4.398 万亿个参数表达[①]。姑且不论这种说法是否正确，至少这个神经网络的相对因果关系基本建立来了，但它是无法解释的，因为它只是用一个“复杂”代替另一个“复杂”。但这个“复杂”是可以复制的。如果决策都采用这种学习方式，都从零开始建立神经元网络，则无异于每个人都经历“从猿到人”的过程，也是行不通的。

最近这几年，从自然语言处理模型中发展出来一种“大模型”，其实是一种因果表示方式，也是神经元网络型的。大家知道，在机器

① 图灵奖得主辛顿认为，生命、宇宙和万物可以用 4.398 万亿个参数的 GPT-3 模型表示。

学习中，参数数量直接关系到学习效果的精度，当然参数越多越好。这个数量原来一直稳步增长，波澜不惊，但是从 2018 年开始，参数量突然爆发，达到千亿数量级，甚至万亿数量级。量变带来质变，突然出现了一些过去想都不敢想的效果。这就是所谓的“大模型”，它通过神经元网络的大规模自监督学习，可以有效地从大量标记或未标记的数据中预训练出知识，存储到海量参数中，需要时只要微调一下就能执行特定任务，可以极大地扩展模型的泛化能力，因此可以处理很多复杂的任务，如翻译、问答、文本生成图像等。这种模型仍然是神经元网络的，所以也具有同样的优势和局限。

“无零”的创新

DeepMind 搞的 MuZero 的最大创新在于，可以在没有“行为准则”，也就是不说明游戏规则的情况下，自己找到一套完成任务的“思考方法”。学习时，它仅有棋盘，可以在学习游戏的过程中逐步发现走子规则及取胜方法。它是怎么做到的呢？是通过判断价值、策略和奖励做到的，也就是评估当前决策有多好，最好的下一步是什么，以及上一步有多好等。

这与传统的“先规则，再建模”是完全不同的技术路线。它不尝试对整个环境建模，只对智能体决策过程中重要的方面建模。从这点看，MuZero 还是有很大创新的。这其实说的就是，“循规蹈矩”不是智能，必须学会自己找到“解题”方法才行。这种方法比较适合智能决策，因为战场态势和决策很复杂，很难用简单规则描述，最好能靠智能系统自己去寻找。

由此可知，真正做到态势理解是非常困难的。浅层次的“理解”是可以做到的，例如建立“知其然”的相关性关系。但是，这种理解也不是真正的理解，只是“程序员的理解”，而非智能体的“理解”。战场态势的真正理解更加困难，因为“理解”属于认知的范畴，最终还是要在认知上解决。“知其所以然”需要因果，自主理解更需要智能体的“人生”常识和体验，首先需要理解“我是谁”

“我的世界在哪里”这一类问题。你都不知道自己是谁，还谈什么“理解”呢？

难题 3：不理解可否决策？

既然对态势很难理解，那么能不能做出决策呢？不理解其实也可以做决策，甚至可以完美决策，这就是机器决策的基本方式，难易取决于决策问题与方式。一种方式是基于科学数据的决策，例如自动化系统，只要把条件罗列清楚就可以做到。另一种方式是基于深度学习的决策（非形式化的自主决策），主要基于试错进行学习，可以应对无限多的情况。下面重点谈一谈自主决策问题。

试错学习方法

深度学习下的认知是什么？其实就是通过试错学习，不需要任何已有的知识，只要反复训练即可做到。例如，抛接球，不仅人可以做到，就是狗也能做到。大多数情况下，随机试错都是可行的，但也不是什么事情都可以，代价太大无法完成就属于不可行的事情。例如，战争试一次把自己搞没了，还不如不试；火星探测，试一次代价太大、周期太长，也不能随便试。

试错学习有多种类型。第一种叫随机试错，也就是无监督学习，通过“随机选择”进化学习。没有老师告诉你好坏，只能自己不断地随机尝试。例如，AlphaGo 的 3000 万随机盘面，就是在已有盘面的基础上，随机走出一步，再看看这样做有什么结果。显然，这有点像“瞎猫抓耗子”，说不准就碰上一个谁也没有想到的妙招，带来意外的“创新”也是可能的，缺点是可能需要试错的次数太多，因为瞎猫不是那么容易就碰上死耗子的。

第二种叫高效试错，也就是有监督学习。我将其称为“自带答案”的深度学习。给它很多带标注的数据样本，就相当于有个老师。例如，AlphaGo 最开始的时候就是通过人类的 16 万盘棋谱样本来学习的。当然，样本数越多，训练效果就越好。现在又发展出一种自监督学习方法，就是通过自己生成数据标签样本来学习，可以预测丢失的部分。

深度学习三巨头之一的本吉奥[①]就认为，自监督学习有希望使 AI 产生类人的推理能力，而不像过去那样只会“死记硬背”。

需要注意，样本数据量与误差的关系不是线性的。还有个深度学习“幂律缩放规律”，说的是深度学习的误差，即随着训练数据集或模型的大小、计算量的增加，会按照幂律而减少。通俗的说，就是大约误差每降低一个百分点，需要多收集 10 倍以上的样本数据，或增加 10 倍以上的计算量，越到后面，精度增加起来越困难。

第三种叫反馈试错，也就是通过行为反馈告诉算法，哪样是好，哪样不好，通过设定的“奖惩函数”反馈进行增强学习，最后找到正确的决策。有人将其翻译为“强化学习”。显然，这种试错是带有方向性的，因此不需要人类的样本数据也可以实现。例如，AlphaGo Zero 就不需要人类棋谱了，可以进行“左右互搏”，也就是自博弈。这其实就是一个自己产生样本的过程。与其接近的是贝叶斯学习，也就是通过先验知识进行反馈，根据案例进行学习，可以在小样本条件下得到学习结果，也可以先给出一个概率，根据反馈数据不断调整，例如 AlphaAI 飞行员的遗传模糊逻辑方法。

增强学习的意义

试错是可以产生智能的，甚至是通用智能。这是 DeepMind 公司，也就是创造 AlphaGo 系列成果的那家公司的坚定看法。项目首席科学家 David 就认为，增强学习可以反映智能的本质特征，因为“智能的基本过程，就是一个不断试错，通过最大化奖励试图实现目标的过程，足以产生我们在自然智能中看到的所有智能属性”。我认为，在决策智能中，这种试错式的增强学习应该是多层的，有的层次确实如此，尤其是中下层。但是，较高的层次是不是可以这样说，至少现在看好像还不行，最终可能需要多种方法的混用。

例如，AlphaStar 的方法就是混用的。第一步，先进行有监督深度学习，达到基本水准。通过先学习人类比赛的记录，并预测行动和结

① 杰弗里·辛顿、约书亚·本吉奥、杨立昆并称为深度学习三巨头。

果，相当于把学习过程启动起来，达到基本水平，也就是建立自己的预测模型。这是一个尽量减少误差的过程。第二步，通过增强学习，不断提高对抗的水平。将 RNN 看作函数模拟器，引入增强学习方法，这在本质上是数学的优化算法，通过引入马尔可夫和局部马尔可夫决策框架可以完善优化过程。第三步，引入多智能体学习，展开“联赛式”训练，优化它的决策方式。参考人类选手训练方法，选出一些“陪练”的 Agent，来做针对性训练，并鼓励策略的多样性，确保对策略空间的有效搜索，也就是实现更多、更有效的试错。

AlphaStar 给我们的启示是什么呢？第一，模仿学习非常重要，完全不使用人类先验知识，看起来很美但很难成功。对更复杂的决策智能来说，更是如此，凡事总得有一个起点。保留人类玩家的开局策略，制定自己的初始策略，可以大大加快学习的进程。第二，运用图神经网络，可以提高常规学习方法的效率、泛化能力、可解释性。特别是，使用关系型深度增强学习、结构化感知和关系推理等方法，在未来可能还有进步的空间。第三，深度长短期记忆网络是核心，可以用于捕捉决策的长程信息，跟踪所有之前发生的动作，以及之前所有视图的位置，这对决策智能来说尤为重要。第四，联赛式训练是支撑，也称种群增强学习方法，用于解决智能成长程中的策略遗忘和策略循环克制等问题。总之，AlphaStar 给我们的启发还是很大的。

科学与艺术的平衡

说到底，决策智能就是要搞好科学方法与指挥艺术的平衡。指挥控制的科学性体现在“知道怎么做时”把事情做好，利用指控数据（如武器装备、兵力编成、战场环境、对手情报等），采用指控方法（如任务、流程、程序、运筹、规划、优化等），完成指挥决策。指挥控制的艺术性则体现在“不知道怎么做时”要找到做的方法。例如，不断试错，通过试错不断发现和总结，甚至还会反映指挥员的个性。因为每个人都具有自己的直觉和经验，这就是真正的智能了。但是，你一旦找到方法，就又会变成公式、流程、规则等，转化为计算智能，而不再是认知智能了。这是一个从“找到”到“做好”，然后转换的过程。

写出《思考，快与慢》[①]一书的丹尼尔·卡尼曼，曾把人的思考分为两个系统。系统 1 称为“快思考”，也就是直觉系统，主要依赖经验、直觉、记忆得到结果，速度较快，而且可以并行处理，但是很容易上当，因固守“眼见为实”而经常容易出错。系统 2 称为“慢思考”，也就是推理系统，主要通过逻辑思考，需要集中注意力做决策，速度较慢，只能串行执行，但是它很懒惰，喜欢走捷径，而且如不注意很容易直接采用系统 1 得到的结果。这么看起来，系统 1 就很像神经元网络，系统 2 则像符号推理，所以系统 2 中的因果很明确，系统 1 则不那么清楚。但是，卡尼曼说很多 AI 学者误解了他的意思，常识和因果应该出现在系统 1 而非系统 2 中，因为只有系统 1 才能把“正常”和“非正常”区分开。我体会他的意思是，凡是因果明确能自动处理的东西，都不应该算是智能。

所以，真正的决策智能，其实主要在做“例外”处理，也就是对你原来不知道的事情进行处理，如权衡、选择、概括。找到方法，这才是智能的关键。这就像 MuZero，“循规蹈矩”不是智能，必须学会自己找到“解题”方法才行。

难题 4：如何利用已有知识？

如何利用已有的知识？最直接的方式是采取知识图谱方法。知识图谱，简单地说，就是“内容+结构或关系”组成的知识网络，已经有了很长时间的历史。最早可以认为是 WWW，也就是万维网，后来发展出来语义 Web。知识图谱实际上就是在继承前述方法的基础上发展起来的。建立知识图谱并不容易，许多人以为知识图谱就是资料的堆砌，收集一堆的电子资料，存到数据库，然后采用挖掘方法来使用，好像很高大上，但这是不对的。一堆没有经过很好组织的数据资料，其实与数据垃圾无异。

① 参见《思考，快与慢》，丹尼尔·卡尼曼（2002 年诺贝尔经济学奖得主），胡晓姣、李爱民、何梦莹，译，中信出版社，2012 年版。

知识图谱的构建形式

什么是良好组织的知识结构呢？数据库是一种良好组织的数据结构，但不是知识结构。WWW 是一种知识结构，但却太过于分散并充满错误。我认为，知识图谱最终还是要和具体应用挂钩的，除非“你”搞的是常识类的知识图谱。我们这些年摸索了一些用于决策智能的知识图谱形式，具体来说是用于兵棋推演的决策知识图谱，可以概括为两种建立图谱的方法，一种是客观方法，另一种是主观方法，各自服务于不同的目的。

第一种方法是依托静态、形式化知识建立图谱。这是一种根据客观的、实际真实的数据建立的图谱。例如，依托既有的大量知识文本建立，如条令条例、作战规则、活动流程、理论书籍等，经过知识数据化、知识网络化，再到场景化，逐步完成知识图谱的转化过程。核心还是应用背景，如作战场景。决策知识价值取决于知识所在的决策场景，也就是 context。同一个作战行动在不同行动场景下的含义可能不同，例如都是“机动”，在不同场景下可能是“巡航”“攻击”“搜救”，甚至“撤退”。所以，知识图谱的构建必须从基本作战场景开始生成。有了场景，才能把数据落位成知识，然后根据分析建立合适的知识网络，才能实现通过图谱对作战行动指令序列的推荐。

这种方式比较传统，也顺理成章，难就难在“作战场景”与形式化知识的关联。所以，建立作战决策图谱的前提是要成为作战指挥专家，技术难点反倒其次。很多建图谱的人是技术人员，不懂得作战，结果建起来图谱往往没有什么用。美国国防部 2019 年也发布了一个研究课题“COMBAT”，就是根据俄军的作战条令生成对抗 COA 集，作为对手训练美军的指挥决策系统。三星 SAIDA 曾经依托 49702 行规则，生成星际争霸的对抗图谱，夺得星际争霸 2018 年冠军，其实也可以看成一种图谱的成功应用案例。

第二种方法是依托动态、形式化数据建立图谱。这种方法主要利用感知数据，如观察态势，然后总结对方的行为模式，形成知识图谱，所以也称主观图谱。通过动态获取的海量战场态势数据，包括态势图、动态情报、部队报告和基础数据等，完成作战决策知识图谱的建立。这类似于经验积累。具体方法是识别态势中的“事件”“任务”等，并预测对方的“意图”等更高层的内容。从这些数据中，也有可能挖掘部分非形式化的知识，如习惯、性格等。

如果从建模角度来看，这也是一种“对手建模”，是在无法观察到其他智能体内部状态的情况下，以观测和先验知识为输入，通过交互、观测、推理等过程捕获无法直接感知的隐藏知识，将其他智能体的类别、目标、动作等预测信息，以及意图、计划、策略等认知信息作为输出的建模方法。

虽然这种方法主要依托真实感知进行总结，但事实上也可以根据自己积累的数据来总结。对于对手的感知总归是不全面的，甚至有真有假，难度更高一些；对于自己数据的积累，至少数据都是自己确认的，应该更容易一些。问题是，如果样本不足，对场景中“模式”的识别还是很难泛化的。例如，敌方的空袭编队来袭，如何判断他们的意图呢？哪种态势的模式是恶意的，哪种又是普通的呢？这些其实都是需要图谱反映出来的知识。

知识图谱建立的难题

知识图谱说起来似乎很容易，但是实际上建起来很困难。一般来说，建立图谱有三个很大的难题。

第一，“常识”难题，因为自主决策必须有常识的支持。这是获得可靠因果关系的基础，但是这需要数据以外的信息和知识。因为任何“自主”决策都应该假设在人类常识限定下做出，这样所谓的“智能”才能成立。例如，“人每天需要吃饭”“舰船不能开上陆地”“固定翼飞机可以越过高山，但只能降落机场”，这些人人皆知的事情，计算机恰恰不知道。我们在建立指挥决策图谱时，往往主要关注的是“作战”这个特例，而忘记了人类的基本常识计算机也不知道。自动决策则不需要，因为自动决策都是有限的选择，事先都可以确定。但是，即便我们知道应该建立常识图谱，要想知道作战指挥决策的常识到底有多少，在哪里？怎样才能建立？这仍然是一个难题。

最近有些研究团队研究了常识问题，并试图教会计算机。例如，发展心理学[①]将直观物理学基本概念分为五个方面，包括“连续性”，意思是物体不会从一个地方突然传送到另一个地方，而是在时间和空间上有一定的连续路径；“对象持久性”，意思是物体在看不见时不会平白无故的消失；“固体性”，意思是固态物体之间不会相互渗透，而是可能碰撞；“不变性”，意思是对象的属性，例如形状一般不会随意改变；“定向惯性”，意思是物体运动的路径与惯性原理一致。如果我们见到违反这些性质的物理运动，例如杯子掉落时悬在空中，或者穿过桌面，我们一定会惊讶，因为它违反了直观物理学特点，不符合常识预期。所以，针对这些概念提出数据集，对机器进行训练，它就可以慢慢学习到这些常识，而不是简单地，仅仅针对某个具体的行为。看到违反常识的运动场景时，它们就会发现。

第二，“不断学习”难题，也就是决策知识图谱必须与决策环境平行。决策知识图谱需要不断更新、学习和理解，既包括了解的新情报，也包括学习到的新知识。这就要求知识图谱必须是“活”的，能够同时做到外部实时更新和内部认知改变。这就是所谓的“终身学习”“时刻学习”的概念。不能把知识图谱看成一本手册，或者是一台电子机器，开机就什么都知道。它也要不断更新情况，不断学习，掌握现实，才能真正起到图谱的作用。这一点，决策知识图谱与一般的大百科全书式的图谱，有着天壤之别。别说智能，就是语言，也是需要与时俱进的。当年，我们在书本上学的英语，到了美国还是啥也听不懂，就是因为没有跟上现实语境的变化。

第三，“融合”难题，也就是与神经元网络的融合知识表示。知识图谱属于符号主义知识，效率高因果明确，但是能够表达的知识有限；反过来，神经元网络属于联结主义知识，容易泛化，但是表达效率太低。怎么把两者结合起来？这就需要解决“融合”难题，将符号主义、连接主义、行为主义方法结合起来。DeepMind 公司研究将知识图谱与深度学习结合起来，形成所谓的“图网络”。我国的许多学

① 发展心理学是研究种系和个体心理发生与发展的学科。心理发展是指从动物到人类的心理演变过程。

者也在研究图神经网络，用深度学习方法处理图谱。这种方法有点像将人的“快思考”和“慢思考”两种思维机制结合起来，也就是把直觉系统与推理系统结合起来，因此可能更符合人的认知方式。

还有一种方法是决策树和神经元网络的结合，面向具体对象的决策行为学习与建立知识图谱。越高层的决策越抽象，越应该基于人类知识已知的因果。例如，加州大学的“基于神经网络的决策树”项目，它用神经网络进行低层次决策，用决策树保持高层次的可解释性，兼顾准确性和可理解性。这样，当建立图谱的时候，“理解”就同时建立来了。这提示我们，两者结合才能更好地适应指挥决策的特点。

难题 5：决策智能如何获得？

作战指挥决策是复杂智能行为，涉及不同领域、不同专业，仅依靠训练单一“超级智能体”实现是不可行的。第一，有监督的深度学习样本很少，而且很难表达和训练，尤其是在宏观层面。第二，增强学习的奖惩函数在指挥层面是一个难题，尤其是线性函数根本解决不了那么复杂的问题。第三，各种决策准则在多目标下很难协调，可能会相互制约。第四，可能还需要“人”的介入，机器需要与人进行协同和协调。

智能要靠涌现才能得到

在指挥决策中，不管是理性决策（如运筹与规划），还是经验决策（如基于数据与灵感），我觉得最终智能的产生都要靠涌现。简单地说，就是复杂系统各要素在相互作用条件下，逐步产生出来整体性质上类似“相变”的一种改变。只要条件成熟了，智能应该涌现出来，就像孵小鸡，温度合适时间足够，到点了，小鸡自然破壳而出。若条件不具备，或者本来就是块石头，小鸡怎么也不会出来。不像有些人想的那样，智能像机器，只要装好了，机器就会动了。

根据复杂系统理论，涌现的产生可以在简单条件下实现。第一，只需感知局部的简单运算，并不需要通晓全局；第二，要有足够多的智能体，并以非线性方式交互；第三，创新产生在混沌和智慧的边缘且动态平衡。有人用计算机模拟鸟群的飞行，只采用三个参数，即飞行方向、间隔距离、飞行速度，仿真结果几乎和真实鸟群一模一样，这就是群体作用的结果，并不需要什么太复杂的原理。

智能也许就是这样在不断交互中最终产生出来的。想想也是这个道理，每个个体只需要局部信息，就可以在不同个体之间留有空间，同时说明这样才不会导致僵化；智能体足够多，并且非线性交互，它们之间产生出来的结果才不会过于机械，因为线性相加的结果肯定还是线性；至少一个非线性，就可以产生无限的可能；创新只产生于混沌的边缘，这是复杂性科学的基本原理，意味着只有“自由且有秩序”才会产生创造性。所有的这些就构成智能产生的基本条件，也就是在上一层涌现智能出来。事实上，根据哥德尔定理，即使有再多的神经元网络参数，智能也只能在上一层次中涌现。

近些年大火的 ChatGPT①，当足够大的模型在非常大量的文本数据上进行训练时，就会涌现非凡的、意想不到的能力。但这是不是就是智能？好像还不能下这个断言。事实上，它也不理解它自己说的是什么，只是知道哪个词跟在哪个词后面更好罢了。

指挥决策智能的涌现

指挥决策也是复杂系统，只有靠多种适应、相关、因果和协同过程的非线性交互和综合，复杂智能才会涌现。指挥决策智能应该是多任务智能体自主决策及群体交互“有引导”的涌现结果。引导要靠智能决策机制，有意识地把每个可能并不十分“智能”的智能体，引导到总的决策目标上形成结果。这个结果如果未形成秩序就是混沌，也就是什么也没有产生；如果形成某种秩序，那就证明智能涌现了。

这样做有几个主要原因。第一，这是多智能体交互的综合结果，通过非线性交互和群体协同，可以弥补简单线性算法的不足，既尊重个体，又有协调，还可能产生创新。第二，这是采取“封闭”策略的

① ChatGPT 是 OpenAI 公司基于 GPT3.5 推出的语言大模型，可以做很多人类才能做的事情，例如写论文、回答问题等，几乎分辨不出是不是真正的人类对话。

结果，必然导致系统由很多智能体组成，减少个体难度，但是需要共同完成复杂决策任务。第三，联合指挥机构本就是群体决策，军兵种、专业、席位，甚至个人都会是独立的智能体。因此，实现复杂决策需要很多个任务规划或神经元网络的智能体共同完成。

AlphaStar 也采用基于多智能体的增强学习方法，对不同任务进行独立处理。同时，采用多智能体组织联赛进行优化训练，这是区别于前代 AlphaGo、AlphaZero 的一个十分重要的技术创新。多智能体强化学习、多智能体博弈方法（包括竞争、协作、半协作等），都是多智能方法必须要考虑的问题。针对指挥控制的智能决策，还需要将 OODA 环转化为 OODA 螺旋。把学习引入 OODA 环中，使博弈具有学习经验积累的过程，避免“机械反馈式”简单循环，反映行动决策、战术行动决策、战役行动决策。这三个层次的内容是不一样，每一层学习上升一级。这种学习过程本身就是个螺旋上升的过程。

难题 6：决策智能如何实现？

下面说一下具体怎样实现决策智能系统。这也只是一个思路，不同的需求可能会有不同的系统设计方法。

一般来说，自主智能决策有三个环节，即态势理解、行动决策、综合控制，也就是自主对复杂态势做出判断，如目标识别、威胁估计，并做出科学决策（局部方案），然后根据总目标对所有 OODA 环实施全局优化（做出选择）。

这个过程需要一个起点，就是从“战场”“知识”“决策”的抽象表征开始。没有表征就没有认知模型。事实上，AlphaGo 不是从像素开始的，而是从围棋规则开始的。好在环境、实体、行为、关系、效果、决心、目标等，兵棋系统都可以提供相应的基础表示。需要注意，不要对“问题”设限，不要有意简化决策降低难度，例如不允许对手出例外情况、固定想定等。这与为了突出研究重点对想定进行选择和剪裁不是一个概念。因为这样做会造成别人对“智能”研究结果的质疑——这还是智能吗？结果就是白干。

数据驱动与知识驱动

一般来说，有两条技术路线。第一条技术路线以数据驱动为主。模仿 AlphaStar，融合知识实体，实现冷启动并产生数据样本，训练神经元网络以实现智能决策。它的优势是，如果能够实现，肯定可以产生智能的效果。但问题是，它能探索所有作战问题的空间吗？能从零进化到高层决策吗？能找到体现复杂关系的奖惩函数吗？

第二条技术路线以知识驱动为主。利用已有知识建立知识图谱，通过知识图谱将指挥决策问题知识化，在知识图谱的驱动下，融合神经元网络，最终实现智能决策。它的优势是，基本决策过程肯定可以实现，因为它与“人”决策完全相似，因果关系也比较清楚。但问题是，能处理无限多情况吗？会不会退化成“自动决策”而显得僵化呢？过去很多所谓的智能决策系统都是这样做的，但是都不太成功，最大的难题就是不容易泛化，很容易退化为“机械决策”。

这两条技术路线各有利弊，在任务封闭盒内应该都可以做到。但是，我觉得最终的结果可能是两者的结合，通过某种综合调度机制将它们结合起来。即便如此，也很难真正实现高层次的指挥决策，至少在近期应该走一条人机混合的道路，将人的能力和机器的能力结合起来才能达到我们预想的目标。

在解决指挥智能决策问题时，不能只用深度学习、神经元网络，而忘记已有的科学方法。例如，已有的搜索、排队、射击、存贮、决策、对策、线性规划、非线性规划、动态规划等科学方法，这些都是作战智能决策的基础。如果企图全部采用神经元网络逐步学习生成，理论上可能是正确的，但工程上却是不可行的，因为这无异于“从猴子到人”，全部重新进化一遍。即使算力可行，进化中的不确定性会导致什么其实也很难说。曾有科学家试图用计算机仿真的方法，重新模拟一次生命产生的过程，但是至今仍未有什么结果。现在已有的军事理论和方法，既浓缩了人类几千年战争史的经验总结，也反过来影响了人类历史发展的进程。这个过程在复杂系统理论看来，其实是很难再现的。

决策就是优化和选择的过程

决策就是根据变化不断生成方案，并优化选择的过程。决策主要包括理解上级决心、生成解决方案、选择最优方案等环节。这些过程在任何决策过程中都有，但是如何优化和选择，并将它们组合起来才是最重要的。越是高层的决策，抽象过程就越多，最终其实就是各种"优化""选择""组合"，然后通过调度实现综合。高层"智能"可能就是从众多选择、多层次的综合中涌现的。

自主态势理解就是感知态势并自主得出对当前态势的理解和判断，是以形式化知识为基础，与经验、直觉的结合，是一个基于"形式化知识+非形式化知识"不断识别和归纳的过程。这时需要的是类似图谱一类工具的帮助，并结合相应的算法完成这个过程。在这个过程中，需要特别关注的是注意力机制和因果关系的运用。

自主行动决策，简单说，就是基于"科学化运筹+智能化创造"，是一个"科学+艺术"结合的过程。它根据态势判断得到结果，自主做出决策并下达行动命令。需要注意的是，决策中有许多只是运筹计算方法的综合，并不需要真正的"智能创造"。大量的智能体根据自己的任务和对环境的判断，做出自己的决策选择，实际上就是给出一个解决问题的算法。但是，真正执行与否还需要综合调度控制的选择。例如，每个智能体跟踪兵棋系统中的一个部队实体。然后，根据局部信息确定其如何行动，并在一个决策周期中加以确认。最终，是否真的这样行动，还取决于全局上的权衡。

"智能"如何才能"涌现"呢？就是"局部优化+全局平衡+控制调度"，进而导致群体智能涌现。我们认为，高层"智能"可能是从众多下层的选择、多层次综合中涌现来的。所以，通过很多个大大小小、相互嵌套、对抗的 OODA 环，跟踪每个实体、行动、效果，并调度和选择之后，分层次、分阶段、分不同目标进行调度运行，就有可能综合涌现某种总体效果。在这个过程中，"例外"处理，包括权衡、选择、概括，以及对决策目标进行调整。例如，根据战役阶段结果做出的选择也是非常重要的。智能是否真的如我们所想的那样能够涌现，还要看我们所做的一系列试验的结果是什么。

难题 7：决策必须可解释？

作战决策必须建立在可解释基础上，没有可解释性就没有可信赖性。可解释性是决策的基础。很容易想到，如果你做的决策自己都说不出为什么，那别人又怎么会相信呢？

但是，需要注意，不要神化“解释”，解释也只是解释而已，并不是都能给出规律，所以也不能保证都可以正确预测未来。反之，不可解释或解释错误也不一定就不能预测，也许预测的结果还可以。例如，大家都知道“地心说”是个错误理论，我们却可以根据它预测太阳在明天什么时候升起、落下，但是不能给出正确的解释；“进化论”可以解释人类为什么是从猿类进化而来的，却不能预测人类未来会进化成什么样子。所以，要正确地看待可解释性。

认知规律总会发生改变

复杂系统本质上是无法做到全部可解释的。这是因为复杂系统内部多层网络结构相互纠缠，不确定性层出不穷，而且还会出现非线性的涌现结果。智能决策系统实际上也会呈现这个特征，即使是真人指挥员，也有会有“灵机一动，计上心来”的灵感，而这个灵感也是无法解释的。这也是“人”与“机器”、“自主”与“自动”的本质区别。

作战决策规律其实是在认知过程中产生出来的。因为根据复杂系统理论，决策会根据环境的变化而不断变化，因此也会受到认知“反身性”的影响发生演化，也就是所谓的“规律”会不断改变。自然规律，例如物理定律永远不会改变，但认知规律却会随时发生改变，因为人的看法在不断变化。这就像我们对一个人的评价，“这个人是个好人”，只是表达你现在对他的看法，而不能保证他真的就是如此，或者永远都是如此。

围棋有没有必胜之道？如果有，那围棋还有什么价值吗？战争有没有必胜之道？如果有，那为什么战争结果不会重复呢？所以，对规律的认知并不能由某个模式或“取胜公式”确定。认知建模得到的神经元网络模型，可以看成对规律的动态认知，因此不可能对所有部分形成固定的解释。

复杂系统的黑箱

人工神经元网络可以看成一种应用类似于大脑神经突触连接结构进行信息处理的数学模型。它通过调整内部大量节点之间相互连接的关系，实现对事物的理解，这实际上就是它的解释模型。遗憾的是，神经元网络只"知其然不知其所以然"，而且还是个黑盒。它的基础理论还十分有限。我们只了解诸如"最小宽度原理""单层宽度可完成任何任务"等得到证明的理论，以及 CNN、RNN 适合何种类型数据的经验显然是不够的。

神经网络模型不同于物理模型，它是用一种复杂来表示另一种复杂，也就是用一种黑箱代替另一种黑箱。它与复杂系统的性质非常像。例如，它是整体建模的，多层次相互纠缠，反映整体效果，并不依赖某一特征；它的结构是动态的，可以不断调整结构并演化，对输入数据的特征进行适应；它具有不确定性，例如输入输出不确定，结果也并非绝对；它也具有概念涌现的特征，低层特征的抽象和组合，可以涌现对高层概念的理解等。

这意味着，这种人工神经元网络模型应该是动态的、不断变化的。因此，即使建立认知神经元网络，学习也是不能停止的，这就引出"终身学习"或者"无时无刻不学习"的概念。对它的模型的理解就很难像理解机械原理那样一劳永逸。反倒有点像我们去理解一个小孩的成长过程，长期和短期、宏观和微观、外因影响和内因性格等，都能解释他的为人处世，做出的选择。对复杂系统的解释恐怕也必须如此。

只能"尽可解释"

神经元网络的黑箱式模型会增加理解的难度。但作战决策必须具有可解释性，因为这是决策被信任的基本前提。

解释性的基础是建立决策因果描述，例如可以溯源的图谱。将上级的决心、对态势的判断，以及决策、行动、后果、效果联系起来，就能基本上给出一个初步的解释。需要注意，并不是所有的决策都能找到因果关系。这是复杂系统特性所致的，因为很多人的决策就是凭着直觉完成的。换句话说，不可能每个人做的每件事都有理由，或者都有数据的支持。

这其实来源于“扎德不相容原理”①。也就是，对复杂系统而言，一旦达到某种程度，“精确”和“有意义”就会相互排斥，不可能什么都很清楚。这有点像量子力学里的测不准原理，不是你的测试仪器不好，而是从原理上就是不可能测准的。换句话说，得到这个决策神经元网络，本来就是不可能全部可解释的。所以，智能决策的可解释性只能有一个度，即完全黑箱不合适，但是完全可解释也不可能。我们能追求的只能是“尽可解释”，能解释的尽量解释，不能解释的也不必纠结，否则就是简单系统思维了。

难题 8：“智能系统”交钥匙？

智能决策系统的研发什么时候就算完成了？到时候是否就可以“交钥匙”了？交付给用户之后是不是就再也不用管了？

答案很简单，其他系统也许可以，智能系统可能永远都不行，也就是永远都无法“交钥匙”。这是因为智能需要不断成长，与时俱进，因此智能决策系统的研发不可能一劳永逸。就像我们教育孩子，也不能一劳永逸。所以，对于智能决策系统而言，需要从起点开始，以一种全新的思维思考智能系统研发流程和方法。

决策智能的产生需要涌现的过程。智能具有复杂性涌现特性，因此系统的开发就不能沿用传统的“瀑布式”开发方法，按部就班像生产机器那样生产出来，而是需要与外界不断互动训练成长，才能涌现真正的智能。所以，最好将智能系统的研发过程转变为部队指战员及参与者“主动学习”“主动创造”，乃至“大众研发”的过程。

决策智能的保持需要与时俱进。决策总是与外界相关，因此必须

① 源于扎德在模糊数学中提出的原理：随着系统复杂性的增加，我们对其特性做出精确而有意义描述的能力会随之降低，直至到达到某一个阈值。一旦超过这个阈值，精确和有意义二者将相互排斥。扎德（L.A.Zadeh），1921～2017 年，美国自动控制专家，号称“模糊数学之父”。

时刻与外界保持联系。决策智能可以与人“平行进化”，通过与人的不断交互，提高自己的水平。在实际演习中充当智能助手，以人机融合方式，建立智能平行或孪生系统，依托初始赋能系统，智能模型才能在模仿中不断进化，不断向真人指挥员靠拢。这种平行进化方式，既需要基于不断交互变化的数据，还会改变模型算法本身。所以，可以从辅助开始，直至实现部分或全部替代。智能系统能否做到自主进化？我们期望能够如此，但是决策智能与人一起成长可能更为合适。

决策智能的研发需要合适的生态，因此智能生态的建设十分重要。应该建设一个生态统领、人机融合、以学习为中心的螺旋迭代系统工程开发过程，促进智能系统的不断成长。它肯定也会有一个“从小到大”“从笨到灵”，不断学习、不断迭代的过程。例如，参与实际演习活动、建立作战试验平行系统、组织兵棋作业和大赛、进行作战任务验证评估等，这些都可以看成智能生态建设的重要组成部分。

难题 9：“智能水平”如何评

智能水平怎么评？有人说，这还不简单，就像下棋，谁赢了谁的水平就高呗！“游戏胜负”与“智能水平”其实不是一回事。

决策智能评价难在哪

围棋、象棋、游戏等一般都有胜负标准，也就是明确的判胜准则，因此这个准则就可以牵引智能系统的训练，也可以用“游戏胜负”代替对“智能水平”的评价。一般来说，游戏胜负的评价比较容易：一是可以找到合适的参照系，二是能够得到对比的结果。不同的参照系，可以得到不同的对比结果。对比参照系就可以知道该准则下谁占优。例如，AlphaGo 的胜率评价从下第一手棋开始就有了，一直持续到终盘结束。同样，也可以得出不同条件下胜率的变化，例如 AlphaGo 单一走子网络的胜率就不如几种走子网络结合的高。

但是，决策智能的评价就比较困难。例如，什么叫“胜”？判别的准则又应该是什么？即使利用兵棋系统进行对抗得到的结果也很难评价作战决策的智能化水平高低。所谓胜率会在这里失效。第一，作战“盘面”并不是平衡的，对抗双方可以千差万别。第二，作战“结果”也不是简单地比较“损耗”或“占地”就可以做出结论的。第三，作战“过程”充满不确定性，目标会随进程不断改变。第四，决策的“优劣”要靠综合比较，例如是否达成目的。“惨胜”算不算胜？“不大败就算胜”又是什么结果？

兵棋对抗的结果如何判定并不是由兵棋本身确定，例如哪一方得了多少分，而是由对抗的组织者，例如导演部判定。导演部判定就需要事先明确评价准则，也就是“胜负”的标准。有了这些判定准则，才能牵引智能体奖惩算法的设计。但是，它可能不是唯一的准则，每一类、每一层智能体，或者在每一个阶段，都可能采用不同的标准。因此，实际兵棋对抗决策的评价准则可能比较复杂，以尽量避免出现误解或不合理的现象。

决策智能评价的基本方法

决策智能评价一般有两种方法。一种方法由演习博弈的组织者来说明。各类兵棋大赛对准则也就是胜负的描述包括占地多少、战损多少、加减分多少、红蓝换方各打一场算总分等。如果准则设计得不好，很可能训练出来的智能体会做出一些匪夷所思的决策，也可能因为兵棋对抗出现重大漏洞，产生纠纷。例如，某兵棋大赛的评价准则中有保持己方轰炸机完好则得高分的规则，结果智能体居然做出了“轰炸机不出动反而更好”的结论，“躺平即赢”，让参赛者哭笑不得。还有一个兵棋大赛按最后占据的登陆区域大小计算成绩，结果很多人居然在最后一分钟将部队投送上陆，以确保“最后一刻”的存在，也让组织者“无可奈何”。

另一种方法是 MuZero 的方法，让系统跟人学习并发现规则。这个目前还没有人能够做到，也许未来可以。因为战场本来就很复杂，而且还经常变化，胜负规则很难用几句话说清楚。如果能让系统自己发现规则，也许会比人类总结得要好。这个规则可能也是一个神经元网络，可以把一些复杂模糊的规则表达出来。例如，“红方整体局势占优”就是一个这样的评价。

现在评价决策智能的水平一般采用“基线”评估法。什么是基线？基线就是事先明确的一个参照系，即所谓的 Baseline。然后，将被评价对象与基线进行比较，看看结果是否达标。例如，将人类指挥员兵棋推演的结果作为基线，然后用智能体去比较，就可以知道该智能体与人类决策水平相比如何。即使如此，该结果也只能看成参考结果，并没有绝对比较的意义。切不可随意喊出“战胜人类”的口号，因为战争太过于复杂了，而人又多种多样，能战胜“那几个人”，不等于能战胜所有人。

当然，采用基线评估法还有几个要求。

一是，作战方案要基本相同，基本指挥流程也比较相似。这就需要确定“基线方案”，包括构想、场景等，以及“基线想定”，包括企图立案、编成、基本判定准则等。

二是，需要很多次的统计结果，避免不确定性导致的某次结果的失真。基线方案与“智能方案”的比较必须具有统计性，最后可以把各种误差和不确定性缩小到可以接受的范围内。

需要评估的内容现在还没有具体的标准，我提过几个方面，可供大家参考。

一是，对智能决策系统的需求满足度进行评估（R），即对系统功能和性能进行测试，得到对需求的满足程度，包括对“强”和“像”的程度评估，以及特征谱的偏差度。

二是，对智能决策系统的自主性水平进行评估（A），即对智能决策系统进行自主性评估，得出自主性等级，例如美军对无人机就有不同自主程度的标准判定。对决策智能可以采用类似图灵测试方法，先确定一个基线等级，再测试与人类指挥员的偏差。

三是，对智能决策系统的认知成长性进行评估（G），也就是判断智能成长的可能性，估计未来发展的可能性。

这些测试都需要建立特殊的测试环境，可以利用仿真技术对智能系统进行虚拟测试得到结果。

题外话——如何度量“智能”

最后说几句题外话，如何度量所谓的“智能”。现有的智能游戏系统都没有解决真正的智能问题，可以说只解决了完成特定任务的“技能”问题，并没有人类特有的“智慧”。很多专家都持有这个观点，如马库斯。可以说，“可以处理现实世界的复杂性和不确定性”的智能系统，目前并未真正出现，AlphaGo 系列成果也是如此。

那么，什么才是真正的智能呢？怎样才能评估呢？很多专家的共识是，评估系统真正的智能，需要评价的是“技能获得能力”，即“学习泛化能力”。也就是，利用过去已有的知识，看看需要多久、多少额外的代价才能学会新的技能。因此，在测量时必须满足以下几点。

一是，测量时只使用系统事先不知道的任务。

二是，测量系统开始执行任务时的先验知识有多少。

三是，测量系统样本效率，即所需数据量的多少。

这时就可以评价系统的智能程度了，如果获得此技能需要的信息越少，那么证明系统越聪明，也就是智能水平越高。

目前利用这种方法进行智能程度评估的工作做得比较少，也许以后会多起来。所以，目前的智能决策系统需要解决的其实也还只是“技能”问题。若能解决好，其实也不错。

难题 10：智能系统怎样测？

智能决策系统建好了，就需要进行测试。这在理论上不属于智能决策系统研究的范畴，但是没有测试，智能决策系统也无法证明自己。就像自动驾驶汽车，如果没有测试，谁敢让它上路啊？所以，甚至可以说，要想研究决策智能系统，首先要把测试环境搭建好。

建立可以模拟真实环境的仿真系统是测试的基本方法。对于指挥决策智能系统而言，专业兵棋系统具有最好的条件。这就像自动驾驶汽车，都是先在虚拟仿真环境下完成测试的。这需要相应的测试技术和工具，并且能够提供第三方的测试服务，如场景生成、结果判定等。美军就是将智能技术嵌入“雅典娜”兵棋推演系统中，用于构建 AI

系统和决策测试的推演平台。它具有自动组建红方也就是假想敌的能力，并且可以防止测试偏见对推演结果产生影响。美国国防部在“针对敌方战术的建设性机器学习作战”项目发布时，就要求对承研方采用第三方的 OneSAF[①]进行测试。所以，利用专业兵棋系统是目前测试决策智能比较可行的方法。

专业测试可以促进研发，这在智能研究领域早有先例。例如，基于深度学习的图像识别，就是在李飞飞[②]创建的 ImageNet 上进行测试的。她选取了英文百科全书中的 8 万个名词，然后对每个名词收集 500～1000 张图片进行标注，最后达到 5000 万张图片的规模。然后，将这些图片提供给研究者，其中 120 万张用于训练，另外 5 万张用于测试。通过这种图片识别竞赛，全世界的学者都在不断地改进算法，大大推动了图像识别，尤其是深度学习技术的发展。最后，AI 图像识别准确率居然超过人类，ImageNet 也就完成了它的历史使命。可见，测试的意义有多大。

具体就决策智能而言，我觉得可以基于兵棋系统建立“作战指挥决策智能测试框架”，用于对类似的决策智能任务进行测试。其中应该包括以下内容，一是测试基础平台，包括专业兵棋系统、多任务训练云平台、AI 及规划外挂接口；二是训练基线想定，包括分类基本想定、样本数据、标准任务集，目标准则等；三是测试基线样例，提供决策环境，包括上级、下级、同级及对手行为等；四是测试基线准则，包括不同类型测试，如效率水平测试、自动规划测试、自主性测试等；五是测试方式及流程，将测试对象置于测试环境中，根据流程完成测试，概括起来说就是，测什么？怎么测？为什么测？用什么测？需要什么条件？；要做的事情就是搭框架、建基础、长积累、成生态等等。

其他问题

关于决策智能的有关问题，还有两个难题，这里简单地说一下有

① OneSAF 是 one semi-automated force 的缩写，是新一代美军计算机兵力生成系统。

② 李飞飞，1976 年生，斯坦福大学教授，人工智能实验室主任，是 ImageNet 挑战赛的主要创建者之一。

关内容。

智能决策能否被信任？采纳决策的前提是信任，是否信任“机器”的决策？智能系统是否值得被信任？信任需要逐步地建立，要通过什么活动建立信任？

“智能对手”是否一样？从技术角度来看，智能对手似乎在很多方面都很相像，但是无论目标和技术都截然不同，例如，智能对手，出于设计目的和应用方式的不同，在技术上就具有“像为优先”“知识独特”“从属地位”等特征，这必然带来很大的不同。从某种意义上来看，智能对手的研究可能更困难一些。

7.3 小　结

第一个结论，指挥决策智能目前只能在封闭场景内做到。因为决策空间被指数级放大，无论算力还是探索都存在问题，而且既缺乏数据也缺乏模型。封闭应用场景可简化智能场景，未来类似“半人马”似的混合智能可能是一种解决问题的途径。

第二个结论，指挥决策应该是运筹算法和智能发现的综合。运筹规划和规则反映的本来就是“智能”的结果，没有必要重新学习。任何决策的机器学习都不应该是从零开始，必须有个学习起点才好。要能够继承和发展，避免“从猿到人”所谓的“原始进化”。

第三个结论，决策智能的核心集中在对“例外”的处理上。不同类型的智能体完成不同的工作，只有通过充分交互才能涌现真正智能。越往上层应该越抽象，采用因果模型越多，可解释性就应该越强。

目前我们只能解决有限的问题，所以必须突出重点。

决策智能还有四道“坎”需要跨过。

第一道坎，可解释性。作战决策必须建立在可信赖的基础上，没有可解释性就没有可信赖性。但是，复杂系统本质上是不可完全解释的，只能趋近“尽可解释”。

第二道坎，终身学习。“现实”决策与“围棋”决策截然不同，需要不断追随环境和学习才行。

第三道坎，机器常识。人类决策不是“就事论事”，常识是基础的基础，但常识又如何组织？

第四道坎，可被信任。到了战场上，你真的信任机器吗？出了问题算谁的责任？这一点今天没有更多的讨论。

所以，我的看法是，决策智能从游戏到作战指挥，还有很长的路要走。好在现在已经起步了，相信将来会有比较好和比较大的进展。

第 8 章　态势智能认知的问题与探索①

——AlphaGo 的启示与我们的实践

随着军用信息技术的发展，国内外的兵棋推演系统、指挥信息系统，以及作战规划系统等军用信息系统都开始进入升级换代阶段，同时又都遇到了瓶颈。究其原因，主要是无法解决战场态势的智能认知问题。本章分析战场态势认知的难点，探讨 AlphaGo 带给我们的启示，提出态势智能认知在理念、研究框架和方法上的一点看法，并讨论未来的发展趋势。

8.1　态势智能认知问题

战场态势的感知、理解、预测，是指挥员指挥决策的前提和依据，也是作战计划和方案进行调整的基础。战场态势的感知以战场上各种传感器得到的数据为基础，以指挥员的知识和经验为核心，最终实现对战场态势的理解和认知。

战场态势中的“态”与“势”具有不同的含义和性质。“态”指的是“状态”，相对客观，可通过获取各种传感器的数据得出结论。这些传感器也包括跟踪自己部队状态的指挥控制系统，例如美军的“蓝军追踪系统”。“势”则是一种主观的判断，如对战场制权、敌方企图和动向的判断，对未来战局的趋势预测等。这与指挥员的个人认知有关，每个指挥员对战场的局势理解可能不一样，指挥员的个人理解决定了他对态势的认知，所以对“势”的看法是有主观性的。

---

① 根据胡晓峰在 2018 年第七届战争复杂性与信息化战争模拟研讨会上做的主题报告整理。吴琳、贺筱媛、郭圣明、陶九阳、朱丰、吕学志等参与了相关工作。

这种对态势的认知是综合性的，可以从极其复杂的战场态势中很快地抓住关键要素，并建立各要素之间的影响关系，从而得出对战场态势的最终判断。指挥员能够理解复杂战役态势的原因主要有两个。在基础数据上，指挥信息系统为指挥员提供所有可能获得的态势数据，指挥机关也协助其进行初步的归纳。在认知上，指挥员具备作战指挥的基本知识，以及丰富的经验和直觉。一个优秀的指挥员一定是经过了长期训练，具备丰富的经验和直觉，这往往成为对态势理解和判断的关键。如果计算机用传统办法去做，就会非常困难。这也是造成相关研究进展缓慢的主要原因。

作战态势认知的难点

作战态势认知是一个极其复杂的过程，影响对其理解的因素很多。尽管常见的态势认知（包括感知、理解、估计等）方法在不同层次上已经有很多尝试，如基于知识的专家系统、战场势能图、D-S 证据理论、模糊逻辑、层次分析、贝叶斯网络等；近年出现的大数据挖掘、复杂网络分析、遗传算法、数据耕耘等方法，也将态势认知研究向前推进了一大步，但是这些方法在解决态势认知问题时仍然显得困难重重，还是无法全面应对战场态势的高度复杂性。

首先，不同的战场类型和作战层次，实现难度和对态势认知的要求也不相同。一般来说，最低层次的战斗态势比较接近于技术范畴，很容易用运动方程、作战包线等方式判定对手的行为或行动，如敌机的飞行轨迹等。但是，到了比较高的战役层次，尤其是联合战役层次，对战场态势的理解就更加接近于艺术范畴，概念也更加抽象，需要体现指挥员对战场的综合认知，例如敌人的战役目的、主攻方向等。显然，战役层面的态势理解更加复杂和困难。

其次，随着作战规划系统、兵棋推演系统、方案分析系统的广泛应用，对计算机辅助战场态势理解提出了迫切的需求。这主要反映在自动决策的分支判断上，因为没有态势理解，就没有决策。例如，在作战规划系统中，当进行计划调整时，需要对各种分支条件进行判断，从成千上万的分支中间选择最合适的决策分支，而对“条件”进行判断的基本前提就是对战场态势进行理解。这在过去主要由“人”，也就是指挥员和指挥机关来完成，现在要交给计算机去做，其复杂程度远比雷达信号融合判定威胁目标、空战辅助作战包线估计要更高。

再次，战场态势有大有小。战术、战斗层面的态势相对简单，而战役层次的态势则非常复杂。战术、战斗层面可能只是某个地域的某个局部行动。格斗和分队战术相对容易理解，例如美国辛辛那提大学与美国空军合作研发的“阿尔法 AI”，其格斗态势相对来说比战役态势容易判定。此外，战场态势有虚有实，对物理空间的态势可以很容易用空间位置和轨迹加以表达，但是对虚无缥缈的赛博（Cyber）态势，例如网络作战或者电子对抗之类的态势，都属于虚拟空间的范畴，即使具备专业知识的“人”有时候也很难看清楚。我们可以借助各种可视化手段表示出来，但要达到真正的“理解”还有很多困难。因此，人对态势认知的过程就是整合信息并形成决策的过程。不同层次的态势理解需要的数据，以及解决问题的方式和难度均有所不同。战役态势理解的层次化过程如图 8.1 所示。对战役态势而言，即使可以得到全部信息和数据，也许只能理解一部分，而且越到高层，理解就越困难。

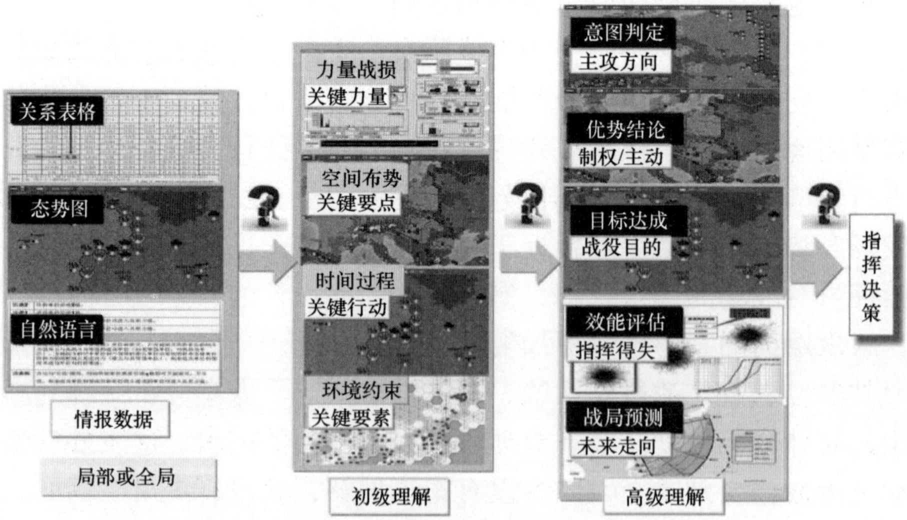

图 8.1　战役态势理解的层次化过程

最后，战争是不完全且不完美信息的动态微分博弈，是最复杂的对抗活动。态势认知难题在联合作战态势认知上更为突出，可以说联合作战态势认知是最为复杂的战场认知活动，是多重复杂性综合作用的结果，已经不能仅用算力、数据量来表达了。围棋是 19×19 的棋盘，AlphaGo 曾做过计算，博弈空间约为 10^{170}；对于 2 机对 4 机的空战态势，博弈空间约为 10^{7022}，已经远远超出了 AlphaGo 的量级。即使是一个简单的中等规模战役，以 200 个作战实体为例，博弈空间约为 $10^{86082109}$，恐怕这个量级用什么计算机都无法暴力计算了。

因此，我们认为，作战态势认知的难点主要与各种复杂性相关。

一是，空间复杂性。例如，战场上的作战实体多样，行动自由；作战空间连续，属性繁多；虚拟真实交错、影响多重等。

二是，时间复杂性。对抗具有动态博弈性，双方可同时行动；微分博弈策略间隔可无限小，这意味着可能性指数级增加；行动过程中计划性决策与临机性决策并存，每一秒钟都可能变化。

三是，信息复杂性。这主要包括信息不完全，即只知道部分战场信息；信息不完美，行动收益和效果反馈滞后，即行动效果难以实时获取和评估；信息不对称，战场迷雾与隐真示假，导致战场信息的不透明、不一致；信息不确定，战场情况会无原因或随机发生改变，包括自然条件、人的行为等，这也是战争复杂性的必然结果。

四是，表示复杂性。战场态势的表示不仅仅是态势图，还包括事件数据、部队报告等多种信息的综合，但是对不同表达的信息会有不同的理解，可能导致认知上的差异。

AlphaGo 的启示

AlphaGo 采用深度增强学习方法，在围棋上战胜了人类，展示了一种复杂系统认知建模的可能。AlphaGo 的出现，给我们带来很多启示。对于 AlphaGo 的方法，我们既不能认为它是万能的，也不能忽视它在智能认知方法上取得的突破，以及其中隐含的颠覆性意义。

利用深度学习得到人工神经元网络，实现对“经验直觉”的捕捉，实际上是对复杂系统认知的一种建模方法。下棋是对棋类博弈规律的一种认知。这种认知使我们将其逐步整合成若干个取胜的关键招法，知道在什么局势下应该如何落子才最可能取胜。这个过程就是我们对各种局部知识的整合过程。整合意味着理解，每理解一层，认知维度就减少一维，认知就上升一层。整合出来的是若干神经元网络，并且会随着认知的改变而不断地变化。

深度学习通过多层神经元网络，形成对概念、规律等知识的理解。因为人脑认知具有深度结构，需要逐层训练，才能逐步抽象得到结果。抽象其实是一件很困难的事情，而深度学习可以做到这一点。例如，我们要认识猫，把它变成“CAT”这个词，这就是一个抽象的过程。对概念的理解是非常复杂的，为了让计算机认识猫，我们需要提取猫身上的各种特征，将其整合在一起就代表这是猫，而不是老虎或者老鼠。这些特征的整合靠的就是神经元网络，这是一个逐步认知抽象的过程，是对概念的逐步理解。然而，猫的形象千奇百怪，花色、姿势都可以不同，甚至只有局部的信息，但它们都可能体现猫的特征。虽然很复杂，但是现在通过深度学习方法已经可以做到，甚至比人的识别率还要高。

计算机认识猫都如此困难，理解作战态势就更不容易，不过终究为作战态势认知提供了一个新的途径。从原理上看，这二者之间具有很大的相似性，都是要对复杂的特征进行整合和抽象，最后得出更高层的理解和认知。这个理解过程有个必要而非充分的条件，就是需要大规模计算能力。Google 的谷歌大脑曾经为识别猫用了 1.6 万个 CPU 核运行了整整 7 天。AlphaGo 也是如此，最早的版本 AlphaGo Lee 采用的分布方式包括 1202 个 CPU、176 个 GPU，速度约为“深蓝”的 2.5 万倍；单机方式则用 48 个 CPU、8 个 GPU，约为“深蓝”的 1000 倍。AlphaGo Master 采用 4 个 TPU，每个 TPU 为 180 Tflops，并且在算法上做了大量改进，使计算量和耗电量仅为过去的 1/10。其后面世的 AlphaGo Zero 则全部采用 TPU 来做。所以说，深度学习在某种程度上就是大数据+高性能计算+神经网络算法，三者缺一不可。

深度学习建立的复杂系统模型

深度学习下的认知是一种非常接近人类认知的学习方式。传统的知识大多是以理性化的抽象方式学习的，如牛顿定律、运动方程；深度学习则是通过反复试错，以直觉感性的方式来学习，这正是我们获取大部分知识的方式。例如，当一个球抛给你的时候，你伸手就能抓住，但是你大脑里从来没出现抛物线公式或地球引力系数，靠的就是不断以试错方式学习总结经验得到的结果。在作战指挥中，很可能找不到对应的因果关系和形式化表达，但是指挥员能够依据的就是“感觉”和“经验”。

因此，就态势理解而言，对指挥员的认知建模，用自上向下的方式更为合适。传统上，我们对坦克、飞机、大炮等作战实体及其行为，一般采用自下向上、从局部到整体的方式进行建模，并逐层推进到战役层面，然后判断其态势。这个态势空间是一个巨大的数字，无法通过暴力计算得到结果。反过来，如果从指挥员认知判断的角度去看，自上向下可能是一个更合适的方式，这就是所谓的认知建模方式。

我们的大脑实际上是由各种神经元组成的，如果把大脑数字化就变成了人工神经元网络。这个神经元网络既能下围棋，也能开飞机，当然也可以用于态势的理解和表达。因此，我们把生成的结果看成一种模型就顺理成章。但是，这种模型具有特殊性，是通过神经元网络方式表达的，而不是用数学公式或规则算法等传统方式表达出来的。从这一点来看，针对复杂系统进行建模时，采用这种无时无刻不在变化的神经元网络方式，可能才最符合复杂系统的性质和特点。

由此，可提出一个对态势智能认知进行建模的新机理，即通过捕获经验、直觉、记忆等非形式化知识，与形式化知识一起构建能够反映战场态势特征的认知模型，实现对态势的深度理解、想象、判断和预测。这称为认知建模。认知建模需要两个方向的知识整合。一个是自下向上，包括规则、约束、计算等形式化知识，主要依赖逻辑推理。另一个是自上向下，指全局性、意图性等非形式化知识，依赖对经验直觉的捕捉进行建模。其中，最大的难点是让机器具备人类的经验直觉能力。

通过上述两个方面建立全新的态势认知机理模型，其基本思路是用深度学习方法实现态势认知。这需要找到对指挥员的认知进行采集捕捉的方法，从指挥员认知出发，通过大量学习建立多层神经元网络模型来理解和解释作战态势，实现对作战态势的建模。这就像 AlphaGo 通过解读棋手的博弈过程，建立理解围棋态势的认知模型一样。

8.2 态势智能认知的基本理念

虽然 AlphaGo 取得了巨大成功，但是 AlphaGo 的方法并不能直接套用，因为战争与围棋完全不同。战争是不完全信息条件，有时还会隐真示假；战争具有不确定性规则特点，对抗双方不对等、对抗规则不固定、对抗因素不确定；战争的学习样本稀缺，AlphaGo 有 16 万盘棋谱仍嫌不足，而战争样本数量则少得可怜，根本没有大量的数据可以用于训练。此外，战场空间是开放的，决策的选择远远超出围棋的量级范围，战争态势认知需要的计算量更为巨大。

战争与围棋的不同迫使我们必须另辟蹊径，借助认知建模的方式捕获专业知识和指挥经验，即对战场态势认知需要建立全新的理念，并整合多种方法。基于复杂系统思想，我们提出认知建模的 5 个基本理念。

理念 1：面向复杂系统的认知建模

战争是典型的复杂系统。“兵无常势，水无常形”“战争中的偶然性”“战争结果不可重复”“战争中的迷雾”等，都是对战争复杂性的经典描述。导致战争复杂性的根本原因是战争系统不可分解还原，即“1+1≠2”。这些性质主要包括复杂系统没有“可加性”，整体性质不能由局部性质叠加而成，研究系统须从整体出发；复杂系统的结构动态可变，具有“适应性”，由于系统的结构决定功能，因此其性质和功能也会不断改变；复杂系统的因果关系不明确，结果具有“不确定性”，不可预测也不唯一；系统演化具有非线性、涌现性，小动因也会有大后果。战争复杂性的本质特点决定了只有用复杂系统思想来指导态势认知研究，才是唯一正确的途径。

态势是战争复杂性的表现。从本质上说，态势认知就是对战争复杂系统的理解。这在很大程度上属于指挥员的经验认知，是对战争运行规律的深刻理解和对战场各种因素的综合权衡。这种对战争的理解是主观的，很难用形式化方式表示和传递。对复杂系统的理解，往往取决于经验的高低，态势认知亦是如此。

为了正确理解态势，应找到正确的建模对象和建模规律。一般来说，简单系统建模都是依据规律相似，因为其规律是可形式化的，结果也是确定的。但是，复杂系统的规律却很难寻找，很多都是依据直觉和经验，结果也经常是不确定的。所以，对复杂系统建模存在很大困难，因为从逻辑上就很难解决。但是，复杂系统的规律又是客观存在的，认识与否却是一个主观的结果，而这个认知结果就被认为是复杂事物的客观规律，无论它是形式化还是非形式化的。例如，AlphaGo 打败人类，它对围棋的认知就被认为是客观规律。这意味着，对复杂系统建模还有另外一种选择，就是对认知建模，而不是对事物本身建模，即采用自上向下的方法，对指挥员的认知进行建模，最后逐步理解战场态势。当然，这个结果就是大数据产生的复杂网络，如神经元网络、知识图谱等。所以，神经元网络也应该是一种对认知模型的表达形式。

现在看来，经验认知模型似乎越来越成功。AlphaGo 的突破在于找到一种生成神经元网络的方法。这种方法可以将其对围棋的经验和直觉捕捉下来，“储存”在策略网络和价值网络中，从而达到顶级玩家的水平。此类方法还可以用于视频游戏、德州扑克、星际争霸等多种游戏，而且战无不胜。规则谁都懂，差的只是经验，只要有大量的试错机会，就可以成长为高手。即使今天的 AlphaGo Zero 已不需要人类的经验数据，也需要自己创造的数据积累经验。这就是说，AlphaGo Zero 并没有找到必胜公式，而是找到一种快速学习积累经验的方法。因此，通过认知试错，寻找复杂系统的运行规律，有望成为理解复杂系统最有效的手段。

传统上，对复杂系统有三种认知方法，即理论推导、科学试验和仿真计算，但这三种方法只可用于解决部分问题。近年来发展的复杂网络、大数据方法扩展了解决问题的途径，深度学习、增强学习等一系列神经元网络的方法使认知达到更深的程度。对复杂系统而言，深度学习这类方法与其说是一种智能方法，不如说是一种建模方法。上述方法都只能解决了复杂系统的某一部分问题。这意味着，复杂系统具有多个侧面，每个侧面都可以代表复杂系统的一部分性质，但每个侧面又不能代表全部性质。不同的方法反映不同的侧面，通过多侧面对复杂系统规律进行认知，不能说完整，但至少更全面了。因此，对于复杂系统建模，就必须考虑采用新的方法和途径，认知建模应该成为一种值得尝试的可行途径。

理念 2：基于动态过程的学习理解

战场态势是一个动态系统，在动态实践过程中才能理解各要素之间的复杂关系。动态过程包含很多内容，主要有三种学习理解方式。

第一种，在运动中理解。

复杂系统最重要的特性之一是“只有动起来才会发现系统的秘密”。同样，动态的时序过程也是战场态势中的重要组成部分，也就是“势”的含义。轨迹线就是最简单的动态时序过程。用轨迹线描述运动过程，数据多了之后就会发现，这些轨迹可能提供更高层次的理解，例如识别道路、航路等。

通过轨迹也可以进行预判，在正式行动前探索未来的可能结果，这就是想象力模型,是通过规则和试错结合起来进行的一种学习方式。试错方式的好处是可以保留创新的可能，例如 AlphaGo 的 1700 万随机盘面就保留了创新“超人”的可能。如果单纯地进行简单试错，对复杂系统而言计算量可能会太大。依靠规则的好处是可以大量减少计算量，但是若仅依靠规则又可能无法创新，显得过于机械。所以，将试错和规则结合起来，是想象力模型的做法。针对信息不完美情况，可以先思考各种方案，评估后再工作。这与人类的思考方式是一致的。

用原来积累的经验去解决未来的预判，这就是想象力建模的作用，DeepMind 公司已对此开展了研究，并取得很多成果。在作战领域，作战前会有作战构想，就是指挥员根据作战经验进行想象和评估，并预判未来可能的结果。

第二种，在学习中理解。

战场态势是一个演化系统，需要在不断学习中发现系统演化中各要素之间的复杂关系。动态性产生自学习，学习本身的结果可以供自身再进一步学习。自学习造就进化性，在学习中不断再认知，并不断进化趋优。DeepMind 公司提出的深度增强学习，本质上就是在动态过程中进化寻优。通过奖励函数确定什么是好的，什么是差的，在后续的学习中会慢慢趋优。这就是在学习中理解、优化的过程。

第三种，在对抗过程中理解。

战场态势是多方对抗结果的表达，要在决策与观察的迭代过程中才能理解态势的真正含义。这是因为，态势理解与进行决策是无法分割的整体，理解会影响判断，判断会影响决策，决策的结果又会反过来影响认知和下一步的行动。没有对抗，就不会产生好、坏、多、少等判断；没有交互，也很难准确知道敌人究竟想做什么。在指挥过程中，指挥员经常需要试探，看看敌人怎么应对，然后做出更确定的判断。整个过程就是对抗、交互和调试的过程，也是不断理解的过程。这说明，理解也是需要决策试验的，通过试验确定认知结论。

理念 3：多种来源的态势数据样本

智能认知需要大量的样本进行学习，但是战争系统的特殊性使其不可能获得充足的数据。首先，战争极少发生，数据量不可能充分，即使发生战争也很难完整记录。其次，战争形态变化极快，重复的历史数据参考价值有限，因为战胜不复。再次，对态势的认知与指挥员密切相关，不仅难以记录，也很难统一。最后，演习、靶场的数据虽然有，但是与实战还有一定的距离。上述因素要求我们必须找到获取足够学习样本的方法。

AlphaGo 从学习大量样本发展到完全不用人类数据，实际是一个对围棋知识理解不断加深的过程。AlphaGo 开始采用了 16 万盘人类棋谱，拆成 3000 万盘面，生成 3000 万新盘面，并由此产生出很多超出人类的新招法。其样本产生方法就是重大创新。到 AlphaGo Zero 则完全依据围棋规则产生训练数据，实现快速迭代学习，让“自己成为自己的老师”。但是，这种方法适用于有明确规则和完全信息，并且能够建立奖惩模型的学习过程，如棋类游戏。采用这种方法至少要满足以下条件：一是状态集封闭，二是规则完备，三是约束有限不递归（不递归意味着有结束点）。可见，所谓不需要人类数据，实际上是为棋类游戏找到了一种生成训练数据、判定结果的方法。

对作战数据样本，需要采用完全不同的方法。战场数据样本有 4 种类型。一是，战场及值班数据样本，也就是实际战场的数据。过去叫“交完数据再洗手”，现在通过联机直接获取指控系统的实时记录。二是，兵棋推演数据样本。作战仿真和指挥员行为共同构成，由于有大量人为数据且与人的行为密切交互，因此非常有参考价值。三是，靶场试验数据样本。数据自身可形成闭环，所以对综合装备系统运用有价值。四是，机器数据样本。用纯仿真方法得出的样本，对智能认知有部分参考价值。

此外，根据数量也可将数据样本分成 4 类。一是，大数据样本，具有较为充分的数据量，如战争模拟数据。二是，小数据样本，具有部分真实数据，替代生成迁移样本。三是，自产生样本，完全自己仿真产生样本，例如采用“数据耕耘”方法。四是，无数据样本，例如部分封闭规则系统，可根据规则学习得到样本。

理念 4：面向整体的多方法运用

战场态势是战争系统的整体表达，只有通过多种方法综合才能对战场的整体效果进行理解。因为战场态势是复杂系统，是“整体决定局部，而不是局部决定整体”，所以必须先知道整体情况的优劣，再看每一步是否必要且合理。这就需要同时采用多种方法才能对战场全局态势进行理解。

理解的核心是整体关系。作战态势认知需要从全局范围把握，通过多维综合来建立。全局态势不具可加性，不能仅由局部态势叠加而成，但基础是局部理解。其结果是非线性的，因此要特别注意对变化过程和效果的判定，即注意态势的变化率。同时，需要关注全局性，主要是对关键节点、关键任务、关键效果等的判定。全局性不等于不注重细节，其核心在于知道什么是关键。

态势理解也要分层和分类。战场态势非常复杂，但把它分成多层、多类之后就会变得简洁，易于理解。例如，按作战时空分解成多层分别处理，主要是为了简化和聚焦。在空间维度上，可以按位置关系、军种关系、指挥关系、保障关系等进行分类简化，按不同层次区分军兵种作战空间。在时间维度上，可以按力量消耗、编配部署、任务完成等进行聚焦，按不同时间段、任务节点区分作战进程。

态势理解与正确决策密切相关。从广度上看，首先要有对态势全局的正确理解；从深度上看，要对执行步骤中的每个行动做出正确决策，最终才能达成对整体态势的正确理解。所以说，整体性是态势理解不可或缺的关键因素。

理念 5：高层态势的人机融合理解

就技术发展现状而言，期望机器能够对高层态势全面认知，不但难度过大，而且也不现实，因此人机融合方式应该是目前恰当的选择。高层态势（例如战役态势）认知是一种对当前战场情况的综合判定和深层理解，而且态势层次越高，抽象度越高，知识越宽泛，尤其是“人”与“我”的差别就越大。“人”好判定，“我”是 AI 里所说的“自主意识”，不好判定。所以，当前最重要的是要搞清楚人机界限，规划好人机分工，基本工作方式是有限目标、循序渐进、迭代发展。在很长时期内，机器认知仍然属于工具的范畴，把这个工具搞好是目前我们要做的重要工作。

8.3　态势智能认知的基本方法与探索

在态势智能认知基本理念的基础上，我们提出态势智能认知研究的基本思路，并进行了初步研究实验，目标是在兵棋推演系统中实现智能辅助。

态势认知的研究框架

受 AlphaGo 方法的启发，我们探索了一种理解战役级态势智能认知概念框架，如图 8.2 所示。其基础功能包括目标信息融合、态势感知理解、自主推理决策。基础共性科学问题包括态势认知、态势预测、基于完全信息的智能决策，以及基于不完全信息的智能决策等。基本方法是采用兵棋系统获取大数据，通过深度学习、复杂系统、复杂网络、知识图谱、大数据等方法，结合增强学习、进化学习和迁移学习等手段，实现对战役态势的智能认知。智能认知的终极目标是实现智能辅助，无论是替代下级助手还是替代对手，为兵棋推演系统配套服务。未来相关的核心技术也可以将其迁移到作战规划系统、作战模拟系统等其他军事信息系统中。

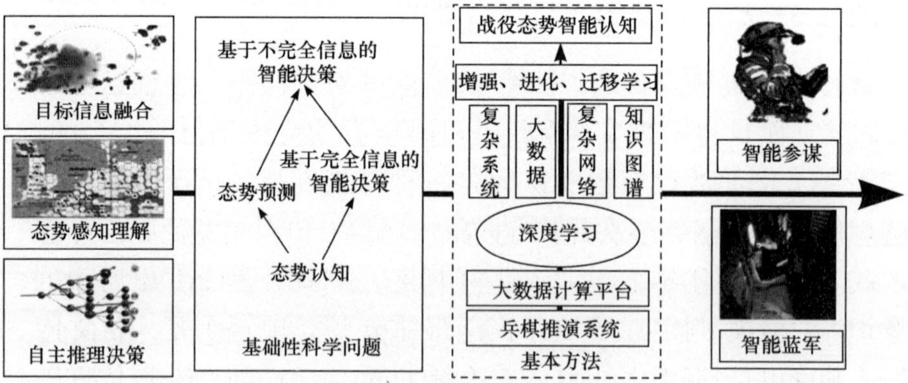

图 8.2　理解战役级态势智能认知概念框架

在上述框架中，态势认知行为数据的获取是关键。我们可以利用两种方法获得指挥员的认知数据集，即利用兵棋系统实时捕捉指挥员的认知行为过程数据，通过大量的演习把它采集下来；通过指挥员对历史战例态势进行重现，让指挥员认知和理解，然后采集相关的行为数据。将二者结合之后，可形成指挥员的态势行为数据集，继而以多种典型的作战态势认知任务为牵引。例如，注意力机制支撑下的重要目标选择，基于序列机制的空中目标任务识别等，研究结合不同认知机制的学习方法，最终归纳形成一套面向不同任务的认知匹配模板和认知流程框架，指导样本数据的处理和认知模型的构建。

态势认知的学习方法

对态势认知的学习需要在深度学习方法的基础上，采用多种方法的综合才能取得较好的效果。这既是对态势认知建模、形成态势理解的神经元网络的需要，也是对态势认知建模学习方法的探索，以便寻找最合适的方法。目前，我们正在尝试用下列方法进行学习。

第一种，增强学习。这是一种大样本学习方法。AlphaGo 监督学习的策略网络是仿照人类的走法，属于经验模式。增强学习得到的估值网络，是通过按规则自我博弈的学习过程得到的，也就是我们常说的“样本超出”才有可能做到“能力超出”。AlphaGo Zero 利用规则也可完全不用人类经验，对于可以建立奖励函数方式的作战态势理解过程，可以借鉴这种方式。在作战行动中，有很多问题虽然复杂，但是仍然可以建立奖励函数。例如，火力打击和毁伤计算都可以通过建立奖励函数来描述目标打击的准确度或圆概偏差等。简单来说，增强学习其实就是一种自我强化的学习训练方式。

第二种，迁移学习。此方法是基于一种知识迁移机制完成态势推理的。在与态势认知比较相似的领域，可利用已训练好的模型减少数据量。这需要利用部分数据完成泛化的认知，例如从认知“机动”行动到认知“撤退”行动。这两个行动有相当一部分是可以泛化的，因为撤退本身也是机动的一种。迁移学习可以有不同的种类，如基于数据样本、数据特征、模型参数、结构关系等的迁移学习。概括来说，迁移学习就是触类旁通、举一反三的过程。

第三种，贝叶斯学习。这是一种稀缺样本的认知推理方式。2016

年，《科学》杂志报道了一种通过图灵测试的基于案例的贝叶斯学习方法。它没有对模式进行反复的学习聚类，而是通过“例子”推理抓住特征。同样的方法也可以用到态势理解中，利用有限知识，抓住典型特征，实现小样本态势认知，即无需对态势认知模式进行反复学习聚类，比较适合缺乏样本的情况。所以说，小样本学习概括起来说就是“照猫画虎”。

第四种，不完美信息学习。取得巨大突破的德州扑克就采用了此种学习方法，这是一种不完美信息博弈条件下的学习。战争属于不完美信息博弈，有些信息需要猜测，而且行动收益和效果反馈滞后，当前的行动要很久才能在信息上反映出来。对手的隐蔽和欺骗，战场复杂性带来的战争迷雾等都属于不完全、不完美信息情况。DeepStack采用“增强学习+虚拟自我博弈”的方法，利用深度学习对未来几步进行预测，逼近了一对一无限下注的德州扑克博弈纳什均衡，从整体效果上超过了人类。这种无先验知识条件下对不完美信息的深度强化学习方法，也可用于对战场的“感知真实”态势进行学习，还可以结合决策认知。所谓“感知真实”，是指依赖各种感知情报得到的对战场情况的判断，是相对于“实际真实”而言的。“实际真实”是客观的，而“感知真实”则是主观的，也就是可能感知判断错误。这种情况在战场上经常存在，感知与实际差别很大。在这种条件下学习决策，与全透明的方式完全不同。所以，不完美信息条件下的学习实际上就是博弈预测学习。

第五种，注意力学习。这是一种源于心理学注意力集中机制的学习。该方法将注意力作为重要的学习对象，可以把重点很快集中到关键对象上。指挥员对态势的认知有其关注的重点，海军指挥员重点在海上，空军指挥员重点在空中，重要目标和关键因素则是司令员考虑最多的部分。这就需要学习方法能体现出这些重点的价值，是一种将主观因素纳入学习的方法，需要追踪指挥员的注意力和焦点，达到优化学习的目的。所以，注意力机制学习的核心就是快速聚焦，把重点放在关注点上。

第六种，基于记忆/序列机制的深度学习，即通过先后次序来学习。

该学习方法比较适应作战任务，通常具有的持续性特点，需要对一定时间段内的任务进行跟踪识别。基于记忆/序列机制的深度学习具有序贯的网络结构，可依次积累多个时刻的态势特征，实现对作战任务的识别。对记忆/序列机制学习而言，持续时间的积累是关键。

第七种，群体认知学习，即将多人的认知进行综合。一个指挥机构，指挥员很重要，指挥机关也很重要，大家集体认知就可能形成群体认知。这种方式源于众人综合认知机制。联合作战指挥中的群体智慧可以从不同角度获取态势知识并融合形成认知，实现不同视角下态势认知的综合一致化。群体认识学习流程如图 8.3 所示。

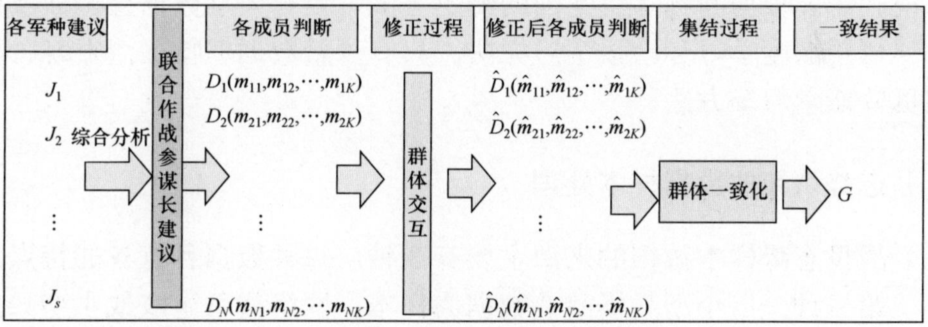

图 8.3　群体认识学习流程

第八种，关系学习，即理解实体之间的关系。对态势理解而言，理解实体间的关系是学习的最关键内容。从非结构数据中识别实体间的关系是人类认知的必要条件。能够识别出实体不等于能够识别出关系，尤其是动态关系。让计算机识别猫和狗没任何问题，但要识别出这条狗是否在追猫就比较困难，这就是识别关系。所以说，学习推理态势中实体的关系，例如红军飞机与蓝军飞机是追击关系，而不是长机僚机关系，是理解态势的关键内容。

第九种，进化学习。这是对认知模型训练的一种学习方式，通过学习可以建立闭合的反馈回路和动态进化机制，使态势认知模型具有进化学习功能，并通过优化模型中的参数和行为实现模型的进化。进化模型最适合学习，因为复杂系统最大的特点是结构会发生演化，学习行为本身会被学习结果影响。这种复杂系统的反身性特点会导致奇怪的现象——认知反而使系统变得更为复杂。对于简单系统，我们对其认识会最终趋于认识的终点，也就是完全认识理解它；对于复杂系统，如社会系统、经济系统等，认识越接近它，反而会使它发生更复杂的演化，这就叫反身性。例如，这次战争打赢了，下回还这么打，就可能会输，因为对手必定会变着法儿打败你，所以就必须进化自己的模型和认知，使认知变得更先进，比对手进化得更快才行。因此，进化学习是符合复杂系统特性的学习方式。

总的来说，态势认知可用的方法有很多，但多种方法混合使用才是真正的解决之道，“多管齐下”才能真正解决态势认知问题。一般来说，需要根据问题寻找不同的解决方法。当有大量数据且特征模糊时，可用深度学习和增强学习方法；只有少量数据但特征清晰时，可用贝叶斯学习等方法。

态势认知的数据样本处理

战役态势样本数据的来源主要有 3 种。每种数据各有各的特点。

第一种，以小型兵棋游戏数据为样本。网络战争游戏或小型兵棋系统，例如《星际争霸》《装甲奇兵》等，已有研究采用其数据作为样本，对于战术层面的原理性研究有一定的价值，但对战役态势理解来说，由于做了过多简化，很多情况都太理想化了，与实际差距太大，影响了其价值，用处不是很大。

第二种，以大型专业兵棋数据为样本。此类数据样本包含指挥员的实际指挥决策，所以参考价值极大。同样，可以此为基础，产生自生成样本，以得到更多数据。

第三种，以计算机作战模拟系统的数据为样本。由于数据全部源于计算机仿真，缺乏人的行为，很难符合要求。

对兵棋推演数据的采集，可以基于兵棋系统对人在回路的推演过程进行记录。大型专业兵棋系统可以全维记录对抗各方的“感知”和“实际”真实数据，还可以全方位地反映各个战位上指挥员的指挥行为，得到各个作战行动的中间和最终结果。这些都可以成为和平时期研究未来战争不可多得的“战例金矿”和“态势源泉”。如果是真实演习，现在很多装备还不具备记录采集功能，所以难以把数据全面记录下来。希望未来武器装备都有完善的数据记录装置，以便记录数据。

在采集获取的实际兵棋演习数据后，要进行指挥控制过程的追踪、作战效果的统计和关键行动的分析，才能作为指挥员的认知行为样本使用。这一过程实际上是对复杂战场样本数据进行自动标注的基础。神经元网络学习需要对样本进行标注，可以通过对数据本身的分析来进行。战场态势可以分方、分视角分割，也可以分成不同的类型进行标注。通过可视化方法，还可以将战场态势按照体系指标进行切割，构建以连续图像为基础的分方、分视角的数据集。

此外，还有一种基于增强学习的数据生成方法。例如，AlphaGo 采用所谓“左右互搏”方法生成数据，AlphaGo Zero 基于对抗博弈产生大量盘面样本数据等，都属于方法上的重大创新。目前，我们正尝试借鉴这种方法解决战场态势认知问题。基于现有的大型兵棋系统，我们构建了一个试验系统 Gamer，通过真实的兵棋演习数据建立可以识别基本态势，能够产生不同作战任务的模型，再将这些任务输入兵棋系统，从而产生更多的数据，最后训练系统学习，产生对态势理解的结果。此方法的优势是可以产生大量的训练数据，并使认知态势的神经元网络进一步进化，进而产生更多、更好的数据，从而形成一个良性的闭环，最终在一定程度上为识别和理解态势提供一个创新性的方法途径。

另一种很有潜力的方法是基于生成对抗网络（generative adversarial networks，GAN）的数据生成方法。这种方法构思巧妙，很有可能推进态势认知方法的进步。GAN 是一种生成模型，可获得多种样本，学习后生成对应概率分布。它有两种网络，一种是“生成器网络”，获取真实对象概率分布，输入噪声转换为新样本；另一种是“判别器网络”，用于观察真实和假造的数据，判断生成对象真实与否。例如，可以利用 GAN 采集下雪天的数据，生成一个晴朗天气的数据，也可以用白天的数据生成晚上的数据等。GAN 的基本思想就是“无法创造也就无法理解”。先创造，再理解，对态势理解而言，非常具有启发意义。先创造出来，然后进化出所要的结果。开始肯定很差，但是到最后可能会越来越好。

数据样本问题解决的好坏，直接决定态势认知问题是否可以最终解决。作战数据样本构建的过程主要是态势要素聚类分析的过程，主要包括 4 步，即作战大数据的预处理（对数据进行清洗、属性聚合和归约等处理）、复杂态势特征选取（综合运用超网络分析、大数据挖掘等方法进行特征选取与优化）、态势数据标签生成（利用群体认知、群体智能等生成数据样本标签）、完成认知模型的转化运用。这个过程是采用“大数据+复杂网络+深度学习”技术，形成一套作战数据处理方法，通过大量的样本数据提升机器学习的能力。

态势智能认知探索性研究

基于上述理念和方法，近些年我们进行了一些初步研究和探索，并通过一些实际案例分析修正了原先的部分观点，加深了对问题的理解。例如，基于改进竞争性假设分析的战役企图分析、基于贝叶斯网络的任务群识别、基于深度学习的战役初始态势认知、注意力机制下的军事目标价值评估、基于序列学习机制下的空中目标任务识别、基于贝叶斯推理的空中目标意图分层识别、基于贝叶斯推理的空空对抗优劣识别、基于深度学习的战场包围态势识别、基于深度学习的作战主攻方向识别、基于关键态势要素的战役任务分析等。

目前，有些研究已经取得一定的结果，例如战场态势优劣势判断。我们曾经在输入 8 万个训练样本、2000 个校验样本、2000 个测试样本的条件下，用 3 层堆栈式自动编码器（stacked auto encoder，SAE）预测的准确率可以达到 90%。同样的样本数据，基于 SAE 的作战行动意图判断，用 4 层 SAE 的堆栈自编码预训练 100 次的条件下，可以达到 78.6%的预测准确率。基于 LSTM 的作战行动意图判断，识别准确率在训练集上可以达到 98%，在测试集上可以达到 83%。

8.4　未来的挑战与发展趋势

战场态势认知的研究是一件非常困难但又不得不去做的事情。其面临的挑战是全方位的，主要表现在以下方面。

首先是技术方面。一是需要建立多模式、多领域态势认知机理建模框架。通过建立深度学习、认知科学、大数据、复杂网络相结合的认知框架，将经验、直觉、想象、记忆、遗忘等认知模式，以及形式化和非形式化的知识都综合起来，这是未来能够取得进展的关键。二是突破多技术融合的战场认知及决策核心算法，包括混合深度学习、大样本空间构建、知识的联合表示等。作战行为意图判断、行动自主任务规划、协同决策评估等也属于这一类。三是找到多途径的态势样本数据构建与标注方法。这种自动智能标注的方法会对未来态势理解起到关键作用。大规模态势样本标签标注、生成对抗网络的数据生成都值得去尝试。四是建立通用性、高效能态势认知计算支持环境，包括深度学习开发支持环境、大规模高效能计算平台等，这是实现学习训练的基本条件。从某种意义上说，正是计算能力的提高，才有了今天深度学习的突破。

其次是多领域的作战应用研究。一是面向战役指挥辅助的智能参谋，为作战规划、指挥控制提供任务分解、计划更改等支持。二是面向战役兵棋推演的智能辅助，为作战演习提供对手，为作战分析提供对抗分析条件。三是特殊领域态势智能认知与自主决策，为电子、网络、空间、导弹防御等领域提供自主决策支持，这些领域都需要通过智能化尽量减少人的介入。四是面向武器平台操作的态势智能认知，如有人驾驶武器平台、无人驾驶武器平台、混合平台、智能僚机等。多个无人机和有人机配合等也属于这一类。

无论技术还是应用，智能认知的瓶颈都必须突破。这个瓶颈一旦突破，指挥控制、兵棋推演、作战规划、方案评估等系统的研发就都能得到突破，否则只能在原地踏步，这是不容忽视，甚至是需要争分夺秒的事情。从实践角度看，传统的老方法已无法解决上述问题，必须采用新方法。智能决策的最大难点在于态势认知。AlphaGo 给我们的启示是人的认知是可以建模的，从指挥员的认知出发对态势理解建模可能更直接，也更符合战争复杂系统的性质和特点。需要说明的是，要解决高层的战役态势认知问题，仅靠认知建模技术还不够，最终还是要靠人机智能的融合。

未来战争的胜败将取决于认知速度，而认知速度的快慢取决于对智能技术的掌握程度，绝不要低估机器智能技术突破门槛后的发展速度。当年“深蓝”经过很长时间才超过人类，而今天 AlphaGoZero 只花 72 小时就超过了人类，它的进化速度可以说非常惊人。态势认知一旦突破，必定会突飞猛进，而且谁先突破谁就掌握主动。这甚至是影响战争胜负的决定性因素。但是，我们仍然不能急功近利，关键是要做好基础性研究，坚持 10 年以上必会有成果。对态势认知的研究也必须从基础做起，逐步迭代前进。

第 9 章　指挥信息系统的智能化挑战①

——从“深绿”到“阿尔法狗”的探索与思考

大家知道，这些年世界各国对指挥信息系统、模拟仿真系统、任务规划系统、分析评估系统等的研究开发进展很快。但是，这些系统目前都遭遇了同样问题，就是智能辅助的滞后。这些系统基本上还停留在辅助“劳力”而非辅助“智能”的阶段，对智能程度要求稍高的问题，基本上是无功而返。例如，态势理解、决策辅助、对抗推演等都是如此。这已经成为未来指挥信息系统建设发展的“智能瓶颈”，已经无法适应未来战争的需要。未来战争需要的快速决策、自动决策和自主决策等都对智能辅助提出了很高的要求。

所以，未来指挥信息系统更新换代，首先要解决的就是“智能瓶颈”问题。这是系统能力实现阶跃式提升的核心环节，也是形成与对手不对称优势的关键所在。我的一个观点就是，我们的指挥信息系统要继续发展，按照现在的方式也是可以进步的，但那是线性发展，比较缓慢。要升级换代，就必须突破“智能辅助”这个瓶颈。其实，这也不是想不想的问题，如果对手已经突破瓶颈升级换代了，我们还慢慢地线性发展，在战场上就会非常危险。所以说，“智能辅助”对未来指挥信息系统研发建设来说，不是搞不搞的问题，而是必须解决的关键问题。

下面以美军的“深绿”计划发展过程为例，简要分析机器智能辅助存在的问题，并结合“阿尔法狗”在智能方法研究上的突破，讨论未来指挥信息系统研发需要关注的问题及趋势。

---

① 根据胡晓峰 2016 年 8 月在第四届中国指挥与控制大会上做的主题报告整理。荣明参与了前期针对“深绿系统”的报告准备工作。

9.1 "深绿"想做什么

简单地说，"深绿"想将智能技术引入作战指挥过程中。"深绿"计划是 2007 年美国国防部启动的关于指挥控制系统的研发计划,原计划 3 年完成，然后将系统嵌入美国陆军旅级 C^4ISR 战时指挥信息系统中。当时 IBM 的"深蓝"战胜了国际象棋棋王卡斯帕罗夫，受其影响，所以该计划就被命名为"深绿"。他们认为，既然计算机可以战胜棋王，那么计算机也可以帮助指挥员进行快速决策，在作战指挥中取得制胜的先机。后来，他们发现原先的估计过于乐观和简单了，计划至今都没有完成。

"深绿"的目的和任务是预测战场上的瞬息变化，帮助指挥员提前进行思考，判断是否需要调整计划，并协助指挥员生成新的替代方案。他们预先的设想是能够将制定和分析作战方案的时间缩短为现在的四分之一。提前演示出不同作战方案，以及可能产生的分支结果，通过快速决策打破敌人的决策行动环，导致其始终不能将"观察-判断-决策-行动"形成闭环。由于决策速度比敌人快，因此行动比敌人快，当敌人还没有做出决策，战场情况已经由于己方的行动改变了，所以敌人不得不去重新观察判断，永远无法完成决策并行动。他们设想用这种方法控制敌人，并最终打败敌人。通过"深绿"，可以将指挥员的注意力集中在决策选择上，而非方案细节的制定上。方案细节的制定交由计算机帮他完成。

"深绿"由四大部分组成，如图 9.1 所示。第一部分叫指挥员助手，说白点就是人机接口。第二部分叫"闪电战"，实质就是模拟仿真。第三部分叫"水晶球"，相当于系统总控，完成战场态势融合和分析评估。第四部分是环境，"深绿"与指挥系统的接口。它主要有以下几个特点。

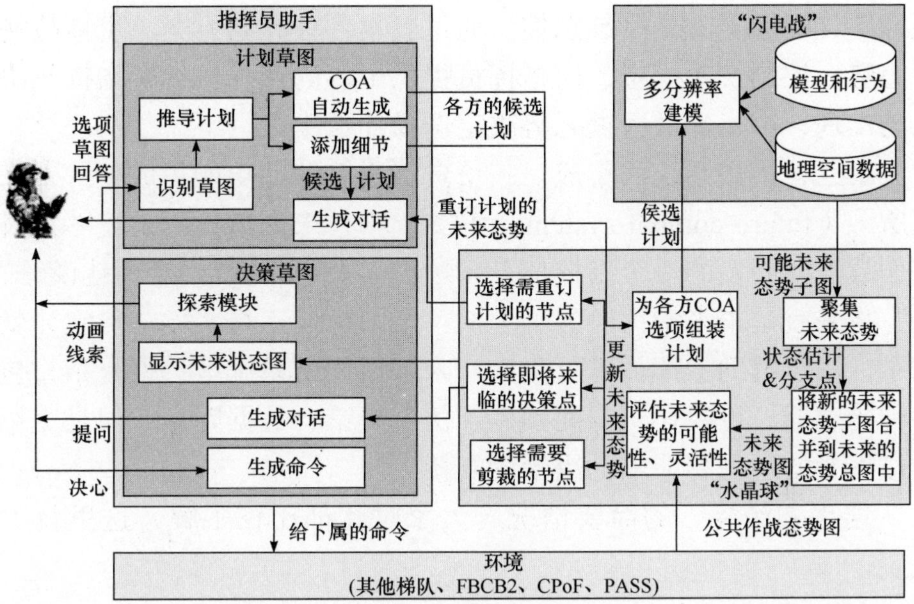

图 9.1　“深绿”的组成

第一，基于草图指挥。通过指挥员助手这个模块实现决策指挥的“从图中来，到图中去”，以最大限度地符合指挥员的决策分析与操作习惯。也就是，通过最自然的手写图绘的方式，与计算机实现交互。这就需要一个智能化的人机接口，从战场态势感知、目标价值分析、作战方案制定、指挥员决策，一直到作战行动执行、作战效果评估，全部实现“基于草图进行决策”，即由“草图到计划”（计划草图）、“草图到决策”（决策草图）这两个模块完成。

第二，自动决策优化。决策通过模型求解与态势预测的方式进行优化，系统从自动化接口的“指挥员助手”进去，然后通过“闪电战”模块进行快速多维仿真，利用“水晶球”模块实现对战场态势的实时更新、比较、估计，最后给指挥员提供各种决策的选择。

它主要靠两个工具完成。第一个自动决策优化工具叫“闪电战”，实际上就是一个分析引擎。它可以迅速地对指挥员提出的各种决策计划进行多维模拟仿真，从而生成一系列未来可能的结果。同时，它可以识别出各个决策的分支点，预测可能的结果、范围和可能性，也就是通过多分辨仿真实现对未来的预测。第二个自动决策优化工具叫“水晶球”，实际上就是决策总控。通过收集各种计划方案，更新战场当前态势，控制快速模拟，向指挥员提供可能的选择，提醒指挥员决策点的出现，由指挥员根据态势决定选择什么决策。

第三，指挥系统的集成。它负责将决策辅助功能集成到“未来指挥所”（future combat systems，FCS）中。未来指挥所是美军针对未来作战需要研发的一个指挥信息系统。“深绿”的项目经理就说，“深绿”将来就是未来指挥所屏幕上的一个图标或工具，你一点它，就出来了，用于辅助指挥员进行决策。未来指挥所系统虽然很复杂，包括各种传感器、可视化、空间推理、仿真决策、数据库等，但是美军觉得最需要的还是智能辅助决策的支持。

这是“深绿”的简要情况，大家对此都比较了解，这里就不多说了。

9.2 “深绿”能不能实现

这是他们十年前设想的东西，听起来非常合理，但是为什么没有达成预定的目标呢？这就要回答一下指挥信息系统面临的智能化难题是什么。

“深绿”追求的理想效果是这样的：只要提供己方、友方、敌方的兵力数据和可预期的计划，系统就可以推演得很精确，达到辅助指挥员做出正确决定的目的。如果将该系统嵌入指挥系统，就可以大大提高指挥效率。但是，“理想很丰满，现实很骨感”。“深绿”最后只留下了“草图到计划”，其他都不见了。实际上，我们这几十年也在做类似的工作，很多事情都觉得应该能够做到，但最后都卡在智能化问题那里解决不了。这里就有许多问题值得我们去探讨。

问题 1：战场态势理解比较困难

这个态势与我们下围棋、下象棋的态势理解是完全不同的。下棋是固定规则、有限范围、完全信息，行动开放、什么都能看见、什么都知道，看的就是你的决策。战场态势不是这样，属于不完全信息、不完美信息，也就是态势信息有真有假、有多有少，反映效果还可能滞后，你看到的和实际的情况根本不一样，你该怎么办呢？要是这样，棋恐怕就没有办法下了。

理解战场态势是指挥决策不可缺少的前提，包括作战力量、战场态势、行动过程、环境目标等，而且层次越高，对态势的认知就越具主观性，从战斗、战术层，再到战役、战略层，态势可量化的程度就越低。从这个角度来说，低层次的战斗战术态势理解就相对容易一些，现在能够做到的几乎都在这个层面。例如，飞行员看到的双机对抗态势、雷达控制员看到的目标威胁、连排长看到的分队战术态势。就整体而言，计算机对态势的理解能力还远远达不到人的水平。对于复杂的战略战役态势，有经验的指挥员一看就知道战场情况如何，百万雄兵自在胸中，但是计算机还做不到，还没有这样的智能水平。

问题 2：决策想法的表达比较困难

“深绿”将决策的“想法”用笔输入图形很容易，画个草图就行了，这个肯定能做到，技术上几乎没有问题。但是，要把对态势判断的理解表达出来就不容易了。例如，作战决心，你是画个箭头，还是画个圈圈来表示呢？采用哪种图表和符号呢？表达是粗些好，还是细些好？如何补充其中的细节？如果要素更多一些，各种情况更容易产生二义性，这种决策的表达就会更加复杂。对人来说，这种表达没有任何问题，让计算机去做就比较困难，因为人机接口还做不到对图形图像、自然语言的完全理解。决策想法的输入是分析评估的前提，要想解决这个问题，智能化人机接口就必不可少。

问题 3：作战计划的应变比较困难

这是一个最大的难题。作战行动及结果有不确定性，会导致行动偏离计划预想。决策选择还会出现组合爆炸现象，前面计划的任何变化都会导致后面计划的无穷变化。因此，识别情况变化并能正确应对就成为难题。态势改变了如何识别和理解？你怎么知道改变的意思是什么？应该如何调整后面的计划？敌方的决策又如何确定呢？

这本质上就是“人机对抗问题”的翻版，就和 AlphaGo 人机大战一样。不管红方、蓝方，事先都可以做一个很“圆满的”作战计划，也可以一一对应，但因为不确定性，只要打起来，一切就全变了，使你根本无法再按原计划进行。如果只在前头变一点还可以接受，可能是一变二、二变四，但再到后面就进入混沌状态了，就可能进入复杂系统的无解状态，很难按所谓的计划进一步去执行。所以，过去做作战计划评估，一般只能是单方的，像导弹发射，不管别人怎么办，发射就可以了，这就叫单方计划。在一些低对抗条件下，低层次或低复杂度的行动组合也可以勉强做到一部分。对高对抗条件、较高层次的作战计划，如果不能实现态势认知理解和智能应变，就无法做到对计划的真正评估。

问题 4：对“未来”的仿真比较困难

“深绿”的“闪电战”模块功能是对未来多种可能的情况进行仿真，然后推演可能的结果，供指挥员决策时参考。这说起来容易，做起来难。因为有两个问题必须回答。

第一，这个“未来”有多远？对于长程的推演，复杂性传递会导致状态偏离越来越大。与设想的不一样，该如何处理这种变化？而且，越复杂的行动推演，涉及的要素和变化就越多，又该怎么办？

第二，推演中谁来负责敌方的决策？指挥信息系统都是我们自己的，那谁来负责推演中敌方的行动决策？推演总得对抗，这些对手的决策是由指挥员假定的，还是由指挥信息系统自动得出的？对抗的敌方是不会合作的，又如何取舍呢？是不是需要配套合适的仿真系统并与指挥系统互联？所以说，对这些问题的回答，其实都需要解决智能决策问题，否则就没办法对“未来”进行仿真。

问题 5：数据的决定性作用有多大？

人们总是认为，系统之所以做不出正确决策，是因为提供的数据不够或不准。实际上这种理解是片面的，也是不正确的。这是典型的

“决定论”观点：初始条件足够，就可以预测一切。战争是典型的复杂系统，敌人也不是合作者，永远也不会有“足够的”数据给你。在不完全信息条件下，决策是作战指挥的本质特点。决策需要根据情况不断变化，数据的要求也会不断发生改变。复杂性会导致“决策”本身不唯一，就无法确定哪个“正确”，哪个更好？层次越低，决策越接近简单系统，数据可能才越具有决定性作用。例如，单机、单舰，在战术级还勉强可以，到了高层次可能就不行了，数据的多少并不能减少作战的复杂性。

无论如何，能否采集到足够多的数据，是能否正确决策的前提，所以“深绿”为什么要集成到未来指挥所系统中，就是要通过指挥信息系统给它提供足够的采集，感知各种数据。所以说，“数据是否具有决定性”，在不同层次会有不同回答。

问题 6：计算机的决策是不是优于人？

计算机做出的作战决策是不是可以优于人？有个米勒定律说，大多数人在分析问题的时候，同时只能考虑 7～9 个因素。如果计算机能够同时考虑 10 个以上的因素，那么它的分析能力就可以超过人。有人用仿真的方法做过一个实验，叫 RAID 实验，来验证这个结论。实验设想一个步兵连与一群叛乱分子的对抗，步兵连分为 30～35 个小组，由斯特瑞克装甲车和武装直升机加强火力。叛乱分子则由 30 个规模不一的小组组成。用 OneSAF 的仿真系统仿真实验 36 次。最后得到这样的结果，RAID 表现像人类的有 16 次，也就是你分不出来是人决策，还是计算机决策，大约占到 44%，也就是一半左右。战斗取胜的 18 组中有 16 组是计算机，就是说有 88%超过了人。这说明，在这种情况下计算机能力还是可以的。

这个实验是在战斗或战术层面，就是比较低的层次。到了高层，例如旅级指挥所这一层，这个结论就很难说了。研究证明，层次越高，艺术成分越高，就越难用计算机辅助，就是因为计算机还不能像人那样“艺术地”思考问题，其实这也是智能问题。在这里，想要计算机去取代人肯定是不现实的，也不明智。在我看来，决策问题最终实际上要解决的问题，本质上就是人与计算机应该如何分工的问题。

问题 7：陆军平台的难题

“深绿”计划主要是针对陆军部队的。解决陆军的自动化指挥决策问题比海空军其实更困难，因为在作战行动中每个人更自由，一般的步兵散兵很难定位和规范，也就是很难数字化，所以要想使用“深绿”系统，就必须将部队的行动规范化，但是这在实际作战中又做不到。

那么，“深绿”更适合用在什么系统中呢？对陆军来说，更适合的是车载战术级作战指挥辅助系统，就是开坦克、装甲车的部队。对海军、空军、导弹部队来说，比较适合的是战术级辅助决策，以及作战规划等系统。对网络作战来说，可能更适合“事先规划”的方式，就是战前依托系统辅助制定决策，战时依托数据自动决策的方式来完成。这种智能决策辅助应该如何使用，我觉得应该由它的对象来决定。

以上这七个问题都是“深绿”研发中必须要解决的问题，否则就很难被广泛使用。就目前的情况来看，“深绿”能做到的与人们期望的还存在很大的差距。而且，还有一个矛盾或悖论：有的事情“深绿”能够做到，但作战部队可能并不太需要；有的事情作战部队特别需要，“深绿”却做不到。例如，在战斗层或分队层，“深绿”可以做到辅助决策，因为这个层次的智能问题比较易于解决，但这种情况下指挥员一般一眼就可以看清，并不需要“深绿”费半天劲帮他又推又演的；在战役以上层次，战场态势特别复杂，一般人都看不懂、看不清，特别需要“深绿”的帮助，但这时“深绿”却说“臣妾做不到啊”，是不是有点尴尬？

层次越高，作战决策越复杂，越难以描述和处理，这不仅仅是因为部队多了、数据多了、运算量大了，而且还有复杂性带来的不确定性、指数爆炸，以及对“对手”意图的把握等对抗博弈的问题。说到底，核心问题还是决策智能辅助问题，也就是智能瓶颈能否突破？如果不能突破智能瓶颈，刚才说的就永远都是问题。

9.3 从 AlphaGo 看到的机遇

人类智能和机器智能面临着不同的智能难题。有些事情对计算机非常容易，对人却很难，如计算、排序、记忆等；有些事情对人来说很容易，对计算机却很难，例如理解图像。这就是所谓的“莫拉维克悖论”，说的就是人和机器在智能方面往往非常不同。

三类机器智能

机器智能一般来说可以分为三类。

第一类是计算智能。机器可以在科学计算、逻辑处理等方面完胜人类。例如，超级巨型机“天河”，科学运算速度可以达到每秒几万万亿次。但是，也有很多还做不好，例如复杂推理时可能还需要直觉的帮助。IBM 的“深蓝”和“更深的蓝”连续战胜国际象棋棋王卡斯帕罗夫，但是有很多科学家认为，它的方法本质上还只是数学方法，并不属“智能”的范畴。

第二类是感知智能，就是智能化的感知接口。这种智能对人很容易，对机器却很难。这几年大数据和深度学习的出现，使机器在这方面有了很大的进步。例如，语音识别，讯飞、阿里的语音识别就可以完胜速记员，将我们现在的报告都记录并识别出来估计也没问题。苹果 Siri 实现的语言聊天，类似的还有微软小冰、百度小度等，都已经做得比较好了。谷歌的图片识别标注、ImageNet 竞赛等，都已经达到令人惊叹的水平。实现外语的实时翻译也可以做到，如 Skype。另外，就是行为感知智能方面，如“大狗”机器人、行走士兵等。这些虽然现在进步很大，但也只是初级水平，还有很多复杂的事情计算机还做不了，科学家还在不断努力。

第三类是认知智能。这是最复杂的智能，以“能理解”“会决策”为基本特征。IBM 的问答智能程序“沃森”可以在问答比赛中完胜人类，标志着计算机在知识组织上更有效。谷歌无人车需要多种感知和决策方面智能的结合，标志着无人平台开始融入社会生活，虽然还会出不少问题。现在还有多个国家都在做一件事情，包括我们国家，就是让 AI 程序参加高考，还要争取考入一本大学。对于这些，我认为在智能方面未来都有可能做到，但即便如此，它们离真正的认知智能仍有很大的距离。要真正做到“能理解”“会决策”其实还很困难，因为“可识别”不等于“能理解”，你能认出这个东西是什么不等于理解它，更不等于它“有意识”。AlphaGo 和李世石的比赛一结束，就总有媒体制造一些耸人听闻的标题，讨论什么“计算机何时开始统治人类”等问题。我觉得那都是些瞎扯，计算机能不能具有“自我意识”都还不知道，它凭什么统治人类?

从机器智能的这三个方面看，指挥信息系统在认知智能方面的差距最大，是明显的瓶颈。但是，可以设想未来如果一旦突破，带来的影响也将是极为重大的。这样战场态势的认知速度将成为决定作战胜负的关键因素。这是因为，机器作为工具肯定要比人要做得好，所以一旦做出来了，它的算法、数据、计算能力都是可以重复的，就可以无限放大它的作用了。

指挥信息系统在三类智能方面的差距有所不同。感知智能、计算智能、认知智能分别对应指挥信息系统的人机接口、基本指挥业务和辅助决策等功能。计算智能已经很好。在感知智能方面，人机接口这一块现在已经越来越好了，因为最近这几年深度学习方法取得很大地突破，我觉得今后会有很大的发展。但是，在辅助决策的认知智能方面，目前还很差，还非常初级，就像“深绿”所做的那样，雷声大雨点小，至少目前还没有很大的进展。

AlphaGo 的突破

AlphaGo 被认为是机器智能在方法进步上的里程碑。有人说，这是谷歌会做广告，但我不这样认为。为什么别的下棋程序也非常多，也战胜过一些“名人”，却知者寥寥，因为它们从智能技术和方法进步上来看价值不是太大。AlphaGo 却给了我们很多惊喜，有了新的发现，而且还不少，有的甚至是设计者可能事先都没有想到的惊喜，这才是它被大家认可的真正原因。

我觉得，在 2016 年 3 月的人机大战中，AlphaGo 至少有以下几个方面的突破，或者是表现出了很好的苗头。

一是，它是通过深度学习自己掌握了围棋对弈知识，而不是像“深蓝”那样将相关知识编在程序里。

二是，它展现出一种捕捉“棋感直觉”的方法，将人类那种平衡全局胜负和局部优化的能力捕捉下来并用于对抗。我觉得这是一个很大的创新。

三是，在对弈中它甚至发现了人类没有的围棋着法，这是从围棋高手的评论中得知的，说它比人更接近“围棋之神”。据说它已经达到了职业十三段，也有说可以让四子下赢柯洁。所以，我觉得它不会再与柯洁比赛了，因为没有必要再去证明了。这个进展还隐含着另一个结论，就是机器智能并不是简单模拟和逼近人的智能，而是可以超过人的智能。

四是，这种方法具有一定的“通用性”，可以应用在其他地方，而不仅仅是下棋，因此极具参考价值。

可以看出，虽然 AlphaGo 在认知智能方面还非常简单，也非常初级，但它揭示了非常重要的趋势。这就是，未来以深度学习为代表的机器智能技术可能会有很大的突破，产生爆炸性的影响，我们不能不关注。

9.4 深度学习方法的进展

围棋棋手的棋感和其他很多经验知识是一样的，决定了他的水平，但是只可意会，不可言传。那么，怎样让 AlphaGo 学会围棋高手的着法，获得所谓的“棋感直觉”呢？这就需要充分的训练，通过深度学习方法做到。

深度学习通过建立神经元网络达成“理解概念、捕捉感觉”的目的，如果说得学术点，就是“通过对大量样本的学习，形成对事物特征的提取和分类”。这种学习可以分为有监督训练，也就是有人指导，用标签进行分类；无监督训练，没有人指导，自己实现对特征的聚类。这都需要非常大的计算能力，例如 AlphaGo 用了 1202 个 CPU、176 个 GPU，计算能力约为深蓝的 2.5 万倍，才完成训练。

大家知道，AlphaGo 的神经元网络是通过学习逐步建立来的，学习的过程就是逐步整合神经网连接的过程，整合就意味着逐步理解。这个神经网络本身对我们来说还是黑箱网络，我们并不知道十几亿节点之间是怎么连接的，而且这些连接还会发生什么变化。但是，这些神经网络确实表示了我们对围棋规律的理解，它是建立在大量训练数据和计算基础上的。所以说，深度学习就是“大数据+高性能计算+神经网络算法”的一个综合体。

深度学习方法是一种非常接近人类认知的形式。大家都知道，我们学习的知识有两类，一类是通过抽象化方式学习到的。例如，小学中学学习四则运算、牛顿定律和运动方程，这些是用抽象的形式化方法表达的；语文是用文字方式表达的，也是形式化的；另一类则是通过反复训练、积累经验，以直觉的方式学习。例如，我们接抛过来的球，当你伸手去接球时，你的大脑中并没有任何有关抛物线方程等形式化的公式，而是根据多年的经验，就可以把球接到。当我们把飞盘抛给狗的时候，狗也可以被慢慢训练地知道如何去接，形成条件反射。深度学习就是这种学习方法，而且具有“学习需要过程、经验难以言传、结果有对有错”等特点。

这也是一种比较符合复杂系统特点的认知方式。可能暂时找不到对应因果关系或是形式化表达，那我们就只能依据“感觉”和“经验”来做。AlphaGo 的深度增强学习方法给我们提供了捕捉这种经验和感觉的具体方法。其实，高手和低手的差别，就在“经验”和“感觉”方面。谁都知道围棋怎么下，但是高手和低手之间的差距就是经验和棋感的差距。要把这个经验抓到了，就找到了认知的方法。

将这些方法用于作战指挥信息系统，既大有好处也非常自然。现在许多深度学习方面的研究进展，都可以用在指挥信息系统设计中。

第一，智能人机接口方面的进展。

在图像语音的识别和理解方面，谷歌、微软等很多公司都在做，而且做得非常好，进展很大。原来很多做不到的事情，现在都可以做到了。例如，对象的识别、图像的标注等，目前都可以做到。我们可以把这些方法用于卫星图像处理、目标识别、作战文书识别等，效果肯定要比过去的那些方法好很多。例如，模式识别，就可以为指挥信息系统提供更好的智能人机接口手段。

第二，智能认知方面的进展。

以AlphaGo的突破为代表。AlphaGo主要使用四种方法实现围棋的对弈决策。一是，通过策略网络预测下一步走棋。这个网络是通过前人棋谱和新老版本的自我博弈训练出来的。二是，通过估值网络实现对整个棋局胜负的判定和预测。这个网络是用随机自我博弈的方式得到的。三是，快速走子。这是一种加快走棋速度的方法，是一种只管局部的着法，类似“深蓝”，虽然胜率要低些，但是速度可以快1000倍左右。四是，通过蒙特卡罗树搜索来探索胜率高的着法，将前三者结合起来，就像总控一样来判断哪种方式更好，并且结合起来使用。

AlphaGo的这些方法很巧妙地解决了对围棋这一类复杂问题的思考、判断和决策问题。这方面的技术问题已经有很多文章解释过，我只简单说一下我的看法。在“阿尔法狗”中，如果要想精确思考，就是深度为主的推演估算；如果要想得到对棋局全局的理解，就要在宽度上具有胜负直觉。这两种方式正好与我们的思考过程一致，推演估算是慢思考的方式，是一个精确计算逐步推理的过程，这是用策略网络和快速走子完成的。胜负直觉的思考过程可以与我们的快思考过程相对应，是由估值网络实现的。《参考消息》有一篇文章说：现在科学已经证明，快思考的准确率可能比慢思考的准确率高。也就是说，有时候我们一眼看过去得到的直觉答案往往是对的，而你去仔细推敲得到的答案反而可能是错的。AlphaGo告诉我们，它也有这样的一种思考方式，所以胜率得以提高。

大家再看，AlphaGo团队在论文里提供了一些数据，这三种走子方式都可以单独使用，但等级分并不高，也就是个业余水平；如果将他们两两结合，甚至三个都结合起来，就完全可以超过人类顶尖棋手。这就是智能应该有的宏观和微观整体考虑的感觉了，所以结果就会很不一样。至于用多少 CPU，用分布式还是集中式，其实不是关键，差别也不大，不是核心问题。核心问题还是算法。

为了实现以上算法，就必须训练两个神经网络。为做到这一点，他们收集了 16 万人类高手的棋谱，拆分为 3000 万手盘面，相当于 3000 万个训练数据，最后得到 13 层的神经网络。对估值网来说，由于只估算终局胜负，16 万棋谱数据就远远不够了。为得到更多数据，他们再用随机法生成了自我博弈的 3000 万盘面，并且快速下完，得到胜负结果。有人认为，这种方式其实也是一个重大创新，因为找到了产生更多样本数据的途径。

这些方法也可以用于战场态势认知，通过多层神经网络学习来理解作战态势，并利用历次作战、演习的数据进行逐层训练，逐步得到态势理解的神经网络。在理解战场态势的基础上准确判断并合理处置，就可以实现辅助决策或自主决策。这就为解决最复杂的态势认知问题提供了新的途径。大家知道，下棋和作战指挥打仗还是很不一样的，战场上不可能有那么多的样本数据，而且决策方式、对抗过程也不可能让“你”反复试验，这就需要研究更多的方法，并结合起来使用。

第三，更多学习方法的进展。

增强深度学习方法，也就是 AlphaGo 使用的方法，是最可能用于战场态势理解的方法。一般的有监督学习方法，例如 AlphaGo 最初得到的策略网络，基本是模仿人类走法的套路，属于经验招式。它学来学去最后也超不过人类高手，为什么？因为它学习的都是前人的东西，徒弟不创新怎么能战胜师父呢？

用增强学习得到的最终策略网络就不一样了，因为它还要通过自我博弈、调整参数等更多的学习过程加以完善。这就像师父带徒弟打篮球，徒弟老是去加班训练投篮，而且还净找些新方法出来，训练的时间长了就有可能超过师父了。所以，只有“训练超出”“样本超出”，才有可能做到“能力超出”。要赢人，光靠模仿不行，还要找到超过人的方法，加强创新训练才行。增强学习就是这样一种方法。AlphaGo 团队利用增强学习方法训练计算机玩视频游戏，已经超过人类玩家。通过看电视，进行像素级反复训练就可以做到。

增强学习方法是一种自我强化的训练方式，但是需要更多的样本。样本并不容易找，因此就要有一种用少量样本产生更多样本的方法，以解决样本稀缺问题。对作战态势理解来说更是如此。AlphaGo 产生训练估值网络的 3000 万盘面样本，用的就是盘面后随机下子，然后正推的方法。在图像识别领域，则是将图像旋转等方法。对作战态势理解所需的训练样本，也可以使用空间划分、时段分解、随机复推等方式。利用兵棋推演得到仿真数据，我认为也可以看成一种样本生成方式。样本生成就是一种“以少代多、无中生有”的方法。

迁移学习是一种只用少量样本就可以完成训练的学习方法。在一些比较相似的领域，可以利用已经训练好的模型。这样只要一小部分数据就可以完成训练，而不需要那么多的数据。例如，已经认识了“坦克”，再去认识“自行火炮”就容易多了，就不需要几千万样本再去训练它。所以说，迁移学习可以看成“触类旁通、举一反三”的过程。

小样本学习可能是对我们更有用的方法。我们人类为什么只看一眼就可以识别某个对象的特征？例如，看这个菠萝只用一眼就可以找出特征，下次再看到就知道这是菠萝。通过“例子”抓住特征，我们就能把它和别的东西区分开来。2016 年初，《科学》杂志报道了麻省理工学院的一种小样本学习方法，叫概率程序计算结构，其实就是基于案例的贝叶斯方法。他们用这个方法生成相似的字符，还通过了图灵测试，也就是分不出人类与计算机的差别。这就给了我们新的启示，小样本也可以做作战态势理解，过去在分析过程中就常用贝叶斯方法。小样本实际上可看成一种“照猫画虎”的方式。

第四，具体对抗类应用方面的进展。

现在深度学习方法已经被 DeepMind 公司用到很多地方。例如，打德州扑克，这是一种“不完全动态信息”博弈问题。对抗各方的牌面不完全公开，这就要求对抗各方要在“战争迷雾”中进行决策和对抗，让计算机去理解就更为复杂。他们怎么做的呢，也是用“增强学习方法+虚拟自我博弈”的方式，通过自己跟自己打来学习，打久了也就知道怎么打了。目前，它打德州扑克已经达到了人类专家的水平，就是和高手去比也胜多负少。

DeepMind 在推出 AlphaGo 之后，又推出 AlphaStar，打败“星际争霸Ⅱ”顶级职业选手。“星际争霸Ⅱ”是一款即时战略游戏，可以多人对战，在特定的地图上采集资源，生产兵力，并摧毁对手的所有建筑而取得胜利。实际上，我们认为它就是一种真实战场的简化：不确定条件、不完全信息、多兵种行动、策略间对抗。它进一步接近对战争对抗的认知，而且很容易迁移到真实的作战态势认知方面，所以我们绝对不能忽视！

9.5 指挥信息系统的智能化趋势

如何把这些方法用于改进指挥信息系统呢？美国国防部原先以为“深蓝”可以自然变为“深绿”，但是我们已经看到，“深蓝”的方法并不是真正的智能，与作战指挥的本质规律也不太符合，“暴力搜索”方法也不适应决策的非线性空间求解，即使是在智能接口实现方面也不太理想。

AlphaGo 的深度学习方法更有参考价值，因为它已经有了通用化特点，具备产生突破的可能性，技术途径更符合人类智能行为，而且易与指挥活动对接起来。如果我们把 AlphaGo 的方法用于“深绿”，你就会发现，可以有很好的对应关系。对于指挥员助手，我们可以采用深度学习方法解决语音理解、草图输入等问题。闪电战部分有点类似 AlphaGo 的走子网络 SL+RL+Roll-out 的结合。水晶球部分类似的则是 AlphaGo 的蒙特卡罗树搜索。把这几个方法结合起来，就可以比过去“深蓝”的方法好很多。所以说，如果“深绿”引入 AlphaGo 的技术，将取得更大的进展。这一点我们可以拭目以待。如果未来爆出这样的东西，我们一点都不会奇怪，但可就真的麻烦了。

辛辛那提大学开发的“阿尔法 AI”机器飞行员，在 2016 年 6 月战胜了著名的空军战术教官基纳·李上校，而且无一败绩。据说这个李上校虽然已经退役，但他是空战方面的专家，非常有名。与机器飞行员的“人机”对抗是通过空战模拟器进行的，单机对单机，过程还是比较简单的，属于动作及简单战术行为的智能。它采用的是称为遗传模糊逻辑的智能技术，空中格斗快速协调战术计划的速度比人快 250 倍，而且所用硬件仅 500 美元，比 AlphaGo 便宜太多了。据说，未来，这个机器飞行员可充当智能对手进行作战训练，也可以成为智能僚机，帮助飞行员打仗，或者用于自主化的无人机。但是，我感觉它现在还做不到完全自主化行动，还是比较简单的一种方式。它的出现使我们有一点可以肯定，这就是 AI 将很快走入实战领域。这是一件比较可怕的事情。设想一下，一个著名资深战术上校教官完败于计算机，那它来跟我们打仗，就至少在速度上占据了优势。如果再捕捉专家的经验，人再与计算机斗，是不是一件很麻烦的事情？

目前，机器智能研究已成热点。给阿里巴巴投资的那个孙正义就认为，机器智能就是未来的“智能核弹”。他说，普通人的 IQ 为 100，爱因斯坦为 190，达·芬奇为 200（人类史上 IQ 最高的人），如果机器达到了 10000，那将会是一种什么效果？那时，是不是机器看人类都像看傻子？世界上许多大型 IT 公司对“深度学习”研究也都做了大量的布局。谷歌在 2012 年只有不到 100 个这方面的项目，而到了 2015 年，就超过了 2700 个。如果其中有十分之一，哪怕百分之一获得成功，他就赚大了。AlphaGo 已经证明了这一点。其他公司也是一样，如百度、腾讯、阿里巴巴等。

美国国防部非常重视 AI 的研究，它的第三次抵消战略实际上就是围绕 AI 和无人机这个重点来做的。他们认为，智能技术是改变战争规则的东西，重点在人、机智能的结合方面。所以，它叫“半人马”，半人半马结合起来，成了它的代号，我觉得非常有道理。即使从这一点看，解决指挥信息系统中的智能瓶颈问题也是刻不容缓的。

目前指挥信息系统智能化方面的趋势主要有以下几个。

第一个趋势是"拟人化人机交流"

未来在指挥信息系统中拟人化的人机交流方式会越来越普遍，指挥员与系统将通过草图、口语、手势进行交流，成为指挥信息系统人机接口的标配，而且会普及到所有的装备和人员。

第二个趋势是"数据化快速决策"

从数据到决策将使决策走向智能化、自动化。"深绿"只能为指挥员"辅助决策"，起作战伴侣作用。利用大数据及智能辅助可实现"从数据到决策"，也就是它可以直接决策，不要人去介入，因此作战速度会大大加快。不仅行动要快，态势理解要快，做出决定更要快。这就更加强化了这样的结论：认知速度将成为未来作战胜负的决定性因素。也就是，谁理解得快，谁就可以打赢；谁理解得慢，谁就会挨打。

第三个趋势是"无人平台的指控"

未来需要特别关注自主化无人智能作战平台的指挥控制问题，这在过去根本没有过，所以如何指挥控制就成为问题。无人机与有人机的协同，尤其是自主无人机协同，将成为重点。兰德公司出了一个报告，专门研究无人机和有人机协同作战问题，演化出的新战法完全不同于现在。如果我们还是沿用传统思维，哪怕是信息化了的传统思维，恐怕我们连敌机的面都没有见到，就与世界拜拜了。这种方式在未来可能成为主要的作战方式。所以，美国人说了一句话：散开来的智能武器更令人恐惧。明明知道它没有人，但散开后却可以吓死你，因为你根本不知道它会如何对付你。在伊拉克战场上，已经出现恐怖分子向美国无人机投降的情形，这就很值得玩味。

第四个趋势是"作战云开始出现"

这是美国空军上将德普图拉提出来的，他也是美国军事变革的代表性人物。他提出的这个新概念，意思就是要采用信息时代技术的情报、监视与侦察、打击、机动和维持的复合体，以使高度互联的分布式作战行动可行。这有点类似于云计算、云服务的概念，通过所有可能得到的数据，整合各个作战力量，从而达到增强作战效能且获得规模效益。我觉得它特别适于智能化无人平台、特战部队等新型作战力量的运用。

9.6 小　结

所有的这些都特别要求智能技术的进步。指挥信息系统未来发展的关键在于：第一，要充分利用智能技术进步成果，如深度学习等，促进指挥控制技术和信息系统的升级换代；第二，对不同类型的应用应结合不同智能技术和方法，例如人机接口、辅助决策、模拟推演等都会有不同的侧重点；第三，发挥人机结合的优势，未来是“人机智能”的时代，而不是机器取代人。人、机在智能上如何分工、合作，这才是关键之所在。

“深绿”的发展及 AlphaGo 的突破给了我们很多启示。我们不能急功近利，但也不能坐以待毙，特别要注意搞好基础性研究。有位领导说：我们过去是机械化没赶上，信息化拼命追，智能化不能再落后。但是，我认为，机械化通过更新装备比较容易赶上，信息化还需要时间积淀和规模效应，但也可以逐步追上。智能化就不太一样，我认为它们之间是有本质区别的，一旦赶不上可能就永远赶不上了，因为战争可能不会给我们追赶的时间了。战争智能技术会快速地扩大强者和追赶者之间的鸿沟，并放大两者之间的能力差距，可能导致狂妄的战争冒险，让你追无可追。

有位网友总结得很好，他说：人工智能就像一列火车，你听到了隆隆声，盼着它来；它到了，一闪而过，便把你远远地抛在了后面。这就是智能化和信息化的区别，当你想去赶的时候，它已经把你远远地抛在身后，让你永远停留在过去时代的站台上，让你只有被动挨打的份。我们如果不预做准备，将来就会措手不及！

摆在我们面前的指挥信息系统平台的显示器，离我们眼睛只有 18 英寸远。美国人在研究“深绿”时说，谁掌控了这最后的 18 英寸，谁就将赢得未来。我认为，掌握这 18 英寸的关键，就在智能技术的突破。为此，我们还需要付出艰苦的努力！

第 10 章　关于作战规划系统的几个问题[①]

——定位、重心和突破口在哪里

作战规划问题已经得到上下的高度关注。由于难度很大，几年实践下来还是碰到许多难题。这里仅就联合作战规划及系统设计中的几个难点问题谈几点看法。

10.1　作战规划的定位

作战规划到底应该如何定位？它是指挥筹划过程的信息化工作，还是科学化工作？为什么会提出这个问题，因为从几年的实践来看，很多作战规划系统在开发时，实际上都是定位在指挥筹划的数据化或者信息化上。这种定位对不对呢？我认为，这是不正确的定位。

作战规划的本质与核心

作战规划的本质是根据任务目标，依据给定的资源和约束条件，运用科学规划的方法，产生一系列作战行动序列，以实现作战目标。也就是说，将“做什么”“如何做”“谁来做”具体化，形成计划方案。其核心是对作战资源和过程进行科学配置、优化和选择，并提出科学建议。事实上，作战规划起源于第二次世界大战时期美国陆军航空队对参战的上万架飞机的管理，虽然工具简单但不能没有；成名于海湾战争的沙漠风暴行动，已经全部转为计算机作战规划系统，并普及到各个方面。

作战规划是为作战服务的。任务目标由指挥员的决心确定，由指

---

① 根据胡晓峰 2017 年在北京 C^4ISR 论坛上做的主题报告整理。

挥机关的命令细化，因此规划不能脱离指挥员而独立存在。资源与约束则包括部队能力、作战空间、作战时间、行动流程之间的相互关系，以及战场态势等。科学规划就是对作战资源，包括时间、空间和有关部队，以及作战过程进行科学配置、优化和选择。实际上就是将做什么、如何做、谁来做进行具体化。命令是由指挥员下达的，但最后要由作战规划人员和系统把它具体化，形成可行的作战方案。

科学规划就是提出科学建议。例如，联合战役大规模空中突击行动（图 10.1）涉及多个机场的多个部队执行多个子任务。在给定的战场时空条件下，如果只规划一架飞机的装载和突击任务非常容易，但是如果涉及多个机场的多个部队就很困难。它涉及多种不同类型的作战飞机，以及相应弹药，然后执行多个子任务，打击多个目标等，需要对整个战场的空间、时间、资源、能力、任务和协同进行全面规划。这些规划的目的就是实现资源的配置和过程的优化。如果仅仅如此，就与工业过程管理没有太大区别，但要完成作战任务，就必须适应对抗带来的影响。例如，机场遭到打击、油库被炸、跑道被破坏，以及该完成的计划没有按时完成等，这些都与工业过程规划完全不同。在这种情况下形成作战计划方案，才是作战规划提交科学建议的真正内涵。

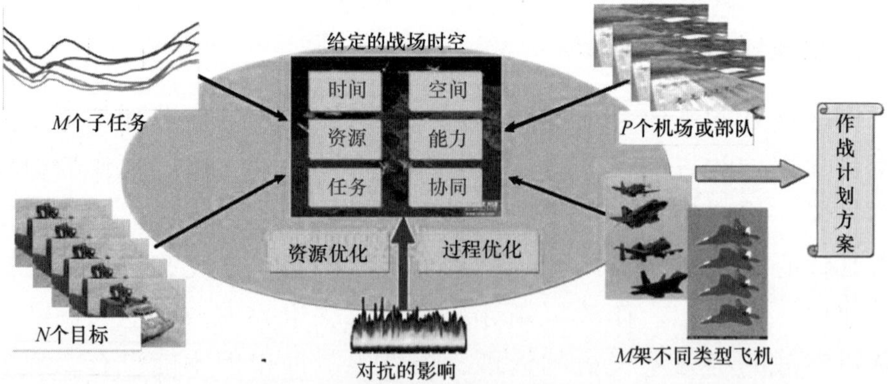

图 10.1　联合战役大规模空中突击行动

为什么需要联合作战规划呢？原因很简单，战争的规模、范围、形态发生了重大的改变。战争的规模变大、范围变广、装备复杂、行动变快，导致作战筹划单靠人已经做不了，拍脑袋不行了，参谋机关也很难完成了。尤其是，跨军兵种的作战规划，涉及的协同合作因素剧增，这些问题就更加突出。因此，需要用信息化系统来做。使用信息化系统做规划，其核心还是对各类作战资源的科学配置和优化，以及对作战行动过程的科学调度和安排。从这个角度来说，作战规划本质上是对指挥决策的科学管理革命，而不是信息化革命。这是需要特别强调的一点。

作战规划系统的理论基础

所以，实现作战科学筹划的理论基础是军事运筹学，而不是信息科学，尽管它会用到大量的信息技术。军事运筹学非常经典的“十论”，实际上就准确地反映了作战规划的内涵，即武器射击论、目标搜索论、随机格斗论、作战损耗论、规划论、排队论、对策论、决策论、存贮论，以及作战模拟论。它们就是实现科学筹划与决策最基本的理论工具和方法。所以说，作战规划的核心在于科学分析与决策，而不只是进行“数据化”或“信息化”。

从这个角度来说，作战规划并不是新生事物，只是近几年才得到大家的重视。军事运筹学是钱学森开创的学科，他在几十年前就提出要把这个学科作为军队指挥最重要的学科基础。很多前辈、学者已经呼吁了很多年，但我们只是最近几年才感觉到它的重要性。从这一点来看，重视作战规划，标志着我军真正开始走上了作战指挥科学化的道路。

与指挥信息系统的关系

作战规划系统是指挥信息系统的重要组成部分。不像有的人认为的那样，作战规划系统是另外的独立系统，是指挥信息系统“之上”“之下”或者“平行”的系统。作战规划应该成为指挥信息系统中最核心的内容，而过去这一点是非常薄弱的，因此被我们有意无意地把它忽视了。我把这样的结果叫“决策辅助的尴尬”，也就是说，系统做到的事情部队不需要，部队需要的事情系统又做不了。这是我们很多系统由理论基础不对带来的后果。用简单系统的方法解决复杂系统的问题，实际上是做不到的。

但是，作战规划系统也不是指挥控制系统。这两者是相对独立的，都是指挥信息系统的组成部分，但承担的任务分工不同。作战规划系统重计划制定，而指挥控制系统重计划执行，或监控计划执行。指挥控制系统实现的流程再造等也是为作战资源和过程的优化服务的。它与作战规划密切相关，为作战规划服务。

所以说，指挥信息系统不仅包括基础的 C^4ISR 系统，例如美军的全球指挥与控制系统（global command and control system，GCCS），也包括各类作战规划系统，例如空军的 AFMSS，海军的 NMPS，陆军的 PARS，联合任务规划 JSPS、JOPS、CTAPS、JMPS[①]等。它们最终都是为战争决策、战场和指挥管理服务的。美军搞作战规划系统已经很多年了，而我们还在很多方面补课，所以造成现在很多概念的混淆。

因此，进行作战规划系统设计时不能本末倒置，忘记作战规划系统最应该做的事情。扎扎实实地做好规划系统的基础性工作，把对作战资源和过程的配置、优化和选择的运筹分析，放到更加重要的地位才是搞好作战规划系统的根本。这首先要求规划人员真正了解作战规划的基本原理和算法，尤其是军事运筹学的基础知识，至少对军事运筹学的“十论”应该熟悉。同时，也要求指挥人员熟悉科学指挥和决策的基本方法，包括熟悉作战规划的基本原理和流程，而不是简单地靠规划人员帮他去做。不能战马已经换成坦克了，指挥员还在想着骑兵的那套战术；也不能张冠李戴，将规划系统科学化的重心改变为信息化或数据化。

10.2　作战规划的过程

作战过程需要以及能够精确计划吗？之所以提出这个问题，是因

① 这些术语都是美军规划系统的名称，AFMSS（air fire mission support system）空中火力任务支援系统、NMPS（navy mobilization processing site）海军动员处理场、JSPS（joint strategic planning system）联合战略规划系统、JOPS（joint operations planning system）联合工作计划系统、CTAPS（contingency tactical air planning system）应急战术空军计划系统、JMPS（joint mission planning system）联合任务规划系统。

为作战是个复杂过程，我们想通过规划把作战过程精确化，但实际上又没有办法精确化。这就带来很多矛盾。我们应该如何看待这个问题呢？

战争复杂性带来的难题

现有的联合作战规划产生的结果是联合作战计划，大多数是以甘特图的方式表示的。有些军兵种的作战规划更是要求精确到分秒，因此有些人就认为作战规划结果本身就应该是精确的。这里我说的作战规划不是指任务规划，而是联合作战规划。这些精确的规划能够精确执行吗？显然，这是做不到的。所谓“炮声一响，计划作废”，任何精确的计划都不可能实施。这又是为什么呢？

这就是战争复杂性带来的难题。因为战场上存在各种不确定性，不可能事先都考虑得面面俱到。作战也不是生产流水线，人也不会像机器那样精确，总会产生执行的偏差。每个人都有适应性，战场上也会出现各种意外，而这种意外不一定非要有原因才会发生。作战计划是在强对抗条件下的计划，敌人不会配合你跳双人舞，不可能你想哪一步就是哪一步。预定计划在对抗条件下会因为分支过多逐步走向混沌，也就是说你根本不知道未来会出现什么情况。在这种情况下，如果还期望着精确计划，只能说是一厢情愿，是不可能的事情。所以，通过规划产生的一系列作战序列不可能事先都完全确定下来。

不能精确规划为什么还要做?

既然什么都会变化，不可能精确计划，那为什么还要做规划呢？它的作用又何在呢？我觉得,做规划的作用至少可以体现在四个方面。

第一,通过制定规划熟悉作战行动的完整过程,这是指挥科学化、精确化的必然要求，可以改变过去“大概齐”的粗糙做法，为作战引入科学性。

第二，通过熟悉规划，增强对作战过程的深刻理解，搞清楚行动之间的相互关系，加强对上级作战意图的把握，对下级指控细节的把控。

第三，通过推演规划发现作战计划中存在的问题。因为复杂系统一个重要的特点就是“只有动起来才能发现问题”，不动根本不知道问题在哪里。通过对规划推演，就可以动起来查看整个作战过程。

第四，作战规划制定的实际上是作战行动的基线预案。基线预案是实现战役战术意图的基础，也是未来进行任何变化的基础。

所以说，不能精确计划不是不做计划，而是要让计划变得更加灵活。因此，这就要求规划系统必须能够适应战场复杂多变的情况，规划的结果也必须能够适应未来可能的变化，即起点和终点间的途径可变，但是目标不变。因此，计划就不能太僵硬，并且能给指挥员提供多种决策选择，供其决策和权衡。

作战规划需要的是“快变”

规划系统最重要的功能应该是“快变”，能在目标不变的情况下对基线预案进行快速调整，并能在新态势下对所有子任务“联动”进行重新规划。这就像我们开车使用导航一样，当系统发现车辆走上新路时，就会快速重新规划一条新的路径，而不是重新再来。

这种快变，对一台车来说比较容易，但对在不同地点执行任务的车队来说就不太容易。举个战场上的例子来说，规划一架飞机打一个目标非常容易做到，但对很多架飞机从很多个机场起飞打击很多个目标，而且任务目标之间还要协调的时候，要做到就很不容易。因为你必须要把它放到联合作战角度下看，需要联动进行修正，不能简单地只考虑自己。这就意味着，作战规划不是一成不变的，而是不断调整的。那么，调整依据的是什么呢？依据的就是它的基线预案，所以说基线预案应该是具体和精确的。但是，这个精确不是说精确到非常细，而是基本可行，在这个基础上进行快变才有可能。

要做到快变，也会带来很多需求。对指挥人员来说，就要求他必须能够准确地下达符合意图的计划改变指令，并能对规划结果及时做出选择；对指控系统来说，就必须能够提供敌方情报数据、部队追踪数据，以及规划执行情况等数据。如果指控系统都提供不了这些数据，规划系统就很难实现快变，所以难题在于这些数据能否及时准确地获得。

对规划人员来说，要求能够完成指挥员与规划系统的无缝对接，准确地转换指令，而不能违背指挥员的意志。规划系统能够快速地进行算法优化和计算，综合联动分析提供选择方案，这就要求系统本身具有快速转换的能力。这里的难题是能否在允许的时限内完成计划的调整。我们知道，有些规划算法是非常复杂的，调整一次可能需要好几个小时，甚至好几天，这就需要对规划算法进行优化。

10.3 作战规划的执行

作战规划的执行，核心在于如何适应战场态势的快速变化。适应战场变化的前提是对态势的认知和理解。

态势认知是规划的前提

作战规划是为了达成作战目标而做出的决策选择，可以分两个阶段进行三种筹划。第一是战前，对可能发生的作战行动进行预先筹划，以及在临战前进行的临战筹划。这些都可以看成指挥员根据战场初始态势做出初始决策，也就是初始的作战计划。第二是战中，需要完成战中筹划，或者叫临机筹划。指挥员要根据战场态势不断调整决策，也就是进行临机处置和后续计划。

在人工条件下，这两个阶段的三种筹划全部由指挥员和指挥机关完成。在作战规划系统支持下，则希望由系统自动完成部分规划的内容。这就对战场态势的认知提出了要求。所谓“认知”，就是我们常说OODA的前三个部分内容，主要包括两个方面：一是态势理解，根据获得的情报对态势做出基本判断；二是决策选择，为达成作战目标做出基本的行动安排。

在这里，不要忘了“人”是最重要的，规划系统也好，其他系统也好，指挥员及指挥机关的人是最重要的。指挥员的认知水平高低，决定了决策水平的高低，也包括规划水平的高低。不要期望规划系统能够弥补指挥员认知上的缺陷。

因此，如果期望规划系统能够自动完成规划内容，就必须解决两个难题，即态势理解和能力评估。

“态势理解”难题

态势理解难题是规划系统“快变”绕不过去的坎儿。如果说初始规划可以由人做出，那么在作战进程中的快速选择，就必须依靠规划系统的帮助，否则速度就跟不上。因为战前有充裕的时间进行分析，并且可以由人工不断调整。像美军做空中任务规划，两小时内的空中任务可能需要花十几个小时，甚至更多的时间来做规划。在战争紧急情况下，人就可能跟不上战局的进展。

因此，这就需要规划系统在执行时具有态势的基本理解能力。就像大家都熟悉的导航软件，如果发现你走错了路，它会重新帮你规划一条新的路线，就是因为它有判断你走错了路的基本能力。但是，要让计算机去理解作战态势却是个极为困难的问题。所以，突破作战态势的智能认知问题，规划系统才能上一个新的台阶。

战场态势有大有小。战役态势非常大，涉及的人员和装备数量庞大；战斗和战术态势，相对小一些；地域态势和行动态势可能更小。层次不同，对态势认知的要求和内容也不相同。战场态势也有虚有实，特别像 Cyber 空间出现之后，虚无缥缈的 Cyber 空间态势就是“人”也很难认知。

“阿尔法 AI”是美国空军与辛辛那提大学搞的智能飞行员。他们研究的空中格斗态势应该说是相对比较简单的。因为格斗战术、分队战术行动态势比较容易理解，计算机很容易去判定，所以他们能搞下去。但是，战役态势的理解就比较困难，即使获得各种战场上的数据，甚至一般战场得不到的数据，包括像仿真数据，它也不一定能够完全理解。力量战损、空间态势、时间过程、环境约束等都属于初级理解，而战役企图判定、主攻方向判定、意图判定、优势结论、制权判定、目标达成判定、效能评估、战局预测等则属于高级理解，就更为复杂。

所以，要让规划系统理解复杂的作战态势，目前还做不到。虽然战役态势理解比较困难，但是话说回来，如此复杂的态势为什么人能够做到呢？为什么有经验的指挥员能够看懂呢？所以，把人的认知搞清楚才是一条可行的途径，这就是认知智能问题。

“阿尔法狗”带来的启发

“阿尔法狗”采用深度增强学习方法，不但在围棋上战胜了人类，而且揭示了一种复杂系统建模的可能。我们对“阿尔法狗”的方法既不能过高估计，以为它是万能的，也不能低估，忽视它在智能认知方法上取得的突破和其中隐含的颠覆性意义。利用深度增强学习方法得到人工神经元网络，实现对经验直觉的捕捉，我认为这是“阿尔法狗”的最大贡献之一。

这实际上是对复杂系统经验认知的一种建模方法。对围棋这样复杂的一个东西，它是通过建立神经元网络逐级进行整合形成对围棋局势判断的。现在“阿尔法狗”连人的经验都不需要了。这倒不是它不需要数据了，而是数据由它自己产生，但道理还是一样的。通过这些神经元网络，就可以形成对某一层态势的认知理解。整合就意味着理解，每理解一层认知维度就会减少一维。我们对一个事物之所以不理解，是因为维度太高，认知一层就降一维，一直降到我们可以完全理解，就像“阿尔法狗”在围棋上打败人类。所以，理解人的认知是非常重要的。需要注意的是，这个“理解”还是机器意义上的，而非真正的理解。

深度学习是一种非常接近于人类的认知方式。传统的知识大多数是理性化的，并以抽象方式学习。例如，我们从小到大学的各种定律都变成了形式化的知识。更多的学习是从我们呱呱落地睁开眼睛那一刻开始的，是通过试错的方式来学习的。例如，扔一个球，我们伸手接球时大脑里从来就没出现过任何抛物线公式，也没出现过任何引力公式，但就是抓住球了。靠的是什么？靠的就是从小到大的试错学习积累的经验，而这种经验只可意会不可言传，变不成形式化的东西。

但它就是一种学习方法，是一种比较符合复杂系统认知方式建模的方法。作战指挥、战场态势都属于复杂系统，因为有的找不到对应的因果关系，有的找不到形式化的表达方法，很多依据的还是感觉和经验。高手和低手的差别，很大程度上就是经验和感觉的不同。经验和感觉靠什么来表达，实际上就是靠神经元网络这种“模型”来表达。

所以，就态势的理解而言，对指挥员的认知建模可能就比自底向上的模型建模更合适。过去对态势建模是从底层，即多少坦克、多少部队、多少飞机，一级级往上形成战役态势。这种方法要不要？当然要。但是，反过来，我们应该从另外一个方向，也就是对指挥员的认知进行建模，把指挥员对态势的理解过程采集下来，使其能够不断地降维往下走。这又是一种建模方式，可能更为合适。

我认为，除了常见的公式、规则、文本等知识表达方式，神经元网络应该是一种新的知识表达形式。人工神经元网络现在可以下棋开飞机，同样可以用于作战态势的理解，只是理解的难度比前面更大一些。表达出来的特定神经元网络就是模型，与传统的数学公式或文本表达各种模型不一样。它在表达过程中还会不断改变，因为认知在变。

基于深度学习实现态势认知

通过深度学习方法实现态势认知，可以利用多层神经元网络的学习和解释能力，通过大量数据对神经元网络逐层进行训练得到态势理解。数据的来源可以是历史数据、仿真演习、靶场试验，甚至是生成器生成的数据。对指挥员的态势认知进行捕捉，实现对作战态势的理解建模，就需要找到对指挥员判断的内容进行采集和捕捉的方法。我们在仿真系统上已经开始做这方面的研究工作，但要真正解决态势认知问题，必须多管齐下才行。

多管齐下就是要将态势分层和分类，进行简化和聚焦。空间层次包括军种关系、位置关系、指挥关系、保障关系等；时间层次包括力量消耗、编配部署、任务完成等。但是，核心结果不能拆开再组合，复杂系统是需要理解整体关系的。把它拆开再叠加是简单系统的做法，复杂系统不能这样做。所以说，对作战态势的认知需要从全局范围建立，而且需要从多维进行综合。

复杂系统和简单系统最大的区别如下。

第一，不具备可加性。不能仅由局部态势叠加成为全局态势，而是在全局理解条件下认知局部态势。

第二，结果非线性。对结果效果的判定，注意态势的变化率。

第三，关注全局性。通过关注关键节点、关键任务、关键效果进行判定。态势理解与正确决策，实际是态势理解的宽度和深度两个层面的问题。宽度是对态势全局的正确理解，深度是每个行动的正确决策，两者互为基础。

需要指出的是，对态势智能理解的期望不能过高，但我相信努力必定会有结果。早晚要走这一步，所以我们不能再等下去了。

10.4　作战能力的评估

态势评估很重要的一条就是能力评估，不进行能力评估就不知道现状是什么样的。那么，怎么度量对抗条件下的体系能力呢？这又是一个难题。

作战能力评估是规划的基础

作战能力评估是判断作战态势的基础，也是正确规划的前提。传统的局部分评后进行叠加、指标树分解，以及单一结果的形式，在进行体系评估时就会显得很不合理了。我们对能力的度量，实际上很多是在静态、常态下得到的结果，并不能反映体系能力的全部。拳击手能不能打要看其搏击能力，而不是只看身体好不好。同样，一个体系作战能力的高低，也需要获得这个体系在对抗条件下的结果，其中也包括团队合作、集体配合的效果，是不是形成了团队的能力等。就像 NBA 特别强调团队的“化学反应”，实际上也是同一个意思。

所以，对作战能力进行评估需要包括至少三个方面：一是静态能力评估，这是我们以前常做的事情；二是动态效能评估，看看完成使命任务的情况如何；三是协同效果评估，看看内部的配合如何，能不能融为一体，能不能取得更强的效能。这三者都是作战规划的基本前提。

作战能力评估的理念

从理念上来说，由于战争的复杂性，要想解决作战能力评估问题，就必须抛弃传统还原论的思路和方法，采用新的理念和手段。还要注意的是，“战斗力只存在于体系之中”。这句话是美军的观点，有一定道理。所以，作战能力评估只能在作战体系条件下进行评估。

简单地说就是三句话：第一，“合起来看”，将体系合起来整体看，不能拆开看，拆开也必须以整体为前提；第二，“动起来测”，不是算出个结果就包打天下了，那是静态的做法，必须动起来才能测量体系的真正能力；第三，“抗起来评”，也就是通过对抗了解能力，而不能一厢情愿，自娱自乐。这三者就形成所谓的整体、动态、对抗的体系能力评估方式。“整体、动态、对抗”可以说是作战能力评估的“六字箴言”。

体系能力评估是一种相对性评估的概念，看的主要是相对变化，而不是绝对性评估概念。以前很多人喜欢搞指数式评估，这在体系作战能力评估中是不合适的。什么叫相对性评估呢？主要是回答以下问题：己方作战体系能力与初始相比发生了什么变化？己方的体系与敌方的体系相比，相对能力又发生了什么变化？某个局部与全局相比，对体系能力影响发生了什么变化等。这些都属于相对性评估的概念。美军有一句话：没有对手的能力评估是不存在，说的其实也是这个道理。不可能像体操运动员表演一下打个分就知道胜负，打仗可没有搞阅兵式那么简单。

体系能力指标与挖掘

作战能力评估首先需要确定评估指标，但传统的评估一般都想当然。什么叫想当然，就是认为所有的指标都是显而易见的，这个结论是事先下的。事实恰恰不是这样的，很多指标我们实际上都不知道为什么就直接用了，这是很不合适的。我认为，作战能力的指标是需要挖掘出来的。这是因为简单系统与复杂系统在本质上截然不同，简单说就是死与活的区别。简单系统是死系统，而作战体系是活系统。

我们知道，现在人体的健康情况，需要有很多指标才能描述。例如，常规指标，包括体温、血压、脉搏等；复杂一点的指标，包括血糖、血脂、血肌酐、癌症标记物等，我们体检后也可以得到。但是，大家想过一个问题没有：这些指标是从哪来的？是谁找出来的？它并不是“拍脑袋”拍出来的，是经过医学实践得出来的，挖掘出来的。为什么作战体系的指标，我们就可以拍脑袋拍出来呢？显然，这也是需要挖掘的。

到底能够代表体系能力的指标有哪些呢？这需要我们很好地去研究。体系指标的选取有两个途径：一是用户特别指定，“老板”关注啥，啥就是指标；二是通过作战实验数据挖掘，找出最具代表性的指标。但是，最重要的还是要科学挖掘。通过概念模型指导，建立初步指标；通过演习数据修正，得到测量结果的指标。多年来，我们已经挖掘出一些指标了，这些可能在实验室里能够做到，将来在战场上能否起作用还需要进一步验证。所以说，能力指标需要“挖”，只有“挖”出来的，才有可能真实地反映作战体系的实际情况。

战争复杂性导致的三个转变

传统的指标是树状指标体系。树状指标体系最重要的假设是“指标独立性”，即指标与指标之间是不相关的，以及可加性，即下级指标之和等于上级指标。这对复杂系统来说是难以做到的。因为很多指标并不具备独立性，而是相关性很强，无法累加成和。我们既然做不到，还不如果断把它们抛弃。因此，就需要做到“三个转变”

第一，抛弃指标的独立性假设，将“指标树”转为“指标网”。各指标之间实际是网状结构而非树状关系，因为复杂系统不具有还原性。作战体系就是复杂系统，所以不要把它看成树状的，而应该看成网状的。

第二，抛弃指标的可分解性假设，将“简单和”转为“涌现和”。

不要将底层指标加和，然后得到综合指标，而是直接寻找合适的综合指标。不能用局部指标简单求和得到整体效果，因为综合涌现会产生新的性质。

第三，抛弃结果的单一性假设，将“单结果”转化为“结果云”。不要期望只得到一个结果值，更多的可能是一堆结果值，这样才能最终描述出体系能力的“多值结果”变化。结果与决策是相关多值变化的，结果也会是多种多样的，一因也可能多果。

所以说，从体系能力评估这一点看，如果你把这几个抛弃，结果就不是一次性计算，或者一次性试验，而是不断动态地测量。这就像一个人身体的好坏，不能说今天检查完没问题，身体就好一辈子，而是每年都要进行检查。作战体系也是一样的，能力需要不断地测量，因为作战体系的能力状态也会有起伏。

作战体系能力的状态测量

那么，怎么进行测量呢？用“状态测量”取代“单值计算”是全新的能力评估概念。因为体系是活的，能力不会一成不变，只有监测体系及个体的特定状态，才能得到当前的体系能力水平。一般包括两种测量。

第一种是常态测量，基于资源的常态能力度量，即常规性统计，如保有和战损。第二种是动态测量，基于任务的效能度量，即动态监测，如进展情况等。就像在病房对患者进行身体监测一样。又如，NBA比赛的体育馆上面挂了几百个摄像头，监测所有运动员打球的情况，比赛结束，所有的测量数据就全部自动出来了，马上就知道今天谁打得好谁打得不好。打仗其实也应该是这样子的，需要一系列的测量，才能得出可信的结果。

体系测量结果反映的一定是“某时刻，某条件，完成某任务，针对某对手”的体系状态，所以其能力状态表达出来的是动态曲线或散布的结果群，而非单一值。其结果集将组成体系运行多维全时的数据仓库，并成为对体系进行能力及效能评估的数据基础，这就是结果云。通过这个结果云，我们就可以判断体系能力的高值、低值、均值，这就是体系测量的结果。

那么，怎么得到测量数据呢？第一是对实际作战体系进行测量。利用关键指标对体系进行数据采集，例如战果战损交换率、整体与局部的推进速度、OODA 时长等，但是动态数据的获得比较困难，需要指控系统完成对数据的采集和处理，要建立接口。第二是利用平行仿真系统。利用平行仿真获得平行模型动态的数据。这就需要对体系建模，而且这个模型还必须能够与实际体系互联起来，不断地修正。但是，结果可能会与实际有一定的差距。

最后，对结果数据进行比对分析或深入挖掘，得到所需的综合结果。综合结果亦分两种，即即时结果、事后结果。即时结果根据标准得出，可以实时影响规划系统，例如美军的蓝军跟踪系统，数据是实时的。事后结果是深入分析后得到的准确结论，这是更高层次的战场理解。

10.5　作战规划的评估

规划系统评估是验证构想、发现问题的必要过程，没有经过评估的规划很难说是可行的规划。方案分析和兵棋推演是两种常见的评估方式。在美军的联合规划处理过程中，第四步就是行动方案分析和兵棋推演。作战规划评估必须建立在整体、动态、对抗的基础上，因为规划的制定经常是局部、单方、静态计划的产物，所以更需要全面动态地检验。

作战规划评估的作用和类型

作战规划评估包括战前的指挥层规划评估、执行层规划评估，以及战中规划执行效果评估。前两者属于慢评估，后者属于快评估。

指挥层规划评估一般采用兵棋推演及配套的战前演习方式，由指挥员主导并参与，重点推演作战规划系统生成的作战方案及后勤保障规划方案。执行层规划评估是战前的行动评估，一般用仿真模拟计算，由规划人员主导，按指挥员意图进行，重点评估低层次任务规划方案的可行性。例如，部队机动规划、导弹突防路径规划、部队运输装载规划等。

战中的规划执行效果评估更为困难。因为有一个很大的难题，就是我怎么知道完成了规划的任务目标呢？回答这个问题本身就不容易。我说我的规划执行完了，如果是工厂流水线的生产，结果是可以知道的，但打仗的结果却是不知道的，因为规划本身就是一个对抗过程，而且评估时还在战中，规划执行的好坏只有单方的感受，并不知道作战的真实情况。所以，对规划，评估本身也需要规划任务去完成评估。换句话说，还要对规划本身做规划，这其实就是一个很大的难题。

利用兵棋推演规划方案

下面重点讨论兵棋推演的问题。美军利用兵棋推演规划方案是非常多的，“内窥 03”就是典型的战前演习。它将伊拉克战争之前所有的计划进行了详细推演，并带上了所有的部队指挥机关，按照实际作战流程，使用兵棋系统进行了 9 天的连续推演，取得的成果是完整地推演了作战方案，并对不合理处进行了修订。结合作战演习对参战人员进行训练，战后证明推演起到了关键作用。这种方式很直接，也很有效，但是组织起来代价太大。

如果将作战规划结果直接利用兵棋系统进行推演是否可行呢？要回答这个问题就要看采用什么样的推演类型。

第一种是演习式推演。也就是，对接实际指挥系统以演习方式推演，这种相对简单，由兵棋系统执行规划任务，包括人工建立的蓝军方案计划，由指挥员判断作战态势，需要兵棋系统支持人机结合的推演方式。“内窥 03”演习就是如此。

第二种是分析式推演。利用作战模拟系统对规划进行推演，兵棋系统充当作战模拟系统的角色，但是需要增加系统分析的内容。这是一种纯粹的规划方案推演方式，但要求系统具有自动推演和态势理解的能力。这种方式也需要引入蓝军，不管是人的方式引入还是智能方案的方式引入。从系统设计来说，要完成分析式推演，系统会更为复杂一些。

规划评估的目的不在胜负，给出的量化指标和排序也不是唯一和绝对的，而是为了激发创新、发现问题、管控风险、比对优选。美军在联合作战计划制定流程指南中说：兵棋推演使用的模型再准确、科学也只能依据既有的规则来模拟作战行动，永远无法模拟战场上无限的、充斥艺术色彩的可能；指挥官永远不要认为，经兵棋推演后胜算较大的方案，在实际应用时也会在现实中取得同样推演结果。也就是说，战争复杂性的存在，使我们并不能对任何方案得出未来实际作战胜利或者失败的结论。

兵棋推演的价值来自推演过程，而非特定的结果。它只是一种发现问题、管控风险的手段。兵棋推演之所以能够帮助理解决策主要有四个原因。

一是，身份扮演更容易沉浸而非旁观，是真实的人面对真实问题的真实反应，偶尔还会创新出新概念。

二是，可以模仿任何决策个体和群体，思考的角度可以不同，因此会更加全面。

三是，与团队及对手的互动可以更接近真实决策氛围，而不仅仅是个人的思考。

四是，参与者需对后果负责，后续所有决策需以此为起点，因此可以增强推演的现实性。

兵棋推演毕竟不是真实的决策，也存在许多局限。首先，兵棋推演是虚拟的，并不能与现实感受完全匹配，例如是否使用核武器，真实与虚拟会有巨大差别。其次，所有兵棋推演一定会受限于某种假设或想定，而这种假设往往会有一厢情愿的嫌疑。再次，兵棋推演不可能完美展现实际的效果，例如战损就不可能与实际完全一致。了解这些局限，有利于我们对推演结果的理解。

兵棋推演对规划系统的设计需求

因此，兵棋推演对规划系统的设计提出以下需求。

第一，要有将指挥命令具体化的能力。要形成可被兵棋系统识别的指令序列，并可按照形成的计划方案，以及对手的基线方案进行推演。同时，还要求有将高层级作战规划向下一层级作战规划细化的能力。

第二，要有态势的自主判定能力。可以根据态势和既定决心自动完成对既定计划的修改和调整。态势判定包括局部态势判定和全局态势判定。局部判定会导致局部行动计划的调整。全局判定也会得出对规划整体效果的评估。这两者都包括“人判”和“机判”两种形式。

第三，要有评估结果的分析能力。分析得到规划方案的结论，例如发现问题了吗？目标可以达到吗？资源充足吗？冲突是否可消解？之后给出评估结果，指出规划中出现问题的地方，以及解决的方案。

系统对接存在的问题

利用兵棋推演进行评估需要将规划系统与兵棋系统紧耦合对接。要做到这一点，目前还存在很多问题需要尽快解决。

第一，有规范统一的作战行动指令集吗？这个类似美军的联合作战任务清单，也就是有一个作战行动的表示标准。各军兵种作战行动也需要规范起来，例如美国空军任务命令（air task order，ATO）。

第二，有规范统一的作战数据基准库吗？其中包括真实可靠的作战基础数据、侦察情报数据、信息系统数据等，即便如此可能仍然不够完整。

第三，有规范统一的系统接口环境吗？其中包括态势图、军标符号、情况报告、信息交流接口、人机接口等。

第四，有规范统一的联机作战信息环境吗？例如，有无“红军跟踪系统”，能否实时掌握自己部队的行动，达到类似美军“蓝军跟踪系统”那样的水平。了解跟踪自己部队的状态也不是一件容易的事情，但如果不是很清楚，规划就很难做。

上面这些其实都是指挥信息系统必须要解决的问题。此外，还有一些更复杂的问题需要深入研究。这些问题对于规划系统来说联系可能更紧密一些。例如，有规范统一的作战规划方案的表示方法吗？也就是 COA，要想和其他的系统对接起来，必须将计划方案标准化，反过来也要求规划评估系统有能力适应不同类型的作战方案表达。又如，有规范统一的作战规划评估基准吗？这个可能更难一些。评估基准不存在，能力判定就不存在。这其中包括背景想定，描述作战区域、任务和对手的基本战争环境条件；基线想定，描述基准条件下完成基准作战任务的想定，也就是参照标准；焦点想定，针对特定问题评估的特殊行动想定描述；基线标准，针对具体任务的评估参照标准，即参照系。如果没有参照系，所谓的判定就是一厢情愿的结果。

这些问题的解决，最终都要依赖作战任务的清单化、作战流程的标准化、作战方案的数据化。做到这三条，很多东西就容易解决了。

战中的规划执行评估

最后讨论战中的规划执行评估。由于联合作战规划涉及面更广，规划执行效果的评估更加困难。因为联合作战规划评估确定的指标很难完整，各种指标和度量会有缺失，所以获取的数据也会不全面，数据总会有遗漏或无法获得的情况。由于态势感知的不对称，也会使不同的指挥员或指挥机关人员获得的信息和对敌人意图的判断解释可能不一致，最后导致态势认知上的不一致。即使不同经验的指挥员对态势也会有不同的看法，因为认知是“活”的。

联合作战态势评估与其说是科学，不如说是艺术。由于战争的复杂性，在不确定性环境中进行预测和评估，如何精确都有问题。因此，规划系统必须与指挥信息系统互联，建立密切的数据、情报关系；也要借鉴新的科学方法，包括大数据、复杂网络、深度学习等；更要利用优秀指挥员和参谋人员的经验和智慧。所以，未来规划系统肯定是以“人机智能结合、系统共生进化”方式发展的，这应该成为规划系统最重要的一个趋势。

10.6　小　　结

最后做个小结，重点讨论作战规划系统研发重心应该放在哪里。

我觉得可以用四句话来概括。

第一，基本定位上应该把科学的作战运筹放在第一位，将作战资源和过程的科学配置优化与选择作为重点。

第二，基本理念上必须坚持战争复杂系统的科学思想，用整体、对抗、动态的复杂性科学理念指导系统的设计和开发。

第三，突破重点上应该把态势智能认知作为突破口，没有态势认知的突破，系统很难上台阶和升级换代。

第四，体系配套上应该把标准规范作为系统互联的关键，作战任务清单、作战流程标准、作战基础数据、不同系统接口等都是很重要的方面。

最后，对于规划系统研究建设而言，我认为最根本的一条就是要少争论、多干事。在实践中不断迭代发展，系统才会在应用中不断完善。

第 11 章　复杂系统视角下的兵棋推演[①]

——管理和应对战争的不确定性

首先，从美军的两份重要文件说起。

作为美国开启与其他大国竞争的重要标志和战略举措，美国国防部于 2014 年 11 月发布了《国防创新倡议》备忘录，提出“第三次抵消战略”，实现美国国防发展建设方式的新一轮重要转型。目标是通过颠覆性技术、作战概念、组织结构、国防管理等创新，抵消对手实力的不断增长。重振兵棋推演也被作为其中一个重要的创新举措，用于“开发与测试达成战略目标各类可供选择的方法手段，并帮助决策者更清晰地思考，理解未来安全环境”。

2015 年 12 月，美国国防部进一步签署《兵棋与改革创新》备忘录，提出全面重振兵棋推演，助力“第三次抵消战略”。文件指出，为了避免对手在作战和技术上的突袭，更有效地利用有限的资源，美军需要在计划、规划、预算、装备采办、兵力结构、能力建设、作战概念、编制体制、发展规划等各个国防领域，推动实现兵棋推演的制度化、系统化。

这两个文件的出台告诉我们，美军已经把兵棋推演看成未来大国竞争的核心重要方面。与此同时，2017 年，英国国防参谋长也发布了指导性文件，称对许多盟友和合作伙伴对兵棋推演的重视程度感到震惊，提出要在英国国防中重新振兴兵棋推演，宣称要让兵棋推演“成为我们 DNA 的一部分”。

兵棋推演是一种传统而又常见的战争分析研究与训练工具，距今已有 200 余年的历史。在信息化战争时代的今天，为何又获英、美等

---

① 根据吴琳在某学术会议上的报告整理。

北约国家的高度重视，甚至将其提升到军队转型发展的战略高度？这些动向很值得我们认真研究与思考。

11.1 不确定性：准备战争的最大挑战

战争是人与人的对抗，敌我对抗过程中人和组织的适应性行为导致战争系统结构动态可变、不可分解还原、因果关系不明确、不可预测，并会演化产生新的整体性质，呈现非线性、混沌、涌现等典型复杂系统特征。

对于战争的指挥者或决策者来说，面对战争系统复杂性最大最直接的感受就是战争充满迷雾、不确定性无处不在、变幻莫测、难以把握。安全环境会如何变化？未来会有哪些新的威胁与挑战？对手会做出什么决策、采取什么行动？技术会如何发展？新的作战方案、体系建设发展规划能否达到预期效果，风险、影响如何？这些问题无时无刻不在困扰着人们。让人感觉难以分析预判，进而做出战争决策。

克劳塞维茨在《战争论》中反复强调：军事艺术是同活的对象和精神力量打交道，事无大小，都不是绝对的、确定的；没有一种人类活动像战争这样从各方面和偶然性经常接触;战争是不确定性的领域，作为计算战争行动基础的一切事物中的四分之三好像都是隐藏在巨大不确定的烟幕里。

随着军事技术不断进步发展，战争系统复杂性特别是不确定性剧增，认识、管理、利用复杂性与不确定性，已经成为外军作战理论与作战概念创新的重要科学基础。例如，网络中心战理论创始人塞布罗斯基就指出，“网络中心战的基本概念是非线性、复杂性、混沌，它的确定性更少而涌现性更多”，主张将军事力量构建成复杂系统来应对国际安全的复杂性。

近年来，无人技术、人工智能开始在军事领域广泛应用，美军又提出“决策中心战”“马赛克战”“多域战”等作战概念，本质上是通过智能无人、分布式作战、跨域指控，以及战争手段模糊化等方式，使战争体系结构与功能动态性更高、适应性更强、演化与涌现不确定性更大，向对手施加更高复杂度，并有效管理应对自身面临的复杂性，从而赢得决策优势。复杂性与不确定性不再仅仅是战争系统的主要特征，而是作为一种作战工具。

所以，从战争复杂系统角度来说，不管是作战指挥，还是国防军队建设发展决策规划都可以看成对复杂性，特别是不确定性的处理应对与管理运用。好的决策与方案计划应建立在对战争各类不确定因素及其可能带来风险正确认识基础上，尽可能减小不确定因素带来的风险，并能根据情况变化灵活调整适应，同时最大限度地向敌人施加不确定性，影响对手的决策判断。

11.2　兵棋推演：应对不确定性的工具

最早人们理解认识战争，主要依赖决策者和专家的经验分析判断，战争的成败、决策的科学与否，主要取决于个人是否“有敏锐和洞察的心智，借以凭借准确而迅速的判断来发现事实的真相”。随着科学技术的进步，人们开始发展出运筹分析、模拟仿真、作战实验等方法手段，提高战争系统分析与决策的科学化水平，并在现代作战和国防军队发展建设中发挥重要作用。

这些现代科学方法大多都是基于牛顿科学体系的还原论思维方法发展而来的，更关注武器装备、战术行动，采用数学物理方法量化建模与计算仿真，并期望得到精确、确定的分析结果。传统建模与量化分析方法在研究战争中较低层次的局部性问题时，如搜索潜艇、空战格斗、导弹打击等，还是比较有效的。但是，当面对战争或作战体系整体对抗和未来建设发展的不确定性问题时，往往难以应对处理。

对于战争复杂系统来说，应对不确定性的有效方法就是试错。兵棋推演可以提供一种“预实践”手段，以较小的代价帮助决策者与指挥员来认识、理解未来战争的不确定性。

兵棋推演有多种多样的形式，如研讨式、矩阵式、专家式、严格式等。无论哪种兵棋，基本形式是两方或两方以上参演者，在人为构想的环境下，依据规则进行决策，并为己方决策行为承担后果。它主要有四个要素：一是推演者决策面对的环境，如战场环境、作战力量、战场目标等，还可以包括社会环境、舆论民意、经济运行等，可以用实物化的棋盘、棋子、文字、图表表示，也可以用计算机模拟构建数字化虚拟环境；二是参演者，根据环境做出决策，并希望影响改变环境；三是规则和约束，规范参演者可以做出那些决策，有什么限制与要求；四是裁决模型，确定各方决策对环境和对手会产生怎样的影响，可以是计算机模型、裁决表格、专家经验等。

在兵棋推演中，扮演者在构造的环境中，通过与对手不断博弈对抗，反复探索尝试各种可能的情况和决策选项，并亲身感受效果反馈，产生沉浸式决策体验。这实际上是一种典型的专家经验与数据、模型、系统相融合的综合集成研讨分析研究方法。

需要注意的是，兵棋不会告诉"你"应该"怎么做"，或者预测"成败与效果"，但是提供了一种从"动态""整体""对抗"的角度，帮助"你"更好地了解未来会如何变化，可以有什么选择，可能的效果影响是什么，以及为什么等不确定性问题。通过推演，发现问题、洞察未知，这就是兵棋价值所在。

海湾战争爆发后，美国国防部应急兵棋推演设计者马克·赫尔曼指出：如果清楚你的问题，兵棋推演对你没有帮助，兵棋推演主要用于当你确实不知道可能会发生什么的时候。美军《联合作战计划制定流程（JOPP）高级参谋军官计划指南》也强调"兵棋推演所使用的模型即便再准确、科学，也只能依据即有规则来模拟作战行动，永远无法模拟战场上无限的、充斥艺术色彩的可能。指挥官及其参谋永远不要认为，经兵棋推演后胜算较大的方案，在实际应用时就必定会在现实中取得推演的结果。除了常规性地验证行动方案，它最多帮助指挥官及其参谋尽可能熟悉行动中各种可能出现的情况及其应对措施，尽管它并不能穷尽所有可能。"

具体来说，兵棋推演可以帮助指挥员与决策者在不确定性的认知、管理与应对方面发挥以下作用。

第一，认识把握对手与环境的不确定性。兵棋推演通过对抗博弈，推演分析对手各种决策与行动的可能选项，以及环境因素的不确定性，可以实现换位思考，更好地理解对手与作战环境。尼米兹在第二次世界大战后曾说：对日战争，早就在推演室里开始了，很多人用了很多不同方法这样做，以至于战争中没有意外发生，除了神风敢死队。

例如，在实施对日水雷封锁作战时，美军聘请地球物理学家约翰逊来领导研究如何制定封锁方案。约翰逊组织了两组作战与技术专家，扮演美军与日军，分别负责布雷与扫雷。在不同海域、港口，布雷组设计各种布雷方案，扫雷组则有针对性进行扫雷，通过不断推演，找出最佳策略，并推断布雷封锁效果，以及对日方经济的影响。事后约翰逊总结道：日军对抗水雷的手段，几乎每一种都在某次或多次兵棋推演中出现过。

所以说，兵棋推演有助于决策者分析理解未来安全环境、潜在威胁与挑战、对手应对举措。美军为了实施“第三次抵消战略”，在国防部设立针对中国、俄罗斯的两支高级战略“红队”，专门推演分析研究针对美军的抵消战略，对手会有什么应对举措，会对美军产生什么影响。在美军联合作战指挥机构内部，通常也会设立“红队”，并将其嵌入军事决策程序，专门从对手视角提供决策支持、批判性审查、模仿敌对方和弱点测试等功能。

第二，认识把握方案或政策的不确定性。方案和政策可能带来的后果与影响往往具有很大的不确定性。英军认为，兵棋推演允许在“安全失败”的环境中对他们的经验进行实验和学习。通过兵棋推演的预实践，可以评估分析不同方案或政策选项可能的效果与风险，对方案和政策进行比对、优选、改进完善。

例如，在海湾战争中，美军各级指挥机构进行了上百次兵棋推演。推演发现，美军如果采用正面作战，可能陷入持久战从而损失惨重，而快速侧翼机动则可缩短战役进程。于是，有了“欢呼玛丽”行动方案，即著名的“左勾拳”行动。

兵棋推演不但可以用于分析评估作战方案计划，在概念创新、战略规划、政策选择等方面，也可以发挥同样的作用。例如，美军为了应对反介入/区域据止威胁，于2009年提出“空海一体战”作战概念。在联合部队建设过程中，落实该概念的一个重要问题就是，应该建立什么样的指挥体制确保能够贯穿所有作战域实施一体化行动。是在各军种职能指挥机构之间互派协调员，还是按照作战任务实施多军种混合编组，还是其他什么方式？为了回答这一问题，美国国防部委托海军战争学院连续三年举行了代号为“全球”的兵棋推演。参演人员采用不同的指挥编组方式，围绕特定作战场景，展开指挥作业推演，检验不同方式下的指挥效能。最终探索形成“空海一体战”指挥控制的3种新模式、4类新概念。

第三，认识把握决策和领导者的不确定性。兵棋推演可以起到任务预演、凝聚共识、加强协同、提升领导力等作用，帮助应对减少方案执行实施中由人的思想认识不统一、执行不到位等原因造成的风险和不确定性。

例如，美军在发动伊拉克战争之前，2002年11～12月专门在卡塔尔组织了“内窥03”兵棋推演。所有参战单位包括英军在内师以上指挥机构的指挥与参谋人员参加推演，按照实际作战方案完整推演整个战争进程。通过推演不但检验修订了作战方案，同时使全体参战指挥机构人员，熟悉了解作战方案和作战进程，磨合了协同配合，对作战过程中可能遇到的情况问题做到心中有数、预有准备，确保了实际作战行动能按照预定计划实施。

在和平时期，美国海军陆战队也会定期组织“远征勇士”系列兵棋推演。目的不是训练指挥员也不是检验评估方案，而是为决策者思考研究未来战争提供一个交流平台。通过兵棋推演，使决策者对未来作战和部队建设的变化与趋势能够统一思想认识，防止在建设发展中，由方向、政策理解认识上的偏差导致风险和问题。

11.3 典型案例分析：Title X

美军为了洞察理解战争与国防建设顶层复杂性问题，在《兵棋与改革创新》中提出按照时间跨度将兵棋推演划分为三类。

面向近期（0～5 年）的兵棋推演，主要聚焦当前作战计划执行与改进。帮助完善现有作战概念，发现问题，提出在作战、保障等方面近期和中期改进措施。

面向中期（5～15 年）的兵棋推演，聚焦作战和组织概念创新。着眼于将新技术、新方法与未来部队相结合，分析发现潜在的发展方向与偏差。

面向长期（>15 年）的兵棋推演，聚焦评估技术趋势、安全威胁对作战的影响。帮助抓住新的机遇，减少潜在剧变带来的风险，制定长期竞争战略。

比较有代表性的是美军各军种的“Title X”系列兵棋推演。这类推演是依据《美国法典》第十章赋予各军种参谋长的职能，并由其主导实施的。通常由军种主要司令部、其他军种、参联会、国务院、国防部，以及盟国代表参加，是美军最大规模的常态化、系列化兵棋推演。“Title X”系列兵棋推演主要用于推演研究未来战争，探索未来发展建设方向。

“Title X”系列兵棋推演全面聚焦美军中长期转型发展面临的不确定性，一般超前推演未来 10～20 年的战争变化与发展。“Title X”系列兵棋推演主要包括美国陆军“统一探索”、海军“全球”、空军“统一交战”“未来能力”、海军陆战队“远征勇士”等。通过各类推演分析未来安全威胁、作战环境、潜在挑战，以及未来作战中可能出现意外的情况和结果；发现军种在作战概念、作战能力、编制数量与力量结构等方面的短板，以及未来可能的发展方式、政策选项及其效果与影响；增强各级指挥官、决策者对未来的理解，锻炼提高作战和战略领导力，加强战区、军种、组织、盟国之间的协作。例如，美军“多域战”作战概念，就是通过多轮“统一探索”系列兵棋推演不断发展完善形成的。

“Title X”系列兵棋推演是运用兵棋研究应对战争复杂性问题比较有代表性的案例，主要有以下特点。

一是，推演方式方面强调科学与艺术的结合。以领域专家为主体，经验与系统结合、研讨与仿真计算结合、定性与定量结合。例如，以美国空军的“统一交战”系列兵棋推演为例，由多达 27 项推演活动组成，包括一系列研讨会、危机行动研讨式作业、分领域人工与计算机兵棋推演，最后以“拱顶石”综合对抗演习结束。此外，形成的推演结论还要通过作战实验等手段验证，并组织高官研讨会使成果影响进入决策。

二是，推演环境突出多层次、多领域、多手段综合集成。以“统一交战”为例，就构建了全球部署分布式视频、通信、会议等设施与环境，系列化研讨与协同作业工具，以及多领域计算机兵棋与模拟仿真系统。推演与模拟仿真平台涵盖平台/信号级（如 OPNET、STK）、战术级（如 COSMOS、CAPS）、战役级（如 STORM）多个层次。模型领域涉及陆、海、空、天、C^4ISR、后勤、战略投送等，甚至包括核生化效果模拟。

三是，推演过程融入现实决策，持续迭代演进。“Title X”系列兵棋推演持续时间短则数月，长则两年。例如，“统一交战”系列推演逢偶数年举行，每次持续长达两年时间，包括推演设计、推演实施、总结分析、落实转化等阶段，循环推进，上一轮推演尚未结束，下一轮设计已展开。持续的推演过程与决策规划环节之间相互衔接、互相促进，将对未来的认识不断转化落实为当前的发展规划。通过不断地推演未来，深化对未来不确定性洞察理解，持续修正当前的发展方向。

11.4 小　结

通过对美军改革转型中典型的兵棋推演应用案例分析，对于我们的国防和军队建设，以及军事斗争准备可以有以下启示与借鉴。

一是，理念方法变革是根本性的变革。兵棋推演不仅是一种战略与作战研究的工具，更代表一种科学思维和管理理念。外军每一次作战概念创新与发展转型背后都有大量的推演分析论证为支撑。军队建设与改革发展不能只关注作战理论、武器装备、力量结构、编制体制、后勤保障等，还要转变战争顶层决策与规划设计的方法模式，特别是运用兵棋推演等手段，更有效地认知、管理与应对未来战争的复杂性与不确定性，为确保建设发展的正确方向提供有效支撑。

二是，要正确理解兵棋的作用价值。兵棋推演并不是为了精确预测未来军事冲突的交战结果，而是一种在不完全和不完美信息条件下探索各种决策可能性的工具，所有兵棋推演独特的价值在于可以在推演中发现以前没有发现的问题、角度、决策，即“洞见”。将未来作战中的各种不确定性和可能的变化从推演时的“后见之明”变为实际中的“先见之明”。兵棋推演重要的不是量化结果，而是重在通过反复推演发现问题、管控风险、激发创新、优化调整。

三是，需要建立常态化、体系化兵棋推演机制。基于兵棋推演研究战争复杂系统问题，推演少数几次是远远不够的，也不是今天推了明天就可以不推。复杂系统本身是在不断演化的。兵棋推演也需要持续跟踪变化，反复迭代，并且要从不同层次、不同领域形成体系才能发挥出应有的效果。例如，美军战区指挥机构，每年都要定期组织兵棋推演，持续修正完善特定方向作战预案。又如，对于俄乌冲突，美军早在 2015 年就开始不间断跟踪推演，不断将新的情况变化引入推演。到冲突爆发前两周，在美海军陆战队的兵棋推演中，较为准确地研判了开战初期俄军的大部分行动。

四是，把握兵棋建设运用的关键要素。兵棋推演不应过分强调模型、数据的精细与准确，特别是对于未来作战，很多方面只能概略地估算和估计。兵棋推演成功的关键在于对所研究问题的深入理解、对推演场景和推演问题的科学设计、决策者与各领域专家的深度参与和沉浸体验、对推演结果及产生机理的深入分析思考，以及将兵棋推演与实际指挥、决策 OODA 大循环过程的有机融合与互动。

国防军队建设发展就像一艘巨轮在未来战争的重重迷雾中航行，我们要紧盯科技之变、战争之变、对手之变，树立基于复杂系统科学的思维理念，运用好兵棋推演这样的方法，帮助我们穿透迷雾，搜寻前方暗礁险滩，找准方向，破浪远航，赢得准备战争、设计战争的主动权。

第 12 章　智能化兵棋系统①

——兵棋系统升级换代，需要改变的是什么

下一代兵棋系统应该是智能化兵棋系统，这是毋庸置疑的。智能化兵棋系统应该有什么样的改变，现在还很难说清楚。这不是简单地引入诸如深度学习、知识图谱等方法后，就可以称为智能化兵棋系统的。关键在于必须弄清楚，该有哪些本质性的变化，以及如何进行设计，才能实现兵棋系统的升级换代。

12.1　战争模拟简史

战争模拟与兵棋推演

我们先看一看，战争模拟的代与代之间发生了什么变化。从古至今，战争模拟一直贯穿于战争研究之中。中国古代墨子和马援等创造的“积米为山，解带为城”，可能是最早的作战模拟研究形式。19 世纪初，普鲁士的冯·莱斯威茨父子发明了手工兵棋，成为最简单的作战研究推演工具，一直沿用至今。第二次世界大战结束后电子计算机出现，尤其是 20 世纪 80 年代中后期发展出的各种计算机战争模拟系统使战争模拟得到长足进步，产生了包括各种模拟器、集中式模拟系统、分布式交互仿真、LVC（live，virtual and constructive），以及云仿真等在内的多种战争模拟系统，极大地促进了战争决策研究、作战指挥训练，以及武器装备研发等各种战争准备活动。

一般来说，战争模拟可以按分类体系进行划分，包括战争分析、

---

① 根据胡晓峰在 2021 年第 33 届中国仿真大会上做的主题报告整理。齐大伟参与了报告的写作和整理工作。

战争训练和武器研发 3 个类型，技术层、战斗层、战役战术层、战略层 4 个层次（图 12.1）。兵棋推演一般用于与指挥决策有关的几种战争模拟类型，集中在战争分析、战争训练两类中战斗层以上的层次。

	战争分析	战争训练	武器研发
战略层	战略决策分析 兵力规划分析等	战略决策训练	武器发展规划
战役 战术层	作战方案分析 作战规划分析	战役战术指挥训练	多武器系统模拟
战斗层	战斗行动分析	战斗行动训练	武器系统模拟
技术层	武器运行分析	操纵技能训练	武器工程 技术仿真
对象	"决策及方案"	"人"	"武器"

图 12.1 战争模拟体系划分

虽然其他战争模拟也需要专门兵棋系统支持，但是兵棋推演区别于其他战争模拟形式最大的不同是,特别强调指挥员和决策者的参与。也就是说，兵棋推演特别强调指挥员的"推"，而非单纯依靠模拟系统的"演"。即使早期手工兵棋，也是由"人"（指挥员或决策者）在主导"推"的过程，引导着战争研究活动不断朝前发展，直至对所研究问题有所解答。传统武器装备仿真或作战分析仿真活动，大多数都是人在回路外，系统在"演"，"人"只是作为控制者或观察者，客观地控制仿真的进程和系统的启停，并不会影响仿真的实际结果。

这两者最大的不同在于，指挥员或者决策者的"推"，会激发并产生新的知识，而这些知识又会被引入推演活动，影响正在进行的推演进程。传统仿真系统得到的只是不同输入数据被模型变换的结果，即数据可变、模型不变。兵棋推演产生新知识，则意味着推演模型，包括参加推演的"人"在内，都会被推演进程改变。在兵棋系统中，个体行动决策模型模拟的就是人的本身，所以也会随之改变。因此，我们常说，兵棋推演与传统仿真有很大的不同，是一种特殊的作战模拟活动。其实就是在说，它要能反映"人"在其中发挥的能动作用。

美军在伊拉克战争前组织的"内窥 03"演习，就是极具代表性的案例。它依托部署在美国本土的 JTLS（joint theater level simulation）

兵棋系统，全部采用实际作战方案和真实数据，通过参战的美军及联军指挥机关和指挥官推演伊拉克战争全过程。达到既检验和修正作战计划，又训练所有参战官兵的目的，使所有的“人”事先得到宝贵的战争体验。从这一点来说，“人”是兵棋推演的核心，也应该成为兵棋系统的核心要素。

各代兵棋系统的本质特征

第一代兵棋系统主要是手工兵棋，也包括后来发展出来的计算机手工兵棋。其形式主要表现为棋盘、棋子、规则，固定的作战地域，以陆战、海战为主的作战行动，对弈双方通过“回合制”完成全部推演过程，并通过规则表和骰子决定推演的走向及结果。其中，“规则表+骰子”是其本质特征，它突出了对规则和随机性的尊重，“人”的干预全部都在盘外，相对于过去那种“凭脑袋去想象，以权威定结论”的作战决策研究，已经是一个很大的进步。

第二代兵棋系统即计算机兵棋系统，产生于计算机技术飞速发展的 20 世纪 80 年代。作为一种运用最为广泛的战争模拟形式，计算机兵棋系统一直引领着战争模拟技术研究的方向和重点。它的基础平台是计算机系统和网络，以及建立在其上的指挥信息系统。参与兵棋推演的对抗各方依托越来越强大的计算能力和基础数据，通过计算机模拟仿真方法，可以采取分布式、全并行、变时速的方式，实现对战争全要素、全过程的模拟。计算机兵棋系统的本质特征与手工兵棋也不相同，它的核心是“数学模型+程序计算”，将作战过程的数学算法与计算机的强大计算能力结合起来，主导所有的战争过程和结果的模拟。

经过几十年的发展，计算机兵棋系统中可模拟的实体、行动、效果越来越逼真，但是仍未实现“跨代”升级，因为其本质特征并没有发生本质变化，依旧还是“数学模型+程序计算”。其科学基础仍然是基于牛顿科学体系下的确定性系统仿真方法，即所谓“机器”系统仿真方法。这是因为一个核心问题始终没有解决好，即智能行为难题：“人”既然是兵棋推演的核心，人的智能行为却不能被真实反映。智能行为的核心是认知，但是我们却找不到对认知进行建模的合适方法。该领域多年来一直都是研究的重点，但研究的结果却总是不尽如人意。例如，美国国防部建模仿真办公室（Defense Modeling and Simulation Office，DMSO）虽然一直将“人的行为建模”作为研究的重点，但进展也比较缓慢。我们试图建立的各种智能作战决策行为模型，表现出来的行为却总是带有“机器味”，显示不出自主决策智能行为的特点。

因此，兵棋系统要想跨入下一代，发展出智能化兵棋系统，智能行为建模将成为关键。下一代兵棋系统的本质特征有哪些需要改变，应该如何设计新的系统，成为我们必须要说清楚的问题。

12.2　“认知”建模难题

兵棋推演中的认知难题

兵棋推演中存在许多认知方面的难题，下面通过几个典型案例进行简要分析。

案例 1：作战环境感知

在某兵棋推演中，出现了“海面布雷阻滞航渡编队”的行动指令，并由决策智能体自动下达。奇怪的是，态势显示的结果是，水雷被整齐地布设在海峡中，根本没有考虑海峡可航行的通道环境，也没有考虑敌方航渡编队前进的主要方向，更没有考虑此作战阶段敌我双方的战损及条件等情况。显然，这是因为兵棋系统决策智能体对作战环境对象（航道、防御、友邻等）的感知，只存在于预先设定的范围，对预设外的情况不能泛化识别，所以导致奇怪的行动结果。也就是说，兵棋实体目前缺乏泛化感知环境的能力。

案例 2：行动意图判断

兵棋推演中经常需要对敌方行动意图进行判断。例如，对敌方的“空袭编队意图判定”，发现敌机编队，进行预警，然后判断其是一般巡逻，还是要对我方目标进行突袭等。这项工作过去由指挥员完成，若将此项工作交由兵棋系统中的指挥所智能实体完成，还存在很大困难。因为需要综合判定“目的、实体、关系、事件、任务”，才能识别“意图”。现在大多数系统只能做出低层次的相关性判断，如威胁评估或有限判定。对高层“意图”识别，则需要不断跟踪、分层分析、逐步清晰后，才能综合判定。这在目前还做不到，因为兵棋实体缺乏自主综合判断的能力。

案例 3：作战行动预测

对敌方作战行动进行预测，是自主决策的前提。例如，对敌方的空袭编队进行拦截，就需要预测敌方下一步的行动方向或兵力。但是，常用的趋势性预测、相关性预测等方法在事后分析很有效，对事先预测却无规律可循，具有很大的不确定性。预测不可重复，指挥员全凭经验，甚至预感，合理性值得商榷。在这种情况下，又该如何进行预测？

案例 4：行动计划决策

兵棋系统的行动一般按计划执行，并处理临机事件。以“空对地突击任务”为例，在下达命令后，空对地突击编队会按步骤连续执行，诸如“起飞”“巡航”“突击”“返航”等计划行动。如果出现“命令取消”“遭敌拦截”“天气恶劣”“目标消失”“更换机场”等意外情况，则需要临机处置。这些所谓意外情况，其实并不意外，都可以事先想到，而且只能有限多，可以在建模时事先指定，大多数兵棋实体执行的计划任务都有这个特点。但是，当超出预估情况，出现新的变化或可能时，兵棋实体仍然只会机械执行原定行动，而不会随机应变，因为它缺乏“应对无限多可能情况”的能力。

案例 5：自动计划执行

以“联合计划自动推演”为例，在作战方案分析中，会利用兵棋系统对作战计划进行自动推演。但是，“炮声一响，计划作废”，当计划推演遇到与事先估计不一致的对抗改变或出现不确定性时，就会无法主动应对。这也是因为无法自主判定态势变化，缺乏自主决策选择能力。

案例 6：作战命令细化

兵棋推演时，经常需要将上级的作战命令细化为可执行的规划，并生成战术指令。也就是，将“大命令”转化为一连串的“小命令”，将执行单位转化为基本作战单位。例如，将旅的战役作战行动转为多个营，甚至连的战术任务行动等。现有的兵棋系统只会机械进行任务的简单分解，如果细化命令需要新的作战知识，则会无法自主完成。

案例 7：换位充当对手

当兵棋实体在换位充当对手（如蓝军）进行决策时，要求能够按照对手的特点正确反应。目前的兵棋系统很难给出正确反应。如何“演”得像蓝军，除了基础条件，很大程度也属于认知问题。一般来说，演得像“蓝军”，低层靠装备及行为、编制编成区分，上层则要靠决策特征区分。如果要更高层次的“想象替代决策”，即完成“假如我是蓝军”的想象决策，则是更大的智能难题。

案例 8：方案分析认知

在方案分析中，认知对决策的影响也很大。以兰德公司《恐怖的海峡-Ⅰ》分析为例，兰德公司 2000 年针对 2005 年前后某海峡可能发生的军事冲突中对空军的需求进行分析，得出“空军必须保持均势”的结论。他们采用的是定量推演方式，利用仿真系统进行 7 个变量共计 1728 次推演，然后进行统计分析，得出各个因素影响的顺序，并给出相应的决策建议。我们不关心结果，只讨论这种基于仿真结果的统计分析方法是否合理。

这种统计分析方法有一个基本假设，即每一次实验都是独立且无序的，这样“大数定律”才起作用。正如抛硬币试验，只要次数足够多，正反面概率最终一定会趋于 1/2。但是，人是有认知的，不会简单机械地重复。他在决策时一定会考虑以前的结果，并对决策不断进行修正，从而导致“偏好依附”，最终使决策效果偏移。这就是人类行为固有的“幂律”特点。也就是说，那种基于物理规律的方法，并不能反映人类社会真实的认知效果，“纯理性”决策不太符合实际。因此，兰德公司的这种分析方法是有问题的。

复杂性带来的仿真问题

以上这些案例讨论的情况之所以成为难题，问题主要出在认知上。过去我们总是将世界都想象成机器，用还原论的“简单系统思维”来思考一切。这种思维概括起来就是，系统整体等于各部分之和，即使结构再复杂，也可以分解还原。系统结构总是保持不变，结果线性、因果对应、状态稳定，因此可重复、可预测。在这种条件下，仿真可以基于相似性原理完成，通过对实际系统进行相似性建模，做到只要输入相同，输出就可以认为是相同的，这样就可以达成仿真的目的。

现实世界还有一类系统不能被简单地分解还原，这就是复杂系统，如人体、社会、战争系统。它们整体不等于各部分之和，具有整体性质，结构可变、因果不确定，因此不可预测、不可重复。在这种情况下，如果同样的输入，在多次实验中就可能得到不同的结果。例如，在战争中，用同样方法打两次，可能得到不一样的结果，这就是“胜战不复”。社会、经济、恐怖主义行为预测等很多问题，都属于这一类。由于没有一一对应的因果关系，复杂性就会导致仿真的相似性原理失效。因此，当仿真对象不是简单系统，而是战争、社会、经济这些复杂系统时，系统本身是不确定的，模型自然不能确定。因此，不可能找到解决复杂性问题的“简单”方法。

物理学中常常采用统计和综合的方法来寻找规律。例如，容器中的气压是由分子碰撞产生的，但若是研究每一个分子碰撞过程将极其复杂，甚至难以确定包含多少个分子。但是，使用统计方法计算外部整体压力，就很容易得到气压值。另外，对于群体建模，过去也常用多 Agent 方法进行建模，如舆论模型、城市交通模型、蚁群及蜂群行为模型等，实际也是模拟粒子随机接触碰撞方式，最后得到整体性结果。例如，对于鸟群，使用三条规则就能描述群体飞行规律。但是，将这些方法用于与认知相关的模型时，常常会发现结果与实际偏离很大。

为什么会导致这样的结果呢？这是因为社会复杂性与物理复杂性虽然都是复杂性，但它们的根源不同。物理复杂性关键在于其运动规律是混沌的，例如“三体问题”时间长了就可能得不到结果，因此就无法预测。社会复杂性则是因为人是有认知的，不会像物理粒子一样只是简单地碰撞，而是思考后再行动。

反身性与不可预测性

拿物理思维去思考人类社会的事情是人们常犯的错误。正是因为人群不是杂乱无章、没有思想的粒子，也不是只有简单生命逻辑的低等生物，而是具有判断和决策能力的人类，所以人们的一切行为必然受认知的影响。这其中就包含两个很重要的原理。

一是，反身性原理，即人的认知不会影响自然系统的物理定律，但会影响自身所在社会系统的演化规律。因为人类会“反思”，这在 Pearl 的《为什么》一书所说的“因果之梯”中属于第三层，反事实类型。“反思”会使后面的行为发生改变，引起所在的系统也发生演化，从而产生新的系统运行规律。例如，指挥员的认知会影响兵棋推演的结果等。

二是，社会系统的不可预测性。由于无法预知未来“人”会产生什么新的认知或发现，所以与人有关的社会系统的未来本来就是不可预测的。我们不知道未来会有什么新的想法或者创新，也不知道明天早上会怎么想，后天又会发现什么新东西。因此，明天、后天任何会引起世界改变的认知，对今天而言都是不可预知的。我们的认知必须将不可预测性作为基本条件。一般来说，可预测的都是物理世界简单系统的规律。

根据这两条原理，我们就可以得出这样的推论：简单系统是越认识越简单，复杂系统是越认识越复杂。这是因为，认知会导致系统朝复杂程度更高的方向发展。这就像下棋，菜鸟棋手开始下棋时总是很简单的，一旦有了更深的了解，必定走出更复杂的招数，使系统演化变得更为复杂，菜鸟棋手也就逐步成长为老手。下棋如此，打仗如此，决策其实也是如此。

一般来说，简单系统的规律只要找到，都不会再发生改变。例如，牛顿三大定律就不会发生改变。但是，根据上面的推论，我们可以得出这样的结论：凡是与认知相关的规律总会发生变化。也就是说，只要是认知的规律，昨天的规律和今天的规律就不再相同，因为人的认知总是在不断变化的。从建模角度看，模型即规律的描述，规律不同则模型不同。也就是说，与认知相关的模型，将不断发生改变。这就导致复杂性建模难题的出现。

复杂性建模难题

第一，因为规律不断变化，所以模型结构不能一成不变。传统模型结构是不会改变的，但凡是与认知有关的模型都存在这个问题，如态势判断、意图识别等。因为无论什么层次、什么行动，只要存在决策，就需要认知，所以需要找到结构可变而非只是数据可变的模型，才能从根本上解决问题。事实上，人工神经元网络模型就具有结构可变的特点。

第二，因为概念无法形式化，需要找到认知模型的描述方法。复杂系统的概念都是难以描述的，很难形式化。例如，描述“猫”可能用多少参数都说不清楚。“学习”方法的介入，使我们有了“反推概念”的途径，可以通过建立人工神经元网络将这个概念“描述”出来。同样，对于“具有制空权”这样的概念判断，也是一个泛化的认知判断。从这个意义上来说，这个模型不是“建出来”的，而是“学出来”的。

第三，因为无法重复，模型结果并不能被模型结构确定。复杂系统结果不能被预测，局部结果也不具有“可加性”。所以，任何一种结果都只能代表一种可能，很多可能的结果就会构成“结果云”。例如，作战体系的状态高低、“克星”现象的存在、结果的多面性等都是如此。在这个理论下，所有的复杂系统特征都可以得到完美地解释。所以，研究智能决策系统必须将其当成认知系统而非机器来看待。

认知模型是跨代标志

过去也有过许多“智能”建模方法，如产生式规则、多 Agent 系统（multi-agent system，MAS）、知识本体等，但是结果都不太如人意。计算机生成兵力只是按照赋予它的规则约束行动，但是仍然无法应对未预知的情况。多 Agent 系统可以用群体方式形成智能，但是规则如果全部是简单的，简单+简单的规则之和也只会是简单，无法真正涌现智能。采用本体方法的知识组织更像是电子百科全书，因缺乏实际的场景而有点“鸡肋”。产生这些问题还是因为难以处理复杂性问题，缺乏“自主认知”能力，靠的还是系统外的“人”所给的预先有限指定，方法还是局限在“规律不变”或“规律可描述”的框架内。能够应对“无限多的情况”的自主性，才是智能的核心。

因此，寻找和研究能够实现结构动态调整的模型，是智能化兵棋系统的关键。第二代计算机兵棋系统的核心特征是“数学模型+程序计算”，通过建立具有相似性的物理模型得到仿真结果。在未来，则可以通过建立基于认知的相似性模型，通过“神经元网络+认知计算”的方法仿真模拟认知决策的结果。因为神经元网络模型具有根据认知改变结构的能力，比较适合未来兵棋决策模型的基本结构形式，因此将成为第三代兵棋模型的重要标志。用于兵棋系统的可变结构的认知模型，也应该成为未来研究的重要课题。

综上所述，是否具有智能认知模型，才是下一代兵棋系统的跨代标志。“神经元网络+认知计算”将成为智能化兵棋系统的核心特征，只有具有这些能力，兵棋系统才能称为智能化兵棋系统。

12.3 智能化兵棋系统设计问题

问题 1：兵棋模型构建

兵棋系统的核心在建模。一般来说，兵棋系统模型可以用 EBI（entity、behavior、interaction）来描述，即实体、行为、交互效果。实体是指那些需要被单独辨识的建模单位，如作战部队、指挥所、武器系统、保障中心等。行为是实体可以执行的动作或任务（包），如空对地突袭、航道布雷、装甲突击等。交互效果是实体之间通过行为产生的相互作用结果，如物理毁伤、情报侦察、物资转运等。显然，这些模型的构建主要集中在物理域和信息域。智能化兵棋系统设计的重点将集中在如何反映认知特点上,因此必须考虑认知域的建模问题。下面进行简短讨论。

第一，实体建模。

实体模型从建模角度看一般不会有本质性变化，可以基本继承第二代兵棋系统的模型体系，但是会增加特殊的智能对象类型。模型包括但不限于以下内容。一是，增加智能实体类型，例如指挥控制决策中心，其中的人和智能体都将重要对象，不能仍然使用“机器”方法来模拟或用某个系数来替代。二是，增加无人集群实体类，如无人蜂群，但必须考虑看成独立聚合实体，还是看成有联系的多实体分别建模。三是，增加主辅装备类型，如忠诚僚机、子母机等，也需要根据仿真目的考虑是对单独实体还是成组实体建模。四是，自组织群体类实体，如城市人群、行政机构、聚合部队等，需要按新型的智能群体方式建模，以区别于他组织类群体，如赛博空间、国家基础设施网络等。

第二，行为建模。

“行为”描述实体可执行的动作和任务，会引发相应的效果，是智能化模型的核心。过去对所谓“自主”执行的行动过程，一般都采用事先确定的规则、时序、指令序列加以描述，但实际上还只是一个自动的机械过程。未来在这些模型中会引入认知环节，解决过去认知能力不足的问题。智能认知模型会将“OODA 环”转化为“OODA 螺旋”，将“学习”环节引入 OODA 中，使博弈对抗有经验积累的过程，这就避免了机械反馈式的简单循环。循环每往上走一层就是一个学习过程，把前面的经验反馈到现在，可以模拟“反思”过程，不断进步。这就像昨天的 AlphaGo 跟今天的 AlphaGo 不一样，它也有一个不断学习变化的过程。

从指挥控制角度来看，决策智能的关键点在于需要体现科学和艺术两个方面。在科学性方面，主要体现在“知道怎么做”时如何去做，也就是说，前人已经帮我们找到了方法，关键在于怎么运用。例如，利用已知的流程、算法、规则等，制定和实施作战规划。在艺术性方面，体现在“不知道怎么做”时能够找到做的方法，例如指挥员不断试错，或者根据经验、直觉、性格做的个性化选择等。所以，真正的智能实际上就体现在“不知道怎么做”的时候，找到“解题”方法。一旦找到，就立刻变成“知道怎么做”了，变成科学方法的运用。所以，从这个角度说，循规蹈矩并不是智能，找到“解题”方法才是智能的关键。对于兵棋系统的认知模型而言，大多数属于科学方法的运用，但关键是决策智能的实现。

智能行为建模升级应该集中在对认知能力的提高上。主要包括以下几个方面：一是态势感知，使相关实体在允许的范围内感知态势、识别态势，并做出基本判断；二是命令细化，能将上级指挥命令逐步细化，并转变为更具体的行动命令；三是长程筹划，能够部分自主或辅助生成符合战役目的的作战计划；四是自主执行，能够自主执行作战计划，并根据态势变化不断进行调整；五是模仿对手，可以充当训练的对手，按对手的方式决策，协助训练；六是实时追踪，每个智能体都能实时跟踪和修正自己关注对象的行为等。概括来说，行为模型需要做到“睁开眼睛”“学会筹划”“自己做主”“及时反馈”，将原来的“机器”行为，转变为可以适应环境，并会学习的“智能体”行为。这需要在继承原有模型的基础上，进行关键性创新设计或改造。

行为建模还涉及知识图谱问题。需要特别指出，知识图谱不是电子资料库，需要根据决策场景建立。这里举两个例子：一是基于条令的知识图谱，例如美军模仿俄军作战条令所做的知识图谱，可以通过作战条令和当前态势给出指令推荐；二是基于态势挖掘的行为图谱，根据已有的作战态势历史数据挖掘形成态势知识图谱，识别敌方的实体、关系、事件、任务、意图等。例如，根据来袭敌机编队的方向、队形、机型、轨迹等，逐步识别并判断敌机编队的作战意图。这就可以根据知识图谱协助进行判定。

第三，交互效果建模。

交互效果建模可以概括为“行为产生，综合计算，因果合理，双向影响”。传统交互效果建模都是单向计算的，包括三条：一是效果都由行为产生，任何行为都会产生效果；二是结果需要独立计算，并与行为发起方和对象方独立；三是必须符合因果规律，并能进行边际效应之类的修正。在加入认知行为后，还要增加第四条，即增加反向影响，并可调整实体行为模型的结构。这是因为，任何决策既会影响自己，也会影响别人，对自己就是“反思”，对别人就是判断。因此，在这种情况下，交互效果的计算就不像过去那样单向计算即可，而是变得更为复杂。

过去的交互效果计算集中在物资、能量、信息交互上。一是能量交互，如硬软毁伤、命中概率及分布等；二是物资交互，如物资保障和运输、敌军物资缴获转移、弹药消耗及补给等；三是信息交互，如情报侦察、部队报告、命令下达、情报分享等。今后可能需要增加更多认知方面的综合计算，包括但不限于以下方面：一是拟人交互，如指挥机关指挥能力、指挥员性格反映、无人机群自主行动效果等；二是学习交互，如经验积累的进步、分析中认知影响的回调、团队士气的改变等；三是级联交互，如人际关系的反映、社团协作中的连锁影响等。

问题 2：兵棋系统设计

智能化兵棋系统在设计上可以重点考虑以下几个方面。

一是，智能行动模型。在原有兵棋系统中，对新型智能化作战力量及行动进行增补。对于无人集群和一些新型的作战行动，如无人机群覆盖舰队掩护、集群电磁雷达散射截面（radar cross section，RCS）的影响、无人平台辅助行动等。

二是，智能指挥替身。建立新型的指挥决策模型，如智能参谋、智能助理等。这样在专业演习，如后勤、政工、装备演习时，就不必由大量作战指挥人员花时间当陪练。

三是，智能辅助工具。这些工具可以协助完成指挥决策工作，提高工作效率，如自动细化作战命令、自动生成合适的任务包或规划等。

四是，智能演习对手。这也是替身的一种，如蓝军、绿军。通过智能对手，就可以实现想定情况发生、参与对抗演习等复杂的研究及训练活动。

五是，智能导演工具。它可以协助导演对演习情况进行统计评估，辅助完成演习总结和点评等。

六是，智能分析工具，可以协助进行作战方案分析，完成方案智能推演。作战分析和训练演习不同，需要自动推演分析方案，并反复进行，要求能够识别态势变化并自主决策。

兵棋系统的智能化拓展，主要体现在不同功能模块所在的体系结构层次上。下一代兵棋系统可以分为三层，即基础行动层、指挥控制层和演习辅助层。对于基础行动层，所有行动在原有兵棋系统上基本全部实现，未来要做的是在维持原有模型的情况下，对一些新型计算机生成兵力自主作战行动进行修改和完善。第二层带有决策性质，需要完成智能决策辅助、智能替身的设计。第三层是最高层，包括智能导演辅助、智能对手，以及智能辅助分析等。可以看出，大多数新增的关于认知的模型都集中在中上层。

因此，在智能化兵棋系统设计（表 12.1）中，兵棋模型引擎需要修改，智能替身、智能参谋和智能决策辅助需要重新设计，智能对手、智能导演辅助、智能辅助分析等相对独立，可以分开研究和设计，不会影响原来的兵棋系统。智能化兵棋系统完全可以继承原有系统，将更多拓展集中在中上层与决策有关的智能系统上。

表 12.1　智能化兵棋系统设计

<table>
<tr><th>层次</th><th>决策类型</th><th>范例</th><th>原有</th><th>智能模块</th></tr>
<tr><td rowspan="3">演习
辅助层</td><td>导演</td><td></td><td>导演人员</td><td>智能导演辅助</td></tr>
<tr><td>对手</td><td>蓝军、绿军等</td><td>参训者或导演部</td><td>智能对手
（智能蓝军）</td></tr>
<tr><td>作战方案分析</td><td>“恐怖的海峡”</td><td>分析人员</td><td>智能辅助分析
（自动计划反复推演）</td></tr>
<tr><td rowspan="4">指挥
控制层</td><td>联合指挥</td><td>联合作战计划</td><td rowspan="4">人工
（受训人员）</td><td rowspan="3">智能替身
（智能参谋）</td></tr>
<tr><td>军种指挥</td><td>作战空间控制</td></tr>
<tr><td>部门协同</td><td>信息支援及后保等</td></tr>
<tr><td>任务规划</td><td>装载、运输等</td><td>智能决策辅助
（细化、优化、规划等）</td></tr>
<tr><td rowspan="3">基础
行动层</td><td>指挥行动</td><td>指挥所等</td><td>无行动</td><td rowspan="3">智能行动
新型 CGF
智能作战行动
维持原有模型</td></tr>
<tr><td>计划行动</td><td>空对地突击等</td><td>计划过程组合</td></tr>
<tr><td>基本作战单位行动</td><td>机动、进攻、侦察、防御、后撤等</td><td>行动模型</td></tr>
</table>

问题 3：兵棋推演生态

智能系统难就难在不能一蹴而就，智能化兵棋系统也不例外。这需要颠覆传统的“瀑布式”工程研发模式，将研发与应用融为一体，依靠创新面向智能成长的兵棋推演生态来实现。兵棋系统研发与演习应用在这个生态下统一起来，对联合作战训练与系统研发都具有革命性意义。

快速迭代开发。创建面向兵棋推演的系统开发快速迭代环境，并不是简单地将现有开发周期缩短，而是通过建立设计、研发、运用、评估一体的综合环境，驱动螺旋迭代的系统开发过程，不断循环、反复，建立智能成长的合适环境。这是一个包括数据产生、计算环境、训练学习和系统应用的不断循环过程，与终生学习机器（lifelong learning machine）概念相似，因为作战决策过程也是一个需要终身训练的过程。

云计算环境。兵棋推演环境逐步“上云”是重要趋势，但是对于认知学习，模型的引入及训练更需要大规模计算的支持。由于认知模型采用神经元网络，算力需求会随着模型的复杂程度大幅度提高，因此云计算环境将成为下一代兵棋系统运行的基础环境。

人机融合成长。兵棋推演永远都不会是一个“无人”过程，需要“人”与机器协同工作，通过人机混合、模仿学习来增强智能。“人”作为训练对象，需要与替身智能体合作，完成演习任务。“人”作为学习目标，机器通过模仿，不断增强自身的智能水平。这就是“平行进化”，在实际演习中充当智能替身，以人机融合方式建立数字平行系统，从辅助开始，直至实现部分或全部替代。依托初始赋能系统，不断向真人指挥员靠拢，这也是人机融合的过程。

问题 4：测试检验

一般来说，测试检验包括 3 个方面。一是，对智能推演的需求满足度 R（requirement）进行评估，即对系统功能和性能进行测试，得到对需求满足程度的评价。二是，对智能模型的自主化水平 A（autonomy）进行评估，得出自主性等级，如果需要也可以对部分计算机生成兵力的自动化水平进行测试。三是，对智能系统的认知成长性 G（growth）进行评估，得到对智能系统成长可能性的判断，估计发展的可能性。这就需要同步建立测试环境，这既是生态系统的一个组成部分，又是研发的重要抓手。

12.4　小　　结

智能化兵棋系统是下一代兵棋系统。它不是“二代系统 + ”，也不是简单地用“智能仿真”“仿真智能”就可以替代的，而是全新理念下的创新，是兵棋系统的升级换代。

智能化兵棋系统的研究是一项很有意义但也非常困难的工作。它的标志性特征在于“认知”的引入，对行为建模和系统设计的影响巨大，因此需要进行深入研究。认知模型的建模理论和方法是其中最关键，也是不能回避的核心内容。智能化兵棋系统的设计主要在于智能主体的增加，原有基本模型体系仍可保留，重点在认知决策模型改造和上层应用系统的升级上。由于“认知”属于认知域范畴，基本上居于模型的顶端，因此包括智能替身、智能对手、智能导演辅助等在内的智能应用都可以独立研发和配套。

需要特别指出，智能化兵棋系统的研发需要依托迭代生态的建立。没有生态，智能系统很难成功，兵棋系统也不例外。这需要长期的建设和积累，需要做好长远规划，更需要及时更新观念。

第13章　智能化作战：概念与问题①

——理解和迎接即将到来的挑战

“智能化战争”已经被提上全球战争研究者的议事日程，智能化武器甚至已经开始参与战争。很多对智能化作战问题的讨论往往过于空泛，甚至有些想当然。我们离智能化作战到底还有多远？有人说很近，有人说很远，莫衷一是。我们从智能技术作战运用出发，重点讨论几个“智能化作战”研究中值得关注的问题。

13.1　问题的相关背景

“智能化战争”的讨论为何突然爆发

人工智能并不是新的发明，这几年讨论的很多问题也不是才出现。机器人、无人机、图像识别、数据挖掘等早已出现并运用多年。对于计算机博弈，早在1998年“深蓝”就已经战胜了棋王卡斯帕罗夫。即使是智能辅助作战指挥，美军的“深绿”计划在2007年就已经启动，虽然并不是很成功。但是，为什么人工智能乃至智能化战争的讨论会一夜爆发呢？

“忽如一夜春风来，千树万树梨花开”。以AlphaGo为代表的深度学习方法，打破了人工智能技术长时间的徘徊，智能技术似乎已经面临突破的可能。AlphaGo（围棋）、AlphaZero（棋类）、AlphaStar（星际争霸）、AlphaFold（蛋白质折叠）、MuZero（自学规则的棋类）等，每一个都可以说是一个阶段的里程碑。这意味着，人类努力了很

① 根据胡晓峰在2018年第六届中国指挥与控制大会上做的主题报告整理。荣明、齐大伟参与了部分工作。

久的所谓“智能机器”，有可能在不远的将来实现。这也就是为什么人工智能讨论突然一夜爆发的原因，人们又看到了希望。

三种不同类型的智能

从智能角度来看，人与机器面临的是不同的难题。有些事情计算机做起来非常容易，人做起来却很难，如计算、排序、记忆等；有些事情人做起来觉得很容易，但对计算机却很难，如理解路标、图像等。这就是所谓的“莫拉维克悖论”，也就是说难点不一样，还真不能简单类比。

在计算智能方面，计算机可以在科学计算、逻辑处理、存储查询等方面完胜人类，例如超级巨型机的运算速度甚至可以达到万万亿次，但还是会有很多事情做不好。“深蓝”和“更深的蓝”可以连续战胜国际象棋棋王卡斯帕罗夫，但这种方法本质上还是数学方法，严格说并不属“智能”范畴，采用的一般都是“记忆”“剪枝”和“暴力搜索”等方法，这恰好是计算机的强项。

在感知智能方面，智能接口要做到会听、会看、会说、会动、会反应。这些年，感知智能有了长足的进步。在语音识别与合成方面，科大讯飞可以完胜速记员，微软小冰聊天让人真假难辨；在外语翻译方面，科大讯飞可以做到实时语音翻译、文本翻译、多语种同时翻译，这在过去是不可想象的；在图像识别与跟踪方面，可以做到图片识别标注、动态视频追踪等复杂功能；在运动机器人方面，最突出的是波士顿动力的机器人和机器“大狗”，跑跳行走，如同真人一般，无人机、无人车更是数不胜数。

在认知智能方面，它以“能理解”“会决策”为基本特征。问答智能程序“沃森”能在知识竞赛中完胜人类选手，标志着机器在知识组织上更加有效；谷歌无人车能领取驾照，标志着无人平台可以开始融入社会；多国人工智能程序参加高考，取得很好的成绩，甚至可以“考上”大学。但是，这些都还算不上真正的认知。要真正做到“能理解”“会决策”其实还很困难。各国的智能参谋、智能对手等研究计划，也都在朝“决策智能”努力，但是“可识别”“能回答”不等于

“能理解”，更不等于“有意识”。“认知”更多是建立在需要“能理解”，甚至“有意识”的基础上的。

综上所述，计算智能最为成熟，感知智能目前正在赶上，并且逐步实用化，而认知智能则成为军事智能最明显的瓶颈。认知智能一旦突破将产生重大影响，因为战场的认知速度将成为胜负的决定因素。

深度学习方法的突破

深度学习以 AlphaGo 为代表，被认为是里程碑式的进步，可能给认知智能的突破带来曙光。因为它的方法完全不同于以往：一是自主学习，通过深度学习掌握对弈知识，而不是编在程序中；二是经验捕捉，能够捕捉“棋感直觉”，可以通过神经元网络得到所谓的“暗知识”，而这些知识只可意会，不可言传；三是创新着法，发现人类没有的着法，说明它不是“逼近人的智能”，而是“另有一套”；四是方法通用，具有一定的“通用性”，极具推广参考价值；五是自主进化，增强学习方法可以不用人类知识，学会怎样“学习”。

过去我们老以为人工智能就是机器模拟人，向人学习才行，但是如今已经不是这样了，机器完全可以自己学习。这就是“阿尔法狗”这一系列突破的最大进展之处。他们有个理念，即人类并非完美物种，为什么 AI 要模拟人呢？例如，人类习惯于三维空间思考，而 AI 甚至可以到 12 维，你说那个更强些？

“阿尔法狗”学会这些，主要靠两种方法。第一个方法是深度学习，通过建立多层神经元网络“理解概念、捕捉经验”，通过对大量样本的学习，形成对事物特征的提取和分类。方法分为有监督训练、无监督训练等多种类型，无非就是分类或聚类的方式不同。对各种选择进行整合，实际上就是建立相关性。它得到的神经网络是个黑箱，就是设计者也不知道为什么要如此连接。

第二个方法是增强学习。与有监督学习不同，增强学习通过基于规则的奖励函数改进学习过程，也就是知道什么是好什么是不好，学术上称为“梯度”，可以完全不需要人类的样本数据，自学成才，也就是所谓的自博弈。AlphaGo 的估值网络，以及后来的 AlphaGo Zero

都是如此。它需要即时反馈，也就是告诉你好坏，难点在于能否找到这个“奖励函数”。这个方法有点像瞎子爬山，拿根拐棍探路，增高是上山，下降是下山。如果碰到坑坑洼洼，高高低低，并不单调，就比较麻烦了。

这两种方法其实解决的是概念理解问题。很多概念其实说起来容易，真正要描述出来却很难。例如，“猫”多种多样，千姿百态，多少参数或特征也无法说清楚，这个抽象“猫”的概念到底是什么。但人却可以一眼就认出它来，我们人脑就有这个本事。因为人脑认知具有深度结构，需要逐层训练才能得到认知，但是层次越多，运算量越大，需要的数据越多，计算量就越大。例如，为识别“猫”，GoogleX曾经用 1.6 万个 CPU 核跑了 7 天，学习了 Youtube 上 1000 万幅图片，才通过神经元网认识了“猫”这个概念。

所以，深度学习是需要大规模算力支持的。什么叫大规模算力？举例来说，“深蓝”是 11.38 Gflops，也就是每秒 113.8 亿次浮点运算；AlphaGo Lee 有 1202 个 CPU、176 个 GPU，速度约为“深蓝”的 2.5 万倍；AlphaGo Master 采用 4 个 TPU，每个 TPU 为 180Tflops。对比“天河”巨型机，速度约是“深蓝”的 30 万倍。同时，还需要大规模样本数据，没有足够的样本数据，很难生成合适的神经元网络，所以才产生了那么多的标注企业。AlphaGo Zero 虽然不要人类数据，但是也相当于自己给自己产生样本。并不是所有情况都可以这么做的，所以说，深度学习 = 大数据 + 高性能计算 + 神经网络算法，是有道理的。算力、算法、数据的大幅度提高，就是当前人工智能快速发展的原因。

深度学习方法也被用于空战中的“人机大战”。2016 年，辛辛那提大学的“阿尔法 AI”飞行员战胜人类飞行员，是通过空战模拟器进行的，采用的是称为“遗传模糊逻辑”的智能技术。空中格斗中快速协调战术计划的速度比人快 250 倍,但也就是在计划速度上胜过人类。2020 年，美国国防部的“阿尔法狗斗”人机对抗竞赛，苍鹭系统公司的 Falco（猎鹰）击败其他七家公司和美军飞行员，而且是唯一未用任何已有专家数据，通过对抗的深度增强学习方法进化出来的。这就具有了很强的泛化性，适应性就要强很多。

深度学习下的认知

深度学习下的认知是一种非常接近人类认知的方式。我们学到的很多知识是通过抽象化方式学习的，如牛顿定律、运动方程等。深度学习是通过反复训练、直觉的方式学习的。例如，接抛过来的球，当球飞来的时候，伸手就能接到。这是通过捕捉经验学习的，但这个学习需要过程，经验不可言传，结果也可能有对有错。这也比较符合复杂系统的认知方式，找不到对应的因果关系和形式化表达，依据的是“感觉”“经验”。高手和低手的差别就在于“经验”“感觉”等。

所以说，人工神经元网络可以看成一种新的知识表达形式。这样，人工神经元网络就可以认识猫、狗，可以下棋、开飞机。人类知识的数字化表达就趋于完整，从过去可以形式化表达的文本、规则、程序、流程等，现在也可以用非形式化的人工神经元网络表达各种知识。此外，数字表达的可复制性会导致“智能链式反应”，战争形态也将从信息化作战向智能化作战发生转移。这一切都是从深度学习出现开始的。

讨论智能化作战的前提

一般来说，人工智能可以分为三个等级。初级人工智能（narrow AI，弱 AI），即在执行特定任务时，具有相当于或高于人类的智能水平，如“深蓝”、“阿尔法狗”、沃森、“阿尔法 AI”飞行员等，它们只是比较像“有智能”，只是在工具层面使用。更高级一点的叫通用人工智能（strong AI，强 AI），可以执行各项任务，而且均能达到人类智能水平，可以全面替代人类，自主地解决所有智能问题。最高级的叫超级智能（supper-intelligence），可以执行各项任务，都能超出人类水平，但能否有意识还不知道。

按照专家的估计，初级智能可以在 2025～2035 年达到，通用人工智能估计在 2040～2050 年达到，超级人工智能还无法估计。不过有个“库兹韦尔奇点”可以参考，大约是在 2045 年，是这个叫库兹韦尔的人提出来的，即人类被机器替代的“奇点”年份。我认为，针对我们的问题，对后两个层级智能的讨论意义不大，把讨论的前提定为初级人工智能实现比较好，也就是在实现初级人工智能基础上的智能化作战，大约在 2035 年，以“大多数特定任务都能以相当于或超出人类的水平完成”为条件。即使初级人工智能实现，如不能正确应对，其影响也足以摧毁目前的社会形态，包括战争形态。

现在讨论“智能化作战”问题是不是有点过早？事实上，一个作战理论从提出概念到实验，直至成熟，需要 5～8 年时间。大型装备，如航母，从研发到形成战斗力，至少需要 20 年。所以，现在讨论智能化作战问题并不早。因为智能化也有一个逐步发展和综合的过程。

那么，在这个过程中，“智能化作战”会带来哪些新的问题呢？

13.2　值得关注的几个问题

我们研究智能化作战问题，从来都不是由自己的条件是否具备决定的，而是由对手是否已经具备条件决定的。这里有几个问题特别值得关注。

问题 1：作战方式变革

近些年来，无人平台在一些战争中开始成为作战行动的重要平台。最典型的莫过于亚美尼亚-阿塞拜疆冲突、俄乌冲突。早在 2015 年，美军无人机数量就超过有人机，无人机飞行员数量也已超过了有人机飞行员。同一年，美国进行民用无人机登记，2 周时间即达到 18 万架以上，远超军用无人机的数量。其他无人平台发展也非常迅猛，在作战中已经大有普及之势。无人平台也不仅限于像飞机、车船这样的有形硬平台，也包括网络空间中赛博飞机、逻辑大炮等无形软平台。

那么，是不是用无人平台替换有人平台，让智能化平台“代人参战”，就是智能化作战了呢？显然不是。平台“无人化”并不是目的，由平台改变带来的作战理念和方式的创新才是关键。由于智能化装备的使用，有些人以为只是有了更好的装备，就很容易落入传统换装的经验主义误区，导致新问题的产生。例如，美军研究证实，无人系统可以减少致命性，导致更冒险的战术，更轻易的开火决定。这已经成为当前无人平台作战突出的问题。

因此，研究无人平台作战对作战理念和方式带来的改变，应该成为最值得关注的重要问题之一。那么，无人平台作战在运用方式上会有哪些重大改变呢？

一是，超量化运用。

低成本平台的超量化运用，超越了传统集中兵力的概念。有专家估计，一架 F-22 隐身飞机的价格相当于大约 10000 架中小型无人机。对这些低成本平台通过集中超量使用，可能取得意想不到的作战效果。这种作战运用方式，不能简单地归结为只是“以数量换质量”。由于智能技术可以将精确化与大数量结合起来，就创造出了全新的作战行动概念，可能取得完全不同的作战效果。

例如，美军试验新的“饱和式突防”作战概念，当 8 架无人机突防宙斯盾防御系统时，至少 1 架成功；当 10 架无人机突防时，则会有 3 架获得成功。“消耗式防御”作战概念则是利用大量低成本无人机先行突防，大量消耗敌方防空导弹后，再由有人机成功突防。美国海军还构想了一种“掩护式机动”的作战概念，就是利用大量“蝉”式微型无人机进行短时覆盖，掩护大型海上平台在敌方攻击时机动。“选择性封锁”则是使用智能化低成本水雷封锁港口，对军舰和民船进行有差别的精确攻击。

二是，蜂群式行动。

蜂群式作战的核心是多智能平台之间的集群协同。蜂群不是集中控制的，而是通过间接通信、自组织、互动式决策方式实现协同的，所以会涌现许多新的自组织作战模式，例如蜂群分布式感知与协作攻击。

自组织作战蜂群的行为特性完全不同关于传统作战，必须予以充分关注。这种行动的智能、自主、协同、低成本的特点，打破了传统武器的被动运用方式。例如，美国陆军研究实验室提出的“固定区域掩护”作战概念，就是利用无人集群对加油点、补给点等保障设施进行集群式掩护；“智能微瞄准”作战概念，就是将精确作战中的单一目标锁定，改变为智能分工目标锁定作战。“散开来的智能武器可能更令人恐惧”，对作战人员的心理冲击非常巨大。

要解决无人自主蜂群战术的“使能”问题，有两个问题需要考虑。一是，无人蜂群的自组织作战形式很难人为设计和表达，如何解决？二是，无人蜂群的认知空间对指挥员来说属于“跨空间”，如何进入？从当前的实践来看，对于前者，可以借助游戏环境的直觉化接口，对作战过程进行采集、设计和修改来做到。对于后者，则需要建立 AR（augmented reality，增强现实）、VR（virtual reality，虚拟现实）、GAME 进入接口，实现对认知空间的连接。

美国国防部提出研究蜂群无人系统使能战术系统，目的就是将作战能力分布到不同类型的作战平台上，从而创新出新的集体作战战术与行动。2017 年，美国国防部发布公告，为城市作战开发蜂群集群战术，要求开发 100 种以上的集群战术，促进集群自主、人机编队技术的成熟。同时，要求部署新战术时间少于 1 分钟、战术类型多于 3 种、集群规模可变、平台数多于 100。这就是一种完全不同于传统的战术设计方法。在这方面，电子游戏操控手具有天然的优势，这与军方招募黑客的特点十分类似。

三是，人机智能协同。

人机智能协同是无人平台作战的核心与难点。它完全不同于蜂群协同，是有人/无人平台之间的合作，属于混合智能范畴，因此更具难度，也更具实用性。人机协同的优势体现在有人/无人平台的不同强点上。例如，美军的“忠诚僚机”计划，就是期望利用两到三架自主无人机充当僚机，协助长机完成作战任务，必要时，甚至可以“牺牲”自己。兰德公司研究的“B52+无人机突防”战法，就是利用无人机目标小的特点，协助 B-52 实现防区外对地突击的任务，使作战效能大大提高。美空军曾对这种有人/无人机协作的空战方式，利用人工智能飞行员与真人飞行员进行过对抗模拟，结果大获全胜，大大超出预料。

人机协同意味着“人”有了机器合作伙伴，因此就永远不用担心自己犯战术或操作错误，机器在这方面远超人类。这样，“人”就有时间专注于制定更高层的战略和决策。在这种条件下，人类的创造力就显得更加重要。人机协同最大的难度在于平台与平台、人与平台间的认知空间不一致。一般来说，遥控或低成本无人平台的认知空间是线性的，只会按既定的路线定位和行动；蜂群平台的认知空间大多数是这种线性空间的叠加，协同也比较简单。人的认知空间是 4 维的，与无人平台的认知差别很大，这就很难协同。这也是无人汽车为什么上路很困难的原因之一。要解决这个问题，首先就必须在认知空间上一致化，才有可能实现无缝的对接和协同。

四是，体系化支撑。

无人作战需要“作战云”及体系化的支撑。美国空军上将德普图拉提出的“作战云”概念，使分布式自主作战成为可能。这是一种类似云计算的概念，可以整合作战力量，达到增强无人平台作战能力的效果。无人作战需要首先建立作战体系。我们不能忽视这个作战的必要条件。

“云”不仅构成作战体系，也可强化智能的成长。云机器人可使每一个机器人从所有机器人的经验中学习，进而导致机器人的能力快速增长，即“聚合智能效应”。美国国防部这些年进行的“体系集成及实验”项目，就是为了探索如何形成包括无人平台在内的复杂作战体系，对其进行赋能。

这种方式既可以是体系的“强点”，也可能成为体系的“弱点”。因为它需要强大的全球化战争体系基础设施的保障，还要防止敌人攻击导致的体系能力的坍塌。

急需新型作战概念研究

针对智能化技术的快速发展，急需新型作战概念的研究。美国陆军研究实验室提出“固定区域掩护”概念，即对加油点、补给点等进行无人集群掩护，自主选择目标截击；美国海军陆战队提出“远征先进基地作战”概念，通过“辅助式无人机群”，辅助陆战队士兵独立作战，其中一人可操控 15 架无人机；美国空军研究实验室提出“穿透式制空”概念，即所谓的“隧穿式突防”，利用无人机穿透防空体系，预先打击发射阵地等关键目标。这些都是在新型作战概念方面的尝试。

俄乌冲突的爆发，给了我们一次观察和验证无人作战概念的机会。从这里我们发现了几个现象。

第一，无人平台都是感知、打击和共享信息的运载工具。不管它们属于那个空间，无论在陆地、空中、海洋，还是赛博空间，都可以通过互联网络形成共享信息的整体。

第二，可消耗、可牺牲是无人平台最基本的作战形式。因为代价急剧下降，例如一架 F-35 可以等于 12～24 架 XQ-58A“女武神”无人机。单兵可以使用的“弹簧刀”自杀式无人机，价格就更加便宜了。过去那种以遥控为主的无人平台逐步淘汰，主要是因为不缺无人机，缺的是保障的人和相应的设施。

第三，通过物联网实现从机器到服务的战场应用转变。也就是说，无人平台作战将建立在人类指挥和机器控制之上，即使是人也可以被机器指挥。作战不关注无人机是什么样的，只关注需要的作战效果如何，就像滴滴打车，来的什么车不重要，能把乘客送到想去的地方才重要。完成服务是第一位的。即使是“人”也会被机器指挥，实际是被算法指挥，就像快递小哥被算法分配去送餐一样。不要以为，人一定比机器“高人一等”。从这一点看，好不容易通过“去中心化”把自主系统下放，最后却又通过“趋中心化”的服务被算法统一控制了起来。就是这么奇怪！

所以，我们不能简单地移植原有的作战概念，智能化作战理念首先必须创新。智能无人平台的作用不仅仅是“代人参战”这么简单，必须理解智能无人平台参战带来的本质性变化。我们必须思考，无人平台之间、有人/无人平台之间、低成本与昂贵平台之间，对作战会带来什么影响？当我们的武器装备比对手落后时，应该如何应对？了解了其真正的作战机理，就可以找到有效的针对手段。例如，对付蜂群攻击，可以针对其短板，如留空时间短、协同难、信息依赖大的特点，采取有针对性的不对称措施。

因此，我们必须有针对性地提前研究智能化作战的作战理论、编制体制和武器装备发展规划，才能更好地应对未来智能化作战带来的变化。要了解 AI 实现会带来什么变化，理解"自主性"就成为关键。

问题 2：自主化的意义

自主化对智能作战意味着什么？智能化作战的核心在于自主性，而自主性水平则决定了武器装备智能的高低。所谓"自主性"，就是将决策权赋予智能武器或系统，使其能在特定的范围内自由行动，即智能武器装备在多大程度上可以自己决策。要做到这一点，就必须理解自己是谁、自己所处的世界，以及当前执行任务的态势。

自主性系统分类和等级

一般来说，自主性可以按三类系统进行区分。第一类是遥控系统。它完全受控于人的操作，虽然可以有少量程序自动执行，例如无人机的"一键返回"。第二类是自动化系统。它受预先确定的规则支配且不许背离，因此只能适应有限多的情况。例如，空间站飞船对接，所有的程序和意外都是事先想好或者想到的。第三类是自主化系统。它可以对环境适应，并依据知识主动学习、制定方案、完成任务，因此可以适应无限多的情况。例如，AlphaGo Zero 从海量棋局中总结出制胜途径。自主性包括熟练性，即给定情境、任务、队友的情况下应熟练；可信赖性，即认知的一致性和组队信任性；灵活性，包括任务灵活性、对等灵活性、认知灵活性等[①]。显然，自主性越高，系统或装备的智能化水平就越高。目前，大多数无人系统还称不上自主系统，有的也只能做到局部自主。

目前，尚没有公认的自主化水平度量标准，美军关于无人作战系统自主化标准可供参考。在这个标准中，无人作战系统的自主性可以分为从 0 到 10 共 11 个等级，从低到高分别为指令遥控、预先计划任

---

① 任务灵活性是指能够执行不同的任务，对等灵活性是指可在不对等关系下工作，认知灵活性是指具有不同认知条件下解决问题的灵活性。

务执行、可变任务执行、事件/故障自适应、事件/故障临机决策、实时多平台感知融合、实时多平台合作、多平台战术协作、战斗空间认知、蜂群认知、完全自主等。第 0 级属于遥控，没有自主能力，完全靠人控制。第 1、2、3 级属于“初级自主”范畴，第 4、5、6 级属于“中级自主”范畴，第 7、8、9 级属于“高级自主”范畴，第 10 级是完全自主水平，不需要人的干预。显然，自主性水平越高，实现起来代价就越大，越困难。

目前还缺乏针对智能系统“自主化”等级或能力测试的标准。近年来，这些工作做了一些，但还很不够。不是简单地制定等级就可以了，而是需要提供完整的基准、样本数据、任务集等。如同李飞飞等在 ImageNet 上对图像识别做出的贡献，就大大推动了深度学习的发展。对自主系统的测试不应照搬，但是可借鉴，例如分类、分层制定自主任务测试集。自主化水平等级及测试任务集的确定，肯定会大大促进智能平台的研究和开发。

自主性与人的关系

即使是自主性武器，也不意味着完全不需要“人”的控制。一般有三种控制模式。一是全部控制，如遥控，这就是“人在回路中”，是人对物的控制关系。二是局部控制，如开火控制，即“人在回路上”，相当于上对下的领导关系。三是完全不控制，这就是全自主武器，即“人不在回路”。这时的人与机器就形成合作关系，出现合作机器人（collaboration robot，Cobot）。按照美国陆军研究实验室的研究，2035 年前，“人在回路上”监督将是主要形式，如监督开火；到 2050 年前后，才能实现“人不在回路”的全自主形式，实现人、武器、作战云的融合。

人类监督的作用将决定自主武器的使用形式。“人在回路”的方式实际上是由人决定行动限制范围和内容，“人在回路”则可以在一定程度上拓展行动限制范围，或者拓展行动内容。这些拓展就是智能化学习能力带来的结果。从作战指挥控制角度来说，以自主化为特征的未来作战，可以表现为处于“指挥之中，控制之外”，就是要让智能武器在指挥员的许可范围内自由决策。

不同的作战行动对自主化的要求也不太相同。例如，在需要决策速度比较高时，对自主性要求就较高，如网络作战、导弹防御等。又如，情报侦察、图像情报分析，在数据异质性高、数据量大时对自主性要求较高。同样，行动复杂性、任务危险性、持久性、数据链接质量要求高时，对自主性的要求也会相应较高。在有的情况下，对自主性要求反而降低，如决定开火时。因此，不能简单地对各种系统和任务都提出一样的自主性要求。

美国国防部国防科学委员会报告《自主性》对自主性技术运用现状及未来发展进行过分析。目前，在全频谱探测方面，时敏目标的定位成功率已经达到 90%，未来要向视觉、嗅觉、高保真方向发展；在学习推理方面，已可以实现以任务为导向、以规则为基础的决策，例如可以做到业务大幅度增长，而人员需求无增长；在运动及控制方面，已经实现了路线规划式导航，可以实现人机、机机基于规则的协调，以及防空与导弹拦截自主发射，未来将实现自主蜂群作战。应该说，武器装备的自主化已经取得很大的进展，但是仍有许多问题需要解决。

自主性的问题

第一个问题，自主化武器如何运用？一般来说，自主化智能武器趋向于“预授权”运用。例如，苏联核报复计划“末日信号弹”，就可以实现自动启动报复程序。网络作战以光速行动，所以只能预授权，平时休眠式存在，必要时唤醒自主攻击。要实现预授权运用，关键在于判定自主智能武器的作战启动条件，而战场态势的认知和理解、目标的精准识别和判定，就是其中最关键的技术。在这种情况下，敌方的自主武器也会遵守确定的交战规则吗？所以，自主智能武器的运用不但是军事决策，也是政治和法律决策。

第二个问题，自主化武器可以信任吗？一是，自主武器是否可靠，能否保证完成使命任务。例如，我们能够相信“铁穹”系统可以拦截所有火箭弹吗？能够相信“末日信号弹”能够反击成功吗？作战规划中还需要对它们的不可靠情况采取补救措施吗？二是，自主武器会不会犯错，以至于对“自己人”开火？即使自主武器有人监督，也很难保证总是有效。尤其是，作战环境恶劣，即使只是部分损坏，亦可能导致很大的灾难；加上黑客的主动攻击，也会导致系统为敌人所控，进而成为对手。

第三个问题，自主武器研制难在哪里？其实，从智能实现的角度来说，告诉自主武器“能干什么”很不容易，但是告诉它“不能干什么”更难。一般来说，“可以干什么”靠大数据训练，“不能干什么”则是靠规则约束，但是一些“道德”类规则并不那么容易被智能武器理解。同时，自主武器系统很难识别危险来自何处，因为它缺乏人类的直觉。此外，自主系统还很难与人合作和协调，因为它们缺乏与人一样的对战场和行动的统一理解和认知。因此，需要建立共享的环境与心理模型，才能达到相互了解意图的目的。

面对的是两个智能个体

理解和解决这些问题，关键是要理解“自主化”这个最核心的本质。特别需要注意的是，在人机智能系统中有两个智能个体，即“人”与“机”。这与传统人机系统不同，“有智能”就意味着“能自主”，因此要将智能体当成有思维的对手看待，而不仅仅是工具。

克劳塞维茨曾经说过：必须承认对手有思维，因为他们不会按我们的脚本行动。这是对敌人而言的。其实对智能武器装备也是一样，我们需要理解它是怎么“想”的，才能有效地合作或对抗。只有这样，才能找到与智能武器协作的合适方法。其中的关键是，把智能武器当成机器，还是当成“伙伴”或“对手”？这就意味着，我们的许多作战理论和条令，在智能化自主作战条件下都需要重新思考。

问题 3：最关键的作战技术

战场态势认知的速度在未来将决定智能化作战的胜负。因为未来战场态势会越来越趋于复杂。信息化战场边界不断扩大，参与作战的要素也越来越多，导致对战场态势的认知和理解变得越来越困难。在这种情况下，态势认知速度就成为作战胜负的关键。从 OODA 环就可以看出，更快的态势认知可以更快地形成作战行动闭环。加快己方OODA 环的形成，可以打断敌方 OODA 环的形成，使敌方难以采取及时的行动，进而在作战行动中占据主动。所以，态势智能认知，就成为智能化作战最关键的作战技术之一。

态势认知决定胜负

认知的关键在于对敌人意图的准确判断和对战场变化的迅速理解。这样才能做出准确的预测和决策，并规划和实施有效的作战行动。作战就是一个与时间赛跑的过程，这里认知速度是第一位的，所以态势认知技术将起到决定性作用。这就是智能化作战制胜的关键，也是制胜机理之所在。也就是说，“人类已经无法认识和控制复杂战场了，必须借助机器智能的力量”。

美国布鲁金斯学会在研究报告《人工智能改变世界》中，就提出“极速作战”（HyperWar）的概念，认为在智能技术的支持下，赛博作战的快速行动将从过去的“0 day”（零日）行动，发展为“0 Sec.”（零秒）行动，也就是对漏洞的利用可以做到“即时发现，即时利用”。人工智能飞行员“阿尔法 AI”以快取胜，12:0 战胜空军王牌教官，其实快就快在态势认知速度上。它的态势认知速度比人快了大约250 倍。

但是，必须指出，做出决策并非一定需要完全理解，不理解仍然可以完美决策，采用的就是试错的方式。“阿尔法狗”采用的就是这种方式，所以需要大量的数据进行训练和学习，其实它并不是真正理解了围棋的棋理在何处。人类在很多时候学习并不需要这样，可以“举一反三”，从而极大地减少试错的次数。这就是基于知识的认知作用。要突破这一点，首先必须做到的是将连接主义、符号主义和行为主义等流派的方法综合起来。

态势理解的复杂性

即便如此，要实现对作战态势的智能认知并不容易。对格斗态势、分队战术层态势理解相对容易，但是对战役层的态势理解就比较困难。

态势认知的难点主要表现在四个复杂性方面。一是，空间复杂性，作战实体多样、空间连续、虚实交错。二是，时间复杂性，它属于动态微分博弈，而不是棋类的序贯决策。三是，信息复杂性，信息不完全、不完美、不对称、不确定，效果滞后，充满迷雾。四是，表示复杂性，多种信息综合，属性种类繁多。

这些复杂性在联合作战态势上显得更为突出。它是多重复杂性的综合作用结果，使战场认知的差距已经不能用计算能力与数据量来衡量了。有人做过计算，围棋的各种情况共有 10 的 170 次方左右，这个数字已经是个天文数字，超过了地球上所有原子数量的总和。但是，4 机对 2 机小型空战的情况数可以达到 10 的 7022 次方；一个具有 200 左右作战单位的中型战役，其可能的情况数居然高达 10 的 8600 万次方。可想而知，这是多么巨大的数字，是任何现有计算机都无法完成的。由此可见，联合作战态势认知是最复杂的战场认知活动。

多年发展起来的态势认知（感知、理解、估计）方法，包括基于知识的专家系统、战场势能图、D-S 证据理论、模糊逻辑、层次分析、贝叶斯网络等，虽然都取得了一定的进展，但是在战役层面仍无法突破。近年来出现的大数据挖掘、复杂网络分析、遗传算法、数据耕耘等，将态势认知研究大大推进了一步，但是对复杂态势理解仍感困难。为什么指挥员可以理解复杂的战场态势呢？这就是认知智能的体现。一是基本条件上，指挥信息系统为指挥员提供所有可能获得的态势数据；二是主观认知上，指挥员具备作战基本知识，以及丰富的经验和直觉。这些经验和直觉往往成为对态势理解和判断的关键。如何在态势智能认知中引入人的认知作用，就成为研究的重点。

“阿尔法狗”的启发

“阿尔法狗”的方法给态势认知很大的启发。“阿尔法狗”采用深度增强学习方法，不但在围棋上战胜了人类，而且揭示了一种复杂系统认知建模的可能。对“阿尔法狗”方法既不能过高估计，以为它是万能的，也不能低估，忽视它在智能认知方法上取得的突破和其中隐含的颠覆性意义。它的突破主要体现在利用深度学习得到神经元网络，实现对经验直觉的捕捉与表达。深度学习就是其核心技术，通过建立多层神经元网络，形成对概念、规律等知识的理解。因为人脑认知具有深度结构，需要逐层训练才能逐步抽象得到认知。理解的概念越复杂，需要的层次越多，运算量越大，数据越多。所以，建立神经元网络需要大规模计算能力。从这个意义上看，深度学习就等于是“大数据+高性能计算+神经网络算法”。

深度学习下的认知是什么呢？这是一种非常接近人类认知的学习方式。传统知识大多是以理性化抽象方式学习得到的，如牛顿定律、运动方程等。深度学习是通过反复试错、直觉感性学习的，例如伸手接抛过来的球。这是一种比较符合复杂系统的认知方式，比较适应作战指挥这一类情况。因为很多情况下，在复杂系统中很难定义因果关系和进行形式化表达，只能依据感觉、直觉、经验，高手和低手的差别就在经验和感觉等方面。这就启示我们，对态势智能认知可以采用的新机理，即通过捕获经验、直觉、记忆等知识，将规则、约束等形式化知识与大局、意图等非形式化知识结合起来，构建战场态势认知模型，实现对态势的深度理解、想象、判断和预测。事实上，解决了态势智能认知问题，就解决了一大半智能化作战系统的问题。

问题 4：知识对作战的意义

算法走上战场

有人说，人工智能的出现颠覆了传统战争是“意志、恐惧、决策乃至人类直觉、经验较量”的论断，因为无人平台的广泛运用，大幅度减少了伤亡，从而可以“无畏亦无惧”。

事实上，智能化作战并没有从根本上改变战争残酷性的本质，但是却大幅度提升了“软力量”与“硬力量”的相对性比重。第一次不是通过增加武器，而是增加“知识”大幅提高作战效能，出现以“知识”为中心，完全自主的智能武器及作战行动。美国国防部机器网络攻防赛，就是利用超级计算机相互攻防，即时挖、补、攻，实现“自主挖掘漏洞，休眠式存在，关键时攻击”。这是过去从未出现过的现象。

“算法”已经普遍存在于我们的生活和工作之中。从洗衣机控制、高德导航到航空管制、高铁控制，可以说是无处不在。雷达信号分析、卫星图像挖掘、武器火力控制也早已进入装备运用。人工智能的自主性特点，使算法显现出核心作用。一是，使作战效能及武器效率大幅提升，并且趋向极限；二是，将“人”推到 OODA 环之外，最终比拼的是算法质量和速度。

由于人工智能的出现，战争的较量从过去的物理空间、信息空间，已经扩大到认知空间。认知空间是一个全新的作战领域，有其自己的作战规律。所以，美国军事思想家辛格就说过一句话：5000 年来战争一直是人类的独角戏，而现在这个局面已经结束了。人工智能开始登上战争舞台，并将扮演极为重要的角色。

知识的较量：规划、情报和博弈

知识较量可以体现在作战规划上。作战规划的运用使科学方法显现出核心作用。军事运筹学就是对作战进行科学组织和规划的科学，近些年才得到重视。F-22 的飞行作战规划和网络空间作战规划系统“舒特”，都要依赖核心算法发挥作用。智能化作战会使知识的力量显得更加突出，例如美军传统空中行动作战规划，过去对两小时任务规划，每次需要 40～50 人花费 12 小时才能完成；采用自主性智能规划系统，已经可以做到在 1 小时之内完成。对战役规划进行评估，美军则要求在 6 分钟内完成。这在过去都是不可能的事情。

知识较量的实质是作战算法的较量。智能化作战双方对抗的是算法的质量。从“阿尔法狗”到“阿尔法狗零”，体现的也是算法和算力的进步。所以，智能化作战新能力的产生关键不在平台，而在算法、算力和数据。算法质量的核心在于对科学原理和技术方法的理解，包括对战争及体系复杂性的理解，对复杂网络、大数据、深度学习、博弈论等先进方法的理解。例如，人工智能支持的高速决策（如 Cyber）可以实现快速理解、极速行动。2017 年，出现用智能化创建恶意软件的案例，其被检出的概率就可以达到极小化；Cylance 公司利用人工智能预防网络攻击，有效率 99%，误报率 0.000314%，都是很好的例子。所以说，人工智能上场后，只有用人工智能对抗人工智能才有取胜的希望。

知识较量也体现在大数据情报挖掘上。美国密苏里大学利用人工智能技术和卫星地图数据分析寻找防空导弹阵地，准确率达到 98.2%，比人工提高效率 81 倍。采用的方法就是深度学习中的深度卷积神经网络，大大提高了作战效能。反过来说，如果我们能够理解这个方法的技术含义，实际上也意味着可以找到新的数字防护伪装办法。例如，对抗智能样本分析是反人工智能的一种必然手段。卡内基梅隆大学通过打印有特殊图案的眼镜框，成功误导了 Face++的人脸识别算法；美国人甚至怀疑中俄让其机器学习引擎“中毒”，让他们的卫星把坦克识别成凯美瑞汽车。现在出现的“深假”视频、假新闻、假现场、假图片，已经让人们不能眼见为实了。

兵棋博弈是另一个智能较量的重点。“阿尔法狗”的突破，最自然的推论就兵棋人机对抗。事实上，国内外许多公司和单位也开始了诸如“星际争霸”等战争游戏的研究，并且取得一定的进展。由于其与实际战争有很多相似之处,因此对作战智能博弈有一定的参考价值。但是，战争复杂性告诉我们，如果想解决某个问题，最好直接从想要的层次行动。战斗战术层的人机博弈相对容易，但其方法并不能直接叠加到战役层，就像下五子棋再好也不会成为围棋大师一样。最需要的战役层兵棋博弈却非常困难，因为在态势理解技术上还存在巨大的差距。所以，兵棋智能博弈的核心是从态势理解入手推进，通过研发“智能参谋”“智能对手”，解决兵棋演习智能推演的老大难问题。其成果也可以为作战规划、作战模拟、指挥控制系统的升级换代提供基础性的支撑。

AI 与国家安全的理性悖论

算法的决定性地位也可能带来新的问题，例如产生“学习能力越强，越容易导致偏见”这样的问题。在这种情况下，很多问题会被迅速放大，导致的后果也会不堪设想。

算法对抗会带来“理性悖论”：提高情报准确性，有利于减少误判，因为 AI 比人类犯错少；有时也会导致核战争风险反而加大，因为会追求先发制人。在 AI 与国家安全这个问题上，比的不是“你”能否突破，而是谁比“你”先突破，因为这会带来所谓的“胜利冲动的风险”。第一次鸦片战争时，英国人小心翼翼，因为摸不清清朝兵力的虚实；第二次鸦片战争时，就毫无顾忌，大开杀戒。美国人在海湾战争、伊拉克战争时，几乎都是如此。

对于人工智能取胜这个问题，每个先掌握技术的先行者，必定面临“胜利唾手可得”的诱惑。所以，这里就不能仅依赖纯理性的判断。

较量的本质在对智能的理解上

特别需要指出的是，较量的本质在于对“智能”的理解。复杂系统的智能算法不是简单或复杂的“公式”。它与“公式”最大的不同在于，它不会一成不变。每个智能系统都将展现其“个性”，因为它们都在不断学习和进化。

所以，我们不能把智能装备当成简单机器，只有了解其个性，才能更好地利用或对抗。同时，也要警惕“算法反噬”，防止算法带来的负面影响。算法同样存在“可解释性”难题。算法黑箱与复杂系统不确定性本质带来的矛盾，需要能正确理解。算法也会带来很多意想不到的新问题，例如认知禁锢、盲目依赖、隐性控制等，这些在外卖配送、租车打车等方面已经成为问题，未来也必然反映到战场活动中。只有正确地理解 AI 技术原理，才可能有助于指挥员的科学与正确决策。

正确理念决定正确做法，算法必须作为核心战斗力出现，树立“算法=战法”的理念，并从基础上加以重视。在这里，人才是第一位的，但是人才不等于人力。特殊的人才必须有特殊的选拔和培养机制才行。

问题 5：作战能力的形成

智能化过程会引起战斗力生成方式的变革。我们应该如何完成从作战概念到战斗力形成的开发过程呢？

作战概念的开发过程

新的作战概念开发其实并不容易。过去我们习惯于传统的从资料分析、理论研究到部队试用的作战概念开发方式，周期非常长。例如，网络中心战，跟着美军研究了十几年，仍然未能实际运用。更糟糕的是，很多人把作战概念开发变成了“名词创新”“修辞科研”。关于智能化作战，现在又有不少人仍然在沿用这种所谓的“创新”方法进行研究，从来都没理解智能的真正含义，毫无意义的文章却发了一篇又一篇，非常奇怪。如果智能化作战开发仍然如此，将严重拖延战斗力生成的后腿。

美军的作战概念开发流程一般包括“提出概念、改进概念、实现功能”三个阶段，以及“概念分析、建模仿真、演示验证、作战实验、实兵演习”五个步骤。只有经过这些复杂的过程，才算完成从新作战概念到新作战功能的整个流程。其成果包括作战理论及条令、规划方案、编制体制、指挥控制、人力资源、后勤保障、训练教育、武器装备等，最终完成新作战概念的开发。例如，网络中心战的产生就是如此。这不是写几个研究报告就可以完成的，智能化作战概念的研究也应该如此。

智能化的独特性质会导致作战概念开发中出现新规律。这是因为“智能”不同于其他能力，具有很强的自学习、自成长特性，所以“智能战斗力”必须在概念开发过程中逐步成长出来，不仅包括智能武器，也包括智能化作战部队。因此，必须抛弃传统的从需求、设计、研发、运用、维护的瀑布式系统工程概念，采用信息时代新的迭代式系统工程模式，使智能化部队能在不间断的迭代过程中逐步成长，完成“智能战斗力”的生成。这实际上就是智能化过程引起战斗力生成方式的一次变革，这不是简单移植物理空间和信息空间的作战概念、行动、样式就可以做到的。

智能化作战概念的开发

智能化作战的核心关键在于认知算法的进步。因为认知的“反身性”会导致系统演化，即自身的认知变化会影响自身所在的系统，所以必须把握认知算法会不断演进这个本质，促进认知算法的进步。人工智能在作为工具的同时，亦会改进工具。这是智能工具与其他工具最大的不同，因为智能也会成长。因此，与其他武器不同，智能武器也必须经常进行训练，以符合其成长的特性。如果方法合适，它可能还会高速进化。所以，我们需要更新观念教育，理解认知和智能的机理，而不是“玩文字游戏”。

智能化作战概念的形成靠作战实验完善。建立战争实验室，对作战概念进行充分实验和研究，是完成作战概念研究的必要条件。这里“有应用”“有平台”“有数据”的单位将占有极大的优势地位。建模与仿真将发挥重要作用，因为可以在仿真实验中不断试错，为系统研发和作战运用全寿命周期提供循环的试错和改进回路。智能化作战概念研究及其对战争和联合作战的影响，应该是我们首先思考的问题。

智能化作战部队能力的生成靠作战试验演化。通过建立合适的作战试验环境，靠不断试验“成长”为合格的战斗力。首先要信任智能系统，在信任中才能不断完善。若不信任智能系统，会导致智能化作战概念的发展周期变慢。这里既有系统问题，也有指挥控制、人机协同、文化法律等方面的问题，需要综合加以解决。

智能化作战系统的研发

智能化作战系统的研发靠合适的生态环境促成。开放环境、众智支持、系统快速迭代是智能系统研发最合适的条件。这里必须处理好与保密的关系，该保密还是要保密，但是智能又必须开放才能成长。怎么办？这就要想办法解决这个问题。关起门只能保落后，而落后是没有任何意义的。快速迭代更新的环境会使智能系统快速成长，包括各种智能化武器平台和智能化系统，如作战规划、指挥信息系统等。

美军在这方面做过一些尝试。一是，加快智能化能力的应用开发，这是基础与条件。主导所有软件系统的建设，建立相关的作战测试和评估规范；在全寿命周期内执行综合性建模与仿真战略，开展早期实验并嵌入条令；强化与大学和情报界的合作，打造一支掌握智能化知识的人才队伍。二是，强化智能化作战的应用牵引，为的是研以致用。引导研究项目与部队的结合，开发不同类型的智能系统用于作战各环节，包括无人平台及武器、智能规划、网络防御、数据挖掘、频谱协调等。三是，组织智能化作战概念开发竞赛，实现系统迭代与生态建设。例如，智能化冲突早期感知分析竞赛、数字社会情报网络靶场模拟环境等都是成功案例。这些都可以供我们参考。

13.3　小　结

最后回答：我们离“智能化作战”还有多远？

第一个回答是，还很远。目前的智能技术还远远达不到要求，自主技术、态势认知、作战算法等才刚刚上路。

第二个回答是，会很快。智能技术的发展速度往往出人意料。2015 年底，绝大多数人认为计算机在围棋上战胜人类还需一百年，但 100 天后就被证明是错误的。而且，智能学习技术本身还会加快自己的进化速度。因此，“智能化作战”肯定会很快走上战争舞台，谁领先谁就将占据有利地位。

我们的差距在哪里？一般认为，差距在三个方面。一是，战争理念上，以为智能化战争只是传统战争的线性发展，而忽视战争换代的巨大跳跃。二是，技术理解上，认为智能技术只是信息技术的升级，而忽视其在本质上的不同。三是，作战运用上，认为智能化武器只是更好的装备，而忽视作战制胜机理也将发生重大改变。其实，更大差距在于我们缺乏以创新性思维去思考未来战争的想象力。爱因斯坦曾经说过：逻辑可以带你从 A 到 B，而想象力则可以将你带到任何地方。他说的就是想象力的重要性。未来的智能化战争研究，有两个方面极为重要，一是技术理解力，二是战术想象力。

我们该怎么办？英国军事理论家富勒一百年前的观点极具启示。在机械化战争即将登上战争舞台之际，他说：我们使用的机械化装备越多，头脑中的机械化思维就应该越少。他强调的是战争思维不能被机器取代。所以，正确的科学思维将主导我们对智能时代的认知。智能化战争时代即将来临，我们既要跟随潮流，顺势而为，及早准备，不被时代淘汰，也要善于引导，以人的智慧引导自主化智能系统的开发，引导智能化作战理论的研究。这一切都要从扎扎实实的基础性工作开始，从理解智能的本质开始。

第 14 章　体系与体系能力评估①

——走向智能时代的作战体系研究与试验

体系能力评估，是作战体系分析的重要内容。体系试验，则是体系评估的重要手段。如何理解体系及体系的性质，如何对作战体系能力进行评估和试验，未来智能化作战又会带来哪些新课题，就是我们要讨论的主要问题。需要说明的是，这里讨论的体系，如不特别指明，主要指作战体系。

14.1　体系评估面临的挑战

从美军的几项研究谈起

先看几个真实的案例。

第一个案例，美国兰德公司关于我国钓鱼岛空战的研究。

根据《亚太防务》报道，兰德公司针对某海域可能发生的空战问题，曾利用数学仿真模型进行过推演。他们认为，由于导弹的威胁，美军在第一岛链的基地需要后撤至关岛基地，F22 需两次加油才能到达该海域。美军 F22 在关岛的最大容量为 4 个中队 96 架，同时还需要多架 KC135 加油机。这样，F22 每天出动的数量为 115 架次，可保持 24 小时战区留空数为 6 架。因此，关岛油库可在无补给情况下支持基地遂行 22 天的作战任务。

根据兰德公司的分析，我军靠近东海有 12 座机场，每天可出动架次远超美军，达到 690 架次，24 小时战区留空数为 36 架。当时（2017

① 根据胡晓峰 2020 年 12 月在第二届复杂系统工程理论方法与实践学术会议的主题报告整理。杨镜宇、荣明、吴曦、张昱、许相莉等参与了相关讨论和研究。

年），并未考虑歼-20 大批参战的情况。根据兰德公司仿真的结果，F22 与三代机交战，交换比约为 10∶1，也就是打掉 10 架，自己损失 1 架；极端情况下为 108∶0，占据绝对优势。多对多交战时，数量优势可在一定程度上抵消部分质量优势。例如，出动架次大于 1∶3.18 时，交换比仅仅相当；如出动架次大于 1∶6 时，交换比从 10∶1 锐减为 0.9∶1。因此，兰德公司得出以下结论：第一，机场距离限制了 F22 的作战能力，美空军面临战术劣势；第二，中国空军如能充分利用这种态势，作战将占据有利地位。这反映了体系在作战中的重要性。

第二个案例，美军关于决策中心战的研究。

美军过去搞网络中心战，现在又提出来要搞决策中心战。为什么？因为美国人认为，在未来所谓的“大国对抗”中他们不再占有绝对优势，而过去网络中心战的条件过于理想，而且将来智能无人平台会被广泛运用，战争已经开始走进新时代，所以需要引入新的作战概念和样式，以确保在大国竞争中能继续占有优势。大国对手水平相近，比拼的就不能只是消耗。

他们提出的方案就是，“将复杂度作为武器”，用人工智能和自主技术改变作战形态，通过分布式部署实现多样化战术，在保障自身战术选择优势的同时，向敌方施加高复杂度，打一场让对手看不懂的战争。也就是，将 AI 引入 C4KISR 一体化杀伤链流程中，推动作战活动的系统性变革。例如，在保留战略武器平台的基础上，将一些大平台分解为小平台，更易于发挥作用。美国人认为，这样的话，中俄在未来的大国战争中将受制于自己系统的复杂性。

从这些例子中我们可以发现什么呢？美国人并不关注单个撒手锏武器的单挑，更关注体系层面 “多对多”的问题，其核心思想就是体系对抗。美国人认为，如果仅看武器装备，美国与中俄相比，已经不再具有“代差”的绝对优势。要想取胜，就必须在体系上下功夫，包括指控系统、基地建设、强化盟友等各个方面。

问题的提出

大家都知道，未来的信息化战争，包括智能化战争，拼的就是体系。重视体系、研究体系，已经成为大家的共识。但是，也有很多疑问一直萦绕在我们的心头。

第一个问题，体系是什么？

“体系”和“系统”这两个术语究竟有什么不同？为什么说体系是“系统的系统”？它是不是就是“很大”的系统？体系的性质有哪些？和系统一样吗？为什么会有这样的性质？我们又应该怎样才能正确地理解体系的性质和特点呢？为什么说体系都是复杂系统，它的复杂性又来自何处呢？

第二个问题，体系评估什么？

作战体系评估和试验关键在于回答以下两个问题。

第一，作战体系能力如何？体系存在哪些结构性缺陷和弱点？体系内系统的融合程度又如何？对手体系发展对己方体系会带来多大影响？这实际上就是作战体系能力及效能的整体性评估问题。

第二，未来作战体系建设应该发展什么、淘汰什么？在体系配置和规模上应该如何优化，以实现最佳的效费比或能力最大化？这实际上就是具体对象对体系能力的贡献度评估问题。

体系评估主要围绕这两个方面进行，但不能是简单的数据堆砌，评估结果应该具有宏观性、洞见性、启发性。

第三个问题，体系如何进行评估？

体系如何进行评估也就是，评估方法是什么？体系要素众多、关系复杂、性质独特，应该采用什么评估方法，才能准确、有效地评估体系的能力？体系规模庞大，完全依靠实兵实装评估几无可能，应该如何建设评估的平台？体系试验是不是更大些的装备试验？怎样才能完成体系试验？作战评估不同于科学实验，很难重复，又应该如何进行实验才更为合适呢？

传统的评估方法主要有以下四种。第一种，基于数学解析计算的评估方法。常见的方法有 ADC（availability dependability capability，可用性-可信性-能力）、SEA（system effectiveness assessment，系统有效性评估）、AHP（analytic hierarchy process，层次分析法），可以计算完成任务度、突防概率、毁伤概率等，经常被我们使用，但主要是理论计算，结果与实际差距也较大，只能做参考。第二种，基于数据和实验的统计评估方法。这种方法是根据实战、演习和实验数据进行评估，更为人们所接受，但是数据收集起来极为困难。第三种，基于计算机仿真分析的评估方法。通过建模进行作战仿真实验，得到效能评估结果，具有动态效果，但是校模非常困难。第四种，基于装备性能测试的作战试验方法，包括传统的武器装备性能试验、应用试验、在役考核等多种形式，但因为针对的是具体武器装备，对体系的整体性还是无法得知结果。

这些方法虽然各有用处，但是如果用于体系能力评估，则面临困难，有的甚至很难自圆其说，完全无法解释体系独有的性质和现象。那么，怎么办？

14.2　体系评估的新问题

问题 1：什么是体系？

战争涉及许多体系，包括作战体系、目标体系、关键基础设施体系、社会群体体系等，而网络信息体系则是它们的基础。但是，体系到底是什么呢？它有什么特征和性质呢？

如何理解体系的内涵

有人说，体系就是“系统的系统”，也就是 system of systems。例如，美国陆军就是这么认为的。他们认为，陆军作战体系是武器装备系统，包括武器、指控、安全、通信和传感器等装备，与士兵、运输、空中支持、无人设施，以及作战、侦察、指控、后勤等任务包的结合，通过系统集成和使命任务形成的“系统的系统”。这其实就是美军关于“能力”的观点，即 Means and Ways 的结合。Means 翻译常常是“手段”，指的是“资源”，包括人力。Ways 指的是实现的“途径”，如理论、训练等。也就是说，各种资源通过有效途径才能形成能力，而能力表达出来的就是体系。这么看，它说的还是有点道理的。

体系的内涵到底是什么呢？我的观点主要是下面三句话。

第一句话，它是“系统的系统”。它是由独立系统组成的更大系统。什么是独立系统？就是能够独立完成任务的系统。例如，防空反导体系可以由航空兵、导弹兵、雷达预警、机场保障等独立系统组成。因此，每个独立系统都具备初始能力，组成体系后就具备“$1+1\neq 2$”的能力。注意，这里我没有写“>2”，这说明体系的整体性与传统“整体论”的“1+1>2”是不同的。系统论认为“1+1>2”，也可以“1+1<2”，都属于整体性的结果。体系也是如此，坏的体系可能还不如分开的系统能力大，也是这个道理。同时还要注意，作战体系以兵力形式出现，所以这些系统也一定是“以人为核心”的系统。

第二句话，实现“集成与综合”。也就是说，它是各种软硬要素的综合。它不仅仅是硬件及人的集成，也是各种软因素，如理论、数据和编成等的综合。也就是，美军提的“Means and Ways”，包括各种资源，以及利用资源的各种途径和方法。

第三句话，体系具有“共同的使命”。各个组分系统之间相互依存，互相配合，一起向共同目标演化。这就要求每个独立系统要服从体系的总目标，发挥自己的作用，完成体系赋予的任务，共同达成体系的使命目标。所以，体系也是一个系统。

体系与系统的辨异

既然体系也是系统，为什么不叫系统非要叫“体系”呢？这两者之间还是有一些区别的，简单地说，体系也是系统，但并不是所有系统都是体系，所以两者在概念上并不能简单互换。

第一，体系也是系统。因此，它具有“系统”这个概念所有的性质。例如，系统的组分、结构、层次、整体目标等都是一样的。系统的组分可以是要素或子系统，而体系的组分却只能是独立系统，必要时也可以是子体系，但不会是要素，即没有独立功能的组成部分。

第二，系统并不一定都是体系。因为“系统”的概念更宽泛一些，例如“战争系统”，既可以是描述战争整体的一个概念，也可以是服务于战争的具体系统。体系则突出了多个系统通过网络互联的整体特性，即网络的网络。同时，体系还突出了人、软因素与硬系统的综合集成作用，以完成集体的使命。从这里看，“体系”与“系统”在概念上是有“轮回”的：体系由相互协作的独立系统组成，军事系统由不同的作战体系组成。这就是一个“系统”到“体系”，再到“系统”的概念轮回，希望大家在使用时加以注意，不要混淆。

第三，体系是特殊的系统。这主要体现在三个字上。

第一个字，体系“大”。体系一般是由多个系统或子体系组成的，所以一般是比较大的系统。这样就会有多个不同关注的“侧面”，例如指挥控制体系、武器装备体系、后勤保障体系都是作战体系的不同侧面。虽然可以独立运行，但是不能相互分离，分离之后就没有多大意义了。这就像人体系统一样，神经系统、消化系统、循环系统、运动系统等都是人体的组成部分，放在一起组成人体才有意义。需要注意的是，体系中某个组分能否被体系关注，不在其大小，而在于它对体系的关键程度。

第二个字，体系“单”。什么是“单”？指的就是目标单一，也就是它具有单一的“共同目标”；只关注单方的组成，体系内部最多是竞争关系，而不是对抗关系等。具有共同目标的多个体系组成的更大体系就是体系合作。某些多方组成的系统，例如我们研究的双方交战系统，就不能称为“体系”。因为内部系统目标不一样，相互对抗，所以只能称为“系统”。系统的概念更泛一些。

第三个字，体系“活”。什么是“活”？就是以人为核心，体系是“活”的。这是体系与机器系统(简单系统)最大的不同之处。因为机器形成前没功能，形成后这些功能不会变，最多是磨损；体系形成之前有功能，哪怕功能不全也不强，形成后却会发展、完善。这就像一个婴孩出生时干不了什么事，但长大成人后却什么都能干。这也是体系的特点。

根据这个特点，我们很容易推出，体系是有生命周期的，不会长生不老。体系是“活”的，说明它既会继承人的优势，例如具有主观能动性、创造性，也具有人的缺点，例如会出错、会有状态高低。这样体系对抗出现“状态起伏”“克星现象”“以弱胜强”的情况就是很正常的事情。如果体系还能表现出智能，靠的则是人的智能或机器的智能，尤其可以逐步替代部分人类工作的智能系统，就发展到了体系“活”的高级阶段。

体系“以人为核心”，并不一定意味着体系驱动都是人工的。“人”在体系中发挥的作用也随着技术的不断进步，逐步从“劳力”“劳心”向“决策”转变，体系也因此变得越来越智能化。例如，传统的步兵作战体系，就是人枪炮车的组合，人的作用主要是完成操枪、操炮等劳力型工作；后来的坦克、飞机、航空母舰作战，人的作用主要是操纵自动、半自动的机器，甚至是很复杂的机器，这时发挥的是劳力与劳心结合型作用；更自动化，甚至智能化的装备出现后，例如导弹突防、侦察情报、无人集群作战等，人发挥的作用则更多体现在决策方面。所以说，人总是作战体系中不可或缺的核心要素，但发挥作用的方式则在逐步改变，不会一成不变。在未来，人的作用甚至还会体现在物化的智能系统中，人可能不在体系中，但是人的影响却无处不在。

体系的三个独特性质

体系在概念上既是系统，又是特殊的系统，所以它既有系统的一般性特点，也有体系独有的性质。这主要体现在以下几个方面。

第一，体系是复杂性系统，性质具有整体性。

体系的整体性是涌现的，所以体系的目标“只能引导，不能确定”，结果也不会以设计者的意志为转移，经常可能是“意料之外，情理之中”。“战斗力只存在于体系之中”，并没有什么绝对的能力值。这句话是美军转型办文件里的，说得很有道理。再好的武器装备放在仓库里也是库存，交给没有很好训练过的人手里那是浪费，根本不会产生什么战斗力。只有进入作战体系，才能发挥出其应有的战斗力。这就是体系战斗力，也就是体系能力的整体性。

第二，体系是“活”的系统，结构具有成长性。

体系的结构是可变、自组织的，不是事先设计好的机器，而是在不断进化的系统，因此“不能建造，只能演化”，会有一个从不成熟到成熟的过程，这就是我们常说的从产生、发展到消亡的生命周期。即使全新的现代化装备，要转化为可以发挥作用的体系也必须有一个熟悉、会用、用好、积累经验的演化过程，这是训练、演习、实战的意义所在，也是体系不断适应、改变结构、不断成长的过程。事实上，体系最大的成长将出现在“智能水平”上，未来体系不仅是“活”的，还可能是“聪明”的。那时的体系将成为智能体系，这就是更高的飞跃了。

第三，体系是动态变化的，能力具有相对性。

能力通过结构确定才能产生，效能通过对抗结果才能展现。这句话的意思是说，只有把各种资源的关系确定下来，也就是人和武器装备通过各种组织关系，如编制编成、指挥控制等确定下来，能力才能表达出来。但是，要想发挥效能，只能通过对抗才会知道是否合适。能力的大小自己是看不出来的，你说你的作战体系战斗力指数是 10 万，那也只是一个数值而已，没有什么价值。只有跟一个参照系比较才知道，这就是相对性。最重要的是跟对手比，你才知道自己是行还是不行。不能说一个只会欺软怕硬的人战斗力很强，也是这个道理。这个相对性也可以衡量成长性，就是自己跟过去比，看看是进步还是退步了；衡量聚合性，则是跟上下比，看看是否反映聚合的效果。

所以，我们常说“体系是复杂的”，就是说它是会不断发展的。从体系概念的定义和性质来看，“体系”在概念上接近但不完全等同“系统的系统”，应该是系统谱系中属于复杂系统的那部分。也就是说，体系是“系统的系统”，但是只包括复杂系统那一部分。此外，也不是所有的复杂系统都是体系，因为有的复杂系统并不是系统的系统。如果体系只是简单系统的组合，那它就应该还是简单系统，也可以说是简单体系。作战体系是由复杂系统组成的，所以它显然不是简单体系，只能是复杂体系，具有复杂性。

系统复杂性

那么，什么是系统复杂性呢？过去我们最大的问题就在于，总是把一切都想象成机器，包括战争，也包括体系。例如，我们常说的战争机器就是这个意思。机器一旦建成，就会固定不变，它是不会成长、发展、衰退的，但是体系却会。因为机器都是简单系统，而体系却是复杂系统，它们的性质完全不同。

简单系统就是我们常说的“1+1=2”的那些系统。它们可分解还原，具有因果关系确定、可预测、可重复、系统结构不变等特点。所以，再复杂的机器也是简单系统。复杂系统则是“1+1>2”或“1+1<2”的那些系统，它们具有不可分解还原、因果关系不确定、不可重复、不可预测、结构可适应等特点，因此具有适应性、不确定性、非线性、涌现性等性质。一般来说，那些与人有关的系统都是复杂系统，所以有人的体系也一定是复杂体系。

过去，我们只关注机器类的简单系统，引入复杂系统后，却发现很多东西不能自圆其说了，如简单系统建模。简单系统建模依据的是相似性原理，即简单系统的因果确定性。我们对实际系统建模时，模型与实际系统会具有某种相似性，如几何、特性、能力等相似。按照因果对应的关系，我们可以推出，如果输入相似，那么输出也应该相似，因此模型的结果也应该与实际系统相似。只要找到对应的模型，就可以确定性地得到答案。这就是仿真的基本原理。

但是，复杂系统的复杂性会导致相似性原理失效。因为复杂系统的原因，与结果不再一一对应，所以相同的输入可能无法得到相同的结果。复杂系统具有不确定性，结果不可重复、不可预测，因此所建模型是不是真正反映实际系统的特性，就很难得到证实。这也说明，“胜战不复”这句老话是符合复杂系统原理的。因此，不可能找到可以解决“复杂”问题的“简单性”方法，例如用机械齿轮模拟人脑。

物理统计，还是认知偏好

过去，碰到这一类问题，我们常用统计学的方法加以解决，例如提高层次，用统计或综合的方法找到总规律。最典型的案例就是寻找气压公式。我们知道，气压来源于气体分子之间的碰撞，但是那么多的气体分子怎么测量计算？所以就用宏观统计的方法，代替微观分子碰撞复杂效果的模拟，得出气压定律公式。这种统计方法可以完美地解决问题，得出物理统计的结果。

另外一种方法则是用多智能体建模，寻找复杂性规律。例如，基于多 Agent 方法实现简单生命体群体建模，元胞自动机、遗传算法、粒子群等基本都是如此，用简单规则约束下的模拟随机碰撞交互方式，来寻找整体效果。对鸟群、蜂群、人群等，都可以采用这样的方法，得到整体性的合作结果。

但是，当这些方法用于与“人”相关的建模时，常常会发现得到的结果与实际偏离很大。这是因为，基于统计分析和简单规则的方法有一个基本假设：每次实验都是独立且无序的，而且并不互相影响，也就是所谓的“大数定律”。就像抛硬币，正反面概率随着抛掷的次数增加，最终一定会趋于 1/2。这是物理规律决定的。但人是有认知的，不会简单机械地重复，所以会导致偏好依附。因为人在决策时，一定会考虑以前的结果，然后修正后续的行动，所以会导致效果逐步向自己的偏好方向移动。这就是人类行为固有的“幂律”规律，也就是我们常说的“二八律”，称为“人类行为的标签”。所以，物理规律并不能反映人类社会真实的认知效果，“纯理性”也不太符合人类决策的实际。

为什么会导致这个偏离呢？这是因为社会复杂性与物理复杂性的根源不一样。物理复杂性的根源在于其运动规律是混沌的，例如“三体”就是不可预测的，但也有个可预测时界，这是庞加莱证明的。对太阳系而言，这个可预测时界大约是 400 万年，所以我们还是可以预测日升月落。但是，过了这个时界，运动对我们来说就是混沌的了，是无法预测的，更是无法重复的。物理复杂性很多都是如此，受其物理规律的限制。例如，2021 年诺贝尔物理学奖颁给了真锅淑郎，他的二氧化碳对气候影响的研究，也有复杂性特点。

认知复杂性带来的两个原理和两个推论

社会复杂性不取决于物理根源，而是源于人的认知。因为人是有认知的，人群不是杂乱无章、没有思想的粒子，也不是只有简单生命逻辑的低等生物，而是具有判断和决策能力的人类。这样，人的认知就会导致一些物理世界没有的规律出现。这就是反身性原理和不可预测原理。

所谓“反身性原理”指的是，人的认知虽然不会影响自然系统的物理定律发生改变,但会影响自身所在系统的演化规律发生改变。比如，人的认知永远都不会影响万有引力定律，但却会影响股市的涨跌。

所谓“不可预测原理”指的是，由于无法预知未来“人”会产生什么新的认知或发现，所以与人有关的系统未来，本来就是不可预测的。也就是说，未来人们的认知和发现肯定会改变世界，但我们今天并不知道那会是什么，所以我们就无法预测明天会发生什么变化。可预测的都是物理世界的简单系统规律。

因此，不要拿物理思维去思考人类社会的事情，这是我们常犯的错误。因为人是有认知的，是会“反思”的，调整认知然后决定后面的行动，所以认知才会不断发展。

这就带来两个很重要的推论。第一个推论，简单系统越认识越简单，而复杂系统却越认识越复杂。例如，下棋，开始时只会“当头炮，马来跳”，但下久了，认识加深了，着法就会变得很复杂，通过复杂化取得胜利。这就是“菜鸟和老手”的区别。第二个推论，昨天的规律与今天的规律不再相同。由于认知发生了改变，与认知有关的规律也会改变。例如，人的经验起了作用，导致对事物的看法发生改变，从而产生进化，导致不同的结果。

我们知道，模型就是规律的描述，规律不同则模型不同。这样又会导致下面的复杂性建模难题。

三个复杂性建模难题

第一，因为规律不断变化，所以模型结构不能一成不变。凡是与认知有关的模型都存在这个问题，如态势判断、意图识别等。因为无论什么层次、什么行动，只要存在决策，就需要认知。因此，需要找到结构可变，而非仅是数据可变的模型，才能从根本上解决问题。过去这样的模型并不好找，几乎所有模型的结构都是固定的。今天我们发现，神经元网络就具有这种可变结构模型的特点。因此，可变结构模型就有了可能。

第二，因为概念无法形式化，所以需要找到模型的描述表达方法。复杂系统的概念难以描述，但是“学习”的介入，使我们有了“反推概念”的途径，通过建立神经元网络就可以实现对复杂事物的表达。同样，例如“具有制空权”这样的概念判断，也是一个泛化的认知判断，可以采用神经元网络来表达。换句话说，这个模型不是“建”出来的，而是“学”出来的、“反推”出来的。

第三，因为无法重复，所以模型结果并不能被模型结构确定。因此，复杂系统结果不能被预测，局部结果也不具有“可加性”。任何一种结果都只能代表一种可能，很多可能结果就构成“结果云”。例如，作战体系的状态高低、“克星”现象的存在、结果的多面性等都是如此。说白一点，就是我们目前模型的维度还不够高。这样，在这个理论架构下，所有的复杂系统特征都可以得到完美的解释。

研究体系评估问题，实际就是解决这些难题的过程。这样，我们对“体系”的认识之路就经历了从“战争是一个整体”，其结构不变；到“战争是活的复杂系统”，其结构可以自适应；再到“战争是一个活的有认知的复杂系统”，可以自学习的过程。这也是一个从简单系统到网络化复杂适应系统，再到网络化智能复杂系统的过程。所以，对体系概念认识的进步，自然会带来对体系评估方法的进步。

那么，对于复杂体系来说，我们又该如何评估和试验呢？

问题 2：体系评估的新理念

下面基于复杂系统思想对体系的理解，介绍体系评估中应该具有的基本理念。由于很多都与传统方法不同，所以我叫它新理念。

理念 1：基于复杂系统思想

战争是复杂系统。将战争中对抗的体系当成复杂系统理解，更符合其本来的性质，也是体系评估理念的核心转变。这里要关注三个重要方面。

一是，关注反身性导致的影响。也就是，要关注“认知”会如何影响体系的变化。因为认知会导致知识增加，模型描述会发生演化，所以“过去的规律和现在的不同”，就不能用一成不变的模型来描述体系，要把认知引入模型。此外，还要知道，智能也是认知的一种，因此我们也必须回答机器智能如果进入作战体系会带来何种影响？这种影响与人的影响又有什么不同？

二是，关注相似性原理的失效。它会如何影响体系模型的建模，因为在复杂系统中，原因和结果不能一一对应，也就无法再用相似性方法去建模。复杂体系甚至无法形式化描述，也就无法推论结果是否有效。怎么办？这就必须在复杂性科学思想指引下，找到更合适的方法。

三是，关注结果不唯一的疑惑。在复杂系统中，很多情况下相同条件也会出现多种完全不同的结果，这又应该如何理解呢？如何理解体系出现的“结果云”现象？事实上，在复杂系统中，多种结果的出现并不矛盾，反而更能真实地反映现实，它们都是复杂系统多侧面的“合理表现”。如果连这个都无法理解，那就很难理解复杂系统的本质了。

概括来说，针对复杂系统，我们就必须从“整体、动态、对抗”出发，才能得到合理的结果。事实上，如果研究自己体系内部的复杂性问题，也可以将“对抗”改为“博弈”，这样可能更合适一些。

系统的复杂性也给体系评估带来许多难题，主要表现在以下方面。

一是，复杂系统不可分解，也没有可加性。所以，即使分解还原研究，也必须在整体条件下进行，就像我们对“人”进行研究一样。因此，体系评估重在寻找整体规律。

二是，复杂系统具有适应性，结构动态可变。复杂系统要素和结构可以根据环境的变化而变化，所以体系评估必须在动态条件下进行。

三是，因果关系不明确，过程具有不确定性。系统状态混沌，结果不可预测，也可能不唯一，因此就要处理好“人算”与“天算”关系。

四是，复杂系统的演化具有非线性和涌现性。小动因可能带来大后果，演化会涌现新的性质。因此，评估问题与方法的选择必须具有针对性。

考虑战争即作战体系的复杂性，用复杂系统思想指导作战体系评估研究，几乎是唯一正确的途径，而且似乎也没有其他路可走。

理念 2：面向整个作战体系

体系评估面向的是整个作战体系。因为体系具有不可分解、不断演化等性质，所以体系评估必须从体系整体出发，而不是先拆开进行局部评估，然后汇总得到总的结果。体系才是主角。这里的“整个体系”，指的是体系的所有组成成分，包括硬件、软件、人等资源，也包括管理、规划、方法等“软”的内容。我们研究的是“某个对象或行动”的变化，看到的是对整个“体系的影响”。

需要注意，体系能力只有通过结构的确定才能产生出来，而体系的效能只有通过对抗结果才能展现。

理念 3：坚持体系作战背景

坚持体系作战背景就是将研究对象，例如某个装备或某种作战行动，放到对抗环境中评估，才能真实地反映它对体系的能力贡献和影响。这里有两点需要注意。

第一，体系需置于联合作战背景之下。战争不能只是“一厢情愿”，受到影响的因素众多，因此对手、友军、环境、保障等各种涉及体系能力和效能的因素都不可或缺。

第二，体系必须执行自己的使命任务。体系是用来打仗的，不是用来表演的，没有任务的能力是无法评估的。例如，防空反导、北斗导航，就各自有各自的任务类型，因此必须执行自己的使命任务，才能得到评估结果。

有人曾想采用类似体操打分的方式评估体系，这其实是很不正确的想法。这就像拿阅兵来衡量一支军队的战斗力一样，有点不靠谱。如果拿体育比赛来类比体系评估，倒有点像 NBA 的球队实力评估，用整场的对抗结果评价球队当前的实力，就要靠谱得多。

理念 4：重在体系整体度量

体系评估就是对体系结构及能力的整体度量。一般包括但不限于体系贡献率、体系结构分析、体系韧性等多个方面。根据体系的性质，基本上都是采用相对性原理进行比较。

通过体系结构分析，一般可以得到体系融合度，例如独立系统或子体系之间融入程度的结果，也可以得到体系配置的合理度、转换敏捷度、响应时效性等结果。如果需要，也可以对体系韧性、成长性等进行分析。

现在更强调体系贡献率分析，也就是焦点对象的改变对体系的影响程度如何，一般包括增加能力类型、改进战技短板、提高运行效率、降低整体成本等各方面给体系带来的影响。

理念 5：采用新型科学方法

现代科学的进步为体系研究提供了更合适和更有效的理论、方法、手段，如复杂性科学方法、作战试验、实验方法等。

复杂性科学方法主要包括复杂网络、大数据、深度学习等多个方面。这些方法可以揭示复杂系统的许多不同性质，如结果的多样性、结构的复杂性等。作战试验与实验方法则是将复杂作战体系作为对象，进行科学测试与实验的活动。

作战体系可以看成各个组分系统组成网络的综合集成，也就是“网络的网络”。不同类型的网络，例如多重规划网、多重结构网等就会有不同性质，也会发生相互影响，这就是“超网”。超网具有很多更复杂的机理，例如连锁反应、级联失效等都可以通过复杂网络的研究得到结果。但是，不能将体系仅看成各种物理网络的网络，它内部的网络类型是非常多的。所以，我们常说，复杂网络是体系的天然理论基础，大数据是分析体系的最好工具，而深度学习等方法则是突破认知技术瓶颈的关键。

采用这些方法进行研究都需要数据的支持。没有数据可以说寸步难行。信息网络技术的普及发展为标识社会、战争、体系等复杂系统，提供了必要的数据条件和基础。传统的“标识”靠人工录入，现代的“标识”靠传感器，例如一部手机就可以获取“你”的几乎所有信息。未来如果每个武器装备都配采集器，就可以为数据测量提供物质手段。美国国防部就规定所有装备平台，包括民船，都必须安装数据采集器，目的就是采集更多的数据。事实上，正是这些数据，催生了认识体系复杂网络方法的诞生。

理念 6：依托积累实演数据

多年积累的大量模型和实演数据为建立基本体系关联模型奠定了基础。实演数据“沉淀”了大量人类认知与行为的结果，会影响体系发生本质性的演化。所以，我们需要强调两点。

第一，体系评估特别强调“真人参与演习”，甚至是实际作战活动。这样就可以为“作战”而非“仿真”得到更逼真的数据。

第二，多年积累且仍不断增加的数据会不断改变模型，而不是仅仅改变数据。这是认知带来的作用，也是“大数据”不同于“海量数据”的关键。这些数据也是体系评估“样本数据”的重要来源。

理念 7：建立体系试验评估框架

体系是复杂系统，因果关系不明确，结果也非线性，所以体系评估也不能照搬传统实验的单向流程。因此，需要建立符合“整体、动态、对抗”特点的全新体系试验评估框架。

传统单向实验流程是从实验对象出发，确定实验因素，然后进行实验得到实验结果，最后得出实验结论。这是一个单向的、线性的过程，但是仅适合简单系统。体系试验必须解决体系大、因果缺、动态变、不确定等难题。

这里需要说明一下，“试验”和“实验”的区别：“试验”是一次测试，而“实验”则是一个活动。一个“实验”可以由很多次“试验”组成。作战试验就是针对作战的一次测试，但是需要放在接近实战的条件下进行。作战实验则是为了发现和研究新的作战概念而进行的实验活动。

什么是作战体系试验？就是在特定使命任务背景下，为检验体系完成任务能力，通过典型作战流程和科学方法手段对体系进行评估的试验活动。它有以下几个要点。

一是，体系与任务相关。所有的试验都是针对使命任务的，因此与体系定位、遂行任务、作战环境、作战对手、协同体系、编制编成等有关。

二是，体系试验的目的。体系试验的目的是证实体系的配置、配合、运行、重构、反应、持久和成长等功能（性能），找出体系能力的边界、极限、短板等能力范围。这与过去对装备的考核是不一样的，过去的性能试验重点在战技指标是否达成;作战试验重点在人与装备、目标配合的程度如何；在役考核，也就是在部队的应用效果。这些并没有考核到体系的能力范围。

三是，体系试验的本质。我认为，体系试验的本质不是某种“装备的可用性试验”，也不是“系统配合效果试验”或“部队应用试验”，而是体系的“战斗力试验”。所谓“体系的战斗力试验”，就是要能得出可信的体系作战能力的度量结果。这并不是一件很容易的事情，往往需要反复综合评估才能得到。

理念 8：达成辅助高层决策目的

体系评估最终是为高层决策服务的。所以，结果要为高层决策者接受，就必须做到“问题重要”“结论可信”“操作简易”“决策者明白”等基本要求。这不仅仅是可视化问题，更重要的是要回答高层关注的问题。例如，体系的底线在哪儿？作战能力的边界有多大？

问题 3：体系评估的新方法①

理念是体系评估的基础。理念只是思路，方法才是“王道”，也就是要拿出解决方案，找到符合复杂系统性质的体系能力度量方法。我们提出一些关于体系评估和试验方法学的概念和方法。

---

① 详细内容可以参考《战争复杂体系能力分析与评估研究》，科学出版社，2019 年版。

关键概念 1：多重循环试验

为适应体系评估的整体、动态和对抗等复杂性特点，需要引入人在回路、多重循环、动态协同、平行执行的实验框架。

从想定准备开始，明确背景、焦点和基准；通过想定提炼，调整想定来聚焦问题；进行作战试验或仿真实验，对问题进行探索性分析或数据耕耘；对得到的试验数据进行数据挖掘、可视化分析；根据问题重新修改想定，开始下一轮的实验分析，最终完成聚焦实验、综合研讨和洞察分析，得出期望的结论。这个被我们称为人在回路的“五重循环实验”既可以用于真实体系，也可以用于仿真体系的研究。

我们将这个方法用于仿真研究，就构成体系仿真试验床。也就是，建立一个信息化联合作战体系对抗仿真环境，将需要进行评估影响的武器装备加入其中，并通过快速试验得出相关体系性效果，以达成支持决策的目的。例如，测试“加”“减”“改”“规模化”某些装备会对作战体系产生什么影响？增加或减少某种装备对体系能力有何影响？敌方增加或减少某种装备对我方体系有何影响？改变某个装备性能指标对双方体系有何影响？可以通过多次试验、快速迭代实现对体系的整体评估。

关键概念 2：体系指标挖掘

体系评估既要用指标表示实验变量，也要用指标表达评估结果。这里一般蕴含一个假设，即所有指标都显而易见，并符合体系实际。遗憾的是，事实恰恰不是这样。因为指标的选取不能想当然。简单系统与复杂体系的本质是截然不同的，相当于“死”与“活”的差别。拿一个测量机器的指标去测量一个人显然是不合适的。

指标应该怎么得出来呢？是我们天然就知道的吗？例如，是谁告诉我们检查身体应该测量体温、血压、血糖，或者各种癌症标记物的？更复杂一些，寻找一名飞行员又应该采用什么指标？事实上，这些指标来源于至少几百年来人类对人体状态的经验总结。中医也有自己的一套，如看舌苔、切脉搏、观脸色等。对于作战体系而言，又该用哪些指标来衡量它的状态好坏，或者能力高低呢？这就是战斗力指标体系。

体系的能力指标一般包括两个方面。一方面是，对“潜在能力”的度量，也就是获取静态、常态条件下的结果，这个比较好得到。另一方面是，对“任务效能”的度量，也就是获取动态对抗条件下的结果，这个比较难以得到，因为它与具体任务有关。如果需要，还应该度量团队条件下的对抗结果，也就是看看团队之间的协同或配合如何。对于作战体系来说，能力的度量一定要建立在对抗条件下才行，光有潜在能力并没有多大用，必须衡量体系完成使命任务的对抗能力，包括形成联合作战协同能力。

能力的表达需要通过具体指标表示，但是应该选取哪些指标，以及哪些指标具有灵敏度，只有两个途径。一是，用户特别指定。这是用户的主观需求，与正确与否无关。例如，首长关注某个指标，那这个指标就应当存在。二是，通过试验数据挖掘，找出最具代表性、最具敏感度的指标。这是客观的，也算是科学的指标。所以，指标本质上应该是被挖掘出来的，而不是拍脑袋想出来的。遗憾的是，我们现在很多研究中选取的指标，大多数都是拍脑袋想出来的，很难说有科学性。

指标挖掘也是一个循环的过程，包括概念模型指导、初步指标建立、演习数据修正、得到灵敏结果四个步骤的循环。在建立指标体系的过程中，也需要不断完善和修正。

关键概念 3：网状指标体系

传统体系评估一般需要建立树状指标体系，先进行单项评估，然后进行综合评估，以得到体系的整体效果。树状指标体系最重要的假设是“指标独立性”和 “向上可加性”，但这是难以达到的。一般来说，只有在静态（或弱动态）条件下，指标树的方法才有可能成立，在体系评估的大多数情况下，指标树方式都是难以做到符合假设的。

因此，既然这种指标体系不能成立，我们就没有必要死守着这个传统方式不变，也就是要实现体系评估指标体系的三个转变。

第一，抛弃指标独立性假设，将“指标树”转为“指标网”。各指标之间实质是网状结构而非树状关系，这恰好反映了复杂系统的非还原论的本质。

第二，抛弃指标可加性假设，将“简单和”转为“涌现和”。因为不能用局部指标的简单求和得到整体效果，体系有可能发生“相变”涌现新性质。

第三，抛弃结果唯一性假设，将“单一值”转为“结果云”，也就是结果与决策的因果关系是相关多值变化的，结果也会是多种多样的，会形成像“云”一样的效果。

有了这三个转变，会直接带来体系评估最根本的转变：体系评估不应该只是寻找某个“评估公式”，进行一次性的“计算”，而应该是不断动态“试验”与“测量”。这就像人的体检一样，不断地测量，才能知道人体的状态表现如何。换句话说，体系的状态本来就不应该是固定值，而应该是时高时低、有起有伏的。这样才能真正反映体系状态的实际。

举一个例子说明一下网状体系指标体系到底是什么。例如，体系的基础类指标可以由整体类指标、动态类指标、对抗类指标组成，它们共同反映能力效果和效能效果。这就形成一个相互交错的对应关系。例如，基础类指标在作战网络中可以有节点数量、度、层级、网络重心分布与数量、连通度、链路节点比、介数、中立率、散度、集群数量和集群规模等，对应的能力指标包括抗毁性、分散性、重组性、隐蔽性、邻近性、适应性、灵活性、高效性等，它们之间也反映了网络化的聚合关系。对一个体系在组分系统级可以评估性能和能力指标，但是在体系级才可以评估涌现效能、网络化效能、使命任务效能。

从指标层次来看，仍以作战网络为例，网状体系能力指标可以有三个层面。第一个层面，体系结构及演化类指标。例如，基于复杂网络参数的体系结构指标，如凯尔斯提出的节点及链数、路径水平（描述自组织）、中立率（描述适应性）、敏感度（描述鲁棒性）等。第二个层面，体系任务对抗效能类指标，可以按作战行动任务划分的相应指标，如感知类（定位准确率等）、攻击类（突防率等）、防御类（主动/被动拦截率、迟滞率等）。第三个层面，体系能力整体类效能指标。这是反映体系层面整体性能力指标，例如体系 OODA 时长、体系自同步及适应能力、体系结构脆弱性、装备的体系贡献率、影响率等。

这里需要说明一下，以上这些指标有的是我们找出来的，有的还只是猜想。我跟研究生开玩笑说，如果博士生能找到三个像样的有效指标，还有比较好的灵敏度，基本上就可以毕业了；硕士生能找到两个指标出来，估计也差不多可以毕业了。虽然是玩笑，但也说明这些指标找起来其实并不容易。

关键概念 4：能力状态测量

用“体系试验+状态测量”取代“单值计算”，是一个全新的体系评估概念。因为体系状态是动态的，能力不会一成不变，只有对体系状态测量，才能判断当前体系能力的水平。

体系能力测量一般包括常态测量和动态测量。常态测量是基于资源的常态能力度量，类似于对人员的常规体检。动态测量是基于任务的效能度量，类似于运动条件下的动态监测。例如，人在 ICU 被各种仪器监视，就是一种动态测量方式。在 NBA 职业篮球联赛中，也可以实现对球队进行动态测量，通过设在球场上的众多监视设施，谁的状态好，谁的状态差，一目了然，从而可以对每个球队的实力进行动态评估。对于体系，其实也可以这样去做。

体系测量的结果反映的一定是“某时刻、某条件、完成某任务、针对某对手”的体系状态。所以，其能力状态表达出来应该是动态曲线或散布结果云，而非单一值。通过这个结果云，就可以判定体系能力的高值、低值、均值，也可以得到体系能力的边界和极限在哪里。试验的结果集将组成体系运行多维全时数据仓库，并将其作为对体系进行能力及效能评估的数据基础。要做到这一点，关键还是在于找到合适的体系试验测量方法。

关键概念 5：动态体系模型

体系试验需要众多仿真模型辅助，包括环境、对手，甚至自己的分身等。这在原理上是数字孪生、平行执行的概念，以后也可能引入元宇宙的概念。这些模型包括实体行动模型，可以依托动态参数数据调整，适应作战实体变化；组分系统模型，可以依托不同接入方式，改变或扩充新型作战系统；体系网络模型，可以依托动态作战编成和有人任务交互，适应体系的变化。所谓平行仿真，其实就是不断与外界交互改变模型数据，以及模型本身。

体系模型的构建包括背景体系、对象体系和焦点装备或行动。背景体系又分为环境体系、对手体系等。背景体系和焦点装备最后都对对象体系施加影响。模型构建的过程可以是从实体、网络，再到武器装备背景体系、多层背景体系等。要记住的是，对象体系及其组成和演化过程才是研究的目标和重点。

关键概念 6：焦点接入快试

焦点装备或行动是能够对体系产生一定影响的关注对象。需要根据不同情况快速建模和接入，然后试验。例如，新型飞机、装备改型、升级、吊舱、弹药、特殊行动等，可以采用不同的接入方法接入对象体系模型组中。这里可以利用仿真的方法，通过模型进行多次动态研究，减少试验的次数。

焦点模型有四种接入类型，即参数型接入（已有模型更换参数）、借用性接入（借用老模型生成新模型）、新型单实体接入（从新模型库中进行选择），以及网络型、体系型接入（互联仿真系统）。

模型互联也有三种方法，即数据交换（系统间通过数据交换同步）、主从跟随（单向随动同步实时结果）、并行互联（通过严格事件交互进行同步）。要做到这些，需要具有多系统并行仿真的能力。

关键概念 7：基线实验评估

体系能力都是相对的，所以体系评估首先要确定参照标准，即基线。在对象体系固定的情况下，“基线想定”和“焦点想定”的设计是关键。在这里，背景想定描述作战区域、任务和对手的基本战争环境条件；基线想定给出基准条件下完成基准作战任务的想定参照标准；焦点想定针对特定问题，评估特殊行动的想定描述，也就是测量对象。

例如，如何评价智能指挥决策系统的效果？我们可以先拿人类指挥员兵棋推演的结果进行统计，做出一个基线。然后，让智能体进行指挥，就可以得到人类指挥员与机器智能体之间的差别，从而得到评估结果。当然，也可以采用已有的评估结果作为参照。例如，拿兰德公司在某一地域做出的评估结论和数据作为参照，然后得到自己的结果。

我们可以把基线想定、背景想定和焦点想定组合起来，对体系的任务与效能进行评估和比较，以得到不同条件下的体系比较结果。所以，基线想定的集合积累后将是宝贵的资源。

关键概念 8：方案智能对接

体系试验中的最大难题在于“作战方案”的形成和运行。作战行动及结果有不确定性，会导致行动偏离预想，对抗各方不能有效对接，还会出现组合爆炸现象。作战不是下棋，不确定性导致难以预测未来完整的行动分支。即使是真实体系，也存在大量的不确定性，所以过去一般只能是单方或低对抗、首战或短时、低层次或低复杂度的行动组合，才能完成正常的运行。

对抗过程的难点在于对战场态势的正确判断、对作战意图的正确理解，以及对情况的正确处置。理论上这些都属于智能决策问题。解决途径有两种。

第一种，采用演习式推演方式，以“人在回路”避开智能难题。

第二种，强化系统人工智能水平，从根本上解决自动对抗问题。

显然，只靠人是难以为继的，只能靠未来智能技术的进步加以解决。基于深度学习的智能态势理解、博弈网络等是可能的解决途径。

关键概念 9：大数据“超网”分析

体系是网络的网络，不同的网络会有不同的性质，这就需要“超网”概念模型的指导。根据超网模型，可以对产生的大数据进行深入分析和挖掘。将体系看成超网，不同性质的网络区分对待，可能更为准确。例如，基于OODA战场自同步分析，信息网、指控网、交战网可以组成很完美的超网模型。这也是一种对体系结构进行分析的方法，可以对体系的整体性和融合度进行分析。

体系分析主要依托试验或仿真演习大数据进行，针对问题建立分析模型，利用相应工具得出结果和结论。例如，体系结构分析可以得到作战体系的扁平化趋势、体系脆弱性节点等；体系运行分析，可以得到体系指挥周期变化、自同步协同效果等；体系人因分析，可以得到态势感知影响、态势认知影响等。

关键概念10：结果多维比对

实验结果分析主要采用比对方式，从各个维度以可视化方法进行。比对既可以是实时的，也可以是事后的；既可以是局部的，也可以是整体的。多种维度可以根据需要进行变换、压缩、扩展、角色等比较，如体系逻辑拓扑的演化、OODA环分析、指控网络结构分析等。

关键概念11：体系贡献度量

体系贡献率和影响度都是针对战略需求的度量指标，由试验测量数据综合而来。贡献率模式有多种，如关键作用模式、固定作用模式、比例非线性模式等。贡献率就是建立在新增能力基础上的。

一种叫“脉冲模式”，是关键作用模式的一种，主要靠“有无”，例如核武器、航空母舰、高超音速导弹等。只要你有，就决定了体系能够进入一个全新的能力模式，例如许多国家梦寐以求的核武器。“线性模式”则取决于有多少，对于常规武器，如坦克、军舰、导弹等，当然多多益善，所以数量越多，能力线性增加，但其实也有个可保有的限度。还有一种是“非线性模式”，它的存在不能直接增加战斗力，但是却可以决定体系整体能力能提升多少，如指挥信息系统、卫星导航系统等。

体系贡献率的评估取决于不同类型的贡献率，以及所关注焦点装备的体系贡献率。因为体系能力总是相对的，所以体系贡献度只能在整体条件下进行相对性评估。需要注意的是，体系除了能力，还有其他一些方面的评估，如结构优化、演进增强等，虽然也可以反映到能力贡献上，但是也可以单独进行评价，以便进行系统优化。

关键概念 12：洞察辅助决策

体系评估结果最重要的不是“好坏”，而是“发现”。发现体系结构、能力和效能上的问题，提高对体系的认知，是辅助体系建设决策最终的目的。这是一种洞察力和顿悟，将对武器装备体系发展战略产生重大影响。体系试验床将为高层决策提供“可操控”的综合集成研讨环境，从而辅助高层进行体系方面的决策，做到有的放矢。体系能力影响原因回溯，可以基于指标关联度分析的因果回溯，发现影响体系能力的深层次原因。这也可以看成钱学森综合集成研讨厅思想的一种实现。

问题 4：智能化对体系的重大影响

智能化装备和作战行动的出现给作战体系带来巨大冲击和新的课题，也对体系评估产生了重大影响。自主性、无人化、新算法等，尽量将“人”推出 OODA 环之外，使武器及体系效能得到大幅度提升，并使效能趋于最大极限。过去，我们通过运用上的优化，提高了效能的系统极限。后来，我们通过网络，提高了效能的体系极限。今天，我们在智能的辅助下，可以提高效能的最大极限。也就是说，今后可能再也没有多大可提升的空间了。人工智能的出现，可以说是颠覆性的。

由于作战体系组成越来越复杂，各级决策中人与机器混杂交织，尤其是智能平台的广泛运用，导致复杂性的问题更加突出。对自己来说，更复杂的体系需要更科学的管理，“坏”的信息系统还不如没有。美国人就认为，在武器上，中国和俄罗斯与他们已经没有代差了，但是未来将受制于自己体系的复杂性。对于战场管理，美国人认为自己是世界上最厉害的。对于对手来说，产生更多的行动组合，可提升更多的决策复杂度和不确定性，从而降低对手感知能力，削弱它们的适应能力，而且可以跨界制造混乱，导致对手临界非线性崩溃等。这就是将复杂性作为武器。在这里，智能对体系的影响是最大的。

智能影响 1：体系性质的涌现性

体系是复杂系统，任何局部规则的改变，都会对体系产生影响，涌现新的整体性质，而智能对认知的改变尤甚。

第一，网络体系普适化。智能会导致认知网络、软件定义系统的普遍化。

第二，体系要素多能化。智能使分工淡化，多任务能力系统大量出现。

第三，认知过程加速化。智能系统取代人，进入认知过程，会将认知提速。

体系会因此涌现什么新的性质，现在还很难估计和设想，因为涌现是不可预知的，只能依靠对体系自组织演化的引导。但是，涌现的整体性质肯定是“人”“智能”“装备”的综合。

所以，智能体系评估今后可能要区分“人”“智能”“装备”产生的不同贡献。

智能影响 2：体系结构的成长性

认知算法的进步使体系的结构成长加速，将体系的被动适应转变为主动进化，进而使体系能力快速提升或崩塌。认知的反身性会导致系统演化，认知模型本身也会“进化”或“退化”。因此，体系的学习能力将成为关键的内容和度量指标。

“智能”在作为工具的同时，亦会改进“工具”而成长。“智能”工具与其他工具最大的不同在于，“智能”也会成长，也需要像人一样的训练。体系作为作战的主体，不仅需要训练，还需要时刻对环境进行“跟随”。

所以，智能使“人”和“装备”都得到成长，导致体系需要进行成长性评估。

智能影响 3：体系能力的相对性

智能化作战体系的能力比较会快速集中到对作战算法的比拼上，以及配合算法实现的作战保障环境上。智能技术的三大核心是算法、算力和数据，都是作战保障的条件。体系基础设施将是未来智能化体系的核心基础，包括大数据、智能计算等。

作战算法的对抗本质上是人才的竞争和比拼。体系本来就是“人”与系统诸要素的有效结合，但“天才”难求。其核心是“技术理解力”和“战术想象力”，基础其实都是“创造力”。

所以，对抗智能体系间的能力比较，需要将算法及其质量纳入比较评估的范围。

体系评估新课题

未来在智能化得到充分发展的情况下，体系评估会产生不少新课题。例如，体系的智能能力评估。这是智能对体系能力影响评估，包括体系自主能力、自学习能力、成长性（进化）能力等级评估等，需要设计全新的“基线智能任务想定”，通过作战试验才能完成。

对于网络信息体系的评估，属于间接体系的能力评估，因为网络信息体系是作战体系的基础，间接影响作战体系的作战效能，需要知道对“智能”能力引入，如认知装备、软件定义装备等，会对体系产生多大的影响。

对于弹性体系的能力评估，是对体系结构能力的评估，与传统的系统鲁棒性、可靠性、可维护性等评估不同，它体现了体系的整体性、成长性、相对性，以及主动恢复能力（如主动指挥）等。智能装备对体系的主动恢复、主动抗干扰等能力会带来重大影响。

14.3　小　　结

上面讲了这么多，主要想说三句话。

第一句话，体系评估面临理论、方法和智能化的三重挑战。弄清楚体系能力评估到底如何去做，就是很大的进步。

第二句话，体系评估必须更新理念，才能找到最合适的方法。用复杂系统思想看待体系的性质是理念最核心的变化。在“整体、动态、对抗”条件下评估，是方法最本质的内容。

第三句话，体系评估也面临智能化时代的新挑战和新机遇。只有理解智能的真正含义，才能正确应对这个挑战。

第 15 章　弹性与弹性体系[①]

——关于概念、度量、理解的若干问题

体系是由相对独立、分散建设的系统组成的具有共同目标、特定功能的“系统的系统”。对于这样一个复杂系统，人们希望它运转良好，比较稳定，并且能够抵御风险和破坏。因此，体系有一个很重的指标——“弹性”，也有人称之为“韧性”。通俗地说，就是体系的“抗造”能力。因为体系是活的，效能总会因为一些不确定因素而变化，有些变化还可能影响巨大。如果是民用体系，这些原因无非是“自然灾害”“老化失效”“设备故障”“人为失误”等。若是作战体系，还会遭到对手有意识地攻击，造成体系效能的不稳定，甚至体系灾变和崩塌。由于体系是“活的”，因此在故障或遭到破坏后，有一种天然的适应性，不会立刻“死掉”，而是处在一种特殊的中间状态。如果情况好，体系可能逐步恢复，但是也可能会继续恶化，逐步丧失功能，最终彻底瓦解。“弹性”就是描述不同体系在恢复能力上的重要指标。因此，体系弹性就成为体系研究中一个非常重要的关注点。

15.1　什么是弹性

弹性（resilience）从词源来看，源自拉丁语单词的“resilio”，表示“返回初始状态”。法语在 16 世纪吸收了“resilio”，出现词汇“résiler”，特指“撤回或者取消”。这一词汇后来演变成为现代英语中的“resile”。《韦氏大词典》对弹性（resilience）解释为：物体在受到压力变形后恢复其尺寸和形状的能力；从不幸或变化中恢复或适应的能力。

---

① 根据荣明 2020 年在某会议上的报告整理。

弹性概念随着时代的演进也被应用到不同的学科领域。由于机械学的发展，特别是在第一次工业革命浪潮中，弹性被广泛用于描述金属在外力作用下产生形变后的复原特性和能力。20 世纪 50～80 年代，心理学研究领域逐渐开始使用“弹性”衡量人在遭受精神创伤后的恢复能力。加拿大科学家霍林首次将弹性的概念扩展到系统生态学中，用以表示生态系统对外界扰动的吸收、重组和演化等特性。自 20 世纪 90 年代以来，人们对弹性的研究逐渐从自然生态学向社会生态学延展。

弹性从提出到现在，大概经历了三个不同的发展阶段，即工程弹性阶段、生态弹性阶段、演进弹性阶段。最早提出的弹性观点是工程弹性，即将弹性视为一种恢复原状、保持系统稳定的能力，针对的大多是工程领域、简单系统的问题。单一性和静态性是其基本特征。

工程弹性的概念提出以后，20 世纪 60 年代，生态学家发现了由非线性功能运行、再生过程产生的多重平衡，又促成了生态弹性概念的提出。20 世纪 70 年代，人们对弹性的概念进行了修正，定义生态弹性是“系统吸收外界扰动、驱动系统变化，但仍能保持系统正常运转的能力”，认为弹性应当包含系统在改变自身的结构之前能够吸收的扰动量级，强调以复杂系统为研究范围、以可吸收变量为关键指标。

20 世纪 90 年代，随着社会-生态系统的提出，演进弹性的概念被提出，强调以整体的社会-生态系统为研究范围，以主观能动性产生的可变性为核心属性，创新性为关键指标。霍林又提出多尺度嵌套适应循环模型，将弹性过程划分为四个阶段，即利用、保持、释放和再组织。从最初的追求单一稳态到多个平衡态，再到抛弃对平衡状态的追求，工程弹性、生态弹性、演进弹性分别代表人们对弹性认识的不断深化。体系作为复杂系统的一种特殊类型，与社会、生态系统非常接近，因此在弹性概念提出后，体系弹性的研究就提上了日程。

15.2　体 系 弹 性

作战体系面临的环境复杂性远超出一般系统，因此将体系弹性的研究重点放在体系遭受破坏然后恢复的过程上。我们可以看到，体系弹性是体系为应对各种扰动、破坏而呈现的一种能力，即体系对来自破坏事件的干扰进行预测、抵抗、吸收、反应、适应并恢复的能力。体系弹性过程（图 15.1）可描述为吸收、降级、恢复、重构四种状态；分为五个阶段，即初始阶段、吸收扰动阶段、破坏下降阶段、恢复重组阶段、能力重构阶段。应对的方式有主动防护、事后防护、启用备份、维修保障等多种手段。

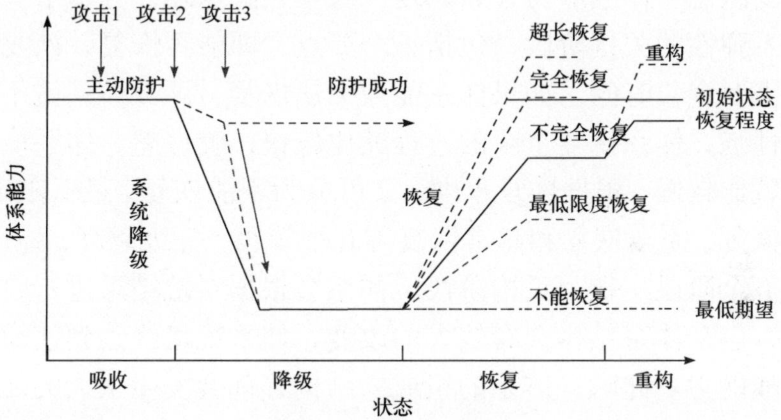

图 15.1　体系弹性过程

第一个阶段，初始阶段，本方体系尚未受到敌方攻击，处于完好状态，体系具备完全能力。

第二个阶段，吸收扰动阶段。在该阶段，体系遭到对手攻击或者自身发生故障等扰动，如果防护成功，则体系能力没有变化；如果没有防护成功，则体系产生较轻程度的损毁。此时，体系能力出现一定程度的下降，但是由于体系的鲁棒性，有较强的抗干扰能力，其能力得以保持，维持在一个可接受水平。如果不能抵御干扰，则体系能力继续下降。

第三个阶段，破坏下降阶段。随着战争的不断深入，以及对手攻击强度的加大，己方体系受损情况更加严重，导致体系出现更大程度损坏。如果体系鲁棒性较强，还能维持一定的作战能力，体系可以降级运行，则仍能满足作战需求。如果体系无法抵御外来破坏，能力会急剧下降，进入破坏下降阶段。破坏下降阶段要关注体系能力下降速度、能力下降程度等。如果体系能力降低到无法满足作战任务需求，就进入体系能力恢复和重组阶段。

第四个阶段，恢复重组阶段。当前体系能力已经无法满足作战任务需求，需要进行体系能力恢复和重组。此时，体系根据当前情况，以及对手情况，判断体系损毁程度，及时采取装备设施维修、启用备份资源、基于任务新调配作战资源、体系结构灵活调整等措施。体系进入恢复状态，作战能力开始恢复，直至达到保障任务水平。这一阶段是体系弹性的关键阶段，包括三个要点，即能否恢复、恢复到什么程度、需要多长时间。如果体系能力无法恢复，那么体系就不具备弹性。弹性强，体系恢复重组的过程就比较快；弹性差，体系恢复重组的过程就比较慢。根据恢复程度，又可分为不能恢复、最低限度恢复、不完全恢复、完全恢复和超常恢复等几个等级，等级越高，弹性越好。

第五个阶段，能力重构阶段。体系会根据对抗结果进行自适应演进调整，整个体系结构会有较大的改变，使系统最终达到使命任务所需的作战能力。此时，体系的组成、结构等都会发生很大的变化。其能力可能低于原体系能力，也可能高于原体系能力。能力重构阶段是一个较为长期的过程，这充分反映了体系结构的适应性和灵活性。

15.3　如何度量体系弹性

体系在初始遭到局部攻击时，冗余性将体系能力维持在原来水平上，并减缓体系能力的下降。随着受损增加，体系能力急剧下降，通过采取应对措施，体系能力逐步恢复，最终完成作战目的。可以看到，体系弹性受到自适应能力和自修复能力共同作用的影响。体系弹性可通过体系的预防性、抗毁性、恢复性和灵活性来度量。预防性是指体系可提前预判攻击和预防故障的能力。抗毁性是指体系吸收扰动的能力，在遭到攻击或发生故障后仍可执行任务。恢复性表明，系统故障时，性能可恢复的程度和恢复的快慢。灵活性指体系内部系统之间的关系、结构重组能力，体现体系的演化及自修复能力。

弹性评估模型关注体系受到攻击导致能力下降后，通过采取相应措施，能否迅速恢复的能力。根据体系弹性概念模型的三阶段动态过程，对体系弹性评估模型进一步集中于抗毁性和恢复性。我们主要对体系的抗毁性和恢复性提出度量方法,最终对体系整体弹性进行评估。

体系弹性的要素包括体系结构、体系能力、决策机制等。重点从体系结构和体系能力两方面对体系弹性进行度量。体系结构弹性主要从体系结构的角度对弹性进行度量，采用复杂网络指标，对动态对抗中体系网络结构的抗毁性、恢复性进行分析测量，进而度量体系结构弹性。体系能力弹性主要从体系能力的角度对弹性度量，包括对体系指挥控制、预警侦察、火力打击等能力进行分析，通过一系列体系能力指标测量体系能力的变化，度量体系弹性。

度量体系弹性，首先需要确定系统在各时间阶段的体系能力。这里有几个比较重要的时间参量，分别是初始时间、遭到敌方攻击的时间、体系能力下降结束的时间、体系开始恢复的时间、体系完成恢复的时间、作战结束时间等。在初始时间、能力下降时间、能力恢复时间，体系能力值都不同。度量体系弹性主要集中在遭到敌方攻击到体系能力恢复这段时间。

抗毁性是体系吸收扰动的能力，表示体系遭受攻击后还能完成任务，可以用系统能力的降级程度与降级速率的负指数函数表示。恢复性反映的是系统采取冗余备份、系统接替、体系重组等恢复策略后，能够完成任务的能力，可用系统能力的恢复程度和恢复速度的指数函数表示。体系具有不同的能力侧面，可针对不同的能力测量其不同的弹性变化。

体系弹性综合评估时，可针对研究问题的关注点将抽象的体系能力具体化，监测体系关键项能力指标变化，对体系不同能力进行测量。

体系弹性可以看作一系列体系能力弹性的集合，可从多个剖面对体系弹性进行度量。由此可以看到，获得不同时刻的体系能力值就成为体系弹性度量的关键。

15.4　怎样理解体系弹性

体系在应对外部环境改变时能够做出适应性变化，最终达成有效作战目标，表现为快速反应能力、适应能力、变革能力和恢复能力等。为了适应快节奏的环境变化，必须设法改变过去的“刚性”体系结构。传统的金字塔型层级组织形态要逐步向扁平化的网络组织形态转变。进入智能时代，“分布式作战”“无人蜂群”“太空”等体系对弹性更加重视。体系运行越来越强调自身的弹性，其机理主要体现在以下几点。

一是，体系结构方面。体系结构包括部队组织结构、武器配置结构、知识结构（如条令条例）、指挥信息系统结构等。系统结构往往决定系统功能。网络化结构具有独特的重新构造能力，使体系处于不断流动的变化状态。依托信息网络，整个体系构成一个多元化独立单元的网络共同体，整体结构更加灵活。通过信息流带动物质流、能量流的快速运转，实现整个体系网络快速反应、动态聚合和密切配合。体系结构多样性和重组能力是体系弹性的重要基础。如果体系只有单路径的打击链，那是没有弹性可言的。任何一个点的破坏都会使体系丧失打击能力。体系必须拥有多样性的资源和手段，才能具备作战弹性。重组能力就是通过更新和重新配置作战资源和作战能力，为动态战场环境下的体系产生持续作战优势。在快速变化的战场环境中，要解决作战资源和作战任务快速转化的矛盾，就必须具备整合和重新配置资源的能力。在对抗过程中，本方体系遭到敌方打击时，能够及时调整结构，使体系以不同的组合形式迅速构建起新的力量，恢复作战能力。

二是，指挥控制关系方面。人是体系中最具有主观能动性的部分。

为适应战场变化，灵活性的动态组合增多就要求指挥控制关系具有弹性，具备灵活性、快速反应能力和重组能力。各作战单元可以围绕作战目标实施灵活战术，进行作战力量分散部署、多方向兵力机动、多力量动态聚合等，将分布式的作战能量进行集聚，快速达成作战目的。传统指挥控制机制很难在作战过程中根据态势变化做出动态调整。特别是，体系关键指挥节点受损后，往往会产生链式反应，使体系能力大幅下降。因此，指挥控制关系的弹性会增强体系的快速反应、协调和创新能力。保持体系弹性的过程就是采取一系列手段，使组织弹性与作战环境不确定性相匹配的过程。原有的建立在工业时代的分工协作的刚性层级体系已经很难适应现在的作战需求。在未来作战过程中，需要采取一系列手段，使指控关系与对手、战场环境的不确定性匹配。要提高体系在不确定环境下的弹性能力，必须建立弹性指挥控制机制。

三是，决策机制方面。在体系中，各级指挥员都是一个能动的决策主体，必须有较快的决策速度和较高的决策质量。正是因为有了人的参与，体系才表现出灵活性和适应性，但是要有良好的决策机制，体系才能体现出更好的弹性。这就要求部队有主动性，通过对下授权，使每个作战单元能够独立履行职责，独立决策，以应对各种突发情况，适应各种变化。各级指挥机构要具有分散而独立活动的能力，能够逐步形成一种上级和下级共同承担风险、上级指挥员愿意赋予下级自由行动权机制。这样，即使中心指挥所遭到重创，各作战单元仍可通过横向沟通，促进信息共享，相互配合、相互协同，进而演化形成一个有机的整体，提高整个体系的时效性和灵活性。这也是弹性的具体体现。

15.5　弹性概念的辨异

弹性是看待体系的一种全新视角，弹性与鲁棒性、可靠性、脆弱性之间既有联系又有区别。

首先看一下弹性与鲁棒性的不同。鲁棒性是控制理论中的一个专门术语，用以表征控制系统对特性或参数摄动的不敏感性。鲁棒性强调系统在扰动下的稳定性，对扰动具有一定的抵御能力，一旦超过阈值则无能为力。弹性是系统在任务变化、发生故障，或者受到人为破坏时所具有的预防、降级、恢复能力。弹性观点更加注重对破坏发生之后的应对。当破坏不可避免，故障发生了该怎么办，如何预防、降级使用、恢复体系能力。

再来看一下弹性与可靠性。可靠性是指系统在一定事件、一定条件下无故障执行指定功能的能力。可靠性强调系统在规定条件下的无故障运行，而弹性强调系统通过自我调整机制来应对故障或干扰，从而保障任务的完成。

最后看一下弹性与脆弱性。脆弱性是一种系统内部结构特征上的潜力，决定系统受到来自外部伤害的难易程度。脆弱性是衡量系统遭到破坏强度大小的指标。脆弱性分析主要研究体系在打击下的损伤程度，强调通过预先设计来降低其对系统威胁。弹性重点关注体系发生故障或受到人为破坏时所具有的预防、降级和恢复能力。

弹性概念并不是凭空产生的，是随着人们对体系的认识不断深入，在鲁棒性、可靠性、脆弱性等概念的基础上一步步发展起来的。同时应该看到，弹性与之前概念最大的差别是，分析问题的视角和理论基础。鲁棒性、可靠性、脆弱性更多的是用于描述简单系统或者装备系统，视角多集中于如何防止发生故障或者抵御破坏影响。如果破坏超过阈值，则系统会迅速崩溃。弹性是从复杂系统的视角认识体系，承认破坏的发生不可避免，更多考虑发生之后怎么办，有没有保底的措施。研究如何使体系具有恢复能力，即使遭到重大破坏，仍然能够通过各种措施保障作战任务完成。

因此，体系弹性对我军应对重大军事冲突和威胁，增强体系的适应能力，具有很强的理论和现实意义。

第 16 章　谈谈军事元宇宙[①]

——到底是什么、有什么、为什么的 11 个问题

16.1　引　　子

近两年，“元宇宙”（metaverse）这个词可以说是火出天际，企业界在创业、媒体界在讨论、学术界在研究，就连政府也在规划。几乎人人都在说元宇宙，各行各业也在搞自己的“XX 元宇宙”。跟风蹭热点的也不少。军事领域也不例外，也出现“XX 战元宇宙”“推演元宇宙”等，似乎不说元宇宙就落后了。

本想不去管它，觉得那些无非就是“概念炒作”，可是它却不断找上门来。先是审稿，不断收到各种元宇宙的论文，但是怎么看怎么像是“网文”；接着是评审，不少项目开始引入元宇宙概念，好像不提元宇宙就没有创新了；再后来是上课，领导说你讲讲元宇宙到底是个啥，在军事领域有什么用？军事元宇宙是个啥、都有啥、能做啥？

我有点晕。过去自己只是止于“有点了解”，确实不敢说明白。为了不误人子弟，特别是不误导领导，只好重新学习，努力去理解这个新概念。但是，究竟什么是元宇宙？好像又没有几个人说得清楚，尤其是说得通俗易懂就更难。堆上的都是名词和概念，“XR/VR/MR”（mixed reality，混合现实）“AI”“Web3”“区块链/NFT/DAO”“5G/6G”“数字孪生”“物联网”等不胜枚举。每个名词我都认识，有的以前，甚至还做过深入研究，但它们和元宇宙都是什么关系，却说不太清楚。

我在朋友圈问了个问题：是不是只要使用了这里的某一种技术，

---

① 清华大学沈阳教授提供了部分资料，陶九阳、荣明、胡晶等参与了讨论。

就算是元宇宙了？没有人回答我，可能问题太简单，不屑于回答。但是，网上确实有很多文章都是这样炒作的。

我又问：现实世界算不算元宇宙中的一种？有人说是，有人说不是，莫衷一是。有人给我发了一堆各种定义的文章或 PPT，但是这些文章或 PPT 的不同版本也不一样，其实也在不断"进化"。

我让举个军事方面元宇宙的例子。回答也是五花八门："在虚拟空间中可以推演战争""可以采办装备""戴上头盔，可以使用手柄和虚拟实体自由交互""兵棋推演中，部队不再是军标符号，而是变成大量的虚拟人和虚拟武器"等。我很惊讶，这不就是过去我们在各种战争仿真系统、虚拟现实系统，甚至战争游戏里做的事情吗，怎么到这里就都变成元宇宙了？兵棋推演，尤其是战役层次推演，你确定用成千上万，甚至几十万的虚拟人会更好一些？

我问：元宇宙里会发生战争吗？再一次，没有人回答我。

我又问：元宇宙怎么赚钱，为什么那么多人趋之若鹜呢？那么多公司、政府都在大手笔投入，他们也不是傻子。有人说靠卖虚拟土地、虚拟装备，有人说靠卖广告。我说，那在 15 年前的《第二人生》游戏里就已经有了，但是也好景不长，难道他们还要重蹈覆辙？

我没有得到答案，反而更糊涂了。没有办法，只好自己上网查找资料，登门求教专家，到处找人讨论，甚至专门去看了一个元宇宙艺术展，终于似乎觉得自己可以说服自己了。至于对还是不对，我也不得而知。肯定很多地方还不够严谨，不过好在概念还在不断演化。所以，个人看法仅供参考。

16.2 什么是元宇宙

说军事元宇宙前，先说说什么是元宇宙？

最简单的说法是：元宇宙是平行于现实世界的虚拟时空集合。这解释了名词的概念，但又好像什么都没说。

稍微全面些的说法是：元宇宙是整合多种新技术产生的下一代互联网应用和社会形态，它基于扩展现实和数字孪生技术实现时空拓展，基于 AI 和物联网技术实现人机虚实共生，基于 Web3 及其区块链等技术等实现身份认证确权，并将虚拟世界和现实世界的社交系统、经济系统密切融合，使每个用户可以对内容进行生产或更改，对资产实现所有和增值。

这是清华大学沈阳教授给的定义。他给出了元宇宙的基本定义和特征。为简洁起见，我做了一些小的修改。同时，基于这个定义提了 11 个问题，并谈一下我的看法和理解，相当于写了个学习笔记。

问题 1：元宇宙是什么？现实世界也属于元宇宙吗？

元宇宙是一种“宇宙的宇宙”。也就是，很多“宇宙”组成的更大“宇宙”，因为 Meta 指的就是“更高层”的意思。这里“宇宙”指的是具有特定规律的时空整体，可以在其中学习、工作、生活。“宇宙”这个词很容易让人想到天文学，但其实它指的是“时间和空间”。古人说，“上下四方为宇，古往今来为宙”，可能更贴合它的原意。

这些时空可以是实际的物理时空，例如我们所在的物理宇宙（如果多重宇宙说成立，说不准也有多个），遵从牛顿-爱因斯坦物理学定律，也可以是通过各种方法创造出来的虚拟时空，遵从它那个时空特定的运动定律和约定，例如影视中的漫威宇宙、绿洲宇宙等。我们现在看到最多的就是可交互的三维图形空间，很多人以为这就是“元宇宙”，其实这连“宇宙”都算不上，只是动态 3D 图形而已。

这样，元宇宙就可以看成各种虚实宇宙的集合，即“元宇宙=现实宇宙+虚拟宇宙 1+虚拟宇宙 2+…+虚拟宇宙 n+…”。这些虚拟宇宙也没有什么神秘的，广义上说，只要是独立平行时空，可以双向互动，具有因果变化的游戏影视、模拟仿真、虚拟现实场景，甚至一些更简单的东西，都可以看成一个个独立的“宇宙”。只不过它们有的可能过于简陋，以至于我们不愿意称之为“宇宙”。从本质上讲，这不过是我们人类又一次的“开疆拓土”而已。

有的人认为，元宇宙不包含“现实宇宙”，而应该都是虚拟空间。我对此并不太赞同。很简单，从逻辑上找不到不包含现实世界的理由。

况且，按照马斯克[①]的观点，我们这个所谓的“现实”宇宙，说不定也是被什么人模拟出来。你说它是“实”的，还是“虚”的呢？

问题 2：元宇宙是一个具体系统吗？它属于谁？

元宇宙并不是具体的系统，而是一种互联网形态。这种互联网形态有人称为“3D 互联网”，是因为它连接的是虚拟立体 3D 时空，而非我们熟悉的 2D 网页。我觉得这个说法并没有说到“点”上，这只算是一个形象的说法，因为 3D 的网页其实早就存在了。

既然是一种新型互联网形态，那么元宇宙主要关注的就是连接，而非内容。它是以下一代互联网为基础设施，以虚拟交互、人工智能、区块链为核心技术支撑，以虚拟空间为应用载体，建立的一种新型互联网公共服务协议标准体系和应用规范。需要注意的是，元宇宙对网络基础设施的要求比较高，高带宽、低延迟、可移动可能是最基本的，如 5G，甚至 6G；对算力的需求会是巨大的，最可能的形式是云计算；由于大量实体也需要连接，物联网也是必需的了。

互联网的特点是“个体基于整体而存在”，而不是反过来。也就是说，每个公司搞的都不是“元宇宙”，而是元宇宙中某个具体的“宇宙”。例如，Meta 的“Horizon”、腾讯的“王者”、百度的“希壤”等都是如此，尽管它们都声称自己就是“元宇宙”。这些“宇宙”倒可以看成一个个独立系统，负责的主要是内容的创造，但要遵从元宇宙的公共标准进行连接。用户就像访问网页一样，进入的是一个个不同的“宇宙”，只不过它们都要遵从元宇宙的公共服务协议与规范。

元宇宙建立的是基于互联网的公共服务形态。这就意味着，元宇宙不能为某个人、公司、组织独占或所有，也不能被哪个人或组织打开、关闭。公司可以打开、关闭的只是自己所拥有的“宇宙”系统，就像现在的网站一样。在未来，元宇宙公共协议体系架构的加持下，如果需要，例如从“王者宇宙”穿越到“绿地宇宙”，应该是不难的事情。

---

① 埃隆·马斯克，1971 年生，企业家、工程师，SpaceX、特斯拉、PayPal、X.com 等企业的创始人。

这种新型互联网形态也会逐步发展出一种新的元宇宙生态，创造出新经济、新文化、新社会，甚至新战争。相关技术则组成一个元宇宙技术群。因此，元宇宙更像是一个新的时代——元宇宙时代。从这个角度看，那些沾点边就炒作说自己是搞“元宇宙”的人，也不能算是全错。

问题 3：虚拟宇宙是什么样的？它是如何创造出来的？

典型的虚拟宇宙是人为创造出来的虚拟时空。空间上是三维的，包括其中的虚拟环境、物体、智能体，可以由 VR、图形处理、可视化等技术构建和渲染，也可以是实景的，就像我们实际看到的。时间上再加一维，可以是故事、过程、想定等内容线索，并由人、AI、仿真技术等驱动和约束。显然，这些虚拟时空就是对现实世界的时空拓展。

对这种虚拟时空，我们在三维游戏、仿真建模、计算可视化等项目中经常见到，但是规模比较小，也不够逼真，有的甚至只有 2.5 维显示效果。这些虚拟时空也可以是三维、四维，甚至更高维，但是也不应排除有一维（如声音模拟）、二维（如地图模拟）形式的可能。

创造虚拟时空的过程被称为“编辑”或“创作”。显然，空间及其内容的创作是极为繁复和需要创造性的。因此，许多虚拟空间的建设需要大众的参与，如自建虚拟房屋、搭建机器模型、虚拟形象捏脸等。这需要某种动力，或者体验享受，或者利益驱动。今后，也许更多的是借助 AI 进行创作，我们看到的结果将会更加天马行空，同时也符合这个时空的特定规律。

创作最直接的做法是把实体拷贝到虚拟空间。例如，英伟达就想把地球拷贝成虚拟空间，做个“第二地球”（Earth Two）。期望可以逼真地模拟地球的大气、水、冰，以及各种物理、化学特征，并在其中建立气候、灾害、经济等影响模型。毕竟绝大多数公司都没有这个实力，所以只好就某个局部或具体对象进行模拟，例如模拟一艘航母，建立它的平行数字形态。这就是数字孪生（digital twin）。

数字孪生是一种能把现实世界实体镜像到虚拟空间的技术，属于仿真技术的一种。物体可以像双胞胎一样，存在“现实”和“数字”两个完全一样，但是载体不同的版本。不过数字孪生技术常用在机器物体类系统上，例如建立工业元宇宙，这是不可或缺的。能否用在人的身上，尤其是人的行为上，还很难说。因为“人”是复杂系统，很难用数字完全复制，如认知。平行系统则是另一个类似的概念，可以用于社会复杂系统研究，如城市平行系统，但是它更像一种管理或控制方法，而非虚拟或仿真技术本身。

此外，也可以人为地用仿真方法创造纯虚拟的空间，例如百度的“希壤”，相当于开发了一个“新大陆”。可以制造出虚实结合的混杂空间，例如使用 AR 技术，就可以在真实空间场景中叠加虚拟对象，就像游戏“精灵宝可梦 Go”，以及虚拟主持人参与主持真人节目等。也许对于未来的电影、电视剧，我们也可以实时加入，甚至改变后续的发展线索。许多游戏其实已经初步具备元宇宙的形态，即虚拟空间、角色扮演、自由交互、群体协同、多重线索等。只是它们可能还不符合元宇宙的公共规范。

元宇宙在未来希望做到的，一是要表现高度逼真，各种感觉和行为都应该达到乱真的程度，为的就是沉浸感；二是要具有通用性，不同侧面的属性参数应该尽量齐全；三是要能够自由交互，具有很强的互操作性；四是要规模够大且具有完整性，足够称得起一个“宇宙”或“空间”才行。这样才能上演各种各样的“活剧”。当然，也可以是只关注某一垂直领域的专门“宇宙”，如“医学元宇宙”“军事元宇宙”“艺术元宇宙”等。

问题 4：虚拟宇宙中都有些什么？我们在里面算“谁”？

虚拟宇宙可以根据目的具有不同的对象。一是“人”，凡是进入这个空间的人都会有个虚拟替身存在；二是其他“智能体”，例如动物的虚拟化、机器智能体的镜像、虚拟智能体等；三是“物”，凡是虚拟空间中的物品都可以用虚拟物品表示；四是“场景”，即所处环境的虚拟表示，其实理论上这也属于“物”的范畴，只不过用场景更易于理解和处理。

虚拟空间的“人”“智能体”“物”“场景”不一定都是真实的，也可以是自造的。即使是真实的也未必要和原来是一样的，一切取决于该宇宙的目的。例如，你的虚拟替身在虚拟空间中更漂亮、更帅气，甚至更换性别或年龄也是可以理解的。

虚拟人可以以几种身份出现。一是，本人的实时“化身”，也就是由本人驱动虚拟人在活动，无论是鼠标驱动，还是脑神经驱动，这有点类似《阿凡达》；二是，本人的“分身”，分身如不能自我驱动，就要按照本人的行为模式靠 AI 驱动；三是，工具人，即只存在于虚拟空间的虚拟角色，显然是由 AI 驱动的，类似《失控玩家》中的男主角。需要注意的是，被驱动的角色既可以是虚拟空间中的虚拟人，也可以是现实空间中的机器人。如果是现实机器人，就叫作“假身”。假身也可以有多种形式，拟人的、机甲的，甚至传统机器人的，都有可能。

进入虚拟空间可以有不同的视角。第一种是第一人称视角，即以自己的身份观察，看到的就是自己眼睛所见之物，也是我们戴上头盔显示器的视角。第二种是第三人称视角，即第三者视角，仿佛自己就是上帝，可以观察所有地方。第三种可以是替代视角，例如替换到无人机或导弹弹头视角进行观察。此外，可能还有其他视角。

过去每个人注册进入网站后就都有了一个身份，而那只是一个化身假名，但是注册进入元宇宙后，就不仅有了一个假名，而且还有了形象和行为。

问题 5：怎么进入元宇宙的虚拟空间？XR 等起什么作用？

VR、AR、MR 统称为 XR（extended reality，扩展现实），它们既可以是生成虚拟空间和对象的工具方法，也可以是进入元宇宙的人机接口。过去我们上网可以通过手机或台式机上的浏览器进入，用键盘鼠标触摸屏交互，用屏幕和扬声器显示和表现。在元宇宙空间中，数据头盔、数据手套、操纵把手则成为标准配置。

为什么需要 XR 接口设备呢？核心就在“3I”，即沉浸、交互、想象（immersion、interaction、imagination），目的是强化用户获得更好的感知和体验。这是一般人机接口设备达不到的，因为被封闭的视听感官会有更好的沉浸感。但是，这还不够，未来也许还要将能够采集和反馈运动感觉、触觉、嗅觉、味觉的设备设施加入，如万向运动平台、数据感知服装、场景沉浸 CAVE（cave automatic virtual environment）等，数据头盔也可能变得更轻便，甚至改为裸眼显示，更深层次的还需要采集情感或情绪的反应。

元宇宙的接入方式也可以因为物联网、移动终端、云计算的存在，变得多种多样、随时随地、自由自在。

可能终极的做法就是现在马斯克正在做的事情：取消繁复的接口设备，通过大脑神经系统直接连接，成为“脑联网”，就像我们在《黑客帝国》中看到的那样。这有点像“缸中之脑”，但是我们愿意接受吗？

问题 6：元宇宙是靠什么驱动运行的？

虚拟时空中存在许多虚拟实体，那它们又是怎么动起来的呢？换句话说，是什么在驱动元宇宙运转的？

简单地说，虚拟实体的行为是被各个宇宙所遵从的特定运动定律定义的，是由类似游戏引擎那样的引擎驱动的。具体来说，现实宇宙是物理定律和人的认知行为共同驱动的，虚拟时空则是其遵从的物理定律仿真系统，包括基于物联网的数字孪生系统，以及用于模拟人行为的 AI 共同驱动的。这些一起组成这个宇宙的行为动力学引擎，最终实现人机的虚实共生。

例如，基于物理学定律，仿真系统可以驱动虚拟空间中汽车、坦克的运动，海洋的潮汐涨落，太阳的运行，在空间站也可以没有重力。不同的宇宙可以有不同的物理定律，例如在某个宇宙中没有时间，就像电影《降临》描述的那样。真人可以驱动现实世界，也可以驱动虚拟世界中的虚拟化身；AI 可以驱动众多分身、工具人。不能真人一离开，分身就不见了，或者不再活动，这在运动场景中很常见。

显然，这种驱动是极其复杂的，例如基于 AI 的行为驱动，众多智能体可能会是千奇百怪的，也是极为耗费算力的，不但需要图形渲染，而且要对各种行为进行模拟，需要的算力将是一个天文数字；对网络要求极高，高带宽、低延迟是最基本的要求。很多情况下，我们希望能够重演过去、推演未来。可以想象，如果对宇宙中每个实体或虚拟人都进行时间轴推演，将是多么复杂的事情。

需要特别指出的是，谈到元宇宙，现在大多数人都在描述扩展现实等虚拟技术，似乎这些才是元宇宙的核心。其实不然。我认为，人工智能技术才是元宇宙的核心。没有人工智能技术的发展和进步，未来的元宇宙只能是一个没有灵魂的躯壳，不可能有什么大的发展。在元宇宙中，必须确立人工智能的核心地位。

问题 7：Web3、区块链等在元宇宙中是干什么用的?

先看看 Web3[①]是什么。Web 是 World Wide Web 的简写。第一代 Web1 是一个只读网络，只能去读新闻网页，如新浪新闻；第二代 Web2 是一个读写网络，你可以读又可以写，类似于微博、博客；第三代 Web3 想要做到的是，提供一个去中心化的互联网架构，使你创作的东西能真正为你所拥有，使你创造的东西，能够真正成为你的资产，能够流通和增值，而不是被人无偿盗用。这就需要“确权”，即能够确定权益的归属。这在本质上是一个“信任”问题，需要有人替你“背书”，做出保证，但是找到这样的“人”并不容易。最好的方法就是去中心化。

怎么解决信任和去中心化问题呢？在 Web3 的架构下，通过区块链技术就可以很好地解决这个问题。过去货币为防止有人欺诈，是通过国家信用背书的，而区块链则是通过网络，采用密码学方法确保数据不被篡改、不被任何人控制。所以，本质上它是一种新的社会结构或信用规则。这就又延伸出两个新概念，即 DAO 和 NFT。

---

① 关于 Web3 还有一些不同的说法。例如，认为 Web3.0 与 Web3 不同，Web3.0 与区块链无关，是由 WWW 的创始人伯纳斯 · 李提出来的，主要是一个巨大的语义网，将所有人和所有资源连接起来。

DAO（decentralized autonomous organization），即去中心化自治组织，有人译成“岛”，是基于区块链核心理念衍生出来的一种新的组织形态。这个组织没有中心，一切按事先约定的共识、规则、合约，分布运行和进行利益分配，并不需要传统的组织架构和领导。这被看成人类协作史上的一次革命性进化，特别适合那些没有绝对权威的“群众性自治组织”采用，如股民。NFT（non-fungible token）指的是非同质化代币，用于表示数字资产，例如数字藏品，能确保所拥有物品的真实性，从而可以流通。

那么，元宇宙中为什么要频频提到 Web3 呢？其实，元宇宙就是期望这样的架构能够解决元宇宙中的去中心化和信任确权问题。想一想，元宇宙的用户什么人都有，怎么形成有组织的管理呢？如果元宇宙中的虚拟土地、数字资产归属不明，数字安全、数字权利不能保证，谁又敢在里面购买或建设呢？如果哪一家公司控制了整个元宇宙，那还能是一种互联网的生态吗？所以说，元宇宙中去中心化和信任确权是不可缺少的。只要这样，元宇宙才能成为真正的“宇宙的宇宙”，就像 DAO；虚拟的资产才有价值，就像 NFT，未来才会有发展。

事实上，Web3 架构和区块链还可以在身份确认、安全保密、协同合作等方面发挥作用。虽然从技术上看，它们有点像安全保密系统，只是充分的而非必要的，但在应用上却是不可或缺的。

问题 8：元宇宙的核心意义在哪里？应用场景是什么样的？

说到这里，你可能会发现，元宇宙使用的技术其实都是已经存在的“老”技术，有人用“BIGANT”（大蚂蚁）来概括：B 是区块链、I 是交互技术（如 XR）、G 是游戏技术、A 是人工智能、N 是网络及运算、T 是物联网。虽然并不太准确，但是主要的也都有了。这些技术各自仍在单独发展，也都有不错的前景。那么，元宇宙存在和发展的核心意义又在哪里呢？

从哲学意义上看，元宇宙不是虚拟技术的代名词，甚至不是虚拟应用的代名词。元宇宙与此相关，同时意味着，它创造了与我们现实世界相互平行又相互关联，各自之间既区隔又互通的无穷虚拟世界，并形成一个既可独立感知，又可集体沉浸；既可生产创造，又可应用消费，具有虚实融合特点的新型时空。

从技术意义上看，元宇宙把这些已有技术重新整合到了一起，创新出新的整体概念，给出了综合性的应用场景，从而焕发出新的生命。这有点像“阿尔法狗”，使用的都是已有技术，但是通过整体集成和技术路线创新，将人工智能推向一个新的高峰。这可以说是复杂系统涌现新性质的又一典型例证。

所以，单项技术仍是技术，它们还在独立发展，也可以打着元宇宙的旗号进一步拓广。元宇宙的核心却是整体，它的独特性都会体现在整体性上面。这才应该是元宇宙研究和发展关注的重点。这些整体性特点，如沉浸性、社交性、开放性、协作性、去中心化、经济性等，对互联网乃至社会都会产生很大的影响，都值得我们去深入探讨。

那么，未来元宇宙会有什么样的应用场景呢？肯定多种多样，但绝对不是我们现在能够想象出的那个样子。有人列出了元宇宙的 10 种应用场景，但大多数都不是刚需，很难说将来会有什么前途。我们怎么知道它会不会创造出新的应用场景呢？就如二十年前我们想象不到互联网现在的样子一样，一切只有实践了才知道。

说到军事元宇宙，二十多年前我曾在《战争模拟引论》一书中这样构想：未来理想的仿真模拟系统就像时空穿梭机，搭载着人们自由地在过去、现在和未来之间穿梭，在“可能”与“不可能”的领地翱翔，目的是改变未来我们不希望发生的“历史”。我们可以构造出庞大无比的虚拟战争空间，重现战争环境、改变战争历程、虚拟战争未来、研究战争瞬间，甚至创造出“不可能”的可能，例如全球核战而不会有任何实际损失。我们所做的这一切，为的就是打赢未来的战争，改写受辱的历史。

我描写的这个战争虚拟空间到底是什么，那时我并不知道。现在我知道了，它应该就是军事元宇宙或战争元宇宙。

16.3 什么是军事元宇宙

显然，军事元宇宙也应该是元宇宙的一种特殊类型。它可以有很多种，也可以有很多个。它既可以是基于通用型元宇宙建立，例如在其中增加军事相关的实体和内容，因为“战争”本来就应该是“世界”的组成部分；可以是为了某种特定应用目的专门建立，例如训练元宇宙、地球元宇宙、装备元宇宙、战争元宇宙；也可以是基于历史数据建立的战史元宇宙、战例元宇宙、红色历史元宇宙等。我们很容易想象，戴着数据头盔和数据手套在虚拟世界里，对战争进行观察、推演、研究、体验。

但是，这不就是我们以前在作战模拟、兵棋推演、武器仿真、虚拟战场、虚拟采办、数字工程、战争游戏等方面做过的事情吗！元宇宙到底给我们带来了什么新的东西呢?

问题 1：元宇宙给军事领域带来了什么?

其实就是我们前面说的，技术还是“老”技术。元宇宙将给我们带来的创新都体现在它的整体独特性上面的。

第一，元宇宙可以带来虚拟时空构建和访问的统一性。正如几十年前伯纳斯·李等创造的 WWW 协议和体系架构，通过浏览器规范了互联网的访问形式一样，今天元宇宙要做的就是在这个基础上，建立统一规范的虚拟时空访问协议和体系架构，使我们能够自由地访问和共享整个虚拟世界。这对军事元宇宙来说，就带来设施部署的简洁性，不用再为每一个不同目的的仿真模拟系统、虚拟现实系统开发不同的网络接口。一个元宇宙架构就可以解决所有基础设施问题，而且还可以做到随时随地接入、多空间互联共享，以及不间断迭代更新。当然，这也要求网络设施、算力系统和数据管理同步升级换代。

第二，元宇宙可以带来跨时空社交、群体性体验的协作性。过去的模拟仿真虚拟设施都是各自独立的，而元宇宙要做的则是建立虚拟设施之间的协作关系。通过 XR 等人机接口，与不同空间中的“人”“物”“智能体”“环境”自由交互，建立相应的社交关系。例如，在作战元宇宙中，虚、实不同空间的部队可以协同作战，在现实战场消灭敌人，在虚拟时空影响社会；或者拉出一个“虚拟时空群”，无身份地自由讨论某个决策方案的优劣或风险等。由于“不同空间”“虚拟身份”“自由交互”和“面对面”的存在，对协作体验的影响将完全不同于过去任何一种单人虚拟交互形式，也不同于 SIMNET 那种多模拟器交互的装备载体形式。

第三，元宇宙可以促进军事资产增长、创意爆发的成长性。不同于其他领域，军事活动属于纯消耗领域，也就是“只花钱不赚钱”，因此很难通过市场变现去创造价值，也很难鼓励更多人共享创新成果。训练想定、分析算法、模拟程序、研究结果等都被锁在保险柜中，“藏在深闺无人知”。元宇宙基于 Web3 建立的确权架构，加上更合理的安全保密体系，就可以改变这种局面。“你”在虚拟空间中的每一点贡献，都可以在后人的应用中为“你”创造价值。这将大大激发大家创造的热情和活力，带来军事资产的不断增长。例如，虚拟训练场可以各部队，甚至个人不断给出创意并独立建造，但在训练元宇宙中却被统一起来，供各军兵种部队单独使用或者联合使用。创意和建造者则可以在后续使用中不断获益，这将成为激发他们进一步创造的动力。

以上只是部分只有元宇宙才能带来的独有特性，但是已经可以看出，它与传统仿真模拟、虚拟采办、兵棋推演等明显的不同就在于综合性。事实上，军事领域是元宇宙最大也是最有条件的领域，例如美军的综合训练环境就计划在原先各种训练网络的基础上，建立高保真的数字孪生地球、多模拟器互联体系，以及相应的云服务支撑环境，计划在 2030 年实现具有百万级实体对象的、统一通用的联合训练环境。其实，这就是训练元宇宙。

需要特别强调一点，即使元宇宙发展很好了，作战模拟、兵棋推演、虚拟数字工程等也仍然需要。因为这两者虽然技术本质相似，但是针对的问题、解决的手段却是不同的。很难想象，用虚拟空间推演一场几百万人的战役，且不说能不能做到，效果好不好，就是算力也很难满足要求。

问题 2：元宇宙怎样用于军事训练？

训练元宇宙应该是元宇宙最直接的应用。技能、程序、战术、推演、协同、作业、决策训练等是最常见的训练内容。知识传授、重复练习、体验经历、积累经验是最基本的训练方法。我们不能拿训练技能的方法训练指挥，也不能拿培训士兵的手段培训军官。所以，首先要问的就是：训练目的是什么、训练对象是谁，这样才知道要建的元宇宙能干啥。元宇宙不能只是成为虚拟技术的展示场，而应该成为提高军事训练效益的新平台。

军事科学是实践性科学，最理想的方式是让受训者完全沉浸于虚拟空间，体验一场接近真实的战争，这比学习多少战争理论都重要。克劳塞维茨曾说过，战争最核心的要素就是两个（不确定性和恐惧），这是理解战争的关键。元宇宙创造的虚拟空间恰好最适合提供这两种体验。

在这里，元宇宙只是训练的工具、手段、途径。但是，元宇宙不应该成为目的，也就是不该为了元宇宙而元宇宙。不能“拿着锤子找钉子”，什么都自动转向元宇宙，以为只有这样才是采用新技术，效果就一定好。例如，把课堂搬到元宇宙虚拟空间，除非特殊原因，目前的效果肯定没有线下好。戴着数据头盔看影视，还不如直接看，干吗非要再隔一层。能够进行实际训练的，也没有必要非搬到虚拟空间。元宇宙最适合的训练场景是多空间、多装备和多人员的集成和协同，例如联合作战的协同训练、多个对手的对抗训练、多种武器平台的体验训练等。就像前述综合训练环境那样，可能就是训练元宇宙最直接的做法。

训练的核心在体验，训练的关键在沉浸。凡是能够提供和支持体验和沉浸的方法，都是训练不可缺少的要素，元宇宙要做的是如何将那些体验、沉浸设备设施集成并管理起来。例如，数字孪生适合装备平台映射，人工智能适合创造智能对手，各种入口设备适合创造个体和集体沉浸感，游戏引擎适合驱动虚拟环境运行等。如前所述，所有训练技术都会继续使用，元宇宙给出的只是更好的集成效果和管理架构。

体验和沉浸是针对真人训练而言的，但未来很快就会出现智能体训练问题。因为智能体不再是简单的工具，而是我们作战的“伙伴”，如“忠诚僚机”“智能助手”“智能蓝军”。因此，伙伴也需要训练，即使它还只是虚拟智能体。这就给训练元宇宙提出了新的挑战。

问题 3：元宇宙可以用于作战指挥吗？元宇宙会发生战争吗？

这是元宇宙的另外一个问题。在这里，元宇宙不再是工具手段，而成为对象或环境。元宇宙能否用于作战指挥，首先要看元宇宙会不会发生战争。那些所谓使用元宇宙协助推演、辅助指挥控制的想法，总是有些牵强附会，至少现在还不如原有系统，这里不再讨论。下面讨论一个值得讨论的问题。

元宇宙会发生战争吗？因为我们说，元宇宙本来就包括现实世界，所以答案是“当然会”。如果问的是，元宇宙的虚拟空间会发生战争吗？当然也会，看看哪些虚拟战争游戏就知道了。但若说的是发生在元宇宙中的真实战争，我们可能一下子就想不明白了，“虚拟世界里也有真实战争？”这肯定是个大大的疑问。

其实，回答也很简单，你想想 20 多年前，互联网刚开始爆发时，有谁想到了 Cyber Space War？到今天，很多国家都成立了网络战部队，建立了网络战司令部，你是不是就想明白了？

事实上，元宇宙也是互联网的一种形态，而且是一种更接近实际空间感觉的高级形态，具有很强的社会、政治、经济属性，甚至还会反过来影响现实世界，在未来战争中成为争夺或保卫的对象。何况在元宇宙中，数字资产，如虚拟土地、虚空疆域、数字财产等也已经成为真正的资产。所以，在那里发生战争是必然的事情。可以说，元宇宙中的战争应该是网络空间战的下一代形态，也可以说这就是智能化战争未来的重要表现形式。

但是，元宇宙中的战争肯定与我们以前见到的任何战争都不相同。除了网络战及黑客的传统动作，我们很容易想到的是对虚拟人群的控制和影响，对虚拟资产的偷窃和转移，对虚拟对象的深度造假或身份假冒，对虚拟疆域的破坏和侵入等。很多年前，游戏《第二人生》中据说就爆炸了“原子弹”，目的是“反抗游戏经营者的暴政”。在未来，元宇宙中肯定也会发生这些事情。特别是，当元宇宙与现实世界紧密相连的时候。元宇宙有没有国家主权？虚拟空间的“安全”算不算安全？虚拟角色的“生命”算不算生命？它属于“人权”还是“财权”？虚拟犯罪算不算犯罪之类的讨论，肯定还会再次出现。

需要注意的是，现实世界的智能无人系统、机甲系统，甚至是装有联网智能系统的现实装备（如航母、无人平台），在元宇宙战争中都可能会成为虚拟世界给现实世界带来的真实威胁。例如，现实世界的一批智能无人机被虚拟世界角色劫持，实现对现实世界的攻击，这也不是没有可能的事情。这时，我们将会如何判定态势，以及如何处置？未来这种虚实空间的角色转换和快速穿越，在元宇宙中很可能成为常态。

未来虚拟空间会不会出现虚拟的安全部队，无论是真人的化身，还是虚拟的智能体？而不像现在网络战只是把网络作为一个战场环境，关注的其实还是真实世界的人或事。元宇宙出现的智能角色或化身、分身角色，将极大地改变虚拟空间的作战环境。未来元宇宙战争的指挥控制又有什么独特之处？如何对虚拟角色进行指挥控制？事实上，现在很多集群无人机战法，都是由游戏操作手用游戏方式设计试验出来的，我们可以从中看到未来的一些端倪。

16.4 小　结

以上讨论都是针对元宇宙概念理解的。并不是说元宇宙已经有了，现有的元宇宙可能连雏形都算不上。在近乎疯狂的炒作下，我们不能以为元宇宙就是未来的一切。借用电影《头号玩家》中的一句话：虚拟世界再神奇再美好，我们唯有在现实中才能吃上一口热饭。还有人说，人类只要没有摆脱真实的肉体，就不能只追求虚拟的快感。诚哉斯言！

军事元宇宙应该也是一样。但是，我觉得，虚拟技术的核心在于可以为我们提供无限创造性的可能。我们只有拥抱，才能真正体验；我们必须冷静，才能客观看待。未来已来，我们需要认真对待。正确理解概念，应该算是第一步。

第 17 章　科学思维与科学管理[1]

——谈一谈科学管理中的复杂性思维方法

“军队能不能打仗、打胜仗，科学管理起着关键作用”。科学管理是建立在科学思维基础上的。我不是管理领域的专家，只谈几点不成熟的想法和体会，供大家参考。

我们从几个事件谈起，其实都和管理有关。

先看第一个事件。最近中央电视台报道，澳大利亚悉尼的雾霾指数达到危险指数等级的 2 倍！这是怎么回事？悉尼不是阳光灿烂、风光宜人的风景胜地吗？怎么变成了昏天蔽日的雾霾之城了？其实，这是澳大利亚政府对森林进行预防性烧荒引起的。也就是说，本来没有烟雾，而是他们人为主动烧荒引起了大量的烟雾。但是，他们为什么要这么做呢？

再看第二个事件。20 世纪 80 年代，大兴安岭在各级政府、森林武警的严防死守下，火灾还是频频发生，防不胜防。记得当时很多部队都被派到救火第一线，最著名的就是“大胡子师长”，要是放到现在，那也是不折不扣的“网红”。但我的问题是，就森林大火而言，一个主动烧，一个拼命灭，这又是为什么呢？

再看第三个事件。我们经常组织大规模阅兵，几万人、几千台各式车辆和装备，需要整齐划一通过天安门广场，组织起来并不是一件容易的事情。一位主管阅兵的首长曾经问过我一个问题：阅兵训练和预演时总是状况百出，而到真正阅兵时却总能顺利过关，这其中的道理又是什么呢？

最后看第四个事件，是关于股市的。我们国家的股市经常暴涨暴

---

① 根据胡晓峰 2018 年在某部的报告整理。

跌，股民们动不动就要求政府救市，搞得很多领导疲于应付。其他国家股市的这种现象却很少，或者即使有似乎也不太引人注目。有人就提出要学西方的股市管理方法，推出熔断机制，也就是一旦跌幅或涨幅超过某个阈值，股市就自己熔断，让股民冷静冷静。2016 年 1 月，证监会推出熔断机制，但是 4 天后就不得不收回。为什么呢？因为这个熔断机制在中国似乎成了“股灾加速器”，反而不如没有。为什么在外国灵光的事情，到了中国就不灵光了呢？

为什么我们对有些事情的干预或管理总是事与愿违呢？我认为，很多是我们管理思维模式不够科学造成的。要想实现科学的管理，必须首先学会科学的思维。下面简要讲两个问题：第一个问题，复杂系统与复杂性，讲讲我们应该如何看待世界，如何看待社会和组织；第二个问题，复杂性思维与科学管理，讲讲我们应该怎样以复杂性思维进行科学管理。

17.1　复杂系统与复杂性

这实际上是一个世界观的问题，即应该如何看待我们自己所在的这个世界，如何看待我们自己所在的社会和组织。

我们的世界包含万物，但是从系统论的角度来看，它是由各种各样的系统组成的，并且在不断地发展和演化。大到宇宙系统、自然系统、生命系统，中到车辆、飞机、武器装备，小到筷子、茶盘等都是系统。我们所在的社会系统、经济系统、军队组织、作战体系也是系统。但是，这些系统性质很不相同，可以分为两大类，即简单系统、复杂系统。

简单性思维模式

简单系统也叫简单性系统，也就是我们常说的那些“1+1=2”的系统，即“整体等于各部分之和”，符合还原论规律、结构不变等。例如，自行车、机器系统、武器系统、大型工程系统等都属于简单系统的范畴。更复杂的机器，例如航母也是简单系统。但是，变成航母部队后，就不再是简单系统了。

简单系统的思维特征认为，世界本质上是简单的。它可分解还原，即使像钟表结构一样复杂；因果关系具有确定性，例如了解了规律，就可以精确地预测彗星回归、太阳升落，从而一定是可预测、可重复的；有因必有果，什么样的原因一定会得出什么样的结果，因此它是决定论的；因果是线性关系的，也就是说，小动因引起的一定是小结果，大动因才会引起大结果。

可分解还原、确定性、可预测、可重复、线性关系，我们称这种思维模式为机械思维模式。在这种思维模式下，世界是“机器”的世界，宇宙、地球、社会、人群都是机器，所以战争也被称为“战争机器”。我们把所有事物都想象成机器，所有的思维都按机器来处理。科学管理的鼻祖泰勒 1910 年前后创造出的流水线生产管理,其中“人”也被看成“机器”的组成部分。这种思维模式已经潜移默化地成为我们默认的基本思维模式。大家想一想是不是？我们从小到大，学的不就是这种思维方法吗！

复杂性思维模式

其实，世界还有另外一种系统，这就是复杂性系统，简称复杂系统。复杂性系统即“$1+1 \neq 2$”，也就是“整体不等于部分之和”，具有整体性质，不符合还原论、结构可变的系统。例如，天气系统、经济系统、战争系统、人体系统等都是复杂系统。什么是整体性质？举例来说，活人和死人组成上都一样，但一个有生命，一个没生命，这个“生命”就是一种整体性质。

复杂系统的思维特征认为，世界本质上就是复杂的。它承认不确定性的存在，就是有一些无缘无故会发生的事情，人也是具有自由意志的；它的因果关系可能不明确，状态混沌、结果可不重复、未来不可预测，例如“胜战不复”，因此它是“非决定论”的，不能简单由因果决定未来；它具有非线性关系，小动因也可能导致大结果。这种非还原论、不确定、不可预测、不重复、非线性的思维，我们称为复杂性思维模式。

复杂性思维模式相信世界是信息的世界，关系才是整体的基础。与自然界完全不同，这更符合我们对社会的观察和社会的实际。因此，要把“人”的系统当成“活”系统来对待，如群体、组织、军队等。与“人”有关的系统都是复杂系统，如社会、战争、经济等。

物理学家普利高津曾说过，必须结束“现实世界的简单性”观点。当然，他指的还是对自然界关于物理学的看法，我们也可以把它引入社会系统。所以，后面讲的复杂性，主要指的是社会复杂性，其中也包括战争复杂性。这一类复杂系统的特点就是“人”在其中起关键作用。

反身性与不可预测性

复杂性思维为什么与解释物理世界的简单系统思维不同呢？我觉得主要有两点很重要。

第一点是社会复杂系统的反身性。也就是，知识对人类社会存在反身性作用。自然界运行规律不会被人类知识改变。例如，我们发表多少意见也不会改变物理定律。但是，人类社会的运行会被自己的知识或看法改变，即可以影响自身所在的系统运行，导致发生演化。管理也是如此，人群中的任何意见都会对群体产生影响。所以，千万不要用物理世界的思维来思考人类社会的事情。

第二点是社会复杂系统的不可预测性。这是哲学家波普提出来的，即人类社会的未来是不可预测的。因为人类的知识会改变社会，但明天会发现什么知识现在却无法知道，而且明天发现的知识也一定会改变世界，所以无法预测明天才会发现的知识将如何改变人类社会和世界。这也和复杂系统的科学观一致，认为世界总是不断变化的，也就否定了机械思维模式下的“决定论”，以为一切因果早就被某种规律决定了。从管理学的角度看，这也是为什么需要“管理”的原因：如果什么都可预测，那只要做计划就可以了，还管理什么呢？这是社会复杂性产生的主要原因之一。

所以说，科学管理应该以复杂性思维为基础。我们常常听说的“细节决定成败”“舆情突然爆发”“事故连锁反应”等，其实都在说明社会管理的复杂性特征。此外，网络化社会强化了相互之间的关系，也增加了社会的复杂性，过去不是问题的问题，现在可能都成了问题。所以，要掌握社会、组织、系统的科学管理方法，就必须认识和了解系统的复杂性，而不能简单套用传统的简单性思维。

复杂性思维其实就是系统思维，要从理解系统的性质开始。复杂系统的主要性质包括适应性、不确定性、涌现性、非线性等。

复杂系统性质之一：适应性

先说说适应性。什么是适应性？就是系统能够根据环境不断地调整适应。这样的系统就称为复杂适应性系统。石头、机器显然不会主动适应环境，但生物体、智能体却可以，如鸟群、人群等。它们总是会以某种最合适的方式，例如利于节省能量、利于传播繁殖等来适应环境的变化。我们常说的，“人往高处走，水往低处流”“信息只走捷径”等，其实都是适应。不过，它们也有主动和被动之分。美军为无人机部队配发了用于定位的系统但不好用，结果美军飞行员就偷偷摸摸的用谷歌地图来定位，因为作战人员不管军用民用，只会用“最好的”，其实这也是一种适应。但是，他们可能忘记了手机也可能会被敌人定位。

美国专门研究复杂性科学的圣菲研究所的霍兰教授认为，复杂系统之所以复杂，就是因为存在适应性，并且这种适应性会不断地改变系统的结构，从而导致系统产生某种新的性质。例如，某种病毒突然出现，人类就开始采取各种防疫措施，如搞隔离、打疫苗等。病毒为了突破这些防御措施，在不断适应人类变化的同时，会演化出新的变种，变得越来越容易传播，致死率却越来越低。鸟群的归巢、大街上的人流交汇、军队打仗时的作战编成等也是如此。每个人和组织都会主动适应环境，并不断进行调整。

适应性会导致系统演化。复杂系统的每个个体都可以根据环境的变化而变化，产生“自组织”现象，并驱动系统在约束条件下不断“演化”，最终形成“进化”。进化选择实际上就是在与环境对赌，赌对了生存下去，赌错了自然消亡。所以，“多样性”才具有生命力。

但是，适应也不是随意而为的，像军队这样的强结构组织，纪律约束也是进化条件之一。从这个角度讲，演化是天性，约束是引导。这与我们在管理上的“从严”并不矛盾，关键在于如何引导系统向期望的目标演化。“引导”而非“强制”，这才是复杂系统管理学的真谛。

在“试错”中发展的方式，是复杂系统演化最适合的方法，符合科学管理的基本原则。这其实在老一辈革命家提出的“摸着石头过河”“试点经验”式的管理智慧中早就有所体现。理论上，这被称为“随机试错，分形成长”，是创新中最常见的模式。创新一定是大规模试错的结果。

所以要相信进化的力量，进化得到的可能比设计出来的更厉害。例如，一些没有什么智能的微生物，居然可以在十几个小时内进化出日本人几千年才得到的东京地区路网图，就是很好的案例。作战计划也可以采用进化算法得到。

这说明，演化的结果可能比设计得更符合实际。例如，我们的条令条例就在不断进化，而且也越来越符合实际。但是反过来，如果我们执行条令条例不坚决，也会演化为部队对条例条令的不尊重，纪律就会形同虚设。例如，原来我们戴的是贝雷帽，由于有的首长不太喜欢戴，说是“戴着像厨师”，就擅自宣布了在营区不戴帽子的土规定。又因为学校的示范效用，结果最后演化为部队在营区到处都不戴贝雷帽，甚至演化为所有军帽都可以不戴，这就导致条例条令失去了严肃性。现在，通过整顿，就要正规很多。所以，我们一定要有自组织的思维。不要以为只要有了规定，就一定会有想要的效果，其实它是会演化的。

在很多情况下，进化是唯一的老师。系统的适应能力决定了系统的生存时间，但催生进化的往往是突变事件，如变革或革命。《失控》的作者凯文·凯利曾说：很多情况下，只有死亡才是进化的唯一老师。因为没有人能够抵抗自然规律，即使“你”霸着位置不让，也总有死亡的那一天。那一天一到，你自然会让位。所以，这也可以看成一种系统化的“腾空”机制。马化腾曾说：有时你什么错都没有，就错在太老了。老的东西必定会被淘汰。物理学家普朗克也说过，变革最可能发生在葬礼上，其实也是这个意思。也就是说，改革是永恒的，自然规律最终也会淘汰落后者，不管他愿意不愿意。

军队也必须适应战争变化，例如军队的编制体制改革。我们在军改中碰到的很多问题，美国人在 20 世纪 80 年代也都碰到过。那时，美军连续入侵格林纳达、巴拿马、海地等国受挫，才催生了美军联合指挥体制的大变革。信息化战争更关注信息交互方式、部队组织形态、指挥保障方式及其适应变化过程，这是我们改革面临的新挑战。同样，对于政府、企事业单位的机构改革，道理也是如此。

所以，我们需要理解复杂系统的适应性特点，知道任何组织都会演化，必须学会动态思考问题，进行管理。

复杂系统性质之二：不确定性

简单性思维本质上是确定性，知道初始条件就可以决定结果，不确定的只是误差。20 世纪的科学进步已经证明，不确定性是客观存在的，而且与人的认识多少无关。例如，量子力学中的不确定性原理，也叫测不准原理；人的自由意志的存在。世界上的确存在无缘无故发生的事情。这些用简单系统思维都是无法解释的。

战争是不确定性的王国。克劳塞维茨说：战争是不确定性的王国，充满了战争的迷雾。毛主席也说，战争充满了“盖然性”。其实，他们说的都是战争的不确定性特征。普利高津曾说：确定性只是我们的错觉，不确定性才是世界本来的面目。确定性只是相对的，不确定性才是绝对的。

不确定性的种类有四种。一是，随机不确定性，即事件本身确定，但是否发生不确定，例如天气预报说，明天 70%的概率下雨，只有到了明天才知道。二是，模糊不确定性，即事件本身模糊，但发生是确定的，例如孩子“像谁”，像爸爸像妈妈都合理，这是确定的，但到底像谁却是模糊的。三是，灰色不确定性，是信息不完全产生的不确定性，例如“战场态势”中有真有假，也有不知道的。四是，未确知的不确定性，属于纯主观、认知上的不确定性。前三种大家很熟悉，我重点讲一下第四种，认知不足导致的不确定性。

美国前国防部长拉姆斯菲尔德在为伊战情报失误辩护时，说过遭众人嘲笑的一段话：据我们所知，有“已知的已知”，有“已知的未知”，也有“未知的未知”。他说得像个绕口令，但其实说出了我们过去不太注意的认知不确定性。其中，“已知的已知”比较好理解，就是我们知道的知识；“未知的未知”就是“黑天鹅”，“已知的未知”则是“灰犀牛”。

“黑天鹅”这个概念是不确定性研究学者塔勒布提出来的，指的是一类非常特殊的不确定性现象。这是一种从历史和趋势中无法预知的不确定性，主要来源于认知的缺乏，即我们不知道我们自已不知道。塔勒布认为，它是复杂系统的固有属性，使复杂系统性质完全不同于简单系统。

“黑天鹅”事件具有以下特点：一是很少发生；二是影响巨大；三是不可预测；四是发生有理，事后可解释。战争爆发、社会动乱、经济危机，以及重大事故等，几乎都被认为是“黑天鹅”，但实际上，“黑天鹅”主要还是认知不足造成的。黑天鹅虽然不可预测，但是可以预防。例如，不知何时下雨，带上伞即可；无法预测地震，把房屋的抗震等级提高即可。关键是要有“黑天鹅”的意识，因为“黑天鹅”既可能导致我们成大功，也可能会让我们出大险。

“灰犀牛”指的是大概率出现且影响巨大的危机，即“我们知道我们自已不知道”。也就是说，我们明明知道，却经常被我们有意无意地忽视，如气候变暖、恐怖主义等，也许人工智能也是这样一种危机。这实质上是一个决策问题，很多危机都是在我们的忽视、争吵、拖延中不断累积，变成难以解决的重大危机。所以，认知不足导致不确定性，需要通过提高认知来解决。

对于复杂系统而言，不确定性永远存在，不能消除，但是可管理。管理的方法包括跨代优势、加大余量、预案应变、加速反应等。管理中的危机预防、事故管控也是如此。对任何方案，领导应该问的都是“还有哪些不确定性？”这才是他们最关注的事情。

有“不确定性”并不是坏事。复杂性思维的核心是创新和适应，而不确定性则意味着有创新的可能。如果什么都是确定的，就失去了其他可能性。创新存在于有序与混沌之间，不确定性的程度会起很大作用，太有序或者太混沌都意味着无法创新。“一放就乱，一抓就死”，就是因为没有把握好有序的这个“度”。

一般来说，高层讲混沌，基层讲秩序。拿企业来说，如果一个企业混沌的话，就可能带来创新，但牺牲的是效率。如果企业很有秩序，能把效率做得很高，牺牲的可能就是未来。没有什么人可以因为行政命令执行的好得到诺贝尔奖，但也没有什么人因为不敢冒险能取得创新。所以，如何把握好这个度，在哪里要混沌，在哪里要秩序，就是管理学最值得研究的事情了。我们国家近三十年的发展历程充分地证明了这一点。作战领域中的分布式作战、任务式指挥、网络中心战、决策中心战，其实也在证明这一点。

我们还要学会利用“不确定性”。凯文·凯利说：想要创新吗，去拥抱不确定性吧。塔勒布也说过：未来唯一可以确定的就是一切都会变化，而真正的强者喜欢变化；你想要成为火，就不要怕风的吹拂。一个组织或生命体，就脆弱性而言，在完整和破碎之外，还有第三选择——成长。也就是，尼采说的，“打不死我的使我更坚强”。

所以，优秀指挥员和管理者都应该是利用不确定性的大师。尤其是，对抗中的“弱者”。

复杂系统性质之三：涌现性

涌现表示新的整体性质产生，也就是出现“1 + 1 > 2”的整体性效果，这是复杂系统最具代表性的性质之一。例如，多种基因物质组合起来涌现“生命”，成千上万的计算机连接到一起组成互联网，涌现互联网经济社会等。涌现表示的是一种关联性思维，即各部分相互缠绕，最终形成的整体效果。

涌现有点像物理学中的“相变”。就像柔软的水，在零度以下就变成坚硬的冰，100 摄氏度时变成水蒸气那样，是系统在性质上发生的一种状态改变。但是，复杂系统的涌现不是外界促成的，而是由内部自组织完成的。

涌现是自组织演化的结果，是由系统中每个个体都遵从局部规则，不断进行交互后以自组织方式产生出来的整体效果。它既是复杂系统的特色，也是系统追求的主要目标。但是，演化结果却不会事先预知。例如，南京的“彭宇”案，一个老太太下公共汽车时摔倒，小伙子彭宇上去扶她，结果被告到法院，说就是彭宇撞了她，让他赔偿。由于找不到证据，法官最后各打五十大板，判决彭宇赔偿 4 万元。由于媒体的广泛报道，最后在全国演化出了“老人摔倒不能扶”的结果。这是谁也没有想到的。

又如，我们在制定人才政策、科研政策、财务管理规定时，也经常会演化出不想要的结果，有的时候，甚至是南辕北辙。所以说，涌现是演化的结果，而且不一定总是符合管理者的主观意愿，结果可能是“意料之外，情理之中”。想想还是很有道理的。

作为组织管理者，我们期望一个集体，无论小到一个单位，还是大到作战体系、建设体系，都能通过组织结构的作用，涌现增强能力、形成共识、凝聚人心，以达成追求的目标。所谓“综合集成”亦在此，也是为了产生更强的整体性质和功能。“能打仗、打胜仗”就是我军的终极目标，但能否达成目标，还要看如何进行演化。这就要看指挥与管理的作用了。

既然涌现这么重要，管理者往往会关注涌现会在何时发生。例如，社会态度会在何时发生彻底的转变呢？科学家发现，这个数字可能是 10%。也就是说，如果有“十分之一的坚定反对派”，就可能导致社会态度逆转。美国黑人民权运动、泰国“红衫军”“黄衫军”、土耳其的伊斯兰化，在数据上都非常吻合。这都说明，政府管理者真的需要了解社会运转的复杂性机理才行。

管理学中有个很经典的故事，说的就是团队是如何转变的。日本有个岛上的猴子非常喜欢吃红薯，当地人把红薯挖出来后就直接扔给它。有一天，一只猴子偶然把掉进溪水中的红薯洗净了再吃，从而学会了洗红薯。进而，其他猴子也发现这样吃要更好一些，然后这个岛上的猴子就都学会了洗红薯。从管理学角度来看，第 1 只猴子是偶然引领，后来逐步增多，超过临界，最终导致猴群行为的整体变革。这就是一个涌现发生的过程，当更多的人在数量上达到临界值时，就会全面转变形成集体共识和记忆，进而形成集体的行为。无论进化还是退化，都是如此。我前面讲的营区不戴贝雷帽演化到不戴军帽的过程，也可以说明这一点。

复杂系统性质之四：非线性

所谓非线性，指的是复杂系统中“小动因也可能带来大后果”。过去我们习惯于线性关系，小动因带来的一定是小结果，所以经常可以微调输入，然后得到输出的微小变化。但是，复杂系统的因果关系不再是线性的，小动因也可能产生大结果，并且多变、不确定。这就是所谓的“蝴蝶效应”。因为复杂系统中各要素相互纠缠形成了非线性结果，而网络往往具有放大作用。

这和很多社会案例非常相似，许多大灾难可能仅由很小的原因引起，每一个因素都可能成为关键因素。森林火灾、金融危机、战争爆发等都被描述为蝴蝶效应，实质上却是自组织临界累积的结果。危机累积到了临界点，真正触发的却可能是很小的事情，也就是我们常说的“压倒骆驼的最后一根稻草”“细节决定成败”。

再看看开始时讲到的几个案例。大兴安岭火灾久扑不灭，就是因为小火都不让烧，结果落叶越积累越多，再失火就难以扑灭了。悉尼为什么主动烧荒，就是试图把一些落叶在可控范围内烧掉，以免只后发生大火，这也算是一种主动的危机处理机制。为什么平时问题不断，而正式阅兵时却无一差错，关键就在于是不是每个人的精力都能高度集中，而人是不可能时时都处于高度紧张状态的。股市的熔断机制建立的基础是什么？不同的股市管理机制，不可能取得同样的管理效果，东施效颦肯定不行。所以，要防止“小坏变大坏”，成为“灰犀牛”，处置上要学会“容忍小坏，杜绝大坏”，增强免疫力。这就是非线性思维想告诉我们的道理。

这种非线性在很多情况下甚至会是悖论。例如，“公共卫生悖论”：公共卫生做得越好，功劳越小。因为病都预防了，什么病都没有了，也就没有什么人关注了；未来医疗花费更大了，因为人的寿命长了，得病的种类就多了；医生不高兴了，因为没有更多人看病了，也就没钱赚了。孙子说：为大将者无赫赫之功。这大概也有异曲同工之妙。善战者总是使自己立于不败之地，也就没有打仗的机会来证明自己，因此就得不到大功。其实，他们才是战争中真正的王者。

最近在网上看到一个寓言，我觉得很有启发意义，在这里分享给大家：干旱地区的一位农民向神祈祷，希望神能满足他的一个愿望。由于他非常虔诚，感动了神，神就现身了，问他想要什么。农民说："我想要一个水龙头。"神问："为什么呀？"农民答："这个东西好，插在墙上就能出水。"他看到的水龙头可以出水帮他抗旱，但是不知道水龙头后面的东西是什么。这是不是很像我们一些人对复杂事物的看法？其实这也是一种简单的、直接的线性思维。

所以，更新自己的思维模型非常重要。科学世界观是思维的底层代码，思维不可能超越世界观的高度。复杂系统的特殊性质，给我们带来与机械思维模式完全不同的复杂性思维模式。第一，适应性导致系统不断动态发生演化；第二，不确定性导致因果不再唯一，也不可预测；第三，涌现性导致系统产生新的整体性质；第四，非线性使小动因也可能带来大后果。也就是说，我们要从"固定式思维"向"复杂性（成长式）思维"转变。只有理解复杂系统性质，才能实现对复杂系统的管理。这是管理从"基于常识"向"基于科学"的重大转变。

错误的思维也会导致错误的结果。仅靠经验不是科学管理，盲目迷信数据和量化也不是科学管理。最典型的就是福特公司的"蓝血十杰"，在第二次世界大战期间这些人功勋卓著，但后来在数据分析和量化管理上走上极端，盲目迷信数字和计算，忘记了管理的对象是复杂系统，也就忘记了管理的目的是什么。其中的麦克纳马拉还当上国防部长，将该方法引入美军，他既实现了国防大改革，也导致越战失败。这就是非常典型的案例。

所以，科学的管理必须建立在正确的科学思维基础上。但是，我们应该怎样以复杂性思维进行科学管理呢？

17.2 复杂性思维与科学管理

我们面临新的时代。网络覆盖范围不断扩大，平台、数据、应用爆炸式的增加，加速了交互的速度，也带来许多传统的颠覆。很多东西都移到了网络上，商业机理也发生了改变，这是长尾理论告诉我们的。例如，根据体系理论，过去靠强点制胜，现在则是弱点致败；过去决策重因果，现在决策重相关，也就是所谓的大数据思维；过去服务靠人工，现在服务靠云端，提供随遇接入，普适服务；过去管理靠层级，现在去组织化，也就是去中心化，世界变平，人才第一。我们这一代企业家制造了一个商业神话：羊毛出在牛身上，却让猪买单，但狗死了。例如，免费软件，用户免费使用，广告商买单，最后却影响了其他无关的企业。过去未走，未来已来。我们面临的已经不是过去我们熟悉的东西了。

我们应该如何思考未来呢？先讲一个故事。19 世纪时，马车是西方国家城市交通的主力，一个大都市一般都有 30 多万辆马车。马车很容易出事故，马受伤了半死不活很难办，更难办的是马粪。每天路上的马粪若不清理，整个城市就会臭气熏天。1898 年，纽约曾牵头召开国际会议，专门研究马粪问题，结论是没有办法。

汽车时代的到来以一种意想不到的方式解决了“马粪危机”，同时也留下了很多思考。其中最重要的就是，我们要有跨代思维：在不同的时代，难题不再是难题，经验也会失去作用。你不需要再去解决马粪的问题，但是关于马车驾驶的经验也失去了价值。所以，我们必须知道，代与代之间并不是连续的，可能有所继承，但更可能需要扬弃，放弃已有的经验，去拥抱更好的未来。

管理思想也在不断地演变。从泰勒的“科学管理”，认为组织是一个高效运行的机器，到马斯洛的“以人为本”，认为组织是一个社会系统，再到麦肯锡、波士顿提出“战略竞争”理论，认为组织是多项经营的组合；从戴明鼓吹的“日本式管理技巧”，认为组织应该追求卓越，到彼得·本吉的“学习型组织”，认为组织是一个不断地进行知识积累和创新的团队，再到“复杂科学管理”，认为组织是一个能系统思维的大脑，就很好地展现了这个演化过程，促进了管理科学的发展。

所以说，学会用复杂性科学思想理解管理，对每一个管理者来说都非常重要。下面我简单地谈几点看法，不一定对，仅供参考。

管理面对的是“人”不是“物”

管理者要明白，我们面对的是人而不是机器。只要是人或人组成的系统，就一定是复杂系统，就具有复杂性，就会随环境变化进行适应和演化，相互交流并产生自组织，就具有不确定性。而且，人的组织有人数限制，牛津大学教授邓巴就提出过一个“邓巴数”，即人最多可以直接联系的极限在 150 人左右。超过了就需讲“故事”形成组织，通过某种“故事”将更多人联系到一起。所谓“故事”，其实就是某种信念，如宗教、党派，用故事的形式表达出来，易于人们接受。这也说明，认知对人类组织的重要性。所以，我们不能用管理机器的思维去对待人或人的组织。

“人”是有思想的。组织的灵魂由人的思想构成，即所谓的“精神聚众”。这也是中国革命取得胜利的根本原因。有了统一的精神信仰，就使组织形成合力、自觉践行。例如，我们军队的宗旨“全心全意为人民服务”，就是我们的核心价值观。共产党军队为什么比国民党军队有战斗力？就是因为士兵知道为谁打仗，为什么打仗。所以，精神聚众的力量非常强大，使组织有了目标和方向。所以，科学管理首先要明确组织的宗旨和核心价值观。

“人”会根据环境适应演化。也就是说，人是可以改变的，无论是被动的还是主动的。管理就是对人性格的塑造，对团队集体精神的打造。例如，我们看到部队训练非常严格，叠被子、生存训练、创造性训练，其实都是为了打造可以适应未来战争的战士和团队。因此，依法管理、从严管理都是必需的，法规、条令、条例都是最基本的遵循。但是，演化既可以是“进化”，也可以是“退化”，一切都取决于对“约束”的适应。适应得好，就成长为合格的军人，适应得不好就会走弯路吃苦头，甚至被淘汰。

“人”的交流会带来自组织。过去我们的交流不过是限制在周围的亲朋好友、领导同事、合作伙伴之间，如果远距离交流则代价很大、时间很长。移动通信、网络微信等新方式的出现，尤其是类似微信群聊的自组织形式，给管理者带来了全新课题。事实上，网络交流不但带来效率，而且改变了组织的运行机理。怎么办?

一是，理解自组织机理，这有利于科学管理。学会如何高效地工作，如何利用好“第二组织”的正面作用，而不是简单粗暴地“一禁了之”。

二是，了解网络机理，学会处理网络事件，例如如何截断谣言。

三是，知道如何发挥网络的作用，而不是死抱着传统手段不放。例如，动员志愿者，借助网络可能就比传统的层层动员更有效。

“人”的演化具有不确定性。人不是机器，不可能像机器那样不知疲倦，永不犯错。只要是人，就既可能带来创造性和惊喜，也可能带来错误和惊吓，这些都是不确定性，我们都必须要学会接受。为什么阅兵的预演和实演完全不同? 这要看系统在多大程度上能够调动全部要素的注意力，降低不确定性的出现概率，即调整到所谓的“最佳状态”。预演的作用是发现问题，如果总不犯错，不确定性就会大幅增加；管理和指挥的作用是确定怎样把部队最好的状态调整到恰好的时间、地点和事情上。不能期望部队永远都处于高度紧张状态，那样做只会事与愿违。

对“人”要学会“顺势而为”。管理很重要的方面，就是要适应环境的变化，知道环境会变，人也会变，老经验管不了新问题。例如，新条令修改了，就必须适应和执行；反过来，条令的修改也是适应形势环境变化的结果。尤其是，我们的管理不能逆潮流而动，出台一些网友调侃的“反自然”“反人类”的措施，那样做只会自取其辱，最后不了了之。

例如，20 世纪 80 年代，电话刚刚开始普及，有的单位就出台不准装电话的规定，理由是保密需要。后来手机出现了，又出台不准用手机的规定。但是，结果怎么样? 电话、手机都完全普及了。我经历过的最奇葩的事情是录像机刚出来时，有单位要求各家必须办了执照才能看，说是为了防止私自看黄色录像。这种规定怎么能够执行下去？现在，我们仍然能时不时地看到这样奇葩的规定出现。不能被执行的规定，还不如没有规定。我们的各项管理，也要适应电子化、网络化、信息化，以后还有智能化的形势发展，不能死抱着传统方式不变。例如，保密管理就要在安全性（不失密）、可用性（我能用）、完整性（未篡改）上找到折中点，三者缺一不可，不能只看某一方面。

此外，还要注意原因与结果的非线性、连锁性。管理需要抓住主要因素，但问题对后果却没有大小因素之别。所以，对于安全管理来说，往往是细节决定成败。

一是，“人”的自觉性是最不可靠的，要靠制度和技术把关。例如，过去高速公路收费站靠人收费，贪污就很严重，谁知道过了几辆车？现在靠技术把关，就可以很好地杜绝贪污票款现象，比做多少思想工作都强。

二是，要预防黑天鹅，防止灰犀牛，不能总是“救火队”式的管理，哪里出问题了就奔向哪里，而要防患于未然。简单地说，科学管理就是打断连锁反应的链条，防止小事变成大事。

但要注意，管理是管事，而不是“管人”。我们很多管理者一说起管理，就以为是“管人”，其实不是。管理的基本前提是尊重、理解和信任人，而不是管人。如果只想着管人，就会事与愿违。对人的监督是由制度解决的，例如富士康为什么总是有人去跳楼？海底捞的领导为什么会自己主动担责？这就是制度对待员工不同态度的结果。因为互不信任是会传染的，上行下效，从个人到组织就会都不愿担责。

管理中对人最重要的是公平、合理。我们有的领导在管理时经常会回避矛盾，以为大家一团和气这个单位就最好。但是，如果你伤了真正出力干活的人的心，再想去挽回就很难了，尤其是会坏了单位的风气。例如，有的单位年终评比、职称评定时经常会因为指标不足产生一些矛盾，有些好同志就主动谦让。领导如果怕矛盾，谁争的厉害就给谁，这个单位今后恐怕只会争得更厉害。这时领导该怎么做？其实应该鼓励大家谦让形成好风气，但最后一定要落实到真正符合条件的人身上去。这也是那句话说的，要让“吃苦者不吃亏，流汗者不流泪，受累者不受气”。简单地说，就是领导“要承认奉献的成本，要给出不白干的承诺”，这是引导大家朝正确方向努力的基本保证。科学管理最忌讳的就是“会哭的孩子有奶吃”，既不公平，也不合理。

管理者靠什么树立威信？靠的就是对人的理解和尊重。弘一法师说过一句话：“识不足则多虑，威不足则多怒，信不足则多言”，那些喜欢对下属摆威风“咆哮”的人，多半都是因为识、威、信不足。我们必须理解年轻人，现在管理的现状是“几个 60 后，用 70 后思维，指挥 80 后、管理 90 后”，是很难取得好效果的。美国《大西洋月刊》在 1911 年曾有一篇文章评论：经验丰富的领导和长辈们表示，从来没有遇到现在这样的年轻人，自私、无礼和只会享乐。意思是，中老年人总是指责年轻人。100 多年过去了，现在还是如此。

事实上，对一个组织来说，只有员工“强到可以离开，好到不舍得走”，我们才能真正把“事”管好。

管理始终是为目标服务的

任何管理都为目标服务，但我们却会经常忘记目标。“不忘初心，牢记使命”，就是要求我们不能忘记目标。“能打仗，打胜仗”则是对军队提出的基本目标。

一个人或团队目标的确定决定了格局的高低。当年，肯尼迪访问宇航局太空中心时，曾询问一个拿着扫帚扫地的看门人在干什么。看门人的回答让他大吃一惊：“总统先生，我正在帮助把一个人送上月球”。连一个看门人都认为登月是自己的使命，那这个单位必将成就大事。

所以，我们必须牢记自己的使命任务，管理就要始终为目标服务。目标是选择正确的事做，管理则是把事做正确。阻碍目标的达成有三个障碍：知而不行、没有方法、无法坚持。这也是我们在达成目标过程中必须要解决的问题。

目标要看得见，行得通。我们要不忘大目标，同时要转化为自己能管理的小目标。不能人人都喊大目标，却没有人去制定自己的具体目标；目标不是孤立存在的，要与实现计划相辅相成。例如，一个保险公司的年轻人提出目标："我要一年挣 100 万"。能达成吗？假设有三分之一的提成，每个月需要挣 25 万，分到每天 8300，需要有 50 个客户，每人即使交流 20 分钟也需要 16 小时。这是根本完不成的计划。所以说，这种计划还不如没有。

制定目标的同时要制定实施计划，确保能够达成。日本马拉松运动员山田本一两获世界冠军，靠的就是阶段目标的实现：先是制定一个小目标，获得地区或国家冠军；然后逐步发展争取获得亚洲冠军；最后达成目标，获得世界冠军。但是，要避免形式主义，例如制定"假计划"应付差事、用文件落实文件、用会议落实会议就等于是没有计划。

目标必须具体，要能让人明白。管理是一种决策，但是决策首先要让团队成员清楚。如果一个基层领导的"指示"还需要别人去"领会"意图，需要靠下级的"悟性"，这说明这个管理者的指示是不明确和不清楚的。按老百姓的话说就是"这些当官的说的都是鸟语"。指令不够清楚，规定不够明确，经常是管理混乱造成的。工作要有计划，并且要让大家都知道，这就是"预则立，不预则废"。而最好的管理，是将组织的目标与个人的目标合二为一。管理没有对错，只有好坏，标准之一就是让优秀人才的目标合二为一。关键是要让员工知道组织的目标是什么？例如，我们是不犯错？还是能打仗？

目标要靠合适的人去实现。管理以"人"为中心，组织体系能力取决于人才作用的发挥，也取决于合适的组织形态、编制体制等。例如，以色列与叙利亚在黎巴嫩上空发生空战，叙军惨败，怪飞机不好。以色列空军参谋长说：不管什么飞机，都将是 83∶0。说的就是体系的作用。

传统组织已经失去了快速反应的能力，网络时代的组织需要放权给人才。任正非说过：将军都是打出来、干出来的，不是评出来的、培训出来的。那种以为办个培训班就能得到人才的想法是幼稚的。人们在职业中寻找的是自主性、主人翁感，以及好奇心的满足。优秀人才更是如此。所以，我们不能把"人才=人力"，以为"一个萝卜一个坑”，只要是“萝卜”就行。优秀人才一般都是“以一当十”，甚至“以一当百”的。但是，真正优秀的人才并不是靠“帽子”就能识别的，反倒是他们对“帽子”并不看重。

目标达成需要引导。复杂系统管理有个特点，就是对目标只能引导，不能确定。因为人不会像机器一样理性和准确，常常会导致结果的南辕北辙，所以如何引导就成为管理的关键，而且巧妙施加影响的效果可能会更好。芝加哥大学教授塞勒[①]就说过：任何长官意志、强迫命令，反而可能会导致更差的结果。他举过阿姆斯特丹机场厕所管理的例子：机场厕所很脏，原因是很多人小便尿在便池外，挂什么警告牌子都没用，导致每年的清扫费多花上百万元。塞勒给管理当局出了个主意，在小便池中放上一个逼真的塑料小虫，诱导大家往池子里尿，就解决了问题。这就是引导的作用。塞勒还写了本书叫《轻推》，说明引导对管理的意义。他后来还因此获得了诺贝尔经济学奖。

军队管理中也需要科学引导。例如，用什么引导军队改革体系演化最有效？我觉得，军令“主战”体系，主要靠实战演习引导，因为实战式演习会引导出作战体系，而演戏式演习只能引导出作秀体系；政令“主建”体系，则要靠能力建设引导，也就是项目建设，能力建设也需要引导加演化促进能力的生成，并能经过作战试验加以验证。装备建设、部队建设、人才队伍建设，包括行政管理等都是如此。关键在于指挥棒，各种规章制度的执行不留口子，不搞潜规则；防止“劣币驱逐良币”“楚王好细腰，宫中多饿死”。更不能把管理的目的演化为“不出事”，而忘记了主目标是什么，这是最典型的“和平积弊”。当然，也不能把完成目标当成管理失责的借口。

对复杂系统的演化要有足够的耐心。解决复杂问题时，太过深思熟虑或太过主动都未必管用。我们既要保持对问题的专注，积极地观察，也要为可能的操作留出空间，也就是“让子弹飞一会儿”。“对战略问题要有定力”，为什么这样说，就是等待演化，抓住时机。对

① 理查德·塞勒，1945 年生，美国芝加哥大学经济学教授，行为经济学和行为金融学代表人物，2017 年获得诺贝尔经济学奖。

复杂系统的管理不能简单线性处理，有些问题可以“让子弹飞一会儿”，可能很快就会反转，例如诈捐事件的反转。不要让那些高度不确定的事情限制自己，因为复杂系统中的很多事情往往会出现变化。

法国有个典故可以解释这个概念。说是一个死囚临死前说他能“让马说话”，国王因此给了他三年时间。别人说，你这不是瞎扯吗？马怎么会说话呢？这个死囚答道：我当然知道马不会说话，但三年时间多长啊，也许国王死了，也许发生战争了，也许我真的让马说话了呢？即使啥都没有发生，那我不也就是个死吗！“让马说话”的含义其实就是等待时机，等待变化，也许就有机会。这对复杂系统而言，真的非常有效。但是，这一点不要与“拖延症”搞混淆，有意等待与不愿行动是有本质性差别的。理解复杂系统的动态性，是复杂性管理的重要核心。

管理只对绩效负责

绩效包括效益和效率。就管理而言，既需要好的效益，也需要尽快达到目标。管理是以结果评价的，看的是最终的成效和成就。管理大师德鲁克就说过：管理是一种实践，本质不在知而在行；验证不在逻辑，而在于成果；其唯一的权威是“成就”。也就是说，管理只看最终结果。同样，证明战争的唯一权威就是“胜利”。金一南[①]说过：“军人最大奉献不是牺牲，而是胜利”，特别能吃苦不是目的，能完成任务才是最重要的。

不同的绩效态度会导致不同的结果。功劳和苦劳、能力和态度、才干和品德的关系是什么呢？功劳才会产生绩效，而苦劳不会，那些忙忙碌碌的“伪工作者”，虽然天天加班，但是成效甚微。“任劳任怨”也不是管理的评价标准，林肯说“没有缺点的人优点也很少”，恐怕也是这个意思。我们选拔人才时总是强调“德才兼备”，但是它们的关系应该是怎样的呢？华为公司认为，“德”与“才”的优先顺序应该是：选拔人员以德为先，评价工作以绩效为先。是人就会犯错，

① 金一南，1952 年生，国防大学战略学教授，少将军衔，出版《苦难辉煌》等著作。

但好的制度设计要做的是，让人没有机会犯品德上的错误。华为在提拔干部时其绩效必须要在前 25%才可以，就是为了避免某些人什么都不会做，而依靠“胡志明小道”（走旁门）被提拔。

管理学领域有两个定律值得我们思考。一个叫帕金森定律，另一个叫彼得定律。帕金森定律说的是对英国官僚机构臃肿低效的讽刺：只要还有时间，工作就会不断扩展，直至时间用完。这是对先完成工作者的不断加码，是对低效者的奖励，即我们常说的“鞭打快牛”。它不是以目标为导向的，而是以时间为导向的管理。

彼得定律则是对企业等级制度低效规律的描述。它说的是，在一个等级制度中，每个员工趋向于上升到他所不能胜任的岗位后，才会停止。因此，这个体制中大多数人都处于不胜任的状态，可想而知这个体制会多么低效。这个体制机构之所以还能运行，主要取决于尚能胜任者向上的推动。这说的虽然有点极端，但不无道理。所以，等级组织机构要有活力，就必须分类管理，不以等级为唯一标准；要建立自然淘汰机制，不上即下，否则就很容易低效。现在很多名牌大学采用“非升即走”的政策，恐怕也是为了解决这个问题。

那么，如何制定绩效评估办法呢？这个其实也不容易。例如，我们规定，编写软件中发现一个错，即扣程序员奖金 1000 元，致命的错误立刻开除。可否？显然，程序员为了减少错误会反复检查，所以制定的规则达成了预期目标。复杂系统的演化常常是出人意料的：在该系统中，最好的策略是什么事也不做！其实，这种规定在我们现实中非常常见，只是变了形而已。这也是为什么现在很多人不作为的原因：他们为了不担责任，就把“能推的事情尽量推掉，实在不能推的就把责任推掉”，例如对上让领导签字，对下让下级承诺，这样就避开了自己犯错。这实质上是一种“逼人偷懒”的很不好的绩效评估方法。

怎么办？一个解决方案就是对做事的人要进行奖励和错误豁免。中央出台了有关文件，激励广大干部新时代要有新担当，就是要鼓励大家担当作为、干事创业，树立用人的导向，对每一个人进行科学实绩的考评；许多鼓励科研人员创新、人才管理的政策也是如此。

网上还有个段子，叫“把事情搞砸的五种办法”，提出了对一些规章制度的看法，值得我们深思。第一种，“逼人偷懒”，有的规章制度，可能导致不干事情最好。第二种，“逼人犯错”，不好的规章制度可能导致犯错反而可能更好，只要不被抓到。例如，以论文发表数量为评价标准，结果导致一稿多投、低质多发，甚至买卖论文。第三种，“以邻为壑”，规章制度的不足，导致本应合作的团队为了竞争而相互排斥，反而不再合作。第四种，“集体负责”，规章制度要求多人负责，结果导致没有人负责。第五种，“规则完美”，总以为规章制度是完美无副作用的，但恰恰是规章制度最可能出现问题，涌现“意料之外，情理之中”的事情。因此，我们制定规章制度，就要极力避免这些事情发生。完全避免不太可能，但至少要有快速修正的机会。

管理的核心在于处理不确定性

对大多数人来说，管理好像是领导的事。作为一个领导，每天忙忙碌碌，事必躬亲，是我们经常见到的场景。这可能是必要的，但也可能是多余的。因为衡量领导管理水平的高低，并不在于他能够处理多少日常的事物，而在于他能否在关键的时候处理不确定性。简单地说，凡是确定的事情，其实并不需要领导再次“拍板”决定，那样做只是重复过程、浪费时间；不确定的事情，例如处理“突发危机”，才是领导发挥管理作用的关键之所在。关于不确定性处理，前面我已经讲了不少了，这里重点讲一下突发危机的处理。

突发危机是领导最不愿意见到的事情，但只有突发危机才能真正反映领导管理水平的高低。危机的发生并不以人的意志为转移，该来的还是要来，关键是我们该如何面对。这些年，我们面对的危机其实并不少，从大的方面来说，疫情、贸易战、俄乌冲突其实都是；从小的方面看，“某某舆论”“某某事件”也是一个单位经常见到的事情。碰到这些事情怎么办？其实还是要学会用复杂系统思维思考问题。金一南曾提出过领导应对危机的三原则，我觉得比较好地回答了这个问题。

第一，首先控制事态。事情已经发生了，还在那里患得患失，是最要不得的事情。为什么要控制事态？这不是在争取最好的结果，而是要避免最坏的结局。很多情况下，领导经常会趋于保守，害怕承担风险。但是，恰恰是你最不愿意承担风险的行为，会使风险不断扩大。你总想等到 100%的了解情况，最好有人给你下个指示，这样风险就可以躲开，但这却是不太可能的事情。对于那些具有认知不确定性特点危机来说，就更是如此。所以，在危机中必须积极行动，积极不一定保证能成功，但是不积极则肯定失控。虽然我们有时会制定很多预案，但“枪声一响，计划作废”，最后靠的还是应变能力。其实说到底，还是考验领导在管理决策中的利益抉择问题，这是危机处理中最艰难、最复杂的过程。有所失才能有所得，总想一无所失，最终就会一无所得。

第二，勇于承担风险。决策管理要控制事态，必然要承担风险。谁来承担风险？当然是决策者也就是领导。领导必然要为所有事态“背锅”，这是领导的职责之所在。怎么做？很简单，按金一南的话说就是“站出来，让别人看见你”。某些领导一出危机就不见了人影，那是不行的。危机中，躲起来才是最大的失误。湘军悍将胡林翼曾说过一句话，“气不盛者，遇事而气先慑，而目先逃，而心先摇，临大难而中无主”，说的就是担当精神，担当者就要气盛，气不盛则无法担当。有了精神力量，后面的物质力量才有基础。这一点对领导者个人来说很关键。当年红军、八路军、解放军、志愿军，在战场上哪个指挥员不是身先士卒，把枪一挥，“跟我上”，才取得胜利的。这就是精神的力量。

第三，引导实现转换。我们知道，对于复杂系统而言，很难直接找到解决办法，我们要做的只能是因势利导，把问题引导到我们期望的方向上。其实这并不是一件容易的事情。对于危机处理来说，至少要做到以下几点。一是，要公开透明，实事求是，不要试图掩盖什么。现在这个网络化社会，任何企图弄虚作假，最后都会被打脸。二是，要积极行动，寻找解决问题的途径并迅速付诸行动。行动有时就是最好的态度说明，也是引导复杂系统态势朝向期望发展的唯一途径。三是，要密切观察，根据行动结果反馈及时分析研判，不合适的要迅速进行修正，不要试图一劳永逸。四是，要搞好善后，既要对危机本身进行善后，也要对管理制度和体系进行善后，找到危机引发点，在制度、体制、战略、计划等方面下功夫改进，这样才能做到防患于未然。对一个国家如此，对一个单位其实也是如此。

恩格斯曾说：没有哪一次巨大的历史灾难，不是以历史的进步为补偿的。有了危机不要怕，危机有时反而是促进社会和单位发展的"东风"，就看你会不会"借"了。从"危"中看到"机"，才是一个聪明的管理者应该做的事情。从复杂系统观点来看，危机也可能是带来进化的机遇。

我们需要学会在不确定的世界里应对不确定性。周其仁[①]曾给出过一些见解，我觉得挺好，这里简单地说几个要点：一是"善阵者不战"，阵布好了，不打也赢了；二是"精益办法"，关注客户，消除浪费，确定工作优先次序；三是对趋势敏感，知道未来在哪里；四是世界比我想象的大，"山不转水转"；五是善用互联网思维，分布应对"故障"；六是大跨度应对不确定性，"客户在哪里，我就在哪里"；七是"走出去就要落地生根"，生根才能成长。总的来说就是，细中求精，宽中布局。

管理的最高境界是简单

科学管理的本质是如何更有效率地达成目标。诺贝尔经济学奖获得者弗里德曼[②]曾经写过一个《花钱的学问》小段子：

花自己的钱办自己的事，最为经济；

花自己的钱办别人的事，最有效率；

花别人的钱办自己的事，最为浪费；

花别人的钱办别人的事，最不负责任。

说得真是一针见血。搞清楚了这几点，实际就明白了最科学的管理方式应该是什么。事物的本质往往是简单的，但我们总是人为地将

① 周其仁，北京大学教授，经济学家。

② 米尔顿·弗里德曼，1912～2006，美国著名经济学家，芝加哥大学教授，芝加哥经济学派领军人物，货币学派代表人物，1976 年获得诺贝尔经济学奖。

其复杂化。这就是“奥卡姆剃刀”原则：最简单的那个最好！这些年比较流行的“精益管理”，即所谓的“丹纳赫模式”，有个最简单的原则，“凡是客户不愿意花钱的都是浪费”，是有一定道理的。谁也不愿意把钱投到无用的地方。需要注意的是，这个钱必须是自己的。拿着国家的钱，干打水漂的事，我们见到的也不少。

科学管理的内容有哪些？一是，起始点，最重要的是对权力、责任和利益的科学分配。有的管理者喜欢把权力、利益留下，而把责任分出去，这样的管理带来的肯定是灾难。只有基于责任所做的权力、利益的分配才最合适，才能激发人才的热情。二是，过程中，最重要的是对不确定性进行有效的管理。管理者最大的任务不是追求无错和最优，而是管理不确定性。也就是，防患于未然，例如杜绝模仿（如富士康的跳楼）、掐断源头（如进行舆论导向）等。三是，促成结果，最重要的是以绩效评估向目标进行科学引导，牢记目标、不忘初心、绩效引导，是管理的基本方法和手段。概括来说，科学管理就是“用智慧代替鲁莽，用知识代替习惯，用合作代替强制”。

现代管理离不开管理信息系统。那么，信息系统的意义又何在呢？信息系统的核心意义在于催生管理的变革,实现组织的流程再造、业务重组、资源优化和科学管理；实现简化内容、规范流程、提高效率、减少人为关系干扰。如果只是拷贝原有的管理模式，“穿新鞋走老路”是没有任何意义的。例如，“滴滴打车”等分享经济模式的出现，实质就是管理方式的变革。军队的信息化建设也不应仅局限在信息技术的运用上，而应该更多地体现在指挥控制、决策辅助、科学管理的变革上，例如作战规划、战略规划都是与科学管理相结合的重要范例。军队的改革调整，必然会通过强化信息化建设的方式加以推进，但是任何信息化建设都是“始于技术，成于管理”。

17.3 小　结

思维的进步对科学管理是极为重要的。我讲两个小故事，也可以说是寓言，一个中国的，一个外国的，看看能给大家什么启发。

中国故事说的是，有人问一个拾粪的老头，如果你当了皇帝会如何？这个老头回答说，如果我当了皇帝，就用黄金打一把粪叉子，大街上的粪都归我，谁抢我就杀谁的头。可见，他就是当了皇帝，还是捡大粪的思维。

外国故事说的是，牛津大学有一个探险队，来到非洲密林深处的一个食人族部落，带回一个小孩，并送入牛津大学念书，学成后返回丛林。多年后，探险队再次来到这个部落，问了这个小孩也就是现在的酋长一个问题："你还吃人肉吗？"酋长答道："干吗不吃啊？不过我现在是用叉子吃"。工具换了，但思维其实还是没有改变。

思维和认知的高度，决定行为的高度。管理也一样，一个单位管理者的认知高度，决定了他管理水平的高低。所以说，科学管理的本质是思维上的一场革命。复杂性科学思想的引入，对管理科学来说也是一场革命，但这场科学思维革命任重道远。我们至少要做到，一是接受复杂性。接受才会理解，世界不是简单系统。二是非线性思维。学会试错前进，顺应规律，不忘整体关联。三是保护多样性。敢于放手，学会塑造，相信自组织进化的力量。四是以复杂对复杂。只要速度超过平均，我们就有机会，无序中不要执着最优。

军改虽然带来变革的阵痛，但是也给科学管理带来机遇。彼得·德鲁克说过一段话：好的管理人才不一定都能成为好的军事领袖，但是以往杰出的军事领袖，却没有一位不是出色的管理人才。正是如此，当年很多公司才有了"向解放军学习"这句著名的管理口号。因此，我希望大家未来都能够成为杰出的管理人才。

第 18 章　战争科学研究的书序几则[1]

18.1　《战略训练模拟系统原理》的序[2]

司光亚博士的专著《战略训练模拟系统原理》一书，经过多年的努力终于完成了。作为他的博士研究生导师，也作为他十余年来一起共事的同事，我了解他为完成这本书付出了多么大的心血。这些年来，由于工作繁忙，他难以抽出更多的时间来进行写作，以至于此书的出版一拖再拖，但关于战略训练模拟系统和战略模拟演习的研究却一直没有停止。从 20 世纪 90 年代末开始，他的博士论文就是关于战略模拟系统研究的，可能是国内最早从事这个领域研究不多的研究生之一；后来进入博士后流动站，做的还是这个方面的课题；一直到留在国防大学当上了战略模拟教研室的主任，从事的还是这个方面的工作。战略模拟系统的研究一直是一个很困难的工作，没有前人的工作可以借鉴，有的却是一些“前人”的非议和责难，因为战略问题能不能模拟、战略层面能不能搞演习当时都成问题，存在很大的争议。好在这些在今天已经算不上什么，历史已经证明了一切。虽然今天答案已经很清楚，我觉得还是有必要再讨论一下这个问题。

战略演习是战争演习的最高层次，也是战争研究中最为关键的环节。历史经验证明，战略决策的失败是最大的失败，轻者造成重大损失，重者则会丧权辱国。对战略问题的研究，历来就是展现战略家个人战争艺术的重要舞台，但是今天还要求更多集体智慧的体现。因此，通过战略演习来深刻理解战争特点，把握战争规律，研究应对举措，已经成为当前各大国准备未来战争的重要环节，而战略训练模拟系统

① 这些书序均为胡晓峰应作者邀请而作。

② 《战略训练模拟系统原理》，司光亚著，国防大学出版社，2011 年版。

就是支撑战略演习的基本平台和环境。但为什么必须采用演习的方式进行战略研究呢？主要是因为以下几个原因：

第一，信息化战争导致战争更加趋于复杂，必须从整体上加以研究。与传统战争相比，信息化战争已经发生了极大的变化。一是战争的影响更趋快速性，三国时期的赤壁之战可能要经过上千年的时间，才会传播到西方社会并产生微小的影响；而今天炸弹刚在伊拉克落地，几秒之内地球另一面纽约的股市就会应声而变。二是战争的目标更趋精确性，过去那种地毯式轰炸已经被精确打击所替代，从而要求战争的决策也必须精确，而这需要更全面的决策能力和更先进的技术支持。三是战争的效果更趋整体性，未来的战争决策已经不仅仅限于军事领域和作战的直接效果，而远远地扩充到了政治、经济、外交和社会各个方面，以及更复杂的间接级联反应效果。北约轰炸南联盟产生的“马桶效应”最终导致南联盟战争失败，就是最典型的例子。四是战争的形态更趋多变性，从而留给战争研究者的时间越来越少，这就要求能在较短的时间内尽快地了解战争的特点，预测战争的进程，作好战争的准备。为了适应信息化战争的这些特点，就必须从整体上详细地研究未来战争的特点，熟悉不同战争的规律，发现战争准备的弱点。要做到这一点，只有通过大量的战略演习才能在短时间内做到。

第二，动态式、对抗式演习是激发战略思维、洞察战争前景的最好途径。传统的战争研究由于缺乏手段，大多数只能采用思辨式、研讨式的方法进行。这种方法虽然也可以完成研究工作，但是研究的结果经常是事与愿违。这是因为这种研究中所设想的危机的情况和战争的进程毕竟是“一厢情愿”的，所以很难真实地反映战争是实力对抗更是谋略对抗的实际。采用动态式、对抗式的方式进行战争演习，往往能够自觉不自觉地提高参与者的积极性，挑起潜在的对抗意识，从而激发出创新的战略思维，发现战争准备中的短板，找到应对战争的基本举措。这比那些静态的研讨更容易发现问题，也更加符合未来战争的实际。事实上，世界上很多大国尤其是美国，采用战略演习的方式研究战争已经成为常态。美国关于空间作战的“施里弗”

演习已经搞了 5 次，关于网络电磁空间战争的演习“战略信息战”、“网电风暴”、“网电冲击波”等已经搞了 4 次，还专门搞了关于石油能源战争的“石油冲击波”演习、关于经济领域的“经济安全”战争演习等。这些形态的战争实际上离我们还很遥远，但他们已经准备得热火朝天了。这些演习最重要的目的，就是发现问题并寻找解决问题的途径，而战争准备却必须从现在开始。但这种研究必须要首先研发合适的战略模拟系统。而仅从这一点上看，我们是有很大差距的。

第三，通过战略模拟演习构造的虚拟实践是锤炼指挥员决策能力的最有效方式。战争是双方综合国力的对抗，更是指挥员决策者斗智斗勇的舞台，如何提高指挥员决策者的战略决策能力，已经成为军事训练一个急需破解的难题。过去我们可以从战争中学习战争，但今天由于战争形态不断变化，这种可能性已经微乎其微。但是，以现代信息技术和仿真技术为基础的战争实验室的产生，为军事理论创新提供了新的平台。仿真模拟方法，已经被认为是继理论推导、科学实验之后第三种认识世界的途径，这是信息时代送给我们的重要礼物。“虚拟实践”，正如其充满矛盾的名称中看到的那样，它既“虚”又“实”，横跨了两个不同的空间，在更高的层次上实现了矛盾的统一，因而带来了无限的创造性。我们可以从实验室中学习战争，从“未来”中学习战争，而这个“未来”就是通过演习创造的。利用战略训练模拟系统构造的虚拟实践方法，使我们具有了研究未来战争问题、锤炼指挥决策能力的新途径。战略演习，由于其涉及面更广，艺术性更强，对战略训练模拟系统的要求也就更高，需要付出更多的更艰巨的努力。

恩格斯说过：“每个在战争史上采用新方法而创造了新纪元的伟大将领，不是新的物质手段的发明者，便是在以正确的方法运用以前发明的新手段的第一人。”恩格斯还说过：“新的军事科学是新的社会关系的必然产物。”新时代的到来总是催生新的科学思想，而新的科学思想往往能够带来新的战争理念。虽然它们有时显得还不够成熟完整，但却适应了时代的要求。只有能够适应新的时代，才能占领打赢未来战争的制高点。通过战略训练模拟系统支持的战略演习，就是我们赢得未来战争需要占领的最重要制高点之一。司光亚博士所著的《战略训练模拟系统原理》一书，我认为就是在该领域所做的重要尝试之一。它的出版，对推动我国战略训练模拟系统的研究，必将提供不可多得的文献和帮助。

是为序。

18.2　《指挥工程化——从信息到手段再到模式的整体嬗变》的序[①]

指挥到底是艺术还是工程，恐怕是很多读者看到秦永刚的新著《指挥工程化》书名之后的第一个想法。有人会说，战争是人的战争，指挥要靠人来指挥，你来个“指挥工程化”，又怎样体现出人的智慧，体现出指挥艺术的特点呢？其实，有这些想法非常正常，而如何看待艺术和工程的关系，正是我军目前必须要从认识上解决的重要问题之一。

一般说来，艺术是源于现实又高于现实的对客观世界的反映，它与创造者本人具有密切的关系。战争活动极为复杂，变幻莫测，具有很强的特殊性。在寻找正确的解决办法时，有时运用以经验为基础的直觉，往往比依据理论和推理可能更为有用。这就是所谓的“运用之妙，存乎一心”，是一种艺术化的境界。因而，战争指挥与决策的艺术性是不可否认的。从拿破仑军队横扫欧洲的战争，到毛泽东四渡赤水出神入化的用兵，都体现出了军事家高超的指挥艺术和独特的个人风格。这些战争艺术的运用，不仅过去有，现在有，将来也一定会有，而不管进入什么时代。

但是，不同时代会产生不同时代的军事家，不同时代也会有不同时代的作战指挥与决策艺术。时代特征是战争艺术最基本的烙印。正如农业时代的军事家可能会把排兵布阵作为其军事艺术的重要内容，

① 《指挥工程化——从信息到手段再到模式的整体嬗变》，秦永刚著，国防大学出版社，2014 年版。

而信息时代的军事家也肯定要有能够反映其风格特点的新内容。近年来提出的网络中心战、网电空间对抗、精确化体系打击、聚焦式后勤保障等理论，都显示出了信息时代的特点，也为在未来信息时代军事家展现指挥艺术提供了温床。在信息时代如果再用“四渡赤水”的方式恐怕难以成功，但肯定会产生信息时代的“四渡赤水”新的指挥艺术案例出来。从这个角度来说，军事家就是为时代而生的。

我经常这样来说明艺术与工程的关系：过去的皮影戏是艺术，依靠的工具是驴皮、白布和灯光；现代的 4D 动感电影也是艺术，依靠的却是四维摄影机和放映机、高逼真度的音响、引人入胜的虚拟现实图像，以及一大批先进的数字化技术。艺术没有高低之分，但实现的工程方法却有高下之别，表现力和感染力效果也差别立现。

所以说，指挥艺术需要工程方法支撑和实现，其“放大”效果同样惊人，这是时代发展带给我们的最直接的进步。如果我们墨守成规，不随着时代的进步而进步，那我们就会被时代所抛弃。我们总不能像有人说的那样：依靠农业时代的思维，拿着工业时代的武器，去打一场信息时代的战争。对我军来说，实际上面临着在向机械化转型尚未完成情况下，同时还要向信息化转型的双重历史性重任，这就要求我们必须对过去“补课”，尤其是补上“工程化”的一课，从而能让我们的思维落地，让思想更具执行力。

当然，也有人质疑，“工程化”的方法会不会桎梏指挥员的创造力，但我认为这是两个完全不同的问题。就像一部电影的好坏，最终还是由艺术家的水平而不是由摄影机的技术决定的。秦永刚副教授的《指挥工程化》一书，其实就是要讨论、阐述和论证这样的问题，试图给出他的答案。

永刚同志是和我一起工作多年的同事，他经常和我一起讨论一些关于指挥工程化新的想法和见解，他的博士论文也是以此为题的，进行了深入的思考和研究。我十分欣赏他的敬业和钻研精神，也为他不断取得的进步而高兴。他的专著能够出版是一件好事，可喜可贺。同时，也相信大家读后一定能够从中有所收获。

是为序。

18.3　《新型体系的能力分析基础方法研究》的序[①]

科学研究要承担起解决时代最为重要、最为根本科学问题的责任，而在不同时代这些问题也不尽相同。体系，也就是“系统的系统”，是信息时代最为典型的社会现象，不仅促生了大批网络化的大型或超大型系统，而且也给社会带来一系列前所未有的挑战，导致社会形态在各个领域都发生了深刻的变化。这些情况的出现，使得我们不得不去思考，由原本相对独立的系统组成更大规模的系统，也就是“体系”，会带来什么样新的性质和特点，又具有怎样的产生机理和运行规律，我们又应该采用什么样的理论和方法进行分析和研究，还存在哪些问题和困难，等等。

张斌博士的专著《新型体系的能力分析基础方法研究》一书，就是要试图回答以上这些问题。体系问题的研究，这些年在国际国内学术界都是热点问题，对军方来说可能关注更多一些。但实事求是地说，国内学术界对体系的研究，很多仍然局限在跟踪性研究层面。还有一些研究课题可能只是对过去一般性系统能力评估研究的重复，而只是换了个“体系”的外壳而已，无论从理念、理论到方法，几乎都没有真正的改变。但也有一些研究团队，这些年做了一些原创性的工作，在借鉴国外研究工作的基础上，提出了很多自己的观点和方法，得到了学术界的认可，这样的工作更值得我们注意和提倡。张斌的很多研究做的就属于这种类型工作。从硕士论文研究“基于复杂系统理论的网络中心战问题”，到博士论文研究“面向体系能力分析的建模仿真”，再到博士后工作期间从事“体系能力评估”，再到调入新单位从事装备体系论证等工作，可以说是一脉相承，都在做着同样的工作，只是逐步地深入，更加专业。正是因为如此，张斌的思考也应该更加得到我们的关注。

张斌是我带的研究生，跟我攻读了硕士和博士学位，后来又进了

---

① 《新型体系的能力分析基础方法研究》，张斌著，国防大学出版社，2015 年版。

博士后流动站工作，我们有近十年时间在一起学习研究。虽然他所研究的问题是我布置给他的，但这些问题其实一直是我这些年也在思考的问题，而在这个思考过程中，张斌又是与我讨论最多的学生之一。所谓“教学相长”，大概最能体现在我们的交往之中。结束学业参加工作多年之后，张斌博士现在出版了这本专著，可喜可贺！从中可以看出他在不断地努力，也在不断地进步。我也相信读者能够从这本书中读到作者对体系问题的心得和思考，也能看到他对事业追求的那份恒心和执着。

是为序。

18.4 《网络空间作战建模仿真》的序①

从作战模拟的角度来看，网络空间不同于传统的物理空间，我把它归为第二类空间。因为这个空间是一个虚拟空间，其中的所有运动规律都与物理空间不大相同，所有的作战行动都会按照其独特的规律进行。比如，在物理空间中，坦克可以以每小时 69 千米的速度机动，而在网络空间中实体运行的速度都以光速进行。而且，这个空间又与认知空间关联，其运行规律又不一样，是物理空间与认知空间的桥梁。人类对物理世界的很多认知都是借助网络空间映射完成的，这就免不了出现无意的误差或有意的误导，如电子干扰。因此，对网络空间、网络作战行动及效果进行建模仿真，就给我们带来很多的难题。

第一，网络空间建模难，难就难在网络空间虚无缥缈，与传统建模方法相比有很大不同。在这个虚拟空间中，“实体”都不是实的，而是“虚”的，如何描述就很成问题，如病毒、木马和漏洞。由于与物理空间的运动规律不一样，对虚体行为的描述也非常困难，比如信息的流动、拥塞或传播，又如系统启动、软件运行、接口方式等。其实，就是对网络空间本身建模，也不像物理空间中的地理环境那样直观，不是只对网络链路建模就可以完成的，而是需要从不同层次按不

① 《网络空间作战建模仿真》，司光亚、王艳正著，科学出版社，2019 年版。

同逻辑进行才行。这也不是一件容易的事情。

第二，网络空间作战建模更难，难就难在网络作战行动很难描述。网络作战涉及的部队、武器装备、编制编成、指挥控制等如何描述？网络防御、网络攻击、网络建设、网络控制等各种作战样式如何描述？各种作战行动，如漏洞挖掘与补丁、主动休眠与唤醒、情报侦察与反侦察、DDoS 攻击与主动防护、摆渡攻击、黑客行为等如何描述？想一想哪一件都不是简单的事情。这不是将传统的陆、海、空、天作战行动平移到网络空间就可以的。而且，网络空间作战的兴起也就是近些年的事情，许多作战理论和方法还都在摸索之中，就更谈不上建模与仿真了。

第三，网络空间作战效果的表达更是难上加难，难就难在这些效果很多都是以体系或间接的方式体现的。这种体系或间接效果会涉及多级的连锁反应和级联失效，能影响到多大范围，毁坏到什么程度，都是难以计算的。例如，对电网的攻击影响范围多大，间接影响到的交通又有多大等。即使是对直接效果计算，因为网络作战行动规律还没有被很好地总结，又缺乏基础性数据，因此也很难完成，比如漏洞挖掘效果的概率多大？病毒感染的过程如何反映？都很难给出确切的结论。最后，由于虚拟空间的计算结果直观性缺乏，人们又没有深刻的经验，因此在可信度上就很难衡量，自然很难被大家认可。

第四，还有另外一个难题，就是网络空间作战行动模型与其他作战行动模型接口很难。这是因为网络空间与物理空间不在同一个空间，所以两者之间的相互影响如何正确接口就成为难题。而且，网络行动的影响效果经常体现在体系和局部两个极端上，在仿真模型的颗粒度、仿真步长，以及层次选择上，就会经常出现相互矛盾的情况。因此，在不同的作战模拟系统中，如兵棋系统，如何建立两个空间的相互影响关系，就需要从系统体系结构上重建，而不仅仅只是对模型进行扩展。

这样的问题其实还有很多。但不管困难如何大，网络空间作战已经摆在我们面前。世界许多国家，比如美国的网络战部队已经成军，网络战已成为未来战争绝不会缺席的组成部分。作为作战训练、战争模拟、武器装备发展的重要工具，网络空间建模仿真已经不是想不想搞的问题，而是必须去解决，以及如何去解决的关键问题了。国内外许多学者已经开始了这方面的研究，做了大量的工作，取得了很多进展。但也毋庸讳言，由于难度太大，很多工作仍在摸索之中。

但我们不可能等到把一切都想清楚再去做，事实上那也是不可能的。只有通过不断实践去摸索，才能深化认识和理解，才能知道我们是否走在了正确的道路上。正如恩格斯所言：认识就其本性而言，或者对漫长的世代系列来说是相对的，而且是逐步趋于完善的。由于历史材料的不足，甚至永远是有缺陷的、不完善的，而谁要以真正的、不变的、最后的、终极的真理标准来衡量它，那么他只能是证明他自己的无知和荒谬。对于网络空间作战建模仿真这个新生事物来说，就更应该如此。

《网络空间作战建模仿真》一书，可以说就是作者在这个领域长期探索的阶段性成果。这本书是司光亚及其团队经历了大约十五年思考的结晶和工作成果的总结。不同于其他网络仿真的技术书籍，它从一开始就从作战角度思考问题，这就使该书有了其他技术书籍所没有的特点和创新的意义。书中提出的很多理论和方法都具有开创意义，研究的很多案例也都有很好的参考价值。虽然还是初步研究成果，也可能没有完全解决和回答上面提出的那么多难题，但进行尝试，本身就值得肯定。我相信，读者可以从中读出他们对网络空间和网络作战行动的深刻理解和思考，以及对虚拟空间建模仿真方法研究的心得与体会，更能够读出他们对攻克这个领域难题的决心和必胜的信心。

司光亚教授和王艳正博士希望我能为他们的书写个序，所以我有幸先睹为快。写序不敢当，但我作为他们的师长很愿意谈点感想，并向读者推荐此书。相信该书的出版，一定能够促进我国网络空间作战建模仿真理论、方法与技术的研究和发展，为新一代战争模拟系统的研发提供有力的支持！

18.5　《作战设计论》的序[①]

刘玮琦博士的专著《作战设计论》完成，我有幸先睹为快。由于我在《战争工程论》一书中讨论过“战争设计”问题，因此他认为我可能比较“在行”，所以邀我帮忙写个序推荐一下。对此，我实在是不敢当，因为我对“作战设计”研究得不深不透，怕写出来有误人子弟之嫌。但又觉得提携新人是我们这些老家伙的责任，百般推脱不掉，故写下几句话，作为读后感，也算是对这本书的推荐，供读者参考。

首先，“作战设计”是一个新的研究领域，需要全新的思考。作战设计虽然不是一个全新的概念，美军早已提出并广泛运用，但对我军来说却是一个新课题，得到重视也就是近几年的事情。过去我们常说的是“作战筹划”，与之相关的还有“作战构想”“作战规划”等，但将“作战设计”作为一个重要的概念提出并予以重视，反映的是我军在作战理论发展上的重要进步。事实上，不管是“战争设计”还是“作战设计”，其核心其实都是为了追求主动权，所以才会有经常见到的“三流军队说”：“一流的军队设计战争，二流的军队应付战争，三流的军队尾随战争”。“设计”就是要求我们，必须从临机应变转为超前制变，从被动参与转为主动管控，只有这样才能使得我们能够在迅速变化的未来战争中掌握主动权，而不至于只是疲于应付。但是，说起来容易做起来难，什么是“设计”？与其他类似概念有什么不同？如何进行设计？设计需要采用什么方法？这些方法有什么用处？能够解决哪些实际问题？等等，都需要进行系统的回答。但这些回答必须建立在全新的思维基础之上，比如我军特色的新时代战争理论体系、基于复杂系统思想的思维方法、建立在系统论基础上的工程实现途径等等。《作战设计论》这本书就讨论了这些问题，值得大家一读。

第二，研究“作战设计”需要扎实的理论功底，但更需要创新的勇气。作战设计最需要的是创造性思维和批判性思维，而这无疑是需

① 《作战设计论》，刘玮琦著，军事科学出版社，2020 年版。

要极大的勇气和灵气的。我说“勇气”，这是因为对于像中国这样一个特别尊崇前辈的国度，尤其是在军队这样一个层级分明的体制中，要做到敢于否定前人成熟的理论或经验，提出自己的“设计”，是非常不容易的。至于“灵气”，则是需要对作战环境有超强的敏感和直觉，而这最核心的则是技术理解力和战术想象力。在这里，我特别想说一下：“想象力”问题，这是一种我们非常稀缺但却是打胜仗必不可少的东西，不仅研究作战设计的专家学者需要，甚至对未来战争的指挥员更加需要。而这是以独立思考、敢于冒险，并能以对战场的真正理解为前提的。做不到这一点，我们会连战场和行动的极限在何处都不知道，还何谈进行超前设计和实施呢？勇气和灵气，是作战设计创新最需要的气质，也是作战筹划过程中最不可或缺的内容，但这需要长期的培养和实践才能获得。同样，我觉得，研究作战设计这个问题本身，也同样如此。从书中可以看出，作者对很多问题是纠结的，甚至是痛苦的，但最终还是给出了他的见解和答案。且不管这些见解和答案是不是完美，敢于“给出”本身就需要很大的勇气和灵气，也是值得肯定的。

第三，年轻学者是军事理论研究的未来，特别需要鼓励和支持。刘玮琦博士是我们国防大学的年轻学者，我们之间其实并不是很熟，充其量只是在一起进行过学术上的交流而已。但是，出于对作战设计研究的关注，我却能经常读到他发表在各种期刊或者微信公众号上的文章，几年来已经读到了好几篇。这些文章对“作战设计”的概念和内容进行了深入的探讨，虽然其中有些思考仍显得有些稚嫩，但也有很多无不闪现出智慧和创新的火花。说句实在话，“作战设计”比“战争设计”研究起来难度更大一些，因为它必须更具体更具可操作性，需要科学性、工程性兼顾。所以要真正将作战设计这个问题研究透，尤其要将其落地生根，真正能够用于实际之中，可能还需要走很长的路，花费更多的时间。但他敢于直面挑战，勇于突破的创新精神就很令人钦佩，何况他的这本书内容也非常丰富。我相信大家可以和我一样，从他的这本书中读出他的勇气和灵气。年轻人是我们的未来，军事理论研究更是如此。我希望有更多的年轻人能够加入其中，在深入研究的基础上，撰写出更多更好的优秀军事理论专著。

是为序。

18.6　《作战仿真实验设计与分析》的序[①]

胡剑文等同志最近完成了《作战仿真实验设计与分析》一书，我有幸先睹为快。胡剑文博士在国防科技大学攻博期间，就一直从事有关武器装备系统效能评估与实验等方面的研究，毕业后到国防大学博士后流动站继续从事相关工作，我是他的博士后合作导师之一。所以，我对他的研究工作还是比较熟悉的。虽然出站时间不到两年，但他的研究又有了长足的进步。胡剑文博士虽然跟我的时间并不很长，但他的理论思维和创新研究能力却给我留下了深刻的印象。这一次也不例外。他让我为这本书作序，我一方面深感才疏学浅不能担此大任，但另一方面我又觉得身为师长有必要向大家推介引荐。所以，所写的谈不上序，只是针对作战实验问题谈几点感想而已。

作战实验问题是一个非常复杂的问题。它既与传统科学实验关系密切，但又与传统科学实验明显不同。作战仿真实验作为作战实验的一个重要组成部分，目前已经成为进行作战实验的一种主要方法。但无论作战实验，还是作战仿真实验，仍有许多理论问题尚未解决，还需要我们进行深入的思考：

第一，作战实验与传统科学实验的差异。传统科学实验一个最重要的要求是可重复性，但作战实验从本质上讲却很难做到这一点。这是因为战争的复杂性导致战争本身是不可重复的，那么进行作战实验其结果也不可能重复，或者说不应该重复。这就从本质上对传统的实验理论提出了挑战。我们怎样去理解这种实验的可重复性或不可重复性，必须从理论上找到相应的解释。

第二，仿真实验与传统实验的差异。传统的科学实验采用的方法

① 《作战仿真实验设计与分析》，胡剑文著，国防工业出版社，2010 年版。

一切是为了得到准确无误的结论，因此为了消除各种实验误差或不确定性采取了许多方法，例如通过多次实验并采用统计方法来消除实验上的误差。但基于计算机的仿真实验，由于计算机的精确性，不管你实验多少次，只要参数不变，其结果总是一样的。仿真实验往往采用随机数来引入不确定性，但这种不确定性与传统实验是截然不同的。如何区别对待不同类型实验中各种不同的不确定性，正确地运用统计方法，也是作战仿真实验中必须要解决，或者更准确地说，是必须要认识到的问题。

第三，仿真实验带来的一些新问题。仿真实验是用模型替代部分或全部实体、环境或过程进行实验的，而最困难的就是必须要解决复杂系统的建模问题。对作战仿真我们需要的是过程还是结果？建模中如何解决“建模需要了解事物，而了解事物还需要建模”这样一个看起来像是“先有鸡还是先有蛋”的问题？如何解决替代模型的可信性问题？如何解决仿真实验结果的甄别问题，以避免用仿真系统的影响代替实际系统的影响问题等。

虽然这些问题都还在困扰我们，但研究工作仍在不断前进。首先，大家都认识到作战是可以实验的,这在 20 年前还根本无法想象。其次，计算机仿真为我们提供了虚拟实践的手段，为作战实验奠定了仿真实验的技术基础。再次，经过大量研究和实践，在作战仿真实验方面也已经有了长足的进步。我们并没有等到把一切都想清楚再去做，事实上那也是不可能的，而是通过不断实践去摸索深化我们的认识。尽管我们的认识仍然不足，但我们坚信我们走在了正确的道路上。正如恩格斯所言：“认识就其本性而言，或者对漫长的世代系列来说是相对的而且是逐步趋于完善的……。由于历史材料的不足，甚至永远是有缺陷的、不完善的，而谁要以真正的、不变的、最后的、终极的真理标准来衡量它，那么，他只能是证明他自己的无知和荒谬。”对作战仿真实验研究也是如此。

本书就是胡剑文博士及其同事们根据他们长期的实践，对作战仿真实验基础理论研究的阶段认识，而做出的一个阶段性的总结，重点放在了实验设计与分析方面。有效完成作战仿真实验任务的前提是正确的实验设计与分析，在仿真实验领域长期以来都是运用传统的实验设计与分析技术来指导实验。例如，运用拉丁方、均匀等实验设计手段完成实验设计，运用传统的方差分析与参数估计等数理分析手段来实现数据分析。然而，仿真实验具有特殊性，其实验设计与分析与传统的实验设计分析技术有很大的区别，具有自身的特色，其突出表现在仿真实验控制以及仿真实验的大样本智能数据分析等方面。这些方面既是目前仿真实验设计与分析理论的特色内容，也是研究的薄弱环节。在书中，作者构造了以实验目标、实验模式、实验系统环境为维度的三维理论框架，并在此理论框架的基础上，论述了实验设计模式、实验控制方法、实验数据分析方法等内容，并详细论述了各种实验模式如何应用于实际作战问题的实验设计及其分析。实验控制是本书的一大特色，作者提出了多种实验控制算法分别用于多类实验目标,具有创新性和很好的参考价值。

作战仿真实验理论的研究对我军而言目前还是一个薄弱环节，许多研究还局限在概念阐释、模仿外军的阶段。我相信，本书的出版，能够大大促进我军作战仿真实验理论研究和发展，为建立我军的作战实验理论体系提供有力的支持。

18.7　《智能任务规划——基于层次任务网的作战任务规划方法研究》的序[①]

张宏军教授发来了《智能任务规划——基于层次任务网的作战任务规划方法研究》一书的书稿，我有幸先睹为快。这是他们团队近期研究的重要成果，牵头的是一位 80 后的年轻副教授程恺。可能是看我近期也在该领域做了些研究，其实也就是在相关学术会议上做过几次关于决策智能研究方面的大会报告,就希望我能帮忙写个序推荐一下，也算是对年轻人的一种鼓励。宏军教授和我既是校友和多年的老友，在读研期间又是同专业的师兄弟，不好意思推托，只好应承下来。但要说是写《序》实在是不敢当，谈一点读后感还是可以的。所以写下

① 《智能任务规划——基于层次任务网的作战任务规划方法研究》，程恺、张宏军、邵天浩著，兵器工业出版社，2021 年版。

几句话，谈一下对智能决策的粗浅认识和理解，也算是对这本书的推荐，供读者们参考。

首先，决策智能不仅是一种高级智能技术，也是当前世界大国战争研究中的核心问题，非常值得关注。美国人这两年提出了所谓“决策中心战”的概念，他们认为，战争中的“决策复杂度本身就应该是一种武器”，而不是像过去那样简单地在战争中拼消耗。这是因为，与一些中小国家或恐怖组织对抗不同，在未来所谓的“大国竞争”中，美军的重要战争资产，比如航母或基地，都可能会成为被其他大国攻击的对象，而这在过去是根本不可能发生的事情。为减少这方面的损失，基本做法就是“分布式作战与防御”，实行所谓的“马赛克战”。也就是基于小而多的作战平台或无人平台构建作战体系，以及基于人工智能技术实现更智能化的辅助决策。要做到这一点，他们押宝的就是在决策智能技术方面的突破。无论是有人、无人作战平台或集群的行动，还是不同层次的作战筹划与指挥，都期望能够简化己方对战场态势的理解和处置，而将“决策复杂度”交给敌人，使敌人在 OODA 循环中，“一步跟不上，步步跟不上”，最终导致作战行动的失败。由此可见，未来战争已经从过去那种比拼谁的“膀大胳膊粗”，看谁的力量大，会逐步地发展成为比拼谁的“反应快脑子灵”，也就是决策智能水平的高低了。从这个角度来说，本书讨论的问题虽然不是决策智能研究领域的全部，但也算是应景及时，抓住了军事智能领域研究的关键，可以为其他研究者提供很好的参考和借鉴。

第二，决策智能是人工智能研究需要突破的下一座高峰，目前已经成为研究热点，需要深入研究。前些年由于深度学习技术取得突破，使得人工智能在被冷落很多年后，重新得到大众的关注。图像、语音、文本以及自然语言的识别、理解和问答，自动驾驶与机器人走向实用，等等，技术突破不断，直到 AlphaGo 下围棋战胜人类，终于达到了高潮。很多人以为人工智能现在已经无所不能，但是他们不了解的是，还有很多智能技术难题一直无法突破，其中就包括最复杂的决策智能。虽然在这方面也有进展，很多智能应用的突破也属于智能决策的范畴，比如 AlphaAI 飞行员驾模拟器在模拟空战中战胜人类精英飞行员，但这一类智能决策属于即时反馈决策，比较容易训练。AlphaGo，包括后面出现的不要人类数据、可下多种棋类的 AlphaZero，以及连规则都不要的 MuZero（有人译成“无零”），虽然也属决策智能，也需要“瞻前顾后”，但其决策却只能在一个比较小的封闭空间（比如棋盘）中进行，这与开放环境下的决策就完全不同。人类最常见的复杂决策，一般都具有“长程筹划”（即需要经过多阶段才能达成最终目标），“环境平行”（所有的决策需要根据环境态势的改变而改变），“自主求解”（需要自己找到达成目标的方案，并且能够对不同甚至矛盾的目标进行折中）等重要特点，比如在作战指挥决策中就是如此。在指挥决策中，作战规划的形成就是最关键的环节之一。有些人以为我们只要简单地去模仿 AlphaGo 就可以了，但实际做起来才会发现，在作战规划的学习训练过程中，是没有办法让智能体“从猴子到人”式的进化，也就是从零开始训练而获得作战指挥知识的。因为不仅作战的样本量少得可怜难以模仿，而且即使像 AlphaZero 那样采用增强学习的方法，不断改变的决策目标也会导致奖惩函数难以设计。更何况远超游戏的战场复杂度，使得暴力计算基本没有可能。所以，如何利用人类已有的作战指挥及规划知识，就成为智能决策研究的关键。本书作者讨论了其中的一种方法，这就是基于层次任务网的作战任务规划方法，对解决这一类问题做了很好的尝试，内容比较完整，研究形成了闭环，对从事该领域的研究者来说，非常值得一读。

第三，决策智能研究不仅需要理论上的突破，更需要在实践中试错前行，理论与实践的结合，才是未来研究取得突破的关键。宏军教授这个研究团队从事作战任务规划和效能评估研究已经有了十多年的时间，不仅在理论上有所突破，在实践上也积累了丰富的经验。他们一个非常突出的特点就是勇于实践，研以致用，积极参加各类智能人机对抗挑战赛，并且取得了优异的成绩。很多战法或训法已经转化成算法，也就是像网上说的那样，已经达到了“废话少说，Coding 说话”的地步了，这是很不简单的。一位伟人说过，“没有实践基础的理论是空洞的理论，而没有理论指导的实践则是盲目的实践”，从这一点看，他们这本书应该是理论与实践结合的产物，这就比那些单纯研究决策智能理论发表论文，或者是简单参加各类智能对抗大赛得到名次的研究，更接近实际应用，在未来也就更容易取得进展甚至成功。他们这个团队非常年轻，朝气蓬勃，从书中我们就可以读出年轻人敢想敢干的灵气，以及通过长期实践积累得到的真知灼见。当然，也正是因为他们的年轻，书中也肯定有这样那样的不足，但我想这也就是他们今后奔腾飞跃的新起点。年轻人是我们的未来，无论是军事理论研究，还是科学技术研究，都是如此。我希望能有更多年轻人加入到决策智能技术研究活动中来，并能在深入研究的基础上，撰写出更多更好理论结合实践的优秀理论专著出来。

第 19 章　科学研究短文三则

19.1　预研项目评审有感[①]

评审完 100 多份预研项目《预研项目建议书》（简称《建议书》），感到有喜有忧。喜的是申请者范围扩大了，引入了新鲜血液，避免了小圈子分项目，激发了相互竞争，长此以往必有收获；忧的是看到的项目建议书参差不齐，整体质量不是太高，眼前一亮的新东西不是太多。因为这是第一次公开申请，各方面都没有经验，因此值得好好总结，相信以后会逐年提高。好的地方留给领导去总结，我就专门说说存在的问题，一孔之见，供大家参考。我把它概括为七个“不知道”。

第一，不知道要研究的问题是什么。

上来就是“目标”，而且很多《建议书》都是照抄《预研项目指南》（简称《指南》），既不分析《指南》为什么要你研究这个问题，也不说目前这个方面的研究已经到了什么程度，倒是说了不少要干的事，但就是不知道要解决的问题是什么。技术指标很多也基本照抄《指南》。事实上，任何科学研究解决科学问题才是关键。就像“阿尔法狗”，“下围棋”是实际问题，“机器学习方法”才是科学问题。很多《建议书》既不知道自己研究的实际问题是什么，也不知道科学问题是什么，空谈了很多研究内容和意义。

第二，不知道研究的起点在哪里。

每个项目似乎一切都是从零开始，什么东西都要做，但是技术进步在哪儿却不知道。研究内容没有聚焦到解决关键技术的问题上，其实关键技术的突破才是预研课题要做的主要事情。正是因为不知道起

① 根据胡晓峰 2017 年发表在远望智库微信公众号《战略前沿技术》的文章整理。

点在哪里，所以不知道关键技术是什么，结果很多项目都是低水平重复。这个单位已经做过，那个单位接着又再做，似乎每个单位都在“进步”，但其实技术本身并没有发展。

第三，不知道创新点在哪里。

很多《建议书》对创新点的理解不准确，以为自己不知道的就是创新，或者自己单位没搞过的就是创新。因此，创新缺乏新意，很多根本就不是创新，只是自己孤陋寡闻而已。没有开阔的科学视野，是很难知道什么是真正创新的。创新既有“从 0 到 1”的原始创新，也有“从 1 到 N”的增量创新。这两种创新在预研中都存在，但是增量创新更多一些，都很重要。要特别推荐有特色的研究，那也是一种创新。

第四，不知道解决问题的技术路线新在哪里。

很多关键技术的攻关突破就在技术路线的选择，所以必须说清楚过去为什么不行，现在为什么行？你的技术路线解决了什么问题。“阿尔法狗”用的很多方法都是别人发明的，他们重新在技术路线上加以改进，就解决了问题，例如海量样本的生成。光用人类的棋谱最多逼近人类，但用了海量随机博弈产生的样本，才有了战胜人类的可能。这也是重大创新，是技术路线上的创新。

第五，不知道经费的多少约束了啥。

一些项目的目标与经费似乎不太匹配，似乎不管多少经费都可以干同样的事。这说明，他们既没有想清楚研究需要什么条件，也没有想好这些条件需要花多少钱。看起来，好像不管经费多少我都可以干，其实还是把拿到经费放在第一位，而不是把解决科学问题放在第一位。由于每个项目方向都安排两个以上的项目竞争，所以也存在平衡照顾的问题。这样的研究项目即使给了钱，估计也得不到好的结果。

第六，不知道预研应该干啥。

有些项目《建议书》不知道预研课题应该干什么，有的就是自己单位正常的工作任务，有的将其混为工程开发、型号研制、基金研究，有的干脆卖自己公司的代销产品，把产品说明书一抄了事。说到底还是不知道要解决的科学问题、关键技术是什么，难点在哪。更有甚者，直接抄别人的东西还不甚了了，看起来挺唬人，其实他自己也不懂，估计即使中了标也无法研究下去。

第七，不知道《指南》想要申请者干啥。

《指南》的撰写者是各领域的专家，当然知道问题在哪、难点何在，想让申请者干啥，但是读《指南》的人却并不知道那寥寥几语到底是什么意思。因此，申请者不知道要解决的实际问题是什么，只好猜谜似的去写，为了增加猜中的概率，只好越说越大，所以面铺得很开，重点也就不集中、不聚焦。“指标”要求应该结合需要解决的问题提，而不是简单地罗列一些数字。

几点建议

这是《建议书》中最多的问题。因此，有以下建议供科研管理部门和申请预研单位在以后的工作中参考。

一是，《指南》要首先明确解决的实际问题是什么。《建议书》要分析实际问题的原因并找出科学问题，同时给出目前的研究现状，以供评审者评估申请者对需要解决问题的理解程度。

二是，《指南》中要明确希望达成的目标是什么，最关键的指标是什么。《建议书》要分析达成这个目标的难点在哪里，指标采用什么途径去达成，以供评审者分析申请者的具体技术方案是否合理，技术路线是否可行。

三是，对于预研项目来说，要鼓励突破典型的大难题，而不要鼓励突破一堆价值不大的小难题；鼓励突破真正的关键技术，而不要鼓励去完成一大堆工作量式的工程，那不是预研该干的事。就像世界上有一大堆下围棋的软件，结果不如一个“阿尔法狗”在技术上的突破大。当然，也要能够容忍真正研究了但被证明失败的项目。按美国国防部高级研究计划局局长的话：“既然失败，就来个大失败！”知道什么不行也是成果。

四是，经费应该与解决的实际问题匹配，既不能漫无目的的要钱，更不能漫无目的的做事。根据预研的特点，经费可以考虑分期拨款：前期可以多让几个单位承研，每个单位给一些前期费用，后期根据进展突破将资助集中到突破可能性大的项目上去。应该鼓励研究单位的预先研究积累，在评审时应该是鼓励有研究积累的申请者。考评的重点应该是关键技术的突破，而不是整个系统。

五是，建议在适当时机组织相关专业组、承研单位、申请者进行培训，就如何写好《指南》和《建议书》进行研讨和说明；组织专家撰写相关教材，或者给出《指南》和《建议书》范本，供大家学习。

以上只是参加评审的一点感想，肯定很不全面，也可能并不准确，仅供参考。啰嗦以上一些，只是期望我们的预研工作可以搞得更好！

19.2　谈谈科研课题中的“科学问题”①

什么是科研课题的“科学问题”？更普遍一点，什么是课题研究的“问题”？ 这是一个看起来似乎很简单，但却困扰很多研究生、课题申请者的大问题。辛辛苦苦写的论文或课题申请书，经常被导师或评审者评为“没有说清楚你研究的问题到底是什么”“对科学问题凝练的还不够”等。有了这样的评论，这篇论文或申请书基本上可以说是“寿终正寝”了。那么，究竟什么是课题研究的“科学问题”或“问题”呢？

关于“科学问题”的定义至少有 30 种以上，关于“问题”的定义更多，但不是我们这篇文章关注的重点。简单地说，科研课题的“问题”，顾名思义，就是我们在科学研究过程中遇到的那些需要解决但尚未解决的问题。这些问题既可能是过去不知道的新现象，也可能是尚不知道的新原理，或者是还没有搞清楚的事物新规律。问题产生了，就需要找到答案。这个获取答案的过程就是科学研究。当年爱因斯坦就是思考“如果我以光速追上光，光波将会如何”这个问题，才有了后来相对论的诞生。因此，有人说：能够准确地提出问题，问题其实就解决了一半。“世间多少好答案，在苦等一个好问题”②。所以爱

---

① 根据胡晓峰 2020 年发表在远望智库微信公众号《战略前沿技术》的同名文章整理。

② 这句话是罗振宇在 2022 年跨年演讲中说的。

因斯坦说，提出问题往往比解决问题更重要，因为这标志着科学的真正进步。

任何科学研究课题都必须是问题引领的，这是科学研究的基本常识。所以，“问题的提出”应该是一篇论文、一份课题申请书首先需要说明的最关键、最重要的内容。这个“问题”的说明，既交代了这项研究要干的具体事情，也说清楚了研究这个“问题”想要达成的目标，所以应该是作者、申请者、评审者之间交流的最关键信息。可以试想一下，评审者读了半天论文或申请书，都搞不清楚你到底要干什么，论文或申请书后面就是再精彩再创新，他也是无法判断或理解的。

科研课题不同，问题的类型就不同。一般来说， 可以分为实际问题和科学问题两大类。实际问题主要指那些具体工作碰到的问题，这在工程类课题中比较常见，有时也称工程问题，例如汽车动力不足、防疫效果不佳等。研究这些问题，就可以找出解决方案，并证实其有效果，从而直接解决问题。例如，对于汽车动力不足，可以通过更换新型发动机加以解决；对于防疫效果不佳，可以通过强化隔离措施加以解决。但是，这些是不是最本质的问题？其实并不一定。例如，汽车动力不足，既可能是汽油质量问题，也可能是高原问题等，更换新型发动机虽然可以解决这个实际问题，但是对这个发动机为何动力不足的问题，并没有真正解决。要想真正解决这个问题，就必须从更深层次的科学原理加以研究，这就引出了科学问题。

科学问题是更具基础性的一些问题，这在基金类课题或理论性课题研究中比较常见，例如发动机的汽油燃烧机理、冠状病毒在人群中的传播机理等。研究这些问题，可以从基本原理角度理解问题并寻找答案，如果能够解决，可能带来一系列直接或间接的突破。

事实上，每个实际问题背后都有科学问题，只是课题研究的要求不同，有时不特别指出而已。一般来说，实际问题主要是就事论事地解决具体问题，特别具有针对性，常为领导或管理部门所关注；科学问题更关注原理上的创新，更具学术性和普适性，常为科学家群体，也就是课题承担者关注。不管是什么类型的研究课题，说清楚要解决的“问题”或“科学问题”，都是最基本的，也是最重要的要求。

要说清楚“问题”，包括“科学问题”并不容易。近三十年来，我指导了很多博士、硕士研究生的论文，评审了很多国家自然科学基金、各类研究计划申请书，以及高高低低不同层次、类型的期刊论文，感到出现问题最多的就是很多人对“问题”，尤其是“科学问题”说不清楚。一般来说，常见的问题主要有以下几种。

第一，将“研究意义”当成研究的问题。很多人说了一大堆这项研究工作怎么怎么重要，意义多么重大，做完之后会有多少好处，但就是没有说他具体要干什么、解决什么难题，不知道他是要研究“意义”，还是要研究“问题”。

第二，把“研究背景”当成研究的问题。例如，明明想要研究的问题是“复杂电磁环境下的电子对抗指挥效能”这个具体问题，结果描述的基本上全是“信息化战争问题”背景，自己想要研究的具体问题一点没说。用“大背景”取代自己研究的“小问题”，实际上就等于没有提出问题。

第三，实际问题与科学问题混淆。这在要求明确提出科学问题的课题中比较常见，就是分不清楚实际问题（包括工程问题）和科学问题的差别。要求凝练出科学问题，结果说的还是实际问题，而实际问题中既包含尚未解决的科学问题，也包含原理上已经突破，但尚需完成的工程问题。要解决这个实际问题就必须先解决有关的科学问题，恰恰就是这个科学问题说不清楚。

第四，把“怎么做”当成问题。在解决一个问题的过程中，“怎么做”实际上说的是解决这个问题的技术路线，而不是问题本身。例如，研究城市交通的运行机理是“问题”，如何研究则是技术路线，尽管可能需要解决不少技术问题。

第五，本末倒置，“拿着锤子找钉子”。这在研究生的课题中比较常见，研究中往往是先找方法，然后去寻找“问题”。例如，发现近期深度学习方法可能比较时髦，就举着这把“锤子”到处去寻找“钉子”，结果有的研究生到最后论文都写完了，甚至还是说不清楚他研究的“问题”究竟是什么。

要说清楚课题中的“问题”，说困难也困难，说简单也简单。说它困难，因为凝练研究中的问题，尤其是科学问题，实际上就是一个对课题本质理解不断深化的过程,是一个不断向他人学习交流的过程，可能需要在做起来之后才能在实践中慢慢理解的过程。这个过程往往充满了困惑、矛盾，甚至痛苦，从来就不是一蹴而就的。只有自己有了深刻的理解，找到矛盾、痛苦的根源，才能真正理解和认清楚问题。二十多年前，我在研究战争系统的预测预警问题时，因为不能与牛顿自然科学体系的方法自洽，在逻辑上无法自圆其说而痛苦不堪，在找到复杂性科学和复杂系统理论后，才开始理解战争复杂系统的运行机理，自洽了其中的逻辑关系，也才真正地理解了自己研究的问题究竟是什么。

说它简单也简单，就是采用“奥卡姆剃刀”原理，删繁就简，抓住本质。我跟学生讨论时经常让他们用一句最短的“大白话”说清楚自己研究的问题是什么，就是让他们尽量靠近本质核心。不要追求那些时髦的概念或名词，真正弄清楚关注的问题是什么，也就是痛点是什么。这才是最重要的。多问自己几个为什么，尽量用“短话”“大白话”，往往能够清晰化问题之所在。方法上则是直截了当，直奔问题的核心。在一时说不清楚的情况下，可以暂时不要急着立即模糊地确定，可以在研究中不断深化理解，逐步明确问题。但是，目标必须清楚，不能走偏了方向。

2020 年的国家自然科学基金项目对科学问题的属性进行了区分，分成了“鼓励探索、突出原创”（鼓励原始创新，突出科学问题的重要性）、“聚焦前沿、独辟蹊径”（关注研究思想的独特性和研究成果的潜在引领性）、“需求牵引、突破瓶颈”（突出应用型特征和研究方案的创新性），以及“共性导向、交叉融通”（突出多学科交叉和对学科发展的影响）四大类。各个学部又都给出了不同类型的几十个案例供大家参考，相信能够更好地引导大家说清楚课题研究的“问题”到底是什么，属于哪一类，应该特别关注些什么。

19.3 让军事理论研究插上科学的翅膀[①]

党的二十大报告中，为如期实现建军一百年奋斗目标，对“加快军事理论现代化、军队组织形态现代化、军事人员现代化、武器装备现代化”提出了明确要求。军事理论现代化，放在军队“四个现代化”的首位，寓意深远、意义深刻，充分凸显了它对国防和军队现代化的牵引作用，深刻反映了新时代强军兴军对军事理论研究现代化的呼唤与期盼。军事理论现代化到底包含哪些内容，哪些应该成为重点，不同的人有不同看法。我认为，军事理论现代化可以包含理论内容、知识体系、研究体制、人才队伍等很多方面，但是就“现代化”而言，最关键的还是对科学方法和工具的运用。

但是，对于这一点是有很多争论的。一种观点认为：战争只是艺术，并不需要使用科学工具。持这个观点的、最典型的莫过于 19 世纪初欧洲著名军事理论家约米尼和老毛奇。约米尼曾写过《战争艺术导论》，他在书中就说：战争是一门艺术，而非科学。老毛奇也说：人的行为不能归纳为一套规律和原则，因此战争只能是艺术而不是科学。因为他们认为，战争是一种自由而具有创造性的活动，而这些非理性活动的程度是无法计算评估的。既然无法评估，自然就不是什么科学，也就不需要什么科学工具了。近 200 年过去了，至今仍有很多人持有这个观点。其实，这一观点从逻辑上也说得通，例如古代艺术也是艺术，也就没有什么所谓的“现代化”问题。

与这个观点相似，还有人认为：强调军事理论研究的科学方法运用，有否定战争理论经典的嫌疑。有人就说：你总讲战争理论研究的科学思维，是不是想否定《孙子兵法》这一类战争研究经典啊？在他们的意识里，战争理论研究的就只应该是前人留给我们的经典，因为这些兵学瑰宝是不容置疑的，也没有什么科学研究的必要。你说要军事理论现代化，是不是在说这些经典“不够现代化”，落后了？我想，

① 根据胡晓峰为《军事文摘》2023 年第 3 期写的卷首语整理。

这也是他们很自然的反应。

与此相反，也有很多人认为战争就是科学，因此需要现代化。例如，我国著名科学家钱学森就说战争问题尽管很复杂，但它也是客观世界的现象，因此是有规律的，是可以被认识和掌握的，这就是战争科学。事实上，战争既是艺术也是科学，这是马克思主义的基本观点。因为马克思主义者相信战争的本质是科学的，战争的规律是可以被科学方法认识的。既然战争是科学，那就应该具有科学的特征，采用科学的方法，遵循科学的规矩。科学的一个基本特征就是，它是不断进步和发展的，因此就有了“军事理论现代化”的需要。其中最重要的就是科学方法和工具的现代化。

战争理论研究科学方法和工具的现代化，并没有否认传统逻辑思辨、经验归纳的价值，而是要在传统的基础上进一步发扬光大。近百年来，现代科学技术的发展，为我们提供了更好的军事理论研究方法和手段。尤其是，近二十年涌现的大数据、复杂网络、深度学习、智能认知，以及虚拟实践等新概念和新方法，以一种“硬科学”的形式为军事理论研究提供了更大、更高维度的思考和实验空间，也为未来的发展和创新创造了更多的可能。近期，我参加某军事理论项目评审就惊喜地发现，主办单位要求所有作战理论研究成果必须有作战实验数据和结论的支持，而不像过去文章写得“优美”就行。这就是在科学方法运用上的一个很大的进步。

事实上，军事理论现代化，既要在战争艺术上进一步发扬光大以《孙子兵法》为代表的人类军事思想财富，并创造出适合现代战争新理论,也要在战争科学上创造并采用更好的科学方法和工具去超越前人。在这一点上，我们确实不能永远只抱着古人的战争研究工具不变了，那种仅靠经验和思辨得出结论的方法面对现代战争也是不够的。这就如同我们的双脚确实很灵活，但也只能在村庄周边走走转转；有了汽车，我们就可以走遍全国；有了飞机，我们就可以游遍全世界；有了宇宙飞船，我们还可以飞出地球，看到银河的广阔和繁星的灿烂。这就是科学工具的作用。科学给予我们的并不是“砍掉”我们的双脚，而是让我们有更大的行动自由。

所以，军事理论现代化的核心在于内容的现代化，关键是科学方法和工具的运用。它可以让我们更深刻地去认识和理解战争，尤其是现代和未来的战争。这就像医生有了基因测序仪、CT 机，科学家有了电子显微镜、粒子加速器，军事理论研究也只有插上科学的翅膀，才能飞得更高、更远！